AF546711

Siegfried Tatschl

555 Obstsorten

für den Permakulturgarten und -balkon

Inhalt

Anhang

Foto: Johannes Hloch

Über dieses Buch

Die wissenschaftliche Bezeichnung der Pflanzen orientiert sich an Mansfeld's World Database of Agricultural and Horticultural Crops.

Die Angaben zur Frosthärte und zu den Standortbedingungen der Pflanzen orientieren sich an den Angaben in der Datenbank von Plants for a Future (PFAF).

Die verschiedenen Obstarten habe ich entlang der Reifezeit ihrer Früchte im Jahresverlauf präsentiert. Es beginnt im Frühjahr mit der Maibeere und endet im Herbst mit den Kakis. Bei einigen Arten gibt es sowohl Früh- als auch Spätsorten. Dort, wo es sinnvoll schien, habe ich die Arten gemeinsam präsentiert. Sie finden zum Beispiel die verschiedensten Brombeerarten als einen Block, obwohl auch hier die Reifezeit variiert. Überall dort, wo ich keinen geläufigen deutschen Namen für eine Obstart finden konnte, habe ich den botanischen Namen belassen. Ich halte nichts davon, Phantasienamen einzuführen, wie es zum Teil aus Marketinggründen geschieht. Dies trägt nur zur Verwirrung bei. Das Anliegen dieses Buches ist es, einen sowohl botanisch als auch praktisch stimmigen Überblick über die essbaren Früchte zu bieten. Als Permakulturpraktiker führe ich auch einige Pflanzen an, die keine Früchte bilden, allerdings wertvolle Nahrungsquellen sind und im Permakulturgarten dazugehören. Zudem werden Sie ein Kapitel über essbare Blüten finden oder zusätzliche Nutzungsmöglichkeiten von Obstbäumen wie die Baumsaftgewinnung bei Nussbäumen.

Kürbisse ranken auf der Ligusterhecke.

Bei Obstarten mit vielen verschiedenen Sorten habe ich versucht, Raritäten auszuwählen oder Sorten mit besonderen Eigenschaften zu nennen, um einen Einblick in die Vielfalt zu geben. Zudem findet sich bei jeder Art eine Bezugsquelle für Pflanzen oder Samen. Auch hier habe ich mich um Vielfalt bemüht. Im Anhang finden Sie verschiedenste Baumschulen und Gärtnereien – von Italien bis Irland und von Polen bis Frankreich. Sie alle zeichnen sich durch ein besonders vielfältiges oder spezialisiertes, qualitativ gutes Angebot aus. Auf weitere Anbieter, die ich bei meinen Recherchen nicht gefunden habe, machen ja Sie mich als Leserin oder Leser vielleicht aufmerksam.

Vorwort des Autors

Foto: Johannes Hloch

Das Vorwort erinnert mich an das Vorsprachliche, im wahrsten Sinn des Wortes an das vor dem Wort Seiende. Bilder, Eindrücke, Laute, sinnliche Empfindungen sind das wohl – die „Vorworte". Und die passen ja gut zum Thema Natur, Umwelt und Soziales. Mich führen sie zu meinen ersten Erinnerungen, zu der Stille, die in der Küche herrschte am Abend, dieser Schimmer von den beiden Petroleumlampen mit den runden Metallschirmen, die das manchmal flackernde Licht verteilten. Und dann das Klirren, wenn der Glaszylinder, wunderschön geschwungen, zerbrach ob der zu großen Hitze der Flamme, weil der Docht zu hoch gedreht war. Dieses Klirren ließ mich aufschrecken, mich, am Boden liegend mit meinen Spielsachen. Der Geruch von Petroleum ist mir angenehm erinnerlich. Später, als Erwachsener, suchte ich am Flohmarkt zwei solche Lampen, suchte mir ein Stück meiner verlorenen Kindheit. Als dann der elektrische Strom zu uns kam, beunruhigte mich dieses große Loch oben in der Mauer, das die Arbeiter durchbrachen, und ich äußerte meine Sorge darüber sofort dem heimkommenden Vater. Als sie die Holzmasten für die Überlandleitung in Gruben setzten, war ein heißer sonniger Tag. Der schwarze Geruch der Masten war brennend, ich durfte nicht in ihre Nähe gehen. Damals war noch keine Rede von der Giftigkeit des Dioxins in der Imprägnierung, doch das Giftige konnte ich riechen. Mit dem Strom kamen das elektrische Licht, und dann später eine Waschmaschine und eine Schleuder für die nasse Wäsche ins Haus. Die Kühltruhe war schon Luxus und veränderte schlagartig das Nahrungsangebot. Der blaue batteriebetriebene Kofferradio wurde abgelöst von einem großen Apparat, der auf der Kredenz stand und vor dem ich auf einem Schemel stehend viele Stunden verbrachte. Diese Lust am Radiohören, in die Welt hinaus hören, ist mir bis heute geblieben. Und eine Idee von der Weite der Welt erhielt ich, als mir mein Vater den Sputnik am nächtlichen Himmel zeigte, der damals noch einsam und allein seine Bahn zwischen den Sternen zog.

Das Wasser ist eine der anderen frühen Erinnerungen. Der alte steinerne Trog, in den das Wasser aus der Quelle lief, war wohl hundert Meter weg vom Haus und stand unter einer mächtigen Linde. Rundum der Sumpf war im Frühling voll von meinen geliebten Dotterblumen, von denen ich dicke Sträuße pflückte. Jeder Kübel Wasser musste von dieser Quelle geholt werden. Die „Lacke" neben dem Haus war kein Trinkwasser, sie war als Feuerlöschteich gedacht, wie ich heute weiß. In ihm wohnte der Wassermann, vor dem mich Mutter und Großmutter immer wieder warnten. Den Fortschritt brachte dann mein Vater. Er hub in der nachbarlichen Wiese im Sumpf eine Grube aus, betonierte sie und sie füllte sich im Nu mit köstlichem Wasser, das alle BesucherInnen lobten. Das Eingraben des Schlauchs quer über die Wiese war Schwerarbeit. Schlussendlich hatten wir dann fließendes Wasser vor dem Haus. Im Winter bildeten sich auf dem Tropfhahn, der dafür sorgte, dass in der Kälte das Wasser nicht einfror, mächtige Eiszapfen. Der Wunsch der Mutter wäre es gewesen, Wasser auch im Haus zu haben, so wie sie es in den Haushalten in der großen Stadt in Zürich erlebt hatte. Diesem Wunsch versuchte ich eines Tages nachzukommen und arbeitete stundenlang daran, in die Steinmauer ein Loch zu schlagen. Als die Eltern das bemerkten, hielt sich ihre Begeisterung über mein innovatives Vorhaben in Grenzen.

Das Holzspänemachen mit dem großen Messer lernte ich schon bald von meiner Großmutter. Wenn der Herd dann in der morgendlichen Kälte warm zu strahlen begann, war das herrlich, und ich und meine Schwester, wir suchten möglichst nahe hin zu rücken. Einmal jährlich kam ein Lastwagen die Schotterstraße hochgefahren und Männer mit rußigen Gesichtern luden Säcke voll mit Steinkohle für unseren zweiten kleinen Ofen ab, der im Schlafzimmer stand. Mein Vater misstraute ihnen immer und bevor sie abfuhren, zählte er die leeren Säcke ganz genau ab.

Eine ganz andere Wärme, an die ich heute noch mit Sehnsucht denke, empfand ich im Stall. Anfangs stand neben den beiden Ziegen noch eine Kuh. Dafür war aber das Futter zu knapp und so wurde sie verkauft. Viele Stunden verbrachte ich mit meiner Großmutter in dieser Wärme, fütterte das Schwein, das manchmal Ausbruchsversuche unternahm, die Hühner oder meine Hasen. Im Heuschober hatte ich meine Höhle und durch einen Spalt in der Stadelwand konnte ich die Erwachsenen beobachten.

Mit meiner Großmutter lernte ich die Welt kennen beim Brombeerblätter- oder Lindenblütenpflücken für Tees, beim Gang mit der Geiß zum Bock im Herbst oder beim wöchentlichen Kauf der Butter bei einem und des Schlagrahms bei einem anderen Bauern. Die Kuhmilch holten wir wieder von einem anderen. Netzwerkpflege würde man das heute nennen. Die war für Kleinhäusler und Arbeiter, wie wir sie waren, in dieser unsicheren Welt inmitten der Großbauern lebensnotwendig.

Foto: Johannes Hloch

Der Fortschritt und die neue Zeit kamen dann in Form von Fremden, die uns aufsuchten, unser altes Kohlenbügeleisen kaufen wollten und dafür moderne Plastikkübel und Plastikschaffel brachten. Der große Einbruch war aber der Caterpillar, der alles plan machte, der die Ruinen des benachbarten alten Bauernhauses niederwalzte, in denen ich immer süße Erdbeeren gefunden hatte. Die große Linde und die Eschen, viele der Bäume, wurden umgeschnitten. Weg waren die kleinen Hügel und vieles, was mir lieb war. Anfangs faszinierten uns Kinder der gelbe Caterpillar und sein Fahrer, dem scheinbar nichts widerstehen konnte. Als er dann abgezogen war, blieb eine seltsame Leere zurück und eine Trauer, die bis heute anhält.

Die bunten Blumenwiesen mit den Glockenblumen und dem Knabenkraut verschwanden scheinbar über Nacht und gleichförmiges Grün breitete sich aus. Ganz genau weiß ich noch, wo die letzten Narzissen standen: *Narcissus poeticus*, die Dichternarzisse, weiß mit diesem verführerischen roten

Mund und einem durchdringenden süßen Duft. Die fünf Blüten im Jungwald wirkten einsam und verloren. Am längsten hielt sich die kleine Gruppe beim großen Birnbaum, in den später die Hornissen einzogen. Heute käme niemand auf die Idee, dass hier einst Narzissen gewachsen sind.

Obstteller mit Pawpaw, Blauschotenstrauch, Azarole, Weintraube ‚Isabella' und Minikiwi

Als Kind fragte ich mich oft, wie das sein mag, reich zu sein, und worin dieser Reichtum bestehen würde. Es würde jedenfalls eine besondere, eine gute Welt sein und ich stellte sie mir sicher als harmonisch und friedlich vor. Ein Stück dieses Fortschrittsglaubens fand ich als junger Sozialarbeiter in der Aufbruchsstimmung während meiner Studienzeit und danach wieder, in der eine nachhaltige Verbesserung, ja eine Revolution, in den Institutionen möglich schien. Tatsächlich war Ende der 1970er Jahre und in der ersten Hälfte der 1980er Jahre vieles an innovativen Projekten möglich und das Angebot an Sozialarbeiterstellen nahm ständig zu.

Heute weiß ich, dass die Umweltzerstörung, die ich als Kind erfuhr, ein Geschehen ist, das global und vielfach noch drastischer abläuft. All die Güter, die seither durch den technischen Fortschritt in die Welt gekommen sind, sie sind nicht der gedachte Reichtum meiner Kindheit, im Gegenteil, sie sind vielmehr die zukünftige Armut der kommenden Generationen. Und die heftigen sozialen Konflikte, die ich als Kind noch erfuhr, sind vielleicht bloß durch die vielen Güter abgemildert. Wenn es, wie mittlerweile deutlich ist, in Zukunft weniger zu verteilen gibt, werden die alten Gräben rasch wieder aufbrechen. Außer wir stellen uns den alten Fragen nach gerechter Verteilung, nach Augenmaß im Umgang miteinander, nach politischer Teilhabe. Und dies ist nicht mehr, wie lange gedacht wurde, nur eine Sache zwischen den Menschen, sondern eine Sache des Lebens. Das betrifft die Umwelt und die Natur so sehr wie das Soziale.

Beide Erfahrungen, die frühe Umwelterfahrung und die frühe Erfahrung mit sozialen Konflikten, waren prägend für meine Interessen und meine beruflichen Wege. Auf einer Bahnfahrt von Bozen nach Innsbruck mit SupervisionskollegInnen aus verschiedenen Ländern diskutierten wir die Frage, was denn Sozialarbeit, Psychotherapie, Supervision und Gärtnerei miteinander zu tun haben. Bernhard Münning[1] meinte plötzlich „Die sorgen alle für das Leben". Alle diese vier Tätigkeiten übe ich mit Freude und Leidenschaft aus, sie inspirieren sich gegenseitig und die Erfahrungen daraus haben mich auch zu meinem Diplomarbeitsthema „Ökologie als Handlungsfeld der Sozialarbeit" geführt. Unabhängig von meinen persönlichen Interessen sehe ich die Verbindung von ökologischen und sozialen Fragestellungen als ein großes, wichtiges und notwendiges Thema für die Zukunft.

1 Ehemaliger Präsident der ANSE (Assoziation nationaler Verbände für Supervision in Europa), Deutschland

Foto: Johannes Hloch

Zum Inhalt des Buches

Am Beginn des Buches steht eine kurze Einführung in die Permakultur. Für viele Menschen ist sie eine Philosophie, die meist mit einem sorgsamen Umgang mit unserer Umwelt und vor allem mit Garten und Gartenbau verbunden wird. Allgemein gesagt geht es bei Permakultur darum, nachhaltige und zukunftsfähige Lebens- und Wirtschaftsweisen zu entwickeln. Permakultur ist dabei keine eigene Technik, sondern integriert bewährte Verfahren und kombiniert sie oft auf eine innovative Weise.

Einen wichtigen Aspekt für eine zukunftsfähige Lebensweise und einen sorgsamen Umgang mit Ressourcen stellt die Ernährung dar. Wie und wovon wir uns tagtäglich ernähren, hat einen große Einfluss auf die Gestaltung unserer Umwelt und auf den Ressourcenverbrauch. Dabei nehmen Früchte einen besonderen Stellenwert in der Geschichte der Ernährung von Primaten und Menschen ein. Sie bringen die begehrte Süße und springen wegen der oft intensiven Färbung im reifen Zustand sprichwörtlich „ins Auge". Geht man in die Obstabteilungen heutiger Supermärkte, bekommt man nur einen kleinen Eindruck von der Schönheit und der Vielfalt der essbaren Früchte. Diese Vielfalt, bezogen auf die Anbaumöglichkeiten im mitteleuropäischen Raum, ist der Schwerpunkt dieses Permakultur-Obstbuches.

Eine Vision, die mich seit Jahren leitet, ist die Idee der „Essbaren Lebensräume". Damit meine ich, sein unmittelbares Lebensumfeld für den Anbau essbarer Pflanzen zu nutzen, um, wie es Bill Mollison, einer der beiden Entwickler der Permakultur, benennt, kleine Paradiese zu schaffen. Die Permakulturpraxis dazu stelle ich Ihnen beispielhaft anhand meiner Erfahrungen vor. Sie können sich davon nehmen, was Sie für Ihr kleines Paradies als sinnvoll und hilfreich erachten.

Bezüglich der Pflege von Obstbäumen und -sträuchern finden Sie in diesem Buch nur die wesentlichen Grundlagen. Für die Vertiefung nenne ich gute Praxishandbücher.

Zur Toxizität von Pflanzen und Früchten

Wichtig ist mir, einleitend darauf hinzuweisen, dass es bei den Sortenbeschreibungen einiger Obstarten Hinweise auf Ungenießbarkeit oder auch Giftigkeit von einzelnen Pflanzenteilen gibt. Dies gilt besonders für Blausäure, die sich in vielen Steinobstkernen – z.B. von Marillen oder Kirschen – befindet. Die Technische Universität Wien hat hierzu geforscht und herausgefunden, dass in den Kernen der Wachauer Marille nur wenig Blausäure enthalten ist. Die Marillenkerne dieser Sorte werden mittlerweile als Lebensmittel verkauft. Näheres dazu finden Sie unter: http://www.tuwien.ac.at/aktuelles/news_detail/article/7170/. In diesem Artikel beschreibt die Forscherin, dass ein zweimaliges jeweils mehrstündiges Einweichen von stark belasteten Kernen die Blausäure erheblich reduziert. Rösten hingegen ist sinnlos. Das Gleiche gilt auch für Bittermandeln. Sie enthalten viel Blausäure und sind unbehandelt nicht für den Verzehr geeignet.

Obsthecke

Einleitung

„Ohne begeisterte Gefährten ist auch der Paradiesgarten ein einsamer Ort."

Mein Weg zur Permakultur und zu den Essbaren Lebensräumen – die Vorgeschichte zum Buch

Seit ich mich erinnern kann, haben Pflanzen in meinem Leben eine große Bedeutung gehabt. Diese Erinnerungen sind immer verbunden mit Menschen, mit Beziehungen und gemeinsamen Aktivitäten. Eine der ersten Geschichten, die immer wieder über mich erzählt wurde, ist folgende: Als ich klein war, gab es bei und in unserem Haus noch kein Fließwasser. Das Wasser holten wir in Eimern von einer Quelle, die einen Steintrog füllte und von dort in einen kleinen Sumpf überfloss. Darüber breitete sich eine große Linde aus und eine umgestürzte Weide war zu neuem Leben erwacht und lag quer über den kleinen Wasserlauf, der sich unterhalb des Sumpfes bildete. Dies war einer meiner Lieblingsplätze. Als man mich wieder einmal suchte, fand mich meine Mutter dort verzückt im Sumpf sitzend und ihr begeistert entgegenrufend: „Dotterblumen, Dotterblumen!"

Diese Leidenschaft zeigte sich später in unzähligen Wiesen- und Waldblumensträußen, die ich nach Hause brachte und verschenkte. Später begann ich kleine Holzkisten zusammenzunageln und pflanzte darin Zyklamenstöcke, die ich im Wald ausgegraben hatte.

Den Obstbau „lernte" ich von meiner Großmutter, die mir zeigte, die Wassertriebe an den Apfelbäumen zu schneiden. Besonders eindrücklich sind die Erinnerungen an das Ausgraben von Zwetschkenbäumen auf dem Nachbarsgrundstück – das mühsame Abhacken der Wurzeln und endlich das Umreißen mit einem straff gespannten Seil, an dem wir beide zogen. Sie dienten zum Heizen im Winter. Mein Vater kletterte mit einem großen Sack auf die Hochstammbäume und pflückte die Äpfel, die im Erdkeller eingelagert wurden. Im Gras sammelten wir die Nüsse, die vom hohen Walnussbaum fielen, und einmal mussten sie mich vom Kirschbaum herunterholen, da ich zwar hinauf-, aber nicht mehr herunterkonnte. Im zeitigen Frühjahr arbeiteten meine Eltern am Hag (Hecke), der unser Grundstück begrenzte, und schnitten Haselnussstämme und andere Heckenpflanzen heraus, um Feuerholz für den nächsten Winter zu bereiten. Ich liebte es, von einem Haselnussstrauch zum nächsten zu balancieren und zu klettern. Im Schatten der Hecke gab es feines Moos und Gras. Im Sommer war dies ein weiterer Platz, auf dem ich mich gerne hinlegte und ausruhte. Den Duft von Erde, Moos und Gras habe ich heute noch „in der Nase".

Permakulturgarten im Frühling

Neben all meinen schulischen und beruflichen Entwicklungen blieb die Leidenschaft für die Pflanzen und entfaltete sich über viele Jahre in einer Kakteensammlung und bald auch im Umsetzen und Neupflanzen von Obstbäumen im

Kastenbeet mit Tröpfchenbewässerung

miteinander teilen."
Seien Sie bitte nachsichtig bei inhaltlichen Fehlern, die trotz sorgfältiger Recherche entstehen können. Lassen Sie mir bitte Ihre Korrekturvorschläge, Ergänzungen oder Anregungen zukommen.

Mein Garten

Das Vorbild oder das Muster (Pattern) für meinen Garten ist die aus dem Urwald herausgeschlagene Lichtung. Der Übergang von der Kulturfläche zur „Wildnis" ist unmittelbar. In meinem Fall besteht dieser aus Hecken mit Hollerbüschen, Schlehen, Liguster, Hainbuchen, Eschen oder Eichen. Die Kürbisse überqueren die freie Fläche zwischen den Kastenbeeten und dem Rand der Lichtung und schlängeln sich an den Heckenpflanzen hoch. Ein schönes Bild, wenn im Herbst die reifen Kürbisse aus dem Haselstrauch leuchten und die cremefarbene ‚Herbergstrompete' über die Böschungsmauer herunterbaumelt. Praktisch ist dies zudem: Ich spare auf diese Weise wertvollen Platz. Die Kürbiswurzeln sitzen im mit Pferdemist gedüngten Kastenbeet und ein großer Teil der Pflanze hängt luftig in den Sträuchern und Bäumen. Nasse Blätter trocknen rasch ab und Mehltau hat dadurch weniger Chancen für einen Befall. Es gibt auch einen praktischen Nebeneffekt: die Nacktschnecken machen sich nicht die Mühe hinaufzuklettern – die Kürbisse sind gut geschützt.

Die Lichtung selbst wirkt als Sonnenfalle. Durch bauliche Anordnungen oder durch Hecken einerseits einen Windschutz zu schaffen und andererseits einen Wärmestau zu erzeugen, ist eine alte Technik. Zudem geben Nischen ein Gefühl von Geborgenheit. Was ich über die Jahre feststellen konnte, ist das Wechselspiel zwischen Pflanzen und Menschen. Unmerklich wachsen Lichtungen zu, breitet sich die Hecke aus und, ohne es zu merken, sucht man lieb gewordene Plätze nicht mehr auf. Das ist dann die Zeit einzugreifen, zu roden und zurückzuschneiden – ein Gefühl von Erleichterung und Weite macht sich dann breit. Durch meinen „Kahlschlag" bekommen plötzlich die im Schatten der Großen stehende kleinen Pflänzchen Licht und Sonne und ihre Chance auf Entfaltung. Ich denke, das ist die uralte Symbiose zwischen Pflanzen und Menschen und die Grundlage artenreicher Kulturlandschaften mit einem dynamischen Zusammenspiel der beiden Lebensformen. Aus diesen Erfahrungen heraus wuchs bei mir die Idee des Essbaren Lebensraumes. Nur in einem vielfältig bepflanzten Garten kann sich diese Dynamik entfalten und das pure Leben seine Chance bekommen.

Das alles macht Arbeit und fördert die Kreativität. Wie kann die Arbeit minimiert und sinnvoll in den Alltag integriert werden? Für mich sind es zwei Schlüsseltechniken, die mir das Gartenleben einfacher machen: Kastenbeete und Mulchwirtschaft.

Die Kastenbeete lernte ich bei meinem Schwiegervater kennen. Auf seiner Wiese stehen einfache Holzrahmen aus Brettern. Sie sind etwa 30 cm hoch, je nachdem welche Bretter verfügbar sind, und mit Erde gefüllt. Da sie nicht oder kaum

Flächenkompostierung

Terrassengarten

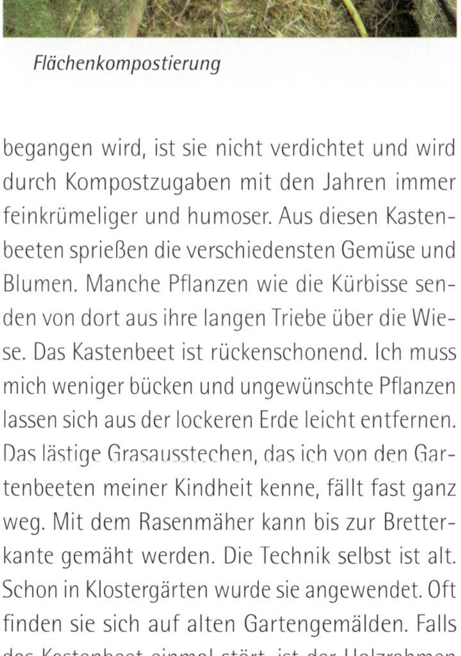

begangen wird, ist sie nicht verdichtet und wird durch Kompostzugaben mit den Jahren immer feinkrümeliger und humoser. Aus diesen Kastenbeeten sprießen die verschiedensten Gemüse und Blumen. Manche Pflanzen wie die Kürbisse senden von dort aus ihre langen Triebe über die Wiese. Das Kastenbeet ist rückenschonend. Ich muss mich weniger bücken und ungewünschte Pflanzen lassen sich aus der lockeren Erde leicht entfernen. Das lästige Grasausstechen, das ich von den Gartenbeeten meiner Kindheit kenne, fällt fast ganz weg. Mit dem Rasenmäher kann bis zur Bretterkante gemäht werden. Die Technik selbst ist alt. Schon in Klostergärten wurde sie angewendet. Oft finden sie sich auf alten Gartengemälden. Falls das Kastenbeet einmal stört, ist der Holzrahmen schnell weggeräumt und die Erde flach gerecht – dem Rasenanbau steht dann nichts mehr im Wege.

Der große „Durchbruch" kam für mich mit der Kombination von Kastenbeeten und Mulchwirtschaft. Auf den Kastenbeeten selbst verwende ich am liebsten Rasenschnitt. Er schaut schön aus, dichtet gut ab und verrottet zu feinem Humus. Rund um die Kastenbeete und in die Gänge dazwischen, kommt alles mögliche Grün, das bei mir anfällt. Mittlerweile lagere ich Heu, Laub und Heckenschnitt ab. Auf dem dicken Teppich, der das Jahr über da liegt, geht es sich gut und alle zwei Jahre räume ich ihn zur Seite und schaufle den feinen Kompost, der die Jahre über entsteht, auf die Kastenbeete. Somit habe ich durch die Kombination von Flächenkompostierung und Kastenbeeten einen geschlossenen Kreislauf geschaffen. Die vielen Samen, die sich im Kompost befinden, sind für mich kein Problem, da sie durch den Mulch am Keimen gehindert werden. Die Samenvielfalt in den Kastenbeeten beschert mir sogar jedes Jahr verschiedenste Pflänzchen wie Basilikum, Erdkirschen oder Tomatillos, die ich, falls sie für mich passen, einfach wachsen lasse. Ich greife nur pflegend ein und werde durch eine reiche Ernte belohnt.

Permakulturgarten – Mitbewohner Zauneidechsen-Männchen

Permakulturgarten – Mitbewohner Rotschwänzchen

Eine große Arbeitserleichterung für mich war das Verlegen einer Tröpfchenbewässerung auf den Kastenbeeten. Dabei verwende ich das einfachste System der Firma Gardena. Eine einfache batteriebetriebene Steuerung, auf der ich den Beginn, Häufigkeit und Dauer der Bewässerung einstellen kann, stellt einen sparsamen und effizienten Wasserverbrauch sicher. Seither gedeiht der Garten auch in trockenen Zeiten. In Regenperioden stelle ich die Bewässerung einfach ab. Bei den Heckenpflanzungen im Alchemistenpark hat sich die Tröpfchenbewässerung nur in der Anwachsphase bewährt. Zu starke Bewässerung im Jugendstadium verleitet Pflanzen dazu, hauptsächlich oberflächennahe Wurzeln auszubilden. Generell geht es bei Sträuchern und Bäumen aber darum, dass die Pflanzen möglichst tief wurzeln und sich auch in trockeneren Zeiten selbst versorgen können.

Meine Permakulturanlage

Unweit meines Hauses konnte ich ein Ackergrundstück erwerben, das seit dreißig Jahren in Monokultur mit Feldfrüchten wie Mais, Raps oder Weizen bebaut worden war. Davor war die ganze Ebene eine Landschaft aus Gärten, Wiesen und kleinen Äckern. In den letzten 18 Jahren ist mein Ackergrundstück wieder zu einer vielfältigen Landschaft geworden. In der Hauptwindrichtung halten Hecken aus einheimischen Wildsträuchern den Wind ab. In der vom Wind geschützten Zone wachsen die verschiedensten Obststräucher und -bäume. Zwischen den Heckenteilen, die ich teilweise in S-Form gepflanzt habe, gibt es Durchgänge.

Im Zentrum gibt es eine Baumgruppe mit einer Lichtung, auf der dicke Holzstämme dahinmodern und zum Verweilen einladen. Auch in den Hecken habe ich dicke Äste oder Holzstämme aufgelegt. Dieses Totholz bietet vielen Insekten Nahrung und Brutmöglichkeiten. Indirekt fördere ich damit die Ausbreitung von Nützlingen und schaffe eine Nahrungsquelle für Vögel.

Mit Heckenschnitt schütze ich Jungpflanzen, indem ich ihn um sie herum aufschichte und nur die Spitze der Pflanzen herausschauen lasse. Dieses System der Benjeshecken hat für mich noch weitere Vorteile: Der Heckenschnitt wird platzsparend am eigenen Grund deponiert und über die Jahre wird er zu Kompost. Gleichzeitig strukturiere ich den Raum damit. Ein spezielles Element sind meine Hügel, die im Zentrum aus dicken Stämmen und Ästen bestehen. Auf diese schichte ich Zweige und Heu. Ein eigener Hügel ist nur für Zweige mit Dornen gedacht. Diese Hügel sind Gestaltungs- oder, wenn man so will, Gartenarchitekturelemente. Sie bieten Unterschlupf für sel-

Neue Anlage

Totholz wie in einem Wald (Foto: Johannes Hloch)

tene Zwergmäuse, Igel, Mauswiesel und andere Tiere. Diese Vielfalt an Lebewesen wirkt regulierend – Wühlmausplagen gehören somit der Vergangenheit an.

Eine bunte Blumenwiese erstreckt sich zwischen den Obst- und Nussbäumen. Im Sommer tummeln sich viele Insekten auf den Blüten. Bei der jährlichen Heumahd duftet es nach wildem Oregano und Labkraut. So habe ich mir ein Stück Erinnerung an meine Kindheit bewahrt. In die Planung sind Elemente der traditionellen Streuobstwiesen und des Waldgartenkonzepts eingeflossen. Beim Waldgarten werden die unterschiedlichen Höhenstufen eines natürlichen Waldes im Kleinen simuliert. Die Gestaltung mit Nischen, Plätzen und Durchgängen schafft ein heimeliges Gefühl. Ich denke, das entspricht dem Bedürfnis der Menschen nach Überschaubarkeit und Sichtschutz – ein Bedürfnis, das wohl aus der Zeit stammt, als unsere Vorfahren vom Wald in die Savanne zogen. Das ganze Jahr über gibt es verschiedenste Früchte zu ernten. Im Vorjahr habe ich ein angrenzendes Ackergrundstück erworben. Von der Grundkonzeption her habe ich es ähnlich gestaltet. Ich habe wieder Hecken in S-Form gepflanzt und verschiedene Räume damit geschaffen. Diesmal habe ich allerdings den Erwerbs- und Bewirtschaftungsaspekt mitbedacht und Elemente der Monokultur integriert. Die Chinesischen Datteln und einige andere Obstbäume bilden eigene Hecken und lassen sich so gezielter beernten. Statt einer Wiese habe ich Weißklee eingesät. Dieser gehört zur Familie der Schmetterlingsblütler. Durch die Symbiose der Wurzeln mit Knöllchenbakterien, den sogenannten Rhizobien, können diese Pflanzen Luftstickstoff fixieren und als Nahrung nutzen. Durch die Aussaat von Klee verhindere ich Nahrungskonkurrenz durch Gräser und dünge gleichzeitig den Boden für die Obstproduktion. Auch das sehe ich als ein wesentliches Prinzip in der Permakultur: Sinnvolle traditionelle Bewirtschaftungsformen aufgreifen und sie mit praktischen neuen Wirtschaftsweisen verbinden.

Hügel aus Strauchwerk als Gestaltungselement (Foto: Johannes Hloch)

Foto: Johannes Hloch

Binden Sie den Baum so fest, dass er nicht am Pflock scheuert.

Treten Sie die Erde mit Gefühl fest.

Jetzt steht der Baum stabil.

Der Pflanzschnitt fördert das gute Anwachsen des Baumes.

Den Baum anbinden

Binden Sie den Baum so fest, dass er nicht am Stamm scheuert. Verwenden Sie keine Kunststoffschnüre, sondern Kokosschnüre oder Textilbänder. Binden Sie diese in einer Achterschlaufe um Baum und Pflock. Wickeln Sie einen Teil der Schnur um die Achterschleife als Puffer zwischen Baum und Pflock. Jetzt steht der Baum stabil und die Faserwurzeln können sich entwickeln.

Gut antreten

Die Erde beim Setzen *gut, aber mit Gefühl antreten,* um Lufteinschlüsse zu entfernen und um den Wurzeln einen guten Erdkontakt zu verschaffen.

Wässern

Nicht täglich, dafür aber ausgiebig. So haben die Wurzeln, die sich entwickeln, einen Anreiz tiefer zu wachsen. Zudem vermeiden Sie Staunässe und die Wurzeln faulen nicht ab.

Der Pflanzschnitt

Wenn das neu erstandene Bäumchen in der Erde ist, ist die Freude groß. Gerade bei kleinen Pflanzen sorgt man sich um jeden Ast und um jeden Zweig und hofft, indem man auf sie gut achtet, auf den baldigen Fruchtertrag. Die Vorstellung, dieser Pflanze jetzt ein Stück wegzuschneiden, kostet Überwindung. Durch einen Rückschnitt auf "Saftwaage" nicht nur bei wurzelnackt gesetzten Pflanzen, sondern auch bei Containerpflanzen entsteht ein Saftstau. Der Rückschnitt führt zu einem verstärkten Wurzel- und Triebwachstum. *Die Pflanze wächst besser und rascher an.*

In der Schaugartenanlage Alchemistenpark sammelten wir diesbezüglich eindrückliche Erfahrungen. Einige der ursprünglich schönsten und größten Pflanzen, die wir gesetzt hatten entwickelten sich nachteilig – ihre Äste starben ab, andere zeigten keinerlei Zuwachs. In diesem Fall entschlossen wir uns zu einem radikalen Rückschnitt. Zwei Jahre später dürfen wir nun auf die ersten Früchte der Holzquitte hoffen.

Mit Hölzern werden die Zweige in die richtige Position gespreizt.

Leitäste in den passenden Winkel spreizen

Äste, die später eine tragende Funktion übernehmen sollen, können im jungen Zustand in eine passende Position gebracht werden. Falls Äste zu steil stehen, wachsen sie zu stark und können später am Stamm ausreißen. Am besten nehmen Sie Holunderzweige, schneiden sie am Ende schräg ab, sodass eine Einkerbung entsteht. Spreizen Sie die Äste in einen flachen 45 ° bis 50 °-Winkel. Nach drei Monaten sollte sich das Wachstum stabilisiert haben. Sie können die Äste auch mit einer Schnur oder einem Seil hinunterbinden.

Stammschutz/Winterschutz gegen Frostrisse

Motorsense, Rasentrimmer und ähnliche Geräte sind im Stammbereich absolut tabu. Sie sind der Tod für viele Sträucher und Bäume, da sie die Rinde am Stamm teilweise oder zur Gänze abschälen. Viele Gartenbesitzer merken die Schäden erst sehr spät. Abhilfe schaffen 20 cm hohe Alublechringe,

Das Bienenvolk ist gut entwickelt und trägt reichlich Nektar ein.

Die Befruchter – Bienen und Co.

Behausungen für die Wildbienen und wenn möglich für Honigbienen zu schaffen ist ein wichtiger Schritt im Permakulturgarten (→ weitere Infos dazu sowie zu den Bezugsquellen finden Sie auf Seite 399). So sichern Sie, dass Ihre Obstbäume und -sträucher auch befruchtet werden. Ein reiches Insektenleben ist ein Markenzeichen für einen vielfältigen Garten und ein Garant dafür, dass sich einzelne Arten nicht überproportional und somit nachteilig für die Vielfalt entwickeln.

Wenn Sie Bienen halten wollen, nehmen Sie am besten Kontakt mit dem örtlichen Imkerverein auf. Dort lernen Sie am meisten über die Praxis und machen Bekanntschaft mit „begeisterte GefährtInnen", die Ihnen sicher bei Bedarf helfen.

Ein Blick in das Innenleben der Wildbienenbauten

Den Baum anbinden

Binden Sie den Baum so fest, dass er nicht am Stamm scheuert. Verwenden Sie keine Kunststoffschnüre, sondern Kokosschnüre oder Textilbänder. Binden Sie diese in einer Achterschlaufe um Baum und Pflock. Wickeln Sie einen Teil der Schnur um die Achterschleife als Puffer zwischen Baum und Pflock. Jetzt steht der Baum stabil und die Faserwurzeln können sich entwickeln.

Gut antreten

Die Erde beim Setzen *gut, aber mit Gefühl antreten,* um Lufteinschlüsse zu entfernen und um den Wurzeln einen guten Erdkontakt zu verschaffen.

Wässern

Nicht täglich, dafür aber ausgiebig. So haben die Wurzeln, die sich entwickeln, einen Anreiz tiefer zu wachsen. Zudem vermeiden Sie Staunässe und die Wurzeln faulen nicht ab.

Der Pflanzschnitt

Wenn das neu erstandene Bäumchen in der Erde ist, ist die Freude groß. Gerade bei kleinen Pflanzen sorgt man sich um jeden Ast und um jeden Zweig und hofft, indem man auf sie gut achtet, auf den baldigen Fruchtertrag. Die Vorstellung, dieser Pflanze jetzt ein Stück wegzuschneiden, kostet Überwindung. Durch einen Rückschnitt auf "Saftwaage" nicht nur bei wurzelnackt gesetzten Pflanzen, sondern auch bei Containerpflanzen entsteht ein Saftstau. Der Rückschnitt führt zu einem verstärkten Wurzel- und Triebwachstum. *Die Pflanze wächst besser und rascher an.*

In der Schaugartenanlage Alchemistenpark sammelten wir diesbezüglich eindrückliche Erfahrungen. Einige der ursprünglich schönsten und größten Pflanzen, die wir gesetzt hatten entwickelten sich nachteilig – ihre Äste starben ab, andere zeigten keinerlei Zuwachs. In diesem Fall entschlossen wir uns zu einem radikalen Rückschnitt. Zwei Jahre später dürfen wir nun auf die ersten Früchte der Holzquitte hoffen.

Mit Hölzern werden die Zweige in die richtige Position gespreizt.

Leitäste in den passenden Winkel spreizen

Äste, die später eine tragende Funktion übernehmen sollen, können im jungen Zustand in eine passende Position gebracht werden. Falls Äste zu steil stehen, wachsen sie zu stark und können später am Stamm ausreißen. Am besten nehmen Sie Holunderzweige, schneiden sie am Ende schräg ab, sodass eine Einkerbung entsteht. Spreizen Sie die Äste in einen flachen 45 ° bis 50 °-Winkel. Nach drei Monaten sollte sich das Wachstum stabilisiert haben. Sie können die Äste auch mit einer Schnur oder einem Seil hinunterbinden.

Stammschutz/Winterschutz gegen Frostrisse

Motorsense, Rasentrimmer und ähnliche Geräte sind im Stammbereich absolut tabu. Sie sind der Tod für viele Sträucher und Bäume, da sie die Rinde am Stamm teilweise oder zur Gänze abschälen. Viele Gartenbesitzer merken die Schäden erst sehr spät. Abhilfe schaffen 20 cm hohe Alublechringe,

Pergola mit Weintraube ‚Aron' (Foto: Johannes Hloch)

Blühender Birnbaum am Spalier

Birnenspalier in Tirol

Drahtseilspalier für Pfirsich und Marille/Aprikose (Foto: Firma Fassadengrün)

Wandbegrünung/ Wandspalier/Pergola

Eine Reihe von Obstarten lässt sich gut an einem Spalier ziehen oder benötigt zum Wachstum eine Rankhilfe. Diese Anbauweise hat mehrere Vorteile. In kühleren Gegenden können Sie an einer Holzwand oder einer Mauer Obstarten pflanzen, die generell in diesem Klima nicht gedeihen würden. Die Wand speichert untertags die Sonnenwärme und gibt sie nachts ab. Zudem bietet sie Schutz vor rauen Winden. Ich bin dazu übergegangen, möglichst viele Wände unseres Hauses für Spaliere zu nützen. Die Pflanzen gedeihen auf engstem Raum und tragen gute Früchte.

Wandspaliere sind auch Gestaltungselemente. Vor allem nach dem Blattfall im Herbst wird ihre Struktur sichtbar. Neben Holzlatten können Sie auch Edelstahlseile als Befestigungshilfen für die Pflanzen verwenden.

Mit frei stehenden Spalieren können Sie Plätze abtrennen oder Gehwege einrahmen. Einfach zu bauen sind Elemente mit Holzrahmen und Spanndrähten aus Edelstahl oder beschichtetem Draht.

Eine schöne Möglichkeit die dritte Dimension zu nutzen ist die Pergola. Mit wenig Aufwand können Sie ein Gerüst über einen Sitz- oder auch Abstellplatz bauen und an den Stützen Weinreben oder Kiwis hochziehen. Das Blätterdach spendet Schatten und zur Ernte müssen Sie nur nach oben greifen, um die reifen Früchte zu pflücken.

http://www.fassadengruen.de – sehr gute Planungshilfen, Infomaterial zum Downloaden sowie die notwendigen Baumaterialien erhalten Sie bei der deutschen Firma Fassadengrün.

Kiwi-Pergola in Kroatien

Rankrahmen mit U-förmigen Drahtseilen (Foto: Firma Fassadengrün)

Wandgestaltung Rankgerüst für Schisandra

„WEBNET" von Jakob Drahtseil AG (Foto: Firma Fassadengrün)

Mit Stahlseilen und Klemmringen bespannte Pergola auf einem Dachgarten (Foto: Firma Fassadengrün)

Gründach

Wenn Sie die Chance haben, nützen Sie Ihre Dachflächen für ein Gründach. Je nach Statik, können Sie einen richtigen Garten mit einer dickeren Erdschicht anlegen oder wie hier eine extensive Begrünung. Diese ist pflegeleicht und bietet verschiedenen essbaren Kräutern oder winterharten Kakteen einen Platz.

Foto: Johannes Hloch

Foto: Johannes Hloch

Foto: Johannes Hloch

Die Vielfalt erhalten – das Sortenarchiv im öffentlichen Raum

Der Reichtum der Pflanzen und Obstarten und der verschiedenen Sorten bleibt nur erhalten, wenn er genutzt wird. Erst mit dem Erhalt ist auch die Grundlage für weitere Züchtungen und Verbesserungen gegeben.

Die Idee, den öffentlichen Raum als Sortenarchiv zu nützen, ermöglicht neue Perspektiven. Gemeint ist damit, dass, wie bei der Essbaren Gemeinde und der Essbaren Stadt beschrieben, obsttragende Sträucher und Bäume zur allgemeinen Nutzung an geeigneten Plätzen gepflanzt werden. Mit einer einfachen Beschilderung fördert man das Bewusstsein für die Vielfalt und mit einem Kataster, in dem die Pflanzen verzeichnet sind, ist eine gute Grundlage für die Verwaltung geschaffen. Gemeinden, Ortsteile, Dörfer oder Stadtteile werden so zu Bewahrern der Vielfalt.

Indoorpflanzen

„Wo ein Wille, da ein Garten"

Mit diesem Ausspruch meines allzu früh verstorbenen Freundes Ernst Erker, eines leidenschaftlichen Gärtners, möchte ich den Rundgang durch die Welt der Früchte beginnen. Bei Obst denken viele an Gärten und Landschaft. Dabei beginnt die Möglichkeit zur Obsternte in der Wohnung. Es geht dabei nicht um die großen Mengen, aber, und das ist ja der Gärtnerstolz, es ist aus dem eigenen Garten, in diesem Fall aus dem Blumentopf. Vielleicht sind Sie ja bereits Obstgärtnerin oder Obstgärtner und haben es bloß nicht bemerkt: Eine Reihe von Kakteen tragen essbare Früchte. Ich möchte sie deshalb voranstellen, da sie einfach zu pflegen und extrem robust sind. Zudem blühen sie in den schönsten Farben.

Kakteen (*Cactaceae*)

Kakteen lieben einen sonnigen Standort an einem Fenster. In der frostfreien Jahreszeit können sie auf die Terrasse oder in den Garten gestellt werden. Frostharte Arten können gut auf ein begrüntes Dach oder in ein eigenes Beet gepflanzt werden. „Die" Adressen für Kakteen – http://www.kakteen-haage.de und http://www.uhlig-kakteen.de.

Drachenfrucht/Pitahaya (*Hylocereus spec.*) und *Epiphyllum spec.*

Rote oder Weiße Drachenfrüchte kennen Sie vielleicht aus speziellen Obstabteilungen im Supermarkt. Eine kleinfrüchtige Art, die in der Pflege sehr ähnlich ist, haben Sie vielleicht schon zu Hause oder Ihre Großmutter hat eine. Die Blattkakteen (*Epiphyllum*) waren früher sehr beliebt, da sie keine Stacheln tragen, schmale Blätter haben, sich problemlos im Keller überwintern lassen und große rote, weiße oder gelbe Blüten haben. Diese öffnen sich in der Nacht und duften gut. Ich kenne sie seit meiner Kindheit und kann mich noch an

Die Frucht ist klein und aromatisch.

Rote Drachenfrüchte bestechen durch Farbe und Geschmack (Foto: www.daleysfruit.com.au).

die gelb blühende Sorte erinnern, die ich einmal geschenkt bekam. Für die Fruchtbildung brauchen Sie nur zwei verschiedene Sorten, die sich gegenseitig befruchten. Dann entstehen etwa 2 cm bis pflaumengroße, rote, süße Früchte. Mittlerweile habe ich Lust auf größere Früchte bekommen. Christoph Kruchem hat mir seine jahrelangen Erfahrungen mitgeteilt und seriöse Bezugsquellen genannt. Bei ihm erhalten Sie auch wertvolle, selbstfruchtbare und früh tragende Fruchtsorten.

Wuchsform, Standort und Pflege: Die Pflanzen können im Sommer an geschützten sonnigen Stellen im Freien sein. Bei Dauerregen ist ein Regenschutz ratsam. Im Winter sind die Pflanzen unbedingt ziemlich trocken und bei Temperaturen um mindestens 10 °C zu halten. Ganzjähriger Aufenthalt in einem Wintergarten bringt oft die besten Ergebnisse. Rückschnitt ist gut möglich.

Verwendung:

- Blütenknospen: Die Blütenknospen können Sie als Gemüse verwenden.
- Frucht: Die Früchte werden geschält und frisch gegessen oder mit etwas Wasser zu einem Fruchtgetränk püriert. Es gibt Sorten mit weißem oder mit lilafarbenem süßem Fruchtfleisch.

Vermehrung: Die Vermehrung von Fruchtsorten erfolgt durch Abtrennen von Blattstücken, die in humoser Blumenerde rasch Wurzeln bilden. Sämlingspflanzen bringen nicht die gewünschten Eigenschaften wie Selbstfruchtbarkeit mit und blühen oft erst nach zehn Jahren.

Bezugsquellen: Einzelne Blätter von selbstfruchtbaren Fruchtsorten können Sie sich aus Australien schicken lassen. Der Versand klappt verlässlich. Sie können aus verschiedenen Sorten wählen, unter anderem ‚Yellow Dragon', ‚Scott's Purple', ‚Guatemalan Red' oder ‚Pink Diamond': http://www.tamborinedragonfruitfarm.com.au. Christoph Kruchem vertreibt unter anderem die Sorten ‚Vietnamese White', ‚Amarilla', wahrscheinlich eine auf den Kanaren erprobte Ausleseform von *Selenicereus megalanthus* mit gelben Früchten bis Gänseeigröße. Stecklingsvermehrte Pflanzen erhalten Sie bei: http://www.hortensis.de.

eine Reihe von Hybriden zwischen den beiden Arten.

Applecactus (*Harissia pomanensis*)

Der Applecactus stammt aus Paraguay und Argentinien und trägt 3–5 cm große Früchte. Wenn Sie selbstfruchtbare Fruchtsorten kennen, dann nehmen Sie bitte Kontakt mit mir auf.

Banane (*Musa spec.*)

Dessertbananen aus dem eigenem Anbau – diesen Traum können Sie sich erfüllen. Sie benötigen nur etwas Geduld. Nach etwa 3 Jahren tragen die hier vorgestellten Sorten in der Wohnung leckere kleine Früchte. Die ersten Pflanzen, die meine Freunde anbauten, stammten von Hofer/Aldi. Im Frühjahr, meist im April, gibt es Bananenpflanzen vermutlich der Sorte ‚Super Dwarf Cavendish' zu kaufen, die schmackhafte 9–10 cm lange Bananen tragen. Und das Schöne dabei: Sie können damit eine Bananenplantage anlegen, denn alle Pflanzen produzieren laufend Wurzelschösslinge, die abgetrennt und weitervermehrt werden können.

Verschiedene Arten und deren Herkunft: Die häufig als winterhart angebotene Japanische Faserbanane *Musa basjoo* bringt nur etwa 5 cm lange essbare Früchte hervor. Je Frucht erhalten Sie etwa 2 Teelöffel süßes Bananenfruchtfleisch. Den süßen Nektar der Blüten können Sie trinken. Nur in warmen Regionen und bei idealen Vegetationsbedingungen über das ganze Jahr gibt es die Chance, dass Bananen auch im Freiland ausreifen. Erfahrungen dazu finden Sie am Ende des Porträts. Eine sehr bewährte Art ist *Musa acuminata* ‚Dwarf (Zwerg) Cavendish'. Sie kommt in Ostasien, von Südchina, Indien, Malaysia bis zu den Philippinen vor und wird bis zu 2,5 m hoch. Die Sorte ‚Super Dwarf Cavendish' (*Musa acuminata*) wird

Banane Sorte ‚Super Dwarf Cavendish'

90 bis maximal 120 cm groß. Noch kleiner ist die Sorte ‚Musa Truly Tiny'. Sie wird 50 cm groß. Eine klein bleibende thailändische Sorte, die kleine süße Früchte hervorbringt und bei über 15 °C überwintert werden muss, ist ‚Musa Dwarf Thai'. ‚Little Prince' ist eine Neuzüchtung aus den USA und wird 70 cm hoch. ‚Musa Dwarf Red' hat rote gedrungene Früchte und wächst bis 2 m hoch. ‚Double Mahoi', ‚Dwarf Brazil' und ‚Dwarf Green' sind klein bleibende Pflanzen, die gut für die Wohnung geeignet sind. Kälteverträglichere Sorten sind ‚Ice Cream', eine klein bleibende Fruchtsorte mit Vanillegeschmack, und ‚Raja Puri'. Diese Sorte wird 2,5–3 m hoch und ist sehr robust. Beide können bei 5 °C überwintert oder dauerhaft in der Wohnung gehalten werden.

Pflege: Bananen sind recht anspruchslos in der Pflege. Sie bevorzugen feuchte Substrate, Staunässe ist aber unbedingt zu vermeiden. Passen Sie die Topfgröße immer der Pflanzengröße an und setzen Sie die Banane je nach Wachstum öfter um. Im Sommer im Freien benötigen Bananen entsprechend mehr Wasser als im Winter. Achten Sie im Winter darauf, dass der Fußboden nicht zu kühl ist. Ansonsten sind zwar die Blätter in der Wärme, die Wurzeln hingegen sind dann aber nicht produktiv genug, um die Blätter zu versorgen. Stellen Sie

Musa *'Dwarf Orinoco' bei Herrn Cziglar in der Steiermark 2003 (Foto: Thomas Gollowitsch)*

den Blumentopf auf eine Styroporplatte, um ihn zu isolieren. Eine Isolierung ist auch nötig, wenn Sie eine Fußbodenheizung haben. Dann haben Sie den umgekehrten Effekt. Die Wurzeln haben es zu warm und die Blätter zu kühl. Wenn Blätter braune Flecken bekommen, stehen die Pflanzen zu trocken. Bananen sind Starkzehrer. Sie benötigen zur guten Entwicklung regelmäßige Düngergaben. In der frostfreien warmen Jahreszeit können sie auf die Terrasse oder an eine geschützte sonnige Stelle im Garten gestellt werden. Einige Arten können im Sommer auch ausgepflanzt werden. Der Wind reißt die Blätter oft schlitzartig ein.

Verwendung: Neben dem Frischverzehr schmecken Bananen auch flambiert oder gebacken sehr gut. Sie können auch zu süßen oder, wie in Mexiko üblich, zu pikanten Bananenchips getrocknet werden.

Vermehrung: Bananen bilden laufend Wurzelschösslinge aus. Diese werden, wenn sie groß genug sind, abgetrennt und getopft. Bis zur Fruchtbildung dauert es etwa 3 Jahre.

Bezugsquellen: Die oben genannten Bananensorten und eine Fülle anderer Sorten erhalten Sie bei: www.palmscenter.de. Die Sorte 'Dwarf Cavendish' erhalten Sie bei: http://www.flora-toskana.de, 'Raja Puri' bei: http://www.hortensis.de.

Bananenernte von Musa *'Dwarf Orinoco' in der Steiermark 2003 (Foto: Thomas Gollowitsch)*

Tipp/Besonderheiten: Schauen Sie doch einmal auf die Website von Roland Reineck aus der Umgebung von Karlsruhe: http://bananenhobby.de. Hier finden Sie beeindruckende Fotos aus seinem Bananengarten und gute Praxistipps zum Bananenanbau.

Die von manchen Gärtnereien angebotene Rosa Zwergbanane *Musa velutina* trägt zwar essbare Früchte, diese haben aber vor allem große Samen und kaum Fruchtfleisch.

Bananenanbau im Freiland in der Steiermark

Herr Cziglar aus der Südsteiermark experimentiert seit Jahrzehnten mit dem Bananenanbau im Freiland. Die Japanische Faserbanane *Musa basjoo* ist gut winterhart und wächst üppig. Die Früchte enthalten allerdings zahlreiche Samen und wenig Fruchtfleisch. Eine rundblättrige Sorte der Japa-

Bananenplantage mit Musa basjoo *im Winter (Foto: Thomas Gollowitsch)*

Bananenplantage mit Musa basjoo *in der Steiermark 2012 (Foto: Thomas Gollowitsch)*

nischen Faserbanane ist kernlos und schmeckt sehr gut. Das Ehepaar Dötzl von Exoticgarten aus Österreich hat im Freiland schon erfolgreiche Ernten dieser Sorte gehabt. Wichtig ist, die Blüte, nachdem sie einige Reihen Bananen angesetzt hat, einzukürzen, damit die vorhandenen Früchte ausreifen können und Wachstumsenergie gespart wird. Die Pflanzen hackt Herr Cziglar jedes Jahr im Spätherbst ab, sodass jeweils nur ein 30 cm hoher Strunk übrigbleibt. Darüber legt er alte Holzpaletten, die er mit wasserundurchlässigen Folien abdeckt. Dies verhindert, dass die Strünke im Winter zu faulen beginnen. Im Frühling treiben die Bananen wieder frisch aus. Guten Erfolg bei der Freilandüberwinterung hatte Herr Cziglar mit *Musa* ‚Dwarf Orinoco', einer Bananensorte die im Mittelmeerraum häufig angepflanzt wird und die recht robust ist. Die eindrucksvolle Bananenernte, die Sie auf dem Foto sehen können, stammt von *Musa* ‚Dwarf Orinoco'. Diese Sorte wird bis 2,5 m hoch und trägt auch bei Kübelkultur verlässlich. Eine Möglichkeit, frostempfindliche Sorten zum Tragen zu bringen, besteht darin, sie im Spätherbst auszugraben und in einem trockenen hellen Keller zu überwintern. Im Frühling wird die Pflanze erneut im Garten ausgepflanzt. Die frostempfindliche *Musa* ‚Dwarf Cavendish' brachte auf diese Weise schon mehrmals eine reiche Ernte. Derzeit experimentieren Herr Cziglar und Herr Gollowitsch, der all dies fotografisch dokumentiert, mit dem Anbau der Darjeeling-Banane *Musa sikkimensis* im Freiland. 2014 wuchsen Pflanzen 6–7 m hoch mit einem Stammdurchmesser von 45–50 cm.

Pflanzen erhalten Sie bei den unter Bezugsquellen genannten Firmen und bei: http://www.exoticgarten.eu/shop/index.php?main_page=index&cPath=1. Weiterführende Informationen – auch zu Sorten, mit denen Sie experimentieren können – finden Sie unter: http://palmengarten.npage.at/alles-banane/fuer-freiland-geeignete-arten-und-sorten.html.

Ananas (*Ananas comosus*)

Vor vielen Jahren hat mir eine schwedische Kollegin ganz begeistert von ihrer Ananasernte am Küchenfenster erzählt. Die Früchte sind bei ihr gut ausgereift. Mein erster Versuch, den grünen Schopf einer Ananas aus dem Supermarkt abzuschneiden und in einen Blumentopf zu setzen, funktionierte prompt. Die Pflanze bewurzelte sich und begann zu wachsen. Aus diesem Blattschopf entsteht nach ein bis vier Jahren wiederum ein selbstfruchtbarer Blütenstand, der zu einer neuen Ananas reift. Deren Schopf können Sie wieder einsetzen und so weiter. Viel Vergnügen! Die Mut-

Ananas reifen auch auf der sonnigen Fensterbank.

terpflanze stirbt nach der Fruchternte ab und bildet seitlich neue Tochterpflanzen, die Sie abtrennen und weiterziehen können.

Seit dem 16. Jh. wurde der Ananasanbau in Glashäusern vor allem von Fürsten und sonstigen Adeligen betrieben. In Landshut in Bayern wurde er auf der Burg Trausnitz letztlich wegen des großen Aufwandes wieder eingestellt. Der Anbau sollte in im Winter gut geheizten Wohnungen an einem sonnigen Platz am Fenster aber kein Problem sein.

Herkunft: Familie der Bromeliengewächse (*Bromeliaceae*); die ursprünglichen Wildformen stammen aus Paraguay und wurden von indianischen Kulturen domestiziert.

Pflege: Setzen Sie die Ananas in ein nährstoffarmes gut durchlässiges Substrat. Gießen Sie sparsam und vermeiden Sie Staunässe. Im Sommer können Sie vierzehntägig düngen. Ein Dünger mit hohem Phosphoranteil begünstigt die Fruchtbildung.

Verwendung:

- Frucht: Während der Fruchtreife färbt sich die Ananas gelb. Sie wird geschält und meist frisch gegessen.

Vermehrung: Schneiden Sie den Blattschopf einer reifen Ananas vorsichtig ab und entfernen Sie das Fruchtfleisch. Lassen Sie den Strunk drei Tage abtrocknen, um Fäulnisbildung zu vermeiden. Dann können Sie den Schopf in ein Glas Wasser zur Bewurzelung geben oder direkt in die Erde setzen. Als zusätzliche Maßnahme gegen Fäulnis können Sie den Wurzelbereich vor dem Einpflanzen mit Holzkohlepulver einreiben. Für das Anwachsen benötigt die Ananas hohe Temperaturen und eine hohe Luftfeuchtigkeit. Stellen Sie die Pflanze allerdings nicht zur Heizung. Die erste Zeit können Sie einen Folienbeutel mit Löchern über die Pflanze geben, um die Luftfeuchtigkeit zu steigern.

Achira/Indisches Blumenrohr (*Canna edulis Syn. Canna indica*)

In unseren Breiten trägt Achira keine Früchte. Verwendet wird das Rhizom als Gemüse, das sich bestens für die Kübelkultur und im Sommer für die Gartenkultur eignet. Bei der Überwinterung im Wohnzimmer gesellen sich jedes Jahr Blattläuse dazu. Durch eine Spritzung mit Neemöl, lassen sie sich leicht in Schach halten. Besonders bekannt sind die verschiedenen Züchtungen der Zierform von *Canna indica*, die unter dem Namen Blumenrohr als attraktive Blühpflanzen weit verbreitet sind.

Die Achira pflanze ich im Sommer ins Kastenbeet (Foto: Johannes Hloch).

Herkunft: Familie der Blumenrohrgewächse (*Cannaceae*); Andentäler, tropische Gebiete Südamerikas, Westindische Inseln

Höhe und Platzbedarf: 2 m hoch

Frosthärte: Die Pflanzen sind frostempfindlich und werden deshalb vor dem Herbstfrost ausgegraben und in kühlen trockenen Kellern, in trockenem Sand eingeschlagen, gelagert. Eine gute Möglichkeit ist die Überwinterung als Topfpflanze im Haus. Mit den großen Blättern und den grünroten Rhizomen ist Achira auch eine attraktive Zimmerpflanze. Nach den Eismännern im Mai werden die Pflanzen im Garten ausgepflanzt oder auf die Terrasse gestellt.

Wuchsform, Standort und Pflege: Die Achira ist eine ausdauernde Pflanze, die im Verlauf eines Jahres große Stöcke bildet und bis 2 m hoch wächst. Die kräftigen großen Blätter erinnern an Bananenblätter. Achira stellt keine besonderen Ansprüche an den Boden. Dieser soll allerdings gut durchlässig sein. Eine regelmäßige Versorgung mit Dünger und Feuchtigkeit ist notwendig. Für ein gutes Wachstum ist ein sonniger Platz wichtig. Sollte Achira als Kübelpflanze gezogen werden, so sind wegen des großen Nährstoffbedarfs Flüssigdünger sinnvoll, da diese für die Pflanze rasch verfügbare Nährstoffe abgeben.

In den Achirablättern lässt sich der Fisch im eigenen Saft dünsten.

Verwendung:

- Rhizom: In der Küche finden die Rhizome (umgangssprachlich: Wurzelstock), die leicht verdaulich sind, Verwendung. Diese enthalten Zucker und etwa 25% Stärke. Das Stärkemehl ist als „Queensland Arrowroot" im Handel. Zur Gewinnung der Stärke werden die Rhizome gerieben und der Brei wird dann mit Wasser gespült, um die Fasern auszusondern. Achira wird sowohl roh, fein gerieben und gewürzt, gegessen, als auch gebacken verzehrt. Sie eignet sich auch gut für Cremesuppen. Die geschälten Rhizome werden quer zur Faser feinblättrig geschnitten und gekocht. Die Suppe wird anschließend püriert.
- Blatt: Die Blätter können in der Küche als Dekoration für Speisen verwendet werden, ähnlich den Bananenblättern, die in Südindien als Unterlage für Speisen im Gebrauch sind. Sie eignen sich auch gut für das Einpacken von Fisch oder Gemüse, um diese im eigenen Saft zu braten.
- Frucht: Die süßen Früchte reifen nur im tropischen Klima. Anbauversuche im Glashaus oder im Wintergarten könnten interessant sein.

Die Knollen der Achira lassen sich zu Cremesuppen verarbeiten.

Vermehrung: Die Vermehrung erfolgt durch Teilung der Stöcke. Auch die Anzucht aus Samen ist möglich. Die attraktiven dunkelroten Blüten bilden sich in Mitteleuropa aber nur im Glashaus oder in langen warmen Sommern aus. Die harten Samen keimen unregelmäßig. Einen guten Erfolg erzielt man, wenn die Samenhülle an einer Stelle mit Schleifpapier angeschliffen wird, bis der weiße Samen sichtbar wird. Die Samen lässt man anschließend in lauwarmem Wasser 24 Stunden quellen und pflanzt sie dann in die Erde.

Bezugsquellen: Samen erhalten Sie bei: http://www.tradewindsfruit.com und http://www.kraeuter-und-duftpflanzen.de, Pflanzen bei: http://www.spicegarden.eu.

Die Blüten öffnen sich früh am Morgen.

ne Kapernsträucher auf der sonnigen Fensterbank. Der sommerliche Aufenthalt im Freien tut ihnen gut. Ja und Blütenknospen, meine ersten Kapern haben sie auch schon angesetzt. Kapernsträucher sind robuste und problemlose Pflanzen. Der Rückschnitt im Herbst auf 1/3 der Trieblänge fördert den Blüten- und Fruchtansatz im nächsten Jahr.

Herkunft: Familie der Kaperngewächse (*Capparaceae*); vom Mittelmeerraum bis zum Kaukasus, Turkestan, Tibet, Indien, Südostasien

Frosthärte: Zone 8; frosthart bis -12,2 °C; an einer trockenen und geschützten Stelle an der Südseite einer Mauer gepflanzt überstehen gut entwickelte Sträucher auch tiefere Temperaturen.

Höhe, Platzbedarf, Wuchsform und Standort: Die immergrünen Sträucher lieben volle Sonne und magere, kiesige oder sandige Böden. Sie gedeihen auf feuchten und trockenen Böden und tolerieren Trockenheit.

Verwendung:

- Blatt und junge Triebe: Die zarten jungen Triebe können Sie wie Spargel dünsten.
- Blütenknospe: Die Blütenknospen werden morgens vor dem Öffnen gepflückt, 2–3 Stunden angetrocknet. Danach geben Sie sie für 8–10 Tage in eine Essig- oder Kochsalzlösung, um sie zu entbittern. Falls Sie nach dem Abseihen noch zu bitter schmecken, wiederholen Sie das Ganze. Anschließend können Sie die Kapern in Öl oder in Kräuteressig einlegen.
- Frucht: Die zarten ovalen Fruchtstände werden blanchiert und so wie die Blütenknospen eingelegt oder zu Pickles verarbeitet.

Vermehrung: Die Vermehrung aus Samen gelingt einfach. Stecklinge vom halbreifen Holz schneiden Sie im Juli/August.

Sorten und Bezugsquellen: Pflanzen der stachellosen Sorte ‚Inermis' erhalten Sie bei: https://flora-toskana.com, http://www.pepinieredubosc.fr, http://www.sebtan.fr und http://www.kraeuter-direkt.at. Samen erhalten Sie bei: https://www.saemereien.ch.

Zitrusvariationen aus dem eigenen Anbau

Kübelpflanzen für Terrassen und Höfe

Zitrusfrüchte (*Citrus spec.*)

Orangen, Calamondinen, Mandarinen, Tangerinen, Kumquat, Zitronen und eine Reihe anderer Zitrusarten können Sie heute in vielen Gärtnereien und Baumschulen kaufen. Der Anbau von Zitrusfrüchten als Kübelpflanzen hat eine lange Tradition in kaiserlichen Orangerien. Hier näher auf die Vielfalt an Zitrusgewächsen einzugehen würde heißen ein Buch im Buch zu schreiben. Darum gebe ich Ihnen hier nur einige grundlegende Informationen. Für ein Eintauchen in die Zitruswelt finden Sie unten Literatur und Webadressen.

Eine einfach zu kultivierende und robuste Art ist die Calamondine (*Citrus microcarpa Syn. mitis*), eine Kreuzung aus Mandarine und Kumquat. Die Früchte sind säuerlich und gut für Marmelade geeignet. Bei uns kommt es allerdings nie so weit, da wir sie den Sommer über oder im Winter einfach immer frisch vom Strauch naschen.

Herkunft und Frosthärte: Familie der Rautengewächse (*Rutaceae*); tropischer und subtropischer Südosten Asiens und Australien; die einzige winterharte Art ist die Dreiblättrige Orange (*Poncirus trifoliata*); Kreuzungen mit der Dreiblättrigen Zitrone ergeben Sorten, die bis -15 °C in geschützten Lagen frosthart sind.

Höhe und Platzbedarf: Die verschiedenen Arten eignen sich alle für die Topfkultur und werden als kleine Büsche oder Bäumchen gezogen.

Bodenansprüche und Pflege: Zitrusgewächse wollen warme, sonnige und windgeschützte Standorte. Sie benötigen einen leicht sauren und gut wasserdurchlässigen Boden. Die Pflanzen sollen dann umgetopft werden, wenn der Topf gut durchwurzelt ist. Dies tun Sie alle paar Jahre im März/April. Wollen Sie die Zitruserde selbst mischen, so benötigen Sie jeweils ein Drittel kalkarme Muttererde, Rindenhumus (kein Rindenmulch) oder Kokossubstrat und steinige Anteile

Pistazie Sorte ‚Napoletana' weiblich (Foto: Baumschule Häberli)

Pistazie Sorte ‚Vesuv' männlich (Foto: Baumschule Häberli)

Wuchsform, Standort und Pflege: Die Pflanzen benötigen einen gut durchlässigen Boden und einen sonnigen, windgeschützten Standort. Pistazien sind robuste und pflegeleichte Pflanzen. Frei ausgepflanzten Pflanzen geben Sie am besten einen Winterschutz durch eine dicke Mulchschicht. Die Bestäubung erfolgt durch den Wind. Sie können hier mit einem feinen Pinsel nachhelfen, indem Sie abwechselnd auf die männlichen und weiblichen Blüten tupfen.

Verwendung:

- Nuss: Pistaziennüsse können Sie frisch oder geröstet essen. Die frischen Nüsse werden zu Mus vermahlen oder gerieben für Süßspeisen verwendet. Feines Pistazienöl erhalten Sie bei: http://www.hartls-oele.at.

Vermehrung: Pistazien lassen sich leicht aus frischen Samen ziehen. Erst wenn die Pflanzen in die Blüte gehen, erkennen Sie, welches Geschlecht sie haben. Die sortenechte Vermehrung erfolgt durch Veredelung auf Pistaziensämlinge. Stecklinge vom halbreifen Holz junger Bäume schneiden Sie im Juli. Im Juli können Sie auch Absenker machen.

Sorten und Bezugsquellen: Pflanzen erhalten Sie bei: http://www.haeberli-beeren.ch und http://www.zitronenlust.de. Pistazienpflanzen aus Bronte in Italien erhalten Sie bei: http://www.pistasta.com. Pflanzen auf die beide Geschlechter veredelt sind, um Platz zu sparen, erhalten Sie bei: http://www.flora-toskana.de. Eine große Sortenvielfalt finden Sie bei dieser französischen Baumschule: http://pepinieres-gauthier.fr. Die Sorten ‚Kerman' (weiblich) und ‚Peters' (männlich) erhalten Sie bei: http://www.sebtan.fr. Die Frosthärte ist mit -20 °C angegeben.

Tipp/Besonderheiten: Pistazien sind zweihäusig. Eine männliche Pflanze bestäubt 3–4 weibliche Pflanzen.

Erdbeerbaum/Westlicher Erdbeerbaum (*Arbutus unedo*)

Mein Erdbeerbaum trägt seit Jahren recht verlässlich und ist in der Haltung unproblematisch. Es ist ein schönes Bild, wenn die reifen Früchte und der Blütenansatz zur gleichen Zeit am Baum sind. Die Befruchtung erfolgt von November bis Dezember, die Fruchtentwicklung braucht etwa ein Jahr. Ich habe zwei verschiedene Sorten im Anbau versucht. Die Wildform aus der österreichischen Baumschule Praskac hat sich am besten bewährt. Die Sorte ‚Compacta' wächst sehr dicht belaubt, hat kleinere Blätter und wird nur 1,5 m hoch. Im Winterlager war sie durch die Blattdichte sehr pilzanfällig und ich habe sie daher aus meinem Sortiment entfernt.

Die glöckchenförmigen Blüten erscheinen erst im Spätherbst.

Die Früchte reifen im Spätherbst.

Herkunft: Familie der Heidekrautgewächse (*Ericaceae*); Mittelmeerraum

Höhe und Platzbedarf: Als Baum 9 m hoch, 8 m breit, in der Kübelkultur als Busch erzogen

Frosthärte: Zone 7; frosthart bis -17,7 °C

Wuchsform und Standort: Die immergrünen Kleinbäume sind sehr gut schnittverträglich und können daher als Kübelpflanzen gut in Form gehalten werden. Sie werden hell und kühl überwintert.

Der Westliche Erdbeerbaum stellt im Unterschied zu den anderen Vertretern dieser Art keine besonderen Bodenansprüche. Kalkarme Substrate sind zu bevorzugen. Die hartlaubigen Blätter tragen auf der Oberseite eine Wachsschicht und glänzen stark. Die Rinde ist rötlich braun gefärbt. Zusammen mit den Blüten und Früchten ist sie ein attraktiver Anblick.

Die weiß- bis hellrosafarbenen glöckchenförmigen Blüten hängen in Rispen herab und erscheinen im Herbst.

Pflege: Die Pflege beschränkt sich auf vorsichtiges Auslichten oder Einkürzen von Zweigen, um eine kompakte Form und einen lockeren Aufbau zu erhalten und den Fruchtertrag zu steigern. Schnittmaßnahmen werden am besten im Frühsommer durchgeführt. Zweiwöchentliche Gaben von speziellen Flüssigdüngern für Rhododendren oder Zitrusgewächse in der Wachstumsphase bis etwa Mitte August, garantieren eine gute Entwicklung. Verwenden Sie am besten kalkarmes Regenwasser zum Gießen. Wichtig ist auf Schädlinge wie Läuse zu achten, die im Winterlager Schäden verursachen können. Auf den Absonderungen der Läuse können sich schwarze Pilzbeläge bilden, die zum Blattverlust führen.

Verwendung:

- Frucht: Die Früchte werden etwa 2,5 cm groß und reifen langsam. Daher findet man am Baum meist Früchte zusammen mit Blüten. Vom Aussehen her erinnern die orange- bis rotfarbigen Früchte an Erdbeeren, was ihnen auch den Namen gab. Sie haben eine sich etwas hart und warzig anfühlende Schale. Das gelborange Fruchtfleisch schmeckt vollreif süß-säuerlich. Bleiben die Früchte länger am Baum hängen, können sie zwar noch gegessen werden, schmecken dann aber mehlig. In vielen Büchern und Interneteinträgen findet sich der falsche Hinweis, dass

Verwendung:

- Blatt und Sprossen: Die jungen zarten Blätter können Sie als Gemüse dünsten. Die unreifen Sprossen können Sie in Essig oder Salz einlegen.
- Beeren und Samen: Den Samenmantel der unreifen Beeren können Sie frisch essen, in Salz oder als Pickles einlegen oder frisch oder getrocknet als Gewürz verwenden. Das Öl der Samen wird als Salatöl verwendet.
- Harz: Das Harz können Sie ähnlich wie das vom Mastixstrauch verwenden.

Bezugsquellen: Pflanzen erhalten Sie bei: http://www.sebtan.fr.

Myrte (*Myrtus communis*)

Die Blätter der Myrte duften intensiv aromatisch. Die blauen Beeren schmecken bitter-süß aromatisch. Seit ich sie in Korsika kennengelernt und verschiedene Produkte gekostet habe, ist sie ein Fixbestandteil in meiner Küche. Eine spezielle Fruchtsorte mit großen weißen Beeren habe ich auf einem Markt im asiatischen Teil von Istanbul gefunden. Ich werde versuchen sie zu vermehren.

Herkunft: Familie der Myrtengewächse (*Myrtaceae*); Südeuropa bis Westasien

Höhe, Platzbedarf und Wuchsform: Ausgepflanzt werden die immergrünen Sträucher 4,5 m hoch und 3 m breit. Sie vertragen Schnittmaßnahmen sehr gut und können daher in der Topfkultur gut in Form gehalten werden. Die Pflanzen werden am besten kühl bei 8 °C überwintert.

Frosthärte: Zone 8–10; frosthart bis -12,2 °C

Pflege: Myrten sind unproblematisch in der Pflege.

Eine weiße Fruchtsorte aus Istanbul neben den Wildfrüchten der Myrte

Die getrockneten Blätter werden gemahlen.

Verwendung:

- Frucht: Für Marmelade werden die etwa heidelbeergroßen, schwarzblauen Beeren durch ein feines Sieb passiert. Für Liköre oder zum Färben und Aromatisieren von Grappa werden die frischen Früchte verwendet. Die Früchte können auch getrocknet und als Gewürz mitgedünstet werden.
- Blatt: Frische Blätter können in Suppen mitgedünstet werden. Ich kaue auch gerne manchmal ein Blatt wegen des erfrischenden Aromas. Die getrockneten und gemahlenen Blätter werden in Korsika mit Brotmehl vermischt und gebacken. Ich vermahle die Blätter in einer Kaffeemühle und mische sie mit Lakritze und Szechuanpfeffer zu einer Gewürzmischung, die sich für viele Gemüsegerichte eignet. Die frischen Blätter und Zweige werden auch zum Grillen von Fleisch verwendet. Dafür werden die Blätter in die

Myrten sind vielseitig verwendbare Pflanzen.

Bauchhöhle gegeben oder um einzelne Fleischstücke gewickelt. Aus den Blättern wird auch Öl destilliert.

- Blüte: Die frischen Blüten werden in Salaten verwendet. Getrocknete Blüten werden als Gewürz genutzt.

Vermehrung: Die Vermehrung aus Samen gelingt einfach. Trockene Samen werden zuvor 24 Stunden in Wasser gequollen. Stecklinge vom halbreifen Holz werden im Juli/August und Steckhölzer vom reifen Holz im November geschnitten. Außerdem können Absenker gemacht werden.

Sorten und Bezugsquellen: Pflanzen erhalten Sie bei: http://www.sebtan.fr, http://www.pflanzmich.de, http://www.flora-toskana.de und http://www.praskac.at. Samen bekommen Sie bei: http://www.green24.de.

Tipp/Besonderheiten: Myrten sind selbstfruchtbar.

Erdbeerguave mit roten Früchten (Foto: Baumschule Sebtan)

Erdbeerguave mit gelben Früchten (Foto: Baumschule Sebtan)

Weitere Myrtengewächse (*Myrtaceae*)

Eine Reihe von Myrtengewächsen liefert schmackhafte Beerenfrüchte. Sie sind immergrün und gut als Kübelpflanzen zu halten. Die Surinamkirsche (*Eugenia uniflora*) liefert kirschgroße rote Früchte. Pflanzen erhalten Sie bei: http://www.pflanzmich.de. Eine gelbfrüchtige Erdbeerguave (*Psidium littorale Syn. Psidium cattleianum*) erhalten Sie bei: http://dmkert.hu. Die Kirschmyrte (*Eugenia myrtifolia*) hat kirschgroße rosa-violette Früchte. Der

Rosenapfel (*Syzygium jambos Syn. Eugenia jambos)* aus Malaysia hat 4–5 cm große grünliche oder gelbe gestreifte Früchte. Der Wasserapfel/Wasser-Wachsapfel/Javaapfel (*Syzygium aqueum Syn. Eugenia javanica*) aus Südindien und Ostmalaysia trägt birnenförmige bis 8 cm lange Früchte. Die Brasilianische Kirsche (*Eugenia dombeyi Syn. Eugenia brasiliensis*) hat kirschgroße Früchte. Die Erdbeerguave (*Psidium littorale*) aus Ostbrasilien hat 2–3 cm große gelbe oder rote Früchte. Eine gelbfrüchtige Erdbeerguave (*Psidium littorale Syn. Psidium cattleianum*) erhalten Sie bei: http://dmkert.hu. Alle Arten können sowohl kalt als auch warm überwintert werden. Pflanzen erhalten Sie bei: http://www.austropalm.at oder http://www.flora-toskana.de.

Von der Lumamyrte können Sie die Blätter und die Beeren verwenden (Foto: Flora Toskana).

Lumamyrte/Arrayán (*Luma apiculata*)

Die Lumamyrte wächst in Chile und Teilen Argentiniens. Die Beeren können Sie frisch essen oder zu Marmelade oder Obstwein verarbeiten. Aus den Blättern können Sie Tee bereiten. Pflanzen erhalten Sie bei: http://www.flora-toskana.de und http://www.deaflora.de. Bei Deaflora erhalten Sie auch die Sorte ‚Arranyan Glanleam Gold' aus Irland mit gelbgrün marmorierten Blättern sowie weitere Sorten.

Chilenische Guave/Chilenische Myrte/Murtilla (*Ugni molinae*)

Die in Chile, Argentinien und Bolivien vorkommende Chilenische Guave hat herrlich intensiv duftende Blüten. Schon alleine deshalb sollten Sie sie anpflanzen. Sehr lecker schmecken die rosinengroßen Beeren, die in Büscheln im Herbst an der Pflanze hängen. Sie werden zu Marmelade oder Wein verarbeitet. Oder Sie genießen sie einfach frisch. So schmecken sie mir am besten. Überwintert wird die Pflanze kühl bei 5–10 °C.

Die Blüten der Chilenischen Guave duften intensiv.

Die Früchte der Chilenischen Guave sind sehr aromatisch.

Samen erhalten Sie bei: www.sunshine-seeds.de, Pflanzen der Sorten ‚Flambeau' mit silbrig grünen Blättern, ‚Big Burning Pink' mit großen Früchten, ‚Villarica' und ‚Elite' mit reichem Ertrag schon bei kleinen Pflanzen erhalten Sie bei: http://www.deaflora.de, die Sorte ‚Kapow' mit rosa Blüten bei: http://www.crocus.co.uk.

Die großen Blüten duften abends und in der Nacht (Foto: Flora Toskana).

Natalpflaumen haben ein saftiges Fruchtfleisch (Foto: Flora Toskana).

Natalpflaume (*Carissa macrocarpa*)

Herkunft: Familie der Hundsgiftgewächse (*Apocynaceae*); Südafrika

Höhe und Platzbedarf: Die immergrünen, stachelbewehrten Pflanzen können in Wintergartenbeeten oder in Kübeln auch als Unterpflanzung von großen Kübelpflanzen gehalten werden. Die pflaumenförmigen roten Früchte werden etwa eigroß und haben saftiges, süßes Fruchtfleisch. Die großen Blüten duften abends und nachts am stärksten, weil sie von nachtaktiven Insekten bestäubt werden. Die Überwinterung erfolgt hell bei einer Raumtemperatur zwischen 5 °C und 15 °C.

Verwendung:

- Frucht: Die Früchte werden frisch samt Schale gegessen, zu Sirup oder Soßen verarbeitet oder als Pickles eingelegt.

Sorten und Bezugsquellen: Für einen sicheren Fruchtansatz benötigen Sie zwei Pflanzen. Pflanzen erhalten Sie bei: http://dmkert.hu und http://www.flora-toskana.de.

Essbare Ölweide (Foto: Johannes Hloch)

Bergpapaya/Babaco (*Carica x heilbornii Syn. Carica x pentagona* ‚Babaco')

Christoph Kruchem hat gute Erfahrungen im Anbau von Bergpapaya gemacht: Die Bergpapaya ist eine samenlose Hybride. Sie wächst kompakt und setzt ab 50 cm Höhe Massen von kernlosen länglichen Früchten ohne Bestäubung an. Die frostempfindliche Pflanze ist im Sommer völlig problemlos auch draußen zu halten. Sie verliert bei kühlen Temperaturen im Herbst ihr Laub und kann dann kühl und dunkel überwintert werden. Pflanzen erhalten Sie bei: http://www.hortensis.de und https://flora-toskana.com.

Passionsblumen/Maracuja (*Passiflora spec.*)

Bei den Urlauben in Kroatien sind mir immer die orangen Früchte der Passionsblumen der Art *Passiflora caerulea*, die sich dort an Zäunen ranken, aufgefallen. Das knallrote Fruchtfleisch um die Samen ist essbar. Die Samen habe ich auch ausgesät und sie keimten problemlos. Die Pflanzen entwickelten sich in Topfkultur an einem Bambusstab hochgezogen rasch. Und sie sind sehr blühfreudig. Ich schneide die Pflanzen im Spätherbst teilweise zurück und überwintere die Töpfe im kühlen und hellen Kellerabgang. Früchte haben sich auch entwickelt, allerdings waren sie bisher immer taub, ein Befruchterproblem. Heuer habe ich ‚Constanze Elliot' eine weiß, aber nicht so reichlich blühende Sorte gekauft, um eine Kreuzbestäubung zu ermöglichen. Bei der frosthärtesten Art, *Passiflora incarnata* gibt es diese Bestäubungsprobleme nicht in diesem Ausmaß. Die kleine Pflanze, die ich im Frühsommer erhielt, blühte rasch. Schon die zweite Blüte setzte eine grüne Frucht an, die rasch wuchs. Das erste Jahr überwintere ich die Pflanze noch im kühlen Kellerabgang und setze sie erst im folgenden Frühling an einer geschützten Stelle im Innenhof aus. Für die Kübelkultur und

‚Constanze Elliot' ist mein Bestäuber für die blau blühende Passionsblume, die häufig im Mittelmeerraum zu finden ist.

vor allem wenn Sie einen Wintergarten haben, gibt es eine Fülle unterschiedlicher nicht frostharter Arten mit herrlichen Blüten.

Herkunft: Familie der Passionsblumengewächse (*Passifloraceae*); *Passiflora caerulea* stammt aus Südbrasilien, Paraguay und Argentinien, *Passiflora incarnata* stammt aus den USA (von Virginia bis Texas und Florida; Bermudas).

Frosthärte: *Passiflora caerulea* Zone 7; frosthart bis -17,7 °C, *Passiflora incarnata* Zone 6; frosthart bis -23,3 °C

Höhe, Platzbedarf, Wuchsform und Standort: Passionsblumen sind Schlingpflanzen, die gut an Bambusstöcken angebunden hochranken können. Im Freiland wachsen sie je nach Art bis 6 m hoch. Die Pflanzen brauchen sonnige und warme Stand-

Das Fruchtfleisch um die Samen schmeckt aromatisch.

orte. Feuchte Böden werden bevorzugt. Setzen Sie Passionsblumen ins Freiland aus, so achten Sie auf einen Standort, der im Winter keine Staunässe entwickelt. Die Pflanze friert bei Frost bodennah zurück und treibt spät im Frühjahr (Ende Mai bis Anfang Juni) aus dem Wurzelstock neu aus. Schützen Sie den Wurzelstock im Winter durch eine dicke Mulchschicht aus Laub, Strauchhäcksel oder Reisig. Sie können den Platz auch durch eine Styroporplatte oder ähnlich abdecken, um ihn möglichst trocken zu halten. So kann der Wurzelstock seine größte Frosthärte entfalten. Wichtig dabei ist, dass die Materialien atmen können und den Wurzelstock nicht ersticken.

Pflege: In der Kübelkultur sind die Pflanzen einfach zu halten. Schnittmaßnahmen werden gut vertragen. Durch Rückschnitte können Sie die Bildung von Seitentrieben, an denen sich mehr Blüten entwickeln, fördern. Bei ausgepflanzten Exemplaren schneiden Sie die abgefrorenen Ranken im Frühjahr heraus.

Verwendung:

- Blüte: Die Blüten können als Gemüse gedünstet oder zu Sirup verarbeitet werden.
- Frucht: Die Samen sind von süß-säuerlich schmeckendem Fruchtfleisch umgeben und dieses enthält je nach Art unterschiedliche Aromen. Das Fruchtfleisch wird mit den Samen frisch verzehrt oder püriert und für Speiseeis, zur Saftgewinnung oder Fruchtcremen weiterverarbeitet.
- Kraut: Aus dem Kraut der Passionsblumen können Sie einen Beruhigungstee brühen.

Vermehrung: Die Vermehrung aus Samen ist problemlos. Stecklinge vom grünen Holz schneiden Sie im Frühling, vom vollreifen Holz im Juni/Juli.

Sorten und Bezugsquellen: Eine große Auswahl an Pflanzen und Saatgut unterschiedlichster Arten finden Sie bei: http://www.blumen-passiflora.de. Pflanzen von *Passiflora incarnata*, die reichlich blühen und Früchte ansetzen, erhalten Sie bei: http://www.deaflora.de (bietet auch andere Arten an) und unter dem Sortennamen ‚Eia Popeia®' bei: http://www.lubera.com. ‚Constanze Elliot' erhalten Sie bei: http://www.agroforestry.co.uk. Christoph Kruchem bietet selbstfruchtbare Passionsblumen an, mit denen er gute Erfahrungen gemacht hat: http://www.hortensis.de. *Passiflora arizonica* (*arida*), Sämlingspflanze mit weiß-violetter Blüte und taubeneigroßen Früchten, die bei Reife im Herbst abfallen. Die Pflanze wird im Herbst bis auf 15 cm zurückgeschnitten und auch dunkel bei einem Minimum nahe 0 °C überwintert. *Passiflora gracilens* ist eine Miniart unter den Passionsblumen. Sie bildet viele bis maximal 1 m lange Triebe und eignet sich daher auch für den Hängetopf (3 Liter). Sie entwickelt ab Mai rosafarbe-

Peruanischer Pfefferbaum (Foto: Flora Toskana)

Peruanischer Pfefferbaum (*Schinus molle*)

Der Peruanische Pfefferbaum stammt aus den subtropischen Regionen Südamerikas und wächst dort zu einem Baum heran. Die gefiederten Blätter sitzen auf Zweigen, die wie bei einer Trauerweide herabhängen. Die roten pfeffergroßen Früchte hängen an Rispen an den Zweigen. Sie werden getrocknet und geröstet wie Pfeffer verwendet. Fein vermahlen wird aus ihnen in Südamerika ein erfrischendes Getränk, „Horchata" genannt, hergestellt. Die frischen Früchte und Zweige werden auch zu Fruchtwein vergoren. Die Pflanze eignet sich gut für die Kübelkultur oder die Auspflanzung im Wintergarten. Die ideale Überwinterungstemperatur ist zwischen 2 und 18 °C. Pflanzen erhalten Sie bei: http://www.sebtan.fr und www.flora-toskana.de.

Tamarillo-Früchte werden frisch gegessen.

Tamarillo/Baumtomate (*Cyphomandra betacea*)

Tamarillos sind schnellwüchsige Pflanzen mit großen herzförmigen weichen Blättern und bei uns nicht frosthart. Sie können leicht aus Samen gezogen werden. Sie benötigen nur etwas Geduld, da sie erst ab dem dritten Jahr tragen. Die roten oder orangefarbenen Früchte sind eiförmig und bis zu 6 cm lang. Sie reifen erst im November oder Dezember aus. Das Aroma ist süß herb. Bei der Überwinterung in warmen Räumen benötigen Sie einen hellen Standort mit direktem Tageslicht. Das Hauptproblem bei mir sind die Blattläuse. Denen rücke ich mit Neemöl Emulsion zu Leibe, indem ich die Blätter damit besprühe. Bei der Überwinterung in einem kühlen Winterquartier bei 5–7 °C verlieren die Pflanzen ihre Blätter. Sie treiben im Frühjahr verlässlich wieder aus.

Herkunft: Familie der Nachtschattengewächse (*Solanaceae*); Südbolivien und Nordwestargentinien

Höhe, Platzbedarf und Wuchsform: Die immergrünen Pflanzen können ein- oder mehrstämmig erzogen werden und wachsen bis 3 m hoch und bis 1,5 m breit. Über die Jahre verholzen die Stämme.

Pflege: Tamarillos sind unproblematisch im Anbau und vertragen auch starken Rückschnitt sehr gut. Dadurch können sie auch kleiner gehalten werden.

Verwendung:

- Frucht: Die Früchte können geschält und frisch gegessen werden, zu einem Fruchtgetränk mit etwas Wasser püriert oder zu einer Fruchtsauce mit Honig oder Zucker gedünstet werden. Tamarillos eignen sich auch gut für Chutneys.

Vermehrung: Die Vermehrung gelingt leicht aus Samen. Stecklinge vom Grünholz können den Sommer über geschnitten werden.

Bezugsquellen: Saatgut erhalten Sie bei: http://www.kraeutergarten-storch.de, Pflanzen bei: https://www.arche-noah.at, http://www.sebtan.fr und http://www.flora-toskana.de. Samen einer orangefarbenen Sorte erhalten Sie bei: http://www.deaflora.de.

Tipp/Besonderheiten: Tamarillos sind selbstfruchtbar.

Samtpfirsich/Zwerg-Tamarillo (*Cyphomandra abutiloides Syn. Solanum abutiloides*)

Der Name Samtpfirsich und die Beschreibung: „Schmeckt süß wie Aprikose mit einer Spur von Himbeere", die ich öfter in Pflanzenkatalogen fand, führte mich geschmacklich auf eine total falsche Spur. Wenn Sie Samtpfirsiche anpflanzen und die erbsengroßen eiförmigen gelben Früchte kosten, haben Sie garantiert ein neues Geschmackserlebnis. Ein bitteres Aroma steht im Vordergrund, die Süße ist eher spärlich vertreten. Hier ist noch viel Arbeit bei der Auslese von guten Fruchtsorten zu leisten. Ich vermute, dass es in Südamerika Fruchtsorten gibt. Wenn Sie eine Pflanze mit wohlschmeckenden Früchten haben, nehmen Sie doch bitte Kontakt mit mir auf. Vermehren Sie solche Pflanzen sortenecht über Stecklinge.

Die zierlichen Blüten der Zwerg-Tamarillo erscheinen bis zum Frost.

Die Früchte wachsen vom Spätsommer bis zum Frost.

Die Pflanzen gedeihen bei mir problemlos. Sie blühen den Sommer über sehr schön und sind eine attraktive Erscheinung als Kübelpflanze. Sie fruchten bereits im ersten Jahr und tragen ab Juni bis zum Frost Früchte. Daher können die nicht frostharten Zwerg-Tamarillos jedes Jahr frisch aus Samen gezogen werden. Heuer habe ich sie erstmals im Gartenbeet ausgepflanzt, vor dem ersten Frost ausgegraben und bei 5–8 °C kühl überwintert. Die Pflanzen verlieren dann die Blätter und es gibt keine Probleme mit den Blattläusen.

Zwerg-Tamarillos sind wie Tamarillos zu behandeln. Pflanzen erhalten Sie bei: https://www.arche-noah.at. Saatgut erhalten Sie bei: http://www.kraeutergarten-storch.de. Samtpfirsiche sind selbstfruchtbar.

Suhosine-Früchte der Sorte ‚Elite' (Foto: Deaflora)

Suhosine/Debregeasia (*Debregeasia edulis*)

Die Debregeasiapflanze, die ich im Vorjahr erhielt, habe ich im kühlen Keller frostfrei und dunkel überwintert. Sie wirft dabei ihre Blätter ab. Heuer hat sie im Frühjahr problemlos ausgetrieben, geblüht und Früchte angesetzt. Die Debregeasia ist mit der Brennnessel verwandt, sticht aber nicht. Die Pflanzen stammen aus Südostasien und wachsen als vieltriebiger Strauch mit runzeligen länglichen Blättern. Nach der unscheinbaren Blüte an den jungen Trieben erscheinen zahlreiche gelborange winzige Beeren mit sehr speziellem angenehmem Geschmack. Die reifen Früchte haften lange an der Pflanze. Selbstfruchtbare Pflanzen erhalten Sie bei http://www.deaflora.de. Stecklingsvermehrte Pflanzen der selbstfruchtbaren Sorte ‚Elite' erhalten Sie bei: http://www.hortensis.de.

Davidson's Plum, eine australische Rarität, gibt es jetzt auch bei uns (Foto: http://www.daleysfruit.com.au).

Davidson's Plum (*Davidsonia pruriens* var. *jerseyana*)

Christoph Kruchem bietet diese in Australien heimische Fruchtpflanze, die nicht mit der Pflaume (plum) verwandt ist, an und beschreibt seine Erfahrungen folgendermaßen: Mit ihren großen krausen geteilten Blättern sieht die Pflanze eher wie eine Mischung aus Palme und Baumfarn aus. Die stark verzweigten Blütenstände mit unscheinbaren gelblichen Einzelblüten wachsen direkt aus den dickeren Ästen. Daraus entwickeln sich nach Selbstbestäubung die pflaumenähnlichen blauvioletten Früchte mit einem Durchmesser von bis zu 6 cm. Davidson's Plum kann bereits im Alter von zwei Jahren blühen und fruchten. Die Früchte sind nicht sehr süß aber reich an Aromen. Schon ein winziges Stück reicht für ein intensives Geschmackserlebnis. Eine einzelne Frucht vermag eine ganze Schüssel Obstsalat aufzuwerten. Auch Marmelade, Sauce oder Eis aus den Früchten, werden schnell zu etwas, auf das man nur ungern wieder verzichtet. Als Kübelpflanze ist sie relativ anspruchslos. Sie kann im Sommer auch draußen stehen. Sie verträgt Schatten, wächst aber in unseren Breiten in voller Sonne deutlich schneller. Sie ist leicht zu überwintern bei einigen Grad über null bis Zimmertemperatur. Pflanzen erhalten Sie bei: http://www.hortensis.de.

Australischer Ingwer/Australian Ginger/Blueberry Ginger (*Alpinia caerulea*)

Christoph Kruchem vertreibt diese australische Rarität und beschreibt sie auf seiner Homepage: http://www.hortensis.de. Der Australische Ingwer ist sehr robust und recht wüchsig und mit etwas Schutz winterhart. Werden die Pflanzen frostfrei gehalten, sind sie viel blühwilliger. Sie haben dunkelgrüne bis 40 cm lange Blätter und schöne weiße Blüten. Sie setzen viele 15 mm große, leuchtend blaue Beeren mit leckerem saftigem Fruchtfleisch an. Die Kerne sind ebenfalls essbar und haben ein angenehm erfrischendes Zitrusaroma. Sie werden gemahlen als Würze verwendet. Die Rhizomspitzen schmecken ingwerartig. In die ebenfalls aromatischen Blätter wird Fleisch oder anderes Essen eingewickelt, um das Ganze dann in der Feuerglut zu garen. Die Pflanzen werden bis 1,5 m hoch.

Australische ‚Blue Lilly Pilly' (*Syzygium oleosum*)

Christoph Kruchem beschreibt die australische ‚Blue Lilly Pilly' als sehr widerstandsfähigen immergrünen Strauch mit aromatischem Laub. Am Naturstandort wächst sie als Baum. Sie trägt cremeweiße Pinselblüten und ca. 2 cm große lilablaue wohlschmeckende Früchte. ‚Blue Lilly Pilly' ist eine unkomplizierte schädlingsabweisende Kübelpflanze, die nach seinen Erfahrungen im Winter kühl und hell mit Temperaturen knapp über null Grad Celsius auskommt. Als Kübelpflanze wird sie bis 2 m hoch. Pflanzen erhalten Sie bei: http://www.hortensis.de und https://flora-toskana.com.

Passiflora incarnata *ist gut frosthart (Foto: Johannes Hloch).*

Foto: Johannes Hloch

Obst im Freiland

Lange habe ich nach einem passenden Ordnungssystem für die Pflanzenporträts gesucht und einen Kompromiss gewählt. Ich präsentiere die Pflanzen nach der Fruchtreife im Jahresablauf und beginne mit der Maibeere. Nach dem langen Winter sehnen sich alle nach dem ersten Grün und den ersten Früchten. Den Sommer über steigert sich die Ertragsvielfalt bis zum Herbstbeginn und der *Erntezeit.* Neben der jahreszeitlichen Präsentation stelle ich auch Pflanzenfamilien vor, um dort, wo es sinnvoll erscheint, einen Überblick über die Vielfalt zu geben und Vergleiche zu ermöglichen.

Maibeere (*Lonicera kamtschatica Syn. Lonicera caerulea kamtschatica*)

Maibeeren sind erst seit wenigen Jahren auf dem einheimischen Obstmarkt, haben aber einen wahren Siegeszug hingelegt und finden sich in vielen Baumschulen und Gartencentern. Laufend kommen zudem neue Sorten auf den Markt, die sich in Fruchtform oder Fruchtgröße und teilweise im Wuchs unterscheiden. Bei den Kindern sind sie jedenfalls heißbegehrt und werden oft schon halbreif, wenn sie noch säuerlicher sind, genascht. Die besten Erfahrungen habe ich mit freistehenden Pflanzen gemacht, die gut besonnt sind. Meine ersten Pflanzen habe ich an eine Mauer und zudem in eine Reihe mit anderen höher wachsenden Pflanzen gesetzt. Ihr Ertrag ist über all die Jahre mäßig im Vergleich zu den als freistehende Hecke neben dem Weg gepflanzten Maibeeren. Die Baumschulen führen Maibeeren unter verschiedenen Namen wie: Lenzbeere, Blaue Honigbeere, Sibirische Blaubeere oder Blaue Heckenkirsche.

Herkunft: Familie der Geißblattgewächse (*Caprifoliaceae*); Ostsibirien, Halbinsel Kamtschatka

Die Maibeeren sind das erste Beerenobst im Frühling.

Höhe und Platzbedarf: 1 bis maximal 1,5 m hoch, 1 bis 1,5 m breit

Frosthärte: Zone 2; frosthart bis -45,5 °C

Wuchsform und Standort: Die aufrecht wachsenden Sträucher werden 1–1,5 m hoch. Sowohl das Holz als auch die Blüte sind äußerst frosthart. Die gelben Blüten erscheinen je nach Standort bereits ab Ende März bis Anfang April. Die Maibeere ist sehr genügsam, wächst sowohl im Halbschatten als auch in voller Sonne und bevorzugt humose, leicht feuchte Böden und einen kalkarmen, am besten leicht sauren Standort. Für den guten Ertrag ist allerdings ein vollsonniger Standort wichtig. Die Maibeere kann auch gut in eine niedrige Fruchthecke integriert werden.

Pflege: Gedüngt wird im Frühling mit reifem Kompost. Gegenüber Krankheiten und Schädlingen besteht eine hohe Resistenz. Um die Sträucher auszulichten, werden ältere Triebe nach der Ernte bodennah entfernt. Bereits Ende August werden die Blätter gelblich und fallen teilweise ab, da die Pflanze in das Ruhestadium übergeht. Dies ist typisch für die Maibeeren und nicht wie manchmal vermutet Zeichen eines Pilzbefalls.

Verwendung:

- Frucht: Die blauvioletten, leicht bereiften Früchte sind länglich oval und je nach Sorte etwa 1–2 cm lang. Je nach Verlauf des Frühjahrs reifen sie von Anfang Mai bis Anfang Juni. Voll ausgereift sind sie saftig und schmecken süß mit einer angenehmen Säure. Neben dem Frischgenuss können die Früchte auch zu Marmelade verarbeitet oder als Fruchtbelag für Obstkuchen verwendet werden. Der hohe Gehalt an Vitamin C und sekundären Pflanzeninhaltsstoffen macht die Maibeere zu einem gesunden Obstgenuss im Frühling.

Vermehrung: Die sortenechte Vermehrung erfolgt über Stecklinge vom halbreifen Holz oder Steckhölzern von ausgereiftem Holz oder über Absenker. Eine Vermehrung aus Samen erfordert eine Stratifizierung.

Sorten und Bezugsquellen: Jährlich kommen neue Sorten auf den Markt, darunter: ‚Maistar', ‚Mailon', ‚Morena', ‚Blue Velvet' (bis 80 cm hoch, sehr große Früchte), ‚Fialka', ‚Amur', ‚Kalinka', ‚Eisbär'. Pflanzen erhalten Sie bei: http://www.baumschule-horstmann.de. Die Sorten ‚Siniglaskaya', ‚Atut' und ‚Brazowa' mit rundlichen Früchten erhalten Sie bei: http://www.deaflora.de. ‚Wojtek', eine polnische Sorte, trägt reichlich große Früchte, ein Durchschnittsertrag von 1,5 kg je Pflanze wurde in Versuchsreihen festgestellt. Pflanzen erhalten Sie bei: http://www.eggert-baumschulen.de. Bei http://www.deaflora.de erhalten Sie ‚Amfora' mit bis zu 2,7 kg je Strauch, ‚Fianit', ‚Lakomka', ‚Gerda', ‚Lenita', ‚Siniczka', ‚Tola' und ‚Nimfa', die von Wawilov, einem berühmten russischen Züchter, der unter Stalins Terrorregime im Gefängnis umkam, gezüchtet wurde.

Tipp/Besonderheiten: Für den Fruchtertrag müssen zwei verschiedene Sorten gesetzt werden.

Blaue Heckenkirsche (*Lonicera caerulea*)

Die blaue Heckenkirsche ist ein in Nordosteuropa, Alaska und Neufundland sowie in Österreich und Süddeutschland vorkommender Wildstrauch mit essbaren säuerlich süßen Beeren, die walzenförmig und etwa 1,5 cm lang sind. Die Erträge sind geringer als bei der oben angeführten Maibeere. Sowohl Standortansprüche als auch Pflegemaßnahmen sind wie bei der Maibeere. Spezielle Fruchtsorten sind mir nicht bekannt.

Bezugsquellen: Blaue Heckenkirschen erhalten Sie bei http://www.praskac.at und http://www.eggert-baumschulen.de.

Tipp/Besonderheiten: Für den Fruchtertrag müssen zwei verschiedene Pflanzen gesetzt werden.

Blaue Heckenkirsche

Foto: Johannes Hloch

Rhabarber (*Rheum spec.*)

Obwohl Rhabarber kein Obst ist, wird er wie ein solches verwendet. Meine ersten Rhabarberpflanzen zog ich im elterlichen Garten, eine robuste Sorte mit dunkelroten Stielen. Die Abkömmlinge dieser Pflanze haben mich seither begleitet. Falls es ein freies Fleckchen Boden gab, wo ich wohnte, habe ich sie angepflanzt. Im Frühjahr freue ich mich schon auf das erste Rhabarberkompott. Besonders lecker ist der Rhabarber auch als Kuchenbelag.

Herkunft: Familie der Knöterichgewächse (*Polygonaceae*); die verschiedenen Arten des Rhabarbers stammen aus Südostasien bis Sibirien; Der Himalaya-Rhabarber/Emodi-Rhabarber (*Rheum emodi Syn. Rheum australe*) wächst von Kaschmir bis Sikkim. Die Pflanzen werden bis zu 2,5 m hoch und sind bis -23,3 °C frosthart. Der Garten-Rhabarber (*Rheum x cultorum Syn. Rheum rhabarbarum*) ist eine Hybridform, die seit dem 18. Jh. aus verschiedenen Rhabarberarten gezüchtet wurde. Die Pflanzen wachsen 1,5 m hoch und 1 m breit. Sie sind bis -40,0 °C (Zone 3) frosthart. Die Blüte erscheint im Juni, die Samen reifen im Juli/August.

Wuchsform, Standort und Pflege: Rhabarber liebt einen humosen feuchten Boden. Die Pflanzen gedeihen im Halbschatten und in voller Sonne. Junge Pflanzen sollen Sie im ersten Jahr noch mäßig beernten. Drehen Sie die Stiele heraus, sodass sie sich am Grund lösen. Vermeiden Sie das Abbrechen, die Stielreste können zu faulen beginnen. Ernten nach Ende Juni schwächen die Pflanzen. Auch der Gehalt an Oxalsäure, die in größeren Mengen ungesund ist, steigt dann an. Neupflanzungen sollen Sie an einem Standort vornehmen, wo mindestens fünf Jahre kein Rhabarber angebaut wurde, um das Übertragen von Krankheiten zu vermeiden.

Verwendung:

- Blattstiele: Die Blattstiele ernten Sie von Ende April bis Juni. Sie werden für Kompott, Marmelade oder Kuchenbeläge verwendet. Der Presssaft wird zu Limonaden verarbeitet.
- Blatt: Der Himalaya-Rhabarber (*Rheum emodi Syn. Rheum australe*) wird im Himalaya als Blattgemüse angebaut.
- Blüte: Die Blütenknospe des Garten-Rhabarbers können Sie wie Blumenkohl als Gemüse dünsten und essen.

Vermehrung: Die Stöcke können Sie vor dem Blattaustrieb im Frühjahr oder nach dem Einziehen der Pflanze im Herbst teilen. Samen können Sie im Herbst oder Frühling aussäen.

Sorten und Bezugsquellen: ‚Holsteiner Blut' ist eine rotstielige Sorte mit höherem Zuckergehalt. ‚Esta', eine sehr ertragreiche Sorte, bildet lange

Rhabarber Sorte ‚Elmsjuwel'
(Foto: Eggert Baumschulen)

‚Dönissens Gelbe Knorpelkirsche'
(Foto: Andreas Spornberger)

dicke Stiele, die außen rot und innen grün sind. ‚Framboozen Rod' ist eine holländische Sorte mit außen himbeerrot gefärbten Stielen, die innen grün sind. Pflanzen erhalten Sie bei: http://www.garden-shopping.de. Die frühe Sorte ‚The Sutton' mit halb grünen, halb roten Stielen können Sie von Ende März bis Juni beernten, ‚Elmsjuwel' mit roten Stielen und niedrigem Säuregehalt von Ende April bis Juni. Pflanzen erhalten Sie bei: http://www.eggert-baumschulen.de. ‚Victoria' entwickelt sehr dicke orangerote Stiele. ‚Vierländer Blut' ist eine alte rotstielige Sorte aus den Hamburger Obstbaugebieten. ‚Paragon' ist eine alte Sorte mit grünen Stielen, die schon früh im Jahr geerntet werden kann. ‚Heveller' hat grüne Stiele und trägt auch gut auf schlechten Böden. ‚Elmsblitz' hat dunkelrote Stiele mit wenig Oxalsäure. ‚Glaskins Perpetual' hat einen geringen Gehalt an Oxalsäure und kann daher auch im Sommer geerntet werden. Der Himalaya-Rhabarber (*Rheum emodi Syn. Rheum australe*) wächst von Kaschmir bis Sikkim. Sie können die Blätter als Gemüse verwenden, in Europa werden die Stiele wegen ihres Apfelgeschmacks und der geringen Säure für Pudding verwendet. Die genannten Sorten erhalten Sie bei: http://www.deaflora.de.

Süßkirsche (*Cerasus avium subsp. duracina Syn. Prunus cerasus duracina*) und Herzkirsche (*Cerasus avium subsp. juliana*)

Kirschen sind beliebte Obstbäume. Bei der Pflanzung wird oft darauf vergessen, dass sie hoch werden und mächtige Kronen ausbilden, die bald den Rest des Gartens beschatten. Oft wird dann zur Säge gegriffen und versucht den Baum durch starke Rückschnitte zu begrenzen. Dies führt allerdings häufig zum Absterben des Baumes. Besser ist es, in einem kleineren Garten klein wachsende Kirschbäume, die auf eine entsprechende Unterlage veredelt wurden, zu pflanzen.

Herkunft: Familie der Rosengewächse (*Rosaceae*). Bereits in der Jungsteinzeit wurde der Vorfahre dieser Kulturformen, die Vogelkirsche (*Cerasus avium subsp. avium*), welche in den gemäßigten Zonen Asiens und Europas vorkommt, gesammelt. Die Heimat der kultivierten (veredelten) Sorten liegt vermutlich im Kaukasus und in Kleinasien.

Höhe und Platzbedarf: 18 m hoch, 8 m breit; Veredelungen auf schwachwüchsige Unterlagen werden 3,5–6 m hoch und 3–5 m breit.

Ein Kirschbaum mit zwei Sorten – mit gelben und roten Kirschen (Foto: Andreas Spornberger)

Frosthärte: Zone 6; frosthart bis -23,3 °C

Wuchsform und Standort: Unterschieden werden Herzkirschen mit weichem und Knorpelkirschen mit festem Fleisch. Die Herzkirschen bilden große Kronen. Sie sind alle selbstunfruchtbar und als Frühblüher bedroht von Spätfrost und im Holz bedroht von tiefen Frosttemperaturen unter -18/-20 °. Die Knorpelkirschen reifen alle später und sind im Gegensatz zu den Herzkirschen auch im Handel zu haben. Sie eignen sich besonders zum Sofortverzehr. Bei anhaltendem Regen platzen sie gern auf, besonders gilt das für die großfrüchtigen Knorpelkirschen.

Süßkirschen wurden früher auf Vogelkirschen veredelt und entsprechend groß. Neuerdings gibt es die Unterlage GiSelA 5. Sie bringt Bäume von nur noch etwa 3,5 m Höhe hervor und ist damit auch für die Pflanzung im Kleingarten geeignet.

Auf die richtige Zusammenstellung der Befruchtersorten ist zu achten. Sie müssen auch mit ihrer Blühzeit zusammenpassen. Es können auf einem Baum auch die jeweiligen Befruchtersorten aufgepfropft werden. Man geht davon aus, dass ein Befruchterbaum in 100–150 m Nähe noch für ausreichende Bestäubung sorgt. Auch die Vogelkirsche und viele Sauerkirschsorten sind als Befruchter geeignet. Süßkirschen mögen Staunässe und warme Sandböden eher weniger, gedeihen auf mäßig trockenen Sandböden aber gut. Spätfrostgefährdete Lagen sind zu meiden.

Pflege: Kirschbäume gehören zu den anspruchslosen Obstbäumen. Stamm und Äste sollen vor der Wintersonne durch einen weißen Baumanstrich geschützt werden. Schnittmaßnahmen sollen unmittelbar nach der Ernte erfolgen. Ein Winterschnitt kann Gummifluss, das Austreten von Baumharz, hervorrufen und den Baum schwer schädigen.

Verwendung:

- Frucht: Die glatte, glänzende Haut variiert je nach Sorte im Farbspektrum von gelb, orange, rot, blau bis blauschwarz. Im Zentrum des Fruchtfleisches, welches farblich meist der Haut entspricht, befindet sich der Kirschkern. Neben dem Frischverzehr werden Kirschen für Kuchenbelag, Kompott und Mischfruchtsäfte verwendet und eingemacht.

Vermehrung: Die sortenechte Vermehrung erfolgt durch Veredelung auf Sämlinge von Vogelkirsche (*Prunus avium*) oder die schwachwüchsige Unterlage GiSelA 5. Die Vermehrung aus Samen gelingt einfach.

Sorten und Bezugsquellen: Weltweit soll es etwa 5.000 Kirschsorten geben. ‚Dönissens Gelbe Knorpelkirsche' entstand um 1824 in Guben als Sämling. Sie reift in der 5.– 7. Kirschenwoche. Die Frucht ist hellgelb, mittelgroß, sehr süß, festfleischig und gut steinlösend. Sie werden von Vögeln kaum gefressen, da sie die gelben Früchte als unreif ansehen. Die Bäume tragen regelmäßig und blühen sehr spät. Durch die gute Frosthärte ist der Anbau bis 500 m geeignet. Die ‚Große schwarze Knorpelkirsche' reift im Juli. Sie ist gut pflückbar und transportfähig. ‚Regina' hat ein angenehm süßes Aroma. Ihr Vorteil ist die Platzfestigkeit der Früchte, die dadurch länger am Baum bleiben können. Eine große Sortenauswahl finden Sie bei: http://shop.baumschuleritthaler.de. Darunter finden sich ‚Büttners Rote Knorpelkirsche', die auch für Höhenlagen geeignet ist, ‚Dells Langstiel', eine Brennkirsche, die gut zum Schütteln ist, und die ‚Farnstädter Schwarze', die platzfest und gut transportfähig ist. Eine Rarität ist die zweimal tragende ‚Allerheiligenkirsche' (*Prunus cerasus* var. *Progressiflora*), die nach dem Fruchtertrag im Juni nochmals blühen kann. Diese eher säuerlichen Früchte reifen im Oktober. Pflanzen erhalten Sie bei: http://www.baumgartner-baumschulen.de. Im Angebot dieser Baumschule finden Sie zudem eine Reihe anderer Kirschraritäten.

Suregio Syn. Ceresa di Spagna (*Cerasus vulgaris x Prunus domestica*)

Bei der Suche nach rotfleischigem Obst stieß ich auf diese seltene, ursprünglich aus Spanien stammende Kreuzung von Sauerkirsche mit Pflaume. Üppige weiße Blüte, kräftiger Wuchs und schmackhafte Früchte zeichnen Suregio aus. Erhältlich bei: https://www.botanik-wug.de/.

Erdbeeren (*Fragaria spec.*)

Die beste aller Erdbeeren ist die Walderdbeere. Wenn Sie Sehnsucht nach ihr haben, so holen Sie sich einfach ein paar Pflänzchen vom Waldrand und setzen sie an eine passende Stelle im Garten, z.B. an den Rand einer Hecke. Mit ihren Ausläufern decken sie bald eine schöne Fläche zu und eignen sich daher vorzüglich als Bodendecker. Die Kulturerdbeeren sind Kreuzungen unterschiedlicher Erdbeer-Arten. Unter den vielen rotfrüchtigen gibt es auch weißfrüchtige Sorten. Sie können heute aus einer Fülle alter und neuer Sorten auswählen. Erdbeerpflanzen sind vielfältig verwendbar. Sie können sie gut im Topf halten und damit vor Schnecken schützen. Manche Arten eignen sich perfekt für eine Erdbeerwiese. Und manche Arten tragen den ganzen Sommer lang, andere nur einmal im Frühsommer.

Herkunft: Familie der Rosengewächse (*Rosaceae*); die etwa zwanzig Arten kommen auf der Nordhalbkugel vor, eine Art in Chile

Wuchsform und Standort: Erdbeeren wachsen bis 20 cm hoch. Sie mögen gut durchlässige, fruchtbare, leicht saure und feuchte Böden. Am besten gedeihen sie in voller Sonne. Sie vertragen

Die Erdbeere ‚Lucida Perfecta' entstand 1861 als eine der ersten Ananas-Erdbeeren (Foto: Deaflora).

auch Halbschatten, setzen dann aber weniger Früchte an. Erdbeeren blühen ab Mai. Je nach Sorte können Sie von Juni bis Oktober Früchte ernten. Der Abstand zwischen den einzelnen Pflanzen soll 25–30 cm betragen, der Abstand zwischen den einzelnen Reihen 40–50 cm. Geben Sie den Pflanzen eine Mulchdecke aus halbverottetem Laub, feinem Strauchhäcksel oder Nadelstreu. Spätestens ab dem Ansetzen der Früchte hat sich das Ausbringen von gehäckseltem Stroh sehr bewährt. Der Boden bleibt feucht und die Früchte liegen trocken und sauber auf dem Stroh auf. Gleichzeitig reduzieren Sie Ihren Pflegeaufwand erheblich, da Sie Beikraut zupfen vermeiden.

Pflege: Erdbeeren benötigen das ganze Jahr über Pflegemaßnahmen. Der ideale Zeitpunkt, um Erdbeeren zu pflanzen, ist von Juli bis August. Sie können dies auch im Frühling tun. Die Ernte im ersten Jahr ist dann allerdings geringer. Setzen Sie Erdbeeren in ein fertig vorbereitetes Beet, auf dem seit mindestens fünf Jahren keine Erdbeeren standen. Erdbeeren sollen nur drei bis vier Jahre am gleichen Standort bleiben, um das Ausbreiten von Krankheiten zu begrenzen. Außerdem geht der Ertrag deutlich zurück, wenn die Erdbeeren mehrere Jahre am gleichen Standort sind. Gießen Sie die Pflanzen bei Trockenheit am Morgen. Abendliches Wässern fördert eher den Pilzbefall. Vermeiden Sie aber ein Einsprühen der Früchte, da dies Schimmelpilze fördert. Gleich nach der Ernte können Sie alle Ranken, die die Pflanze ausgebildet hat, entfernen. Eine Ausnahme bilden Erdbeerwiesen. Sie können zu diesem Zeitpunkt mit einer Gartenschere die alten Blätter wegschneiden und entsorgen. Damit reduzieren Sie Blattkrankheiten. Falls Sie die Erdbeerwiese mähen, achten Sie darauf, dass das Messer nicht zu tief eingestellt ist, um nicht das Herz der Pflanze zu verletzen. Am besten düngen Sie Erdbeeren im Herbst mit reifem Kompost oder abgelagertem Mist.

Verwendung:

- Blatt: Aus den Blättern können Sie aromatischen Kräutertee machen.
- Frucht: Die Früchte sind sehr druckempfindlich. Sie sollen daher kurz nach der Ernte frisch gegessen oder verarbeitet werden. Erdbeeren können zu Gelees, Marmeladen, Fruchtsäften und alkoholischen Getränken verarbeitet oder als Kuchenbelag verwendet werden. Aus den Kernen wird feines Speiseöl gepresst: http://www.hartls-oele.at.

Vermehrung: Die Aussaat der Samen erfolgt im Frühling. Ausläufer trennen Sie im Juli/August ab und versetzen sie.

Erdbeerwiese: Bei Erdbeerwiesen müssen Sie kein Stroh unter die Früchte legen. Die Sorte ‚Florika®' hat große Blätter und große Früchte. Rechnen Sie mit 4–6 Pflanzen/m². Das Laub schneiden Sie nach Ende der Ernte Mitte Juli. Die immer tragende Monatserdbeere (*Fragaria vesca* var. *vesca subsp. semperflorens*) ‚Gartenfreude' erhalten Sie bei http://www.deaflora.de. Die dauertragende Sorte ‚Rote Karlsbaderin' (*Fragaria x ananassa*) hat rote Blüten und wächst nur 10 cm hoch. Pflanzen erhalten Sie bei: https://www.nutzpflanzen-garten-pflanzen.de. Auch die Aprikosen-Erdbeeren (*Fragaria nilgerrensis*) eignen sich für Erdbeerwiesen.

Die Walderdbeere eignet sich gut als Bodendecker.

Manche Sorten eignen sich gut als Hängeerdbeeren.

Walderdbeere und Monatserdbeere (*Fragaria vesca* und *Fragaria vesca* var. *vesca* *subsp. semperflorens*)

Neben den Wildformen der Walderdbeere gibt es eine Reihe von Auslesen mit besonderem Aroma, größeren oder weißen Früchten. Eine große Sortenauswahl finden Sie bei: http://www.deaflora.de. Darunter sind ‚Blanc Amélioré' mit weißen Früchten und ‚Multiplex', eine alte Sorte mit roten Früchten. Pflanzen erhalten Sie unter dem Namen Teppicherdbeere bei: https://www.nutzpflanzen-gartenpflanzen.de und https://shop.schutzfilisur.ch.

Auch von den Monatserdbeeren, die den ganzen Sommer über Früchte tragen, finden Sie verschiedene Sorten bei: http://www.deaflora.de. Darunter ‚Weiße Baron Solemacher' und ‚Weiße Hagmann' mit weißen Früchten oder ‚Quarantaine de Prin', eine alte französische Sorte.

Ananas-Erdbeere (*Fragaria x ananassa*)

Die Ananas-Erdbeere ist eine Kreuzung zwischen der Chile-Erdbeere (*Fragaria chiloensis*) und der nordamerikanischen Scharlach-Erdbeere (*Fragaria virginiana*). Sie bringt große Früchte hervor. Manche Sorten sind auch selbstfruchtbar. Ansonsten sollten Sie zwei unterschiedliche Sorten pflanzen. Verschiedene Sorten finden Sie bei: http://www.deaflora.de. Darunter die den ganzen Sommer bis zum Spätherbst tragende ‚Herzbergs Triumph' oder die ‚Weiße Ananas' mit rosa Früchten. Eine große Auswahl seltener und alter Sorten finden Sie bei: https://www.annis-erdbeer-shop.de. Darunter die dunkelrote ‚Hansa' oder die ‚Deutsche Gewürzerdbeere', sowie die Bluterdbeere ‚Schwarzer Peter'. ‚Mieze Schindler', eine alte Sorte mit aromatischen Früchten, benötigt einen Fremdbefruchter, z.B. die ‚Erdbeere aus Dreistetten', eine selbstfruchtbare Sorte aus Österreich mit dunkelroten Früchten.

Erdbeere ‚Weiße Ananas' (Foto: Deaflora)

Die angebotene Klettererdbeere lässt sich im Topf halten und an Stöcken hochziehen. Sie trägt vom Sommer bis zum Herbst. Hänge-Erdbeeren, wie die Sorte ‚Rotblühende Hängeerdbeere' eignen sich zum Bepflanzen von Ampeln und Balkonkästen.

Moschus-Erdbeere (*Fragaria moschata*)

Manche Sorten sind selbstfruchtbar, ansonsten müssen Sie männliche und weibliche Pflanzen kaufen. ‚Marie Charlotte' und ‚Capron Royal' sind selbstfruchtbar. ‚Cotta' ist die männliche Befruchtersorte für alle weiblichen Sorten. Sie finden eine große Sortenauswahl bei: http://www.deaflora.de. Darunter sind ‚Eva Liebermeister', eine reichtragende Sorte mit tiefroten aromatischen Früchten, oder ‚Profumata di Tortona' aus dem Piemont und die ‚Schöne Wienerin', eine alte Sorte mit schwarzroten Früchten. Die Sorte ‚Bauwens' und andere Sorten finden Sie bei: https://haeussermann.com und https://shop.schutzfilisur.ch

Nilgerrensis *Erdbeeren sind gute Bodendecker.*

Aprikosen-Erdbeere (*Fragaria nilgerrensis*)

Die Aprikosen-Erdbeere wächst von Nepal, Sikkim bis Westchina. Die Früchte sind weiß oder leicht rosa und reifen von Juni bis August. Die Pflanzen treiben reichlich Ausläufer. Bei mir wachsen sie problemlos. Pflanzen erhalten Sie bei: https://shop.garten-jan.de. Die Sorten ‚Bái Hóngsè' mit weißen und ‚Fénhóng Sè' mit leicht rosa Früchten erhalten Sie bei: http://www.deaflora.de.

Himalaya-Erdbeere (*Fragaria nubicola*)

Bei https://www.nutzpflanzen-gartenpflanzen.de finden Sie eine selbstfruchtbare Sorte der in Tibet wachsenden Himalaya-Erdbeere. Sie eignet sich für Erdbeerwiesen oder die Pflanzung unter Hecken, da sie über die Jahre viele Ausläufer bildet.

Orient-Erdbeere (*Fragaria orientalis*)

Die Orient-Erdbeere kommt aus Ostasien und Ostsibirien. Sie ähnelt den Walderdbeeren. Die Früchte sind weiß und an der Sonnenseite rosa angehaucht. Pflanzen erhalten Sie bei: http://www.deaflora.de.

Scharlach-Erdbeere (*Fragaria virginiana*)

Sie finden eine große Sortenauswahl bei: https://shop.schutzfilisur.ch. Darunter sind die Sorten ‚Jerome' mit großen länglichen Früchten und ‚Variegata' mit panaschierten, grünen, weiß gesprenkelten Blättern. Bei https://shop.schutzfilisur.ch finden Sie ‚Little Scarlett', eine selbstfruchtbare Sorte aus dem 18. Jh., bei https://www.helenion.de die ‚Weiße Lössnitzer'.

Hügel-Erdbeere (*Fragaria viridis*)

Die Hügel-Erdbeere, auch Knack-Erdbeere genannt, wächst von Eurasien bis Nordamerika und ist im Handel selten zu bekommen. Pflanzen erhalten Sie bei https://www.gaertnerei-strickler.de, Samen bei https://www.magicgardenseeds.at.

Felsenbirne/Korinthenbaum (*Amelanchier spec.*)

Felsenbirnen sind ein „Muss" für jeden Kindergarten. Eigentlich sollten sie Fixstarter in jedem, auch kleinen, Garten sein. Sie sind das Jahr über attraktiv und tragen reichlich Früchte zum Sommerbeginn. Meine Lieblingssorte ist die Wildform von *Amelanchier lamarckii*, der Kupfer-Felsenbirne. Sie fruchtet reichlich und zuverlässig. Die Früchte sind aromatischer als bei großfrüchtigen Sorten wie ‚Ballerina' und ‚William'.

Herkunft: Trotz ihres Namens sind Felsenbirnen keine Birnen. Sie gehören zu den Kernobstgewächsen in der Familie der Rosengewächse (*Rosaceae*). Ihre Beeren ähneln vom Aussehen her den Heidelbeeren. *Amelanchier ovalis*, die Gewöhnliche Felsenbirne, kommt in Zentraleuropa, den Bergen des Mittelmeerraumes, auf der Krim, in Kleinasien und dem Kaukasus vor. Sie wird vor allem in Russland für die Fruchtgewinnung genützt. *Amelanchier lamarckii*, als Kupfer-Felsenbirne oder Korinthenbaum im Handel, stammt aus dem östlichen Nordamerika und wird in den Niederlanden und Deutschland für die Fruchtgewinnung angebaut. *Amelanchier canadensis*, die Kanadische Felsenbirne, stammt aus dem östlichen Nordamerika, *Amelanchier alnifolia*, die erlenblättrige Felsenbeere (in Kanada Saskatoon genannt), kommt von Zentralkanada bis in den Süden der USA vor. Von diesen vier Arten gibt es Auslesen mit größeren oder zahlreicheren Früchten.

Mit der üppigen weißen Blüte eignet sich die Felsenbirne gut als Zierstrauch für Gestaltungen.

Höhe, Platzbedarf und Frosthärte: *Amelanchier alnifolia* (Zone 2, -45,5 °C) wird 4 m hoch und 3 m breit, *Amelanchier canadensis* (Zone 4, -34,4 °C) wir 6 m hoch und 3 m breit, *Amelanchier lamarckii* (Zone 4, -34,4 °C) wird 6 m hoch und 4 m breit, *Amelanchier ovalis* (Zone 5, -28,8 °C) wird 4 m hoch.

Wuchsform und Standort: Die strauchartigen Pflanzen können sich ohne Schnitt zu kleinen Bäumen entwickeln. Durch Wurzelausschläge entstehen mit der Zeit dichte Büsche. Sie können als Einzelpflanze oder in Hecken gepflanzt werden. Die weißen, attraktiven Blüten sind in bis zu 6 cm langen Trauben zusammengefasst und erscheinen von April bis Mai gleichzeitig mit dem kupferfarbenen Blattaustrieb, der seidig behaart ist. Die bunte Herbstfärbung macht Felsenbirnen auch zu einem attraktiven Gehölz in der Gartengestaltung. Felsenbirnen bevorzugen sonnige Standorte, gedeihen aber auch in halbschattiger Lage. Sie sind nicht heikel hinsichtlich Bodenansprüchen.

Pflege: Felsenbirnen sind pflegeleichte Pflanzen und gut schnittverträglich.

Verwendung:

- Frucht: Die saftigen Beeren reifen Ende Juni bis Anfang Juli und schmecken aromatisch süß. Sie werden samt den kleinen Samen, die sie enthalten, gegessen. Die Verwendung der Früchte hat eine längere Tradition. Der Name „Korinthenbaum" verweist auf den Gebrauch der Trockenfrüchte als Ersatz für Korinthen oder Rosinen. Die Früchte werden frisch verzehrt oder zu Gelee, Sirup und Marmeladen verarbeitet. Bei der Verarbeitung ist darauf zu achten, dass die Samen nicht durch Mixgeräte zerschlagen werden, sondern ganz bleiben.
- Blatt: Die Blätter finden als Tee Verwendung.

Vermehrung: Die Vermehrung gelingt durch Stratifizieren der Samen, über Wurzelausläufer und über Absenker im Frühling. Diese können nach 1,5 Jahren abgetrennt werden. Die Veredelung auf Weißdorn bringt kleinere, gut beerntbare Pflanzen.

Sorten und Bezugsquellen: Alle Amelanchier-Arten sind essbar. Großfrüchtige Sorten von *Amelanchier lamarckii* sind ‚Ballerina' und ‚William'. Pflanzen erhalten Sie bei: http://www.baumschule-horstmann.de. ‚Smoky', ‚Martin', ‚Northline' und ‚Thiessen' sind Fruchtsorten von *Amelanchier alnifolia*. Pflanzen erhalten Sie bei: http://www.hortensis.de. Die ukrainische Fruchtsorte ‚Bluemoon', die nur 2,5 m hoch wird, ‚Blue Ray', eine neue amerikanische Sorte sowie ‚Forestburg', die 4 m hoch wird und für den Erwerbsanbau empfohlen wird, erhalten Sie bei: http://kornelkirsche.eu. Die Sorten ‚Pembina' und ‚Thiessen' erhalten Sie bei: http://www.baumschule-friedersdorf.de. ‚Princess Diana' erhalten Sie bei: http://www.eggert-baum schulen.de und ‚Pink Fruit' bei: http://www.drzewa.com.pl/. Eine große Auswahl an seltenen Sorten wie ‚Sultana' oder ‚Cusick'a Alaska' sowie Sorten anderer Amelanchierarten wie *Amelanchier bartramiana* ‚Eskimo' finden Sie bei: http://www.drzewa.com.pl.

Felsenbirnen bringen Ende Juni reiche Ernten.

Tipp/Besonderheiten: Felsenbirnen sind selbstfruchtbar.

Amelasorbus Blüte

Amelasorbus jackii (*Amelanchier alnifolia x Sorbus scopulina*)

Die Kreuzung zwischen der Erlenblättrigen Felsenbirne und einer nordamerikanischen Ebereschenart habe ich im Vorjahr erstmals gepflanzt. Die frostharten Sträucher wachsen aufrecht bis zu 2 m hoch und blühen wie Felsenbirnen. Die Pflanzen sind anspruchslos und vertragen Rückschnitte gut. Die dunkelroten erbsengroßen Früchte sind blau bereift und können für Gelee, Marmelade oder Säfte verwendet werden. Die sortenechte Vermehrung erfolgt durch Stecklinge oder Veredelung auf Gemeine Eberesche (*Sorbus aucuparia*). Die Pflanzen sind selbstfruchtbar. Pflanzen erhalten Sie bei: http://www.praskac.at.

Die zauberhaften Blüten der Nanking Kirsche

Amelasorbus x raciborskiana (*Amelanchier asiatica x Sorbus spec.*)

Diese selten erhältliche Kreuzung zwischen der Koreanischen Felsenbirne und einer Ebereschenart wächst zu einem 6–8 m großen Baum mit runder Krone heran. Die weißen Blüten erscheinen im April/Mai. Pflanzen erhalten Sie bei: http://dmkert.hu und http://www.drzewa.com.pl.

Nanking Kirsche/Koreakirsche/ Filzkirsche (*Prunus tomentosa*)

Das Gelee von Nanking Kirschen schmeckt köstlich. Durch die Fülle an roten Früchten, wirkt die Pflanze wie ein Fruchtspieß. Sie ist der ideale Fruchtstrauch in Kindergärten. Die Pflanze selbst ist eine gute Alternative dort, wo Weichseln aufgrund des Klimas nicht mehr gedeihen.

Herkunft: Familie der Rosengewächse (*Rosaceae*); von Japan über China und Tibet bis hin zum Himalaja.

Höhe und Platzbedarf: 1,5 m hoch, 2 m breit

Frosthärte: Zone 2; frosthart bis -45,5 °C

Wuchsform und Standort: Sie wächst strauchförmig, dicht verzweigt und wird 1,5 m bis 2 m hoch. Die zahlreichen weißen Blüten mit der rosafarbenen Mitte sind eine Attraktion im Garten. Sie erscheinen Ende April bis Mitte Mai. Die dunkelgrünen Blätter sind gezähnt und haben eine leicht filzige Behaarung. Die Nanking Kirsche wächst bevorzugt an sonnigen Plätzen. Feuchte Standorte fördern den Befall durch Monilia (Spitzendürre). Trockenheit wird gut vertragen. An den Boden stellt die Nanking Kirsche keine besonderen Ansprüche.

Pflege: Jährliche Auslichtungsschnitte sind für einen lockeren und luftigen Aufbau wichtig. Nach innen gehende Ruten werden entfernt. Die Nanking Kirsche ist anfällig für Monilia. Befallene Triebe werden großzügig, bis 20 cm ins gesunde Holz hinein, weggeschnitten. Die Fruchtmumien müssen zur Vorbeugung gegen den Pilzbefall entfernt werden.

Verwendung:

- Frucht: Die kugeligen Früchte sind 1 cm groß und hellrot bis dunkelrot gefärbt. Die Früchte von ‚Orient' sind bis 1,5 cm groß. Es gibt auch Formen mit gelblichen Kirschen. Die ungestielten Früchte wachsen dicht an dicht an den Zweigen und erinnern an einen Fruchtspieß. Die saftigen, süß und aromatisch schmeckenden Kirschen haben eine angenehme Fruchtsäure. Sie eignen sich zum Frischgenuss, zum Einkochen als Marmelade und Gelee, als Kuchenbelag, zur Saftgewinnung und für Obstwein. Zudem werden sie auch eingelegt. Die Früchte müssen nach der Ernte verarbeitet werden und sind nicht lange lagerfähig.
- Blatt: Die Blätter werden beim Einlegen von Gemüse und Pilzen als Beizmittel verwendet.

Vermehrung: Die Vermehrung aus Samen gelingt einfach im Gartenbeet oder in einem Blumentopf, der den Winter über im Freien belassen wird. Oft finden sich neben fruchtenden Pflanzen Sämlinge, die versetzt werden können. Größere Pflanzen erhalten Sie bei Veredelung auf St. Julien Pflaume (*Prunus insititia*). Weichholzstecklinge von kräftig wachsenden Pflanzen werden vom Frühling bis zum Frühsommer genommen, Stecklinge vom halbreifen Holz im Juli/August. Absenker werden im Frühling gemacht.

Sorten und Bezugsquellen: Für den Fruchtertrag ist die Pflanzung von zwei verschiedenen Sträuchern bzw. Sorten notwendig. Sämlingspflanzen erhalten Sie bei: http://www.baumschule-friedersdorf.de und http://www.deaflora.de. ‚Snövit' mit weißen Früchten erhalten Sie bei: https://www.zahradnictvi-spomysl.cz. ‚Red Ninja`, ‚Natali' und ‚Wostocznaja' vertreibt: https://

kornelkirsche.eu. Hybriden von *Prunus tomentosa x P. domestica* wachsen bis 3 m hoch. Die Sorte ‚Julia' aus meinem Garten erhalten Sie bei: https://www.botanik-wug.de.

In der Ukraine gibt es Hybriden, die eine Kreuzung von *Prunus tomentosa* mit *Prunus ulmifolia* (*Syn. Amygdalus triloba*) sind. ‚Efimka' wird 2 m hoch und die Früchte wiegen 2,5 Gramm. ‚Oksamytova' wird ebenfalls 2 m hoch. ‚Montmorency', eine Hybride von *P. tomentosa x avium*, erhalten Sie bei: https://www.pflanzmich.de.

Tipp/Besonderheiten: Aufgrund des hohen und regelmäßigen Ertrags hat die Nanking Kirsche auch ein Potential für den Ertragsanbau. Dafür wird sie am besten als Hecke erzogen. In China und den USA wird sie auch in Windschutzgürtel gepflanzt.

Maulbeere aus Istanbul

Maulbeeren (*Morus spec.*)

Der schönste Text, der wohl je über Maulbeeren geschrieben wurde, stammt von Hisham Matar, einem libyschen Autor. Er schildert darin, dass die Maulbeeren direkt aus dem Himmel kommen und ein „Engelsgeschenk" sind. Aber lesen Sie selbst in seinem preisgekrönten Buch, in dem er biografische Erfahrungen (in denen der Maulbeerbaum eine Rolle spielt) und die politische Verfolgung in Libyen beschreibt: Hisham Matar (2009), *Im Land der Männer*, btb Verlag, München.

Gerade rechtzeitig zum Sommerbeginn reifen die ersten Maulbeeren. Sie kündigen verheißungsvoll die Ferien an und sind süße Belohnung für das zu Ende gehende Schuljahr. Maulbeeren sind unkompliziert im Anbau und die Früchte schmecken köstlich zu einer Zeit, zu der es noch nicht allzu viel reifes Obst gibt. Was Maulbeeren für mich noch attraktiv macht, ist die Verschiedenheit der Sorten, die rasche Wüchsigkeit der Pflanzen und die leichte Vermehrung durch Hartholzstecklinge im Sommer oder eine einfache Veredelung im Frühjahr. Meine Lieblingssorte ist ‚Illinois Everbearing', sie hat ein ausgezeichnetes süßes Aroma mit einer guten Säure und trägt von Juli bis August gut zwei Monate lang zahlreiche große, schwarze Früchte.

Botanisch wird zwischen *Morus alba*, der weißen Maulbeere, *Morus nigra*, der schwarzen Maulbeere, und *Morus rubra*, der rosa Maulbeere, unterschieden. Die Farbe der Früchte sagt allerdings wenig über die botanische Zugehörigkeit aus. So finden sich in vielen Baumschulen „weiße" und „schwarze" Maulbeeren, die oft botanisch beide *Morus alba* sind. Die weiße Maulbeere hat ein großes Farbspektrum von weiß über lila bis schwarz. Morus alba und *Morus rubra* lassen sich gut kreuzen. Es gibt eine Reihe vorzüglich schmeckender Hybridsorten, wie die oben genannte ‚Illinois Everbearing'. Von der echten schwarzen Maulbeere (*Morus nigra*) gibt es hingegen nicht so viele verschiedene Sorten und sie unterscheidet sich deutlich von *Morus alba* und *Morus rubra*.

Weiße Maulbeere (*Morus alba*)

Die Früchte der Weißen Maulbeere sind weiß, später gelblich, aber häufig auch rosa bis purpurfarben oder schwarz und zumeist sehr süß. Achten Sie darauf, Maulbeerbäume nicht unbedingt knapp neben viel gegangenen Wegen oder Straßen zu pflanzen. Die reifen Früchte fallen ab und bilden einen rutschigen und klebrigen Bodenbelag.

Herkunft: Familie der Maulbeergewächse (*Moraceae*); Ostasien, Zentral- und Nordchina

Höhe und Platzbedarf: 18 m hoch, 10 m breit

Frosthärte: Zone 4; frosthart bis -34,4 °C

Wuchsform und Standort: Weiße Maulbeeren wachsen rasch zu mächtigen Bäumen heran und eignen sich daher auch gut als Schattenspender oder als Parkbäume. Die Blüten erscheinen im Mai.

Die Pflanzen bevorzugen tiefgründige, nährstoffreiche, feuchte Böden, vertragen allerdings auch Trockenheit. Sie gedeihen auf unterschiedlichen Bodentypen. Da sie gut windverträglich ist, ist die Weiße Maulbeere gut für Hecken geeignet. Sie wächst gut sowohl im Halbschatten als auch in voller Sonne.

Pflege: Junge Pflanzen sollen in rauerem Klima einen Winterschutz erhalten. Ansonsten sind weiße Maulbeeren pflegeleicht. Die Hauptarbeit besteht in regelmäßigen Schnittmaßnahmen im zeitigen Frühjahr, wenn die Pflanzen noch in der Winterruhe sind, falls sie wegen der leichteren Ernte strauchartig erzogen werden.

Verwendung:

- Frucht: Die Früchte sind je nach Sorte zwischen 2 und 5 cm lang und können sowohl roh als auch getrocknet genossen werden. Wer die Säure in Früchten liebt, wird sie bei den weißen Maulbeeren vermissen, sie sind vor allem eines: süß. Die ersten Sorten reifen ab Mitte Juni. Der Erntezeitraum erstreckt sich über 2–3 Wochen. Einige Sorten fruchten auch 2–3 Monate lang. Die Früchte fallen ab, wenn sie reif sind, und sind nur wenige Tage gekühlt haltbar. Die beste Erntemethode ist das Auflegen eines Leintuches und leichtes Abschütteln der reifen Früchte jeden 2. oder 3. Tag. Auf diese Weise haben Sie immer eine gute Fruchtqualität. Die Früchte können frisch gegessen, als Fruchtbelag für Kuchen verwendet, zu Marmelade verarbeitet oder getrocknet werden. Gepresst ergeben sie einen schmackhaften Fruchtsaft. Aus diesem kann Gelee bereitet werden. Die Trockenfrüchte können gemahlen als Backzusatz verwendet werden.
- Blatt: Die zarten Blätter werden als Gemüse gedünstet oder blanchiert und wie Kohlrouladen oder Weinblätter gefüllt.
- Zweige: Die jungen Zweige dienen als Flechtmaterial.

Weiße Maulbeeren

Vermehrung: Die sortenechte Vermehrung erfolgt über Veredelung auf eine *Morus alba* Unterlage. Beim Pfropfen hinter die Rinde im Frühjahr habe ich gute Erfahrungen gemacht, in einem Fall trug das Edelreis noch im selben Jahr Früchte. Auch

Die Hängemaulbeere bildet eine blickdichte Kuppel – ein ideales Versteck auf dem Spielplatz.

die Stecklingsvermehrung ist häufig erfolgreich. Die Steckhölzer von halbreifem Holz werden im Juli/August geschnitten, Steckhölzer von 2-jährigem Holz am besten im Herbst oder Frühjahr. Absenker können im Herbst gemacht werden. Bei der Samenvermehrung empfiehlt sich eine 2- bis 3-monatige Stratifizierung.

Sorten und Bezugsquellen: ‚Agate' hat 3–4 cm große, schwarze Früchte, die im Spätsommer reifen, sowie sehr große Blätter. Als Baum wird sie 3–5 m hoch. ‚Paradise' hat große Blätter und weiße Früchte und trägt schon als junge Pflanze. ‚Illinois Everbearing' (*Morus alba x rubra*) stammt aus den USA und trägt schon mit 2–3 Jahren. Als Baum wird sie 6–8 m hoch. Die großen schwarzen Früchte erscheinen von Anfang Juli bis Anfang September und haben eine perfekte Mischung von Süße und Säure. ‚Capsrum' (*Morus alba x rubra*) stammt aus Kanada und hat große schwarze Früchte, ‚Carman' (*Morus alba x rubra*) stammt aus Ontario/Kanada und hat große weiße Früchte. ‚Wellington' (vermutlich *Morus alba x rubra*) hat schwarze Früchte, die ab Juni den Sommer hindurch reifen, und wird 4–6 m hoch. ‚Collier' (*Morus alba x rubra*), eine der besten Sorten, trägt von Ende Mai bis September reichlich schwarze Früchte und wird bis 4 m hoch. ‚Geraldi Dwarf' trägt schwarze Früchte, trägt schon als 2-jährige Pflanze und wird nur knapp 2 m hoch. Sie eignet sich daher auch für die Topfkultur. ‚Milanówek', eine Auslese der polnischen Baumschule Carya, hat schwarze feste Früchte, die von Mitte Juni bis Ende September reifen. ‚Nana Issai' hat schwarzviolette Früchte und wird 2–3 m hoch.Viele der genannten Sorten erhalten Sie bei: http://www.agroforestry.co.uk, bei Botanik in Weißenburg von Gerd Meyer, mit dem größten Maulbeerensortiment in Europa www.botanik-wug.de, http://kornelkirsche.eu und http://www.eggert-baumschulen.de.

Besonderheiten: Weiße Maulbeeren sind selbstfruchtbar. Eine Besonderheit stellt die Hängemaulbeere (*Morus alba pendula*) dar, die auf einen Stamm der Weißen Maulbeere veredelt ist. Die weißfrüchtigen Varianten, die ich verkostet habe, schmeckten fade. Die Sorte mit den schwarz-roten Früchten ist allerdings süß und hat ein köstliches Aroma. Mit den Jahren entwickelt sich eine große Kuppel, die in Kindergärten und auf Spielplätzen gerne zum Verstecken genutzt wird. Die Beeren sind für Kinder gut erreichbar und unter dem dichten Blättervorhang entsteht ein idealer Spielplatz. Wichtig ist ein kräftiges Auslichten der Zweige im Frühjahr während der Winterruhe. Die Zweige sollen direkt beim Stammansatz entfernt werden, da sonst das eingetrocknete Holz Spieße bildet, die zu Verletzungen im Kopfbereich führen können. Die schwer zu bekämpfende Maulbeerschildlaus (*Pseudaulacaspis pentagona*) zeigt sich als weißlicher Belag am Stamm oder an den Ästen. Hilfreich dagegen sind ein sonniger, gut durchlüfteter Standort, Auslichten der Krone und eine gute Nährstoffversorgung der Pflanzen. Rotfrüchtige Hängemaulbeeren erhalten Sie oft im Gartencenter der Baumärkte oder bei http://www.praskac.at.

Die Unterart *Morus alba* var. *tatarica* mit schmaleren Blättern erhalten Sie bei: http://larchcottage.co.uk.

Schwarze Maulbeere (*Morus nigra*)

Schwarze Maulbeeren sind für mich eine der köstlichsten Früchte und dafür viel zu selten angepflanzt. Dabei gedeihen die Bäume im Weinbauklima recht problemlos.

Der Einkauf der Pflanzen ist allerdings Vertrauenssache. Immer wieder werden in Baumschulen schwarzfrüchtige Sorten der weißen Maulbeere (*Morus alba*) als Schwarze Maulbeere (*Morus nigra*) verkauft, unter anderem die Sorte ‚Wellington', eine *Morus alba x rubra* Hybride. Die echte schwarze Maulbeere erkennt man an den Blättern und am Stamm. Die herzförmigen Blätter sind gröber und rauer als bei der weißen Maulbeere. Das Gleiche gilt auch für die Rinde am Stamm. Sie ist rau und dick. Der Wuchs ist zudem gedrungener und fällt wesentlich schwächer aus als bei der weißen Maulbeere. Kosten Sie die stark färbenden schwarzen Früchte, so merken Sie die feine Mischung aus Süße und Säure, weshalb die echte schwarze Maulbeere für viele die Geschmackvollste der Maulbeeren ist. Meine Bäume haben im Vorjahr nach einem sehr feuchten Sommer und Frühjahr einen Blattpilz bekommen. Als Gegenmaßnahme versuche ich durch einen jährlichen Auslichtungsschnitt den Kronenaufbau licht- und luftdurchlässig zu halten. Da viele Zweige zwieseln, entferne ich immer einen der beiden Triebe. Bei der Platzwahl sollten Sie Sorge dafür tragen, dass die herabfallenden Früchte nicht auf Gehwege oder Autos fallen.

Herkunft: Familie der Maulbeergewächse (*Moraceae*); Transkaukasien und Nordiran

Höhe und Platzbedarf: Voll ausgewachsen, werden die Bäume 10 m hoch und 15 m breit. Durch Schnitt können sie allerdings als Kleinbäume gut in Form gehalten werden.

Schwarze Maulbeeren frisch geerntet

Frosthärte: Zone 5; frosthart bis -28,8 °C

Wuchsform und Standort: Schwarze Maulbeerbäume wachsen langsam als breitbuschige Sträucher oder als mittelgroßer Baum. Sie bevorzugen einen gut durchlässigen und eher feuchten Boden sowie einen sonnigen Standort. Hitze wird gut vertragen. In Gegenden mit rauerem Klima sollten sie möglichst geschützt stehen. Ideal ist eine Steinmauer als Hintergrund, um ein Ausreifen der Früchte zu fördern. Die Blüten erscheinen von Mai bis Juni. Eine Erziehung als Fruchtstrauch mit mehreren Trieben ermöglicht die Integration in eine Fruchthecke. Die wirkliche Schönheit des schwarzen Maulbeerbaums kommt allerdings bei einer Einzelstellung zum Tragen.

Pflege: Schnittmaßnahmen während der Winterruhe werden gut vertragen. In Wien kenne ich einen Baum, der seit Jahrzehnten auf einem sehr beengten Platz vor einer Schule steht. Durch den konsequenten Rückschnitt bilden sich jährlich frisches Fruchtholz und köstliche Früchte.

Verwendung:

- Frucht: Die etwa 2,5 cm großen Früchte reifen von Mitte Juli bis Ende August und sind essbar, wenn sie halb schwarz, halb rot gefärbt sind. Ich bevorzuge es, sie einzeln per

Hand zu ernten. Dafür ist der richtige Zeitpunkt entscheidend. Nur wenn sie sich leicht vom Zweig lösen, der Stiel bleibt an der Frucht, haben sie die perfekte Konsistenz zur Verwertung. Versucht man sie zu früh zu ernten, zerplatzen sie, sind sie zu lange am Baum und tief schwarz gefärbt oder fallen von selbst ab, sind sie meist schon verdorben. Die Früchte werden frisch verzehrt, zu Marmelade oder Sirup verarbeitet. Der Saft wird als Fruchtsaft konserviert oder zu Wein oder Essig vergoren. Zudem werden sie für Kosmetika und zum Färben verwendet.

Vermehrung: Die sortenechte Vermehrung erfolgt über Veredelung auf eine *Morus nigra*-Unterlage. Auch die Stecklingsvermehrung ist häufig erfolgreich. Die Steckhölzer von halbreifem Holz werden im Juli/August geschnitten, Steckhölzer von 2-jährigem Holz am besten im Herbst oder Frühjahr. Absenker können im Herbst gemacht werden. Bei der Samenvermehrung empfiehlt sich eine 2- bis 3-monatige Stratifizierung. Aus Samen gezogene Bäume brauchen bis zu 10 Jahren, ehe sie Früchte tragen.

Sorten und Bezugsquellen: ‚Izvor' ist eine osteuropäische Auslese mit guter Frosthärte. ‚Repsime' trägt schon als junge Pflanze. ‚Sham Dudu' hat große und zahlreiche Früchte. ‚Pakistan' hat 3–4 cm lange Früchte und benötigt einen geschützten Platz. Alle diese Sorten erhalten Sie bei: http://www.agroforestry.co.uk. Die Sorte ‚Chelsea' Syn. ‚King James' erhalten Sie bei: http://www.crown-nursery.co.uk, http://www.hortensis.de und http://www.keepers-nursery.co.uk. Die Baumschule Praskac verkauft auch große Bäume einer Fruchtsorte mit gut ausgebildeten Stämmen, die verlässlich fruchten: http://www.praskac.at.

Besonderheiten: Schwarze Maulbeeren sind selbstfruchtbar.

Rote Maulbeere (*Morus rubra*)

Die rote Maulbeere ist völlig zu Unrecht das Stiefkind der Familie, was ihren Anbau in Mitteleuropa betrifft. Dabei überzeugt sie durch ihre Frosthärte und die saftigen und wohlschmeckenden Früchte. Gekreuzt mit der weißen Maulbeere (*Morus alba*) hat sie uns allerdings einige der besten Sorten wie ‚Illinois Everbearing' und ‚Collier' gebracht, die neben der Süße der weißen Maulbeere auch das säuerliche Aroma der roten Maulbeere enthalten.

Herkunft: Familie der Maulbeergewächse (*Moraceae*); Nordamerika

Höhe und Platzbedarf: 15 m hoch

Frosthärte: Zone 5; frosthart bis -28,8 °C

Wuchsform und Standort: Rote Maulbeeren wachsen zu großen Bäumen heran und eignen sich für eine Einzelpflanzung. Sie können aber auch strauchförmig erzogen werden. Die Blüten erscheinen von Mai bis Juni.

Die Pflanzen bevorzugen tiefgründige, nährstoffreiche, feuchte Böden. Sie gedeihen auf unterschiedlichen Bodentypen und wachsen gut sowohl im Halbschatten als auch in voller Sonne.

Pflege: Junge Pflanzen sollen in rauerem Klima einen Winterschutz erhalten. Ansonsten sind rote Maulbeeren pflegeleicht. Die Hauptarbeit besteht in regelmäßigen Schnittmaßnahmen im zeitigen Frühjahr, wenn die Pflanzen noch in der Winterruhe sind.

Verwendung:

- Frucht: Die 2–3 cm langen roten bis schwarzroten Früchte reifen über mehrere Wochen von Juli bis August und werden frisch verzehrt oder zu Marmeladen, Säften und alkoholischen Getränken verarbeitet. Sie können auch getrocknet werden. Die Trockenfrüchte können zu einem Pulver vermahlen und in Konfekt verwendet werden.

Vermehrung: Die sortenechte Vermehrung erfolgt über Veredelung auf eine *Morus alba*- oder *Morus rubra*-Unterlage. Auch die Stecklingsvermehrung ist häufig erfolgreich. Die Steckhölzer von halbreifem Holz werden im Juli/August geschnitten, Steckhölzer von 2-jährigem Holz am besten im Herbst oder Frühjahr. Absenker können im Herbst gemacht werden. Bei der Samenvermehrung empfiehlt sich eine 2- bis 3-monatige Stratifizierung.

Sorten und Bezugsquellen: Echte Sorten sind selten zu bekommen. Die Sorten ‚Tom` und ‚Emmanuelle' erhalten Sie bei Botanik in Weißenburg von Gerd Meyer: https://www.botanik-wug.de. Die Sorten ‚Hicks Fancy' und ‚Townsend' erhalten Sie bei: http://www.hortensis.de. Die Zwergsorte ‚Nana' erhalten Sie bei: http://larch-cottage.co.uk. Rote Maulbeeren erhalten sie bei: http://www.thefruitnursery.co.uk und http://www.eggert-baumschulen.de. Große Pflanzen vertreibt: http://www.flora-toskana.de.

Japanische Maulbeere/ Kagayamae-Maulbeere/ Brombeer-Platane (*Morus bombycis Syn. Morus kagayamae*)

Diese Maulbeerart wird in Deutschland, Österreich und der Schweiz noch selten kultiviert. Dabei hat sie zwei Vorteile: Die bis 20 cm großen tiefgeschlitzten Blätter sind bei Alleinstellung eine Zierde und die etwa 1 cm großen roten Beeren sind essbar und schmecken lecker. Bei uns sind die Bäume bisher problemlos gewachsen.

Herkunft: Familie der Maulbeergewächse (*Moraceae*); Japan

Frucht der Kagayamae-Maulbeere

Kagayamae-Maulbeeren haben auch dekorative Blüten und Blätter.

Höhe und Platzbedarf: 8 m hoch, 6 m breit

Frosthärte: Zone 6; frosthart bis -23,3 °C

Wuchsform und Standort: Japanische Maulbeeren wachsen eher langsam und eignen sich für eine Einzelstellung. Mit ihren schirmförmigen Kronen und den großen Blättern sind sie gute Schattenbäume. Sie können aber auch strauchförmig erzogen werden. Die Blüten erscheinen im Juni. Die Pflanzen bevorzugen tiefgründige, nährstoffreiche, feuchte Böden. Sie gedeihen auf unterschiedlichen Bodentypen und wachsen gut sowohl im Halbschatten als auch in voller Sonne.

Pflege: Junge Pflanzen sollen in rauerem Klima einen Winterschutz erhalten. Ansonsten sind Japanische Maulbeeren pflegeleicht. Die Hauptarbeit besteht in regelmäßigen Schnittmaßnahmen im zeitigen Frühjahr, wenn die Pflanzen noch in der Winterruhe sind.

Verwendung:

- Frucht: Die 1 cm großen schwarz-roten Früchte reifen über mehrere Wochen von Juli bis August und werden frisch verzehrt oder zu Marmeladen verarbeitet. Sie können auch getrocknet werden.

Vermehrung: Die sortenechte Vermehrung erfolgt über Veredelung auf eine *Morus bombycis*-Unterlage. Auch die Stecklingsvermehrung ist häufig erfolgreich. Die Steckhölzer von halbreifem Holz werden im Juli/August geschnitten, Steckhölzer von 2-jährigem Holz am besten im Herbst oder Frühjahr. Absenker können im Herbst gemacht werden. Bei der Samenvermehrung empfiehlt sich eine 2- bis 3-monatige Stratifizierung.

Sorten und Bezugsquellen: Spezielle Fruchtsorten sind mir derzeit keine bekannt. Achten Sie allerdings darauf, nicht die fruchtlose Auslese ‚Fruitless' zu kaufen, die als Zierbaum oder Schattenspender verkauft wird. Japanische Maulbeeren erhalten Sie bei: http://www.deaflora.de, http://www.eggert-baumschulen.de oder http://www.pflanzenhof-online.de. Große Pflanzen vertreibt: http://www.flora-toskana.de

Besonderheiten: Japanische Maulbeeren sind selbstfruchtbar.

Papiermaulbeerbaum (*Broussonetia kazinoki*)

Papiermaulbeerbäume sind eine Zierde. Die kugelförmigen Blüten erscheinen im Juni und bringen im August orange, etwa 1 cm große Beerenfrüchte hervor, die eine weiche, etwas schleimige Konsistenz haben. Das Aroma der süßen Früchte ist beim ersten Kosten ungewohnt, bei mehrmaligem Verkosten an verschiedenen Tagen kommt man allerdings auf den Geschmack.

Frucht des Papiermaulbeerbaumes

Herkunft: Familie der Maulbeergewächse (*Moraceae*); Ostasien, von China über Thailand bis Myanmar

Höhe und Platzbedarf: 4,5 m hoch

Frosthärte: Zone 7; frosthart bis -17,7 °C

Wuchsform und Standort: Die Bäume werden bis zu 4,5 m hoch, können allerdings gut als Sträucher erzogen werden. Wichtig ist es, einen sonnigen und von kalten Winterwinden geschützten Platz zu wählen. Die Blätter sind herzförmig und meist dreilappig mit tiefen Einschnitten. Vor dem Laubfall im Herbst zeigen sie eine schöne gelbe Färbung. Die Pflanzen wachsen sowohl auf leichten sandigen als auch auf schweren lehmigen Böden. Staunässe wird nicht gut vertragen.

Pflege: Jüngere Pflanzen benötigen eine schützende trockene Mulchdecke gegen ein Durchfrieren im Winter. Schnittmaßnahmen sind im Frühjahr noch in der Winterruhe vorzunehmen. Abgestorbene oder abgefrorene Zweige und Äste sollen im Frühjahr entfernt werden, da sich sonst ein unansehnliches Gestrüpp entwickelt.

Verwendung:

- Frucht: Die Früchte des Papiermaulbeerbaums eignen sich zum Frischverzehr sowie für die Zubereitung von Marmeladen oder Gelees.
- Blatt: Die jungen Blätter finden gekocht als Gemüse Verwendung.
- Bast und Rinde: Aus dem Bast der Rinde wird Spezialpapier hergestellt.

Vermehrung: Die Vermehrung aus Samen gelingt einfach. Bei uns sind Samen aus abgefallenen Früchten neben der Mutterpflanze gekeimt und haben sich rasch zu schönen Jungpflanzen entwickelt. Die Stecklingsvermehrung ist häufig erfolgreich. Die Steckhölzer von halbreifem Holz werden im Juli/August geschnitten, Steckhölzer von 2-jährigem Holz am besten im Herbst oder Frühjahr. Im Winter können Wurzelschnittlinge gemacht werden. Absenker können im Frühling gemacht werden.

Sorten und Bezugsquellen: Spezielle Fruchtsorten sind mir derzeit keine bekannt. Papiermaulbeeren erhalten Sie bei: http://www.dea-flora.de, http://www.eggert-baumschulen.de und http://www.hortensis.de. Große Pflanzen vertreibt: http://www.flora-toskana.de

Besonderheiten: Papiermaulbeeren sind selbstfruchtbar.

Papiermaulbeerbaum Frucht (Foto: Baumschule Praskac)

Obstkorb mit Maulbeeren, Himbeeren, Felsenbirnen, Weichseln und Kirschpflaumen

Papiermaulbeerbaum (*Broussonetia papyrifera*)

Der Papiermaulbeerbaum *papyrifera* ist der oben beschriebenen Art *kazinoki* ähnlich. Er wird als Baum bis 9 m hoch. Die orangefarbenen Früchte sind 2–3 cm groß und sollen besser schmecken als *kazinoki*. Allerdings sind die Pflanzen frostempfindlicher (Zone 8; -12,2 °C) als *kazinoki*. Die Pflanzen brauchen einen geschützten Platz im Weinbauklima. Aus der Rinde und dem Bast wird Papier produziert, in Thailand und Java werden daraus „Tapa" Textilien hergestellt.

Bezugsquellen: Papiermaulbeeren erhalten Sie bei: http://www.baumschule-hartwich.de und http://www.eggert-baumschulen.de. Große Pflanzen vertreibt: http://www.praskac.at.

Kirschpflaume violett

Kirschpflaumenhybride ‚Golden Sphere'

Kirschpflaume/Türkische Pflaume/Myrobalane (*Prunus cerasifera*)

Die Kirschpflaume wird häufig mit dem Kriecherl (*Prunus domestica* subsp. *insistitia*) verwechselt und hat heute als Obst keinen hohen Stellenwert. Zu Unrecht, wie ich meine, denn die Edelsorten schmecken vorzüglich und tragen verlässlich. Die Kirschpflaume wird oft als anspruchslose, trockenheitsverträgliche Unterlage für Pflaumen und auch Marillen verwendet, was zu ihrer weiten Verbreitung beitrug. Sie gilt auch als einer der Ahnen der Europäischen Pflaume. Mir imponiert die Kirschpflaume, da die Pflanzen sehr robust und pflegeleicht sind und eine große Formenvielfalt aufweisen. Die Früchte können kirschgroß bis pflaumengroß und gelb, rot oder schwarzblau gefärbt sein. Manche sind süß-aromatisch, andere hingegen nur sauer oder mehlig mit wenig Geschmack. Die frühen Sorten reifen Anfang Juli, die späten Anfang Oktober. Durch die Blüte und den Fruchtbehang sind sie auch sehr zierende Gewächse. Die Pflanzen sind leicht durch Samen zu vermehren. Falls Sie verschiedene Sorten zusammen pflanzen, die sich gegenseitig befruchten, können Sie sich immer wieder von neuen Variationen überraschen lassen. Und vielleicht haben Sie ja eine speziell schmackhafte Frucht darunter, die Sie weitervermehren können.

Herkunft: Familie der Rosengewächse (*Rosaceae*); Mittelasien, Iran, Irak, Kaukasus, Krim, Anatolien, Balkan, spärliche Vorkommen von der Slowakei, Mähren, Österreich bis Zentraleuropa

Höhe und Platzbedarf: 9 m hoch, 9 m breit

Frosthärte: Zone 4; frosthart bis -34,4 °C

Wuchsform und Standort: Die Kirschpflaume ähnelt der Pflaume. Sie kann strauchförmig oder als Baum erzogen werden. Die Wildform ist bedornt. Sie kann auch dort noch angepflanzt werden, wo der Boden für „normale" Pflaumen zu schwer oder zu trocken ist. Die Pflanzen wachsen auf verschiedenen Bodentypen und gedeihen auf gut durchlässigen Böden. Die Kirschpflaume wächst auch auf schweren Lehmböden. Sie wächst bevorzugt auf feuchten Böden und gedeiht im Halbschatten oder in voller Sonne. Trockenheit toleriert sie. Die Blüten erscheinen im März, noch vor dem Laubaustrieb.

Pflege: Die Kirschpflaume ist eine pflegeleichte Pflanze, die auch starke Rückschnitte problemlos verträgt.

Verwendung:

- Frucht: Eine Besonderheit gibt es bei der Verwendung der Früchte. Am besten schmecken sie frisch oder als Kuchenbelag. Als Marmelade oder Mus eingekocht, verliert sich die Süße der frischen Früchte und die Säure steht im Vordergrund. Kirschpflaumen können Sie auch gut zu Edelbränden verarbeiten. Sie können die Früchte auch gut zu Fruchtleder verarbeiten.
- Samen: Aus den Samen können Sie Speiseöl pressen.

Vermehrung: Die Vermehrung möglichst aus frischen Samen benötigt Stratifizierung. Frischholzstecklinge machen Sie im Frühjahr bis Frühsommer, Stecklinge vom halbreifen Holz im Juli/August. Absenker machen Sie im Frühjahr. Wurzelausläufer trennen Sie in der Winterruhe ab.

Sorten und Bezugsquellen: Sämlingspflanzen erhalten Sie bei: http://www.eggert-baumschulen.de, Fruchtsorten bei https://www.botanik-wug.de und http://shop.baumschuleritthaler.de.

Die türkischen Sorten ‚Ceres', die ab Mitte August genussreif ist, und ‚Kok Sultan' erhalten Sie bei: http://www.bs13.baumschule-walsetal.de. ‚Gojeh Sabz' ist eine Kirschpflaumensorte aus dem Iran mit grünlichen Früchten. Die Früchte werden halbreif geerntet und mit Salz roh gegessen oder mit anderen Zutaten zu einem traditionellen Gericht verarbeitet. Pflanzen erhalten Sie bei: http://www.hortensis.de.

Die Kirschpflaume lässt sich gut mit der Japanischen Pflaume/Susine (*Prunus salicina*) kreuzen. So entstanden Sorten mit sehr schmackhaften, großen, süßen Früchten. Die Blutpflaume ‚Trailblazer' (Syn. ‚Hollywood') ist eine Kreuzung zwischen *Prunus salicina* ‚Shiro' und *Prunus cerasifera* var. *pissardii*. ‚Trailblazer' wächst als baumartiger Strauch mit trichterförmigen Hauptästen. Sie wird bis 5 m hoch und 3–5 m breit und eignet sich so auch gut für den kleinen Garten. Die Blätter sind auffallend braun- bis dunkelrot. ‚Trailblazer' eignet sich dadurch und auch wegen der Blütenpracht gut als Ziergehölz im Garten. Die weißen Blüten mit dem bronzeüberhauchten Kelch erscheinen im April. Die bis 5 cm dicken, dunkelroten Pflaumen sind bei Vollreife, Mitte bis Ende August, süß und saftig. Der Ertrag ist reichlich und regelmäßig. Die Früchte lassen sich wie die Pflaumen noch einige Zeit im Kühllager halten. Pflanzen erhalten Sie bei: http://www.deaflora.de, http://www.baumschule-horstmann.de und http://www.eggert-baumschulen.de. ‚Golden Sphere' ist eine selbstfruchtbare ukrainische Sorte mit saftigen großen gelben Früchten. Pflanzen erhalten Sie bei: http://www.orangepippintrees.eu und http://www.agroforestry.co.uk. Beide Sorten wachsen bei mir problemlos. ‚Ruby' ist selbstfruchtbar mit dunkelrotem Fruchtfleisch. Pflanzen erhalten Sie bei: http://www.orangepippintrees.eu und http://www.hortensis.de. Bei hortensis erhalten Sie auch ‚Sprite', eine Sorte mit kleineren schwarzblauen Früchten.

Tipp/Besonderheiten: Kirschpflaumen sind meist nicht oder nur teilweise selbstfruchtbar und benötigen eine zweite Sorte oder Sämlingspflanze für die Kreuzbefruchtung. Falls die Hybriden nicht selbstfruchtbar sind, braucht es einen der Elternteile zur Befruchtung.

Weichsel, Steppenkirsche und Co. (*Prunus spec.*)

Herkunft: Familie der Rosengewächse (*Rosaceae*)

Vermehrung: Die Vermehrung aus Samen erfordert Stratifizieren. Absenker machen Sie im Frühling. Wurzelausläufer trennen Sie im Spätherbst oder im Frühling vor dem Blattaustrieb ab. Stecklinge vom frischen Holz machen Sie im Frühling oder Frühsommer, vom halbreifen Holz im Juli/August.

Weichsel (*Cerasus vulgaris Syn. Prunus cerasus*)

Weichseln sind wahrscheinlich Kreuzungen zwischen der Vogelkirsche (*Prunus avium*) und der Steppenkirsche (*Cerasus fruticosa*). Sie werden auf der ganzen nördlichen Halbkugel angebaut und gedeihen auch noch in kühleren Lagen. Es lassen sich zwei Unterarten unterscheiden:

- Die Morellen oder Sauerkirschen der Austera Gruppe (*Prunus cerasus* var. *austera*) haben dunkles Fruchtfleisch und intensiv gefärbten Fruchtsaft.
- Die Amarellen oder Glaskirschen der Caproniana Gruppe (*Prunus cerasus* var. *caproniana*) mit hellem Fruchtfleisch und ungefärbtem Fruchtsaft. Sie stammen vermutlich aus Nordostanatolien bzw. der Region vom Balkan bis zur Ukraine.

Höhe und Platzbedarf: Je nach Unterart oder Sorte zwischen 1 m und 10 m hoch bzw. breit.

Frosthärte: Zone 3; frosthart bis -40,0 °C

Wuchsform und Standort: Weichseln wachsen als Sträucher oder Bäume. Manche Weichselarten treiben Ausläufer. Die Pflanzen gedeihen auf verschiedenen Bodentypen und bevorzugen gut durchlässige, feuchte Böden. Sie vertragen Halbschatten und volle Sonne.

Weichsel ‚Köroszer' (Fotos: Andreas Spornberger)

Pflege: Rückschnitte machen Sie am besten nach der Ernte. Besonders bei Sorten wie ‚Schattenmorelle' müssen Sie nach der Ernte die Zweige kräftig einkürzen. Ansonsten verkahlen sie, wachsen peitschenförmig und tragen die Früchte nur außen am frischen Holz.

Verwendung:

- Blatt: Aus den Blättern können Sie Tee bereiten.
- Frucht: Die Morellen oder Sauerkirschen haben dunkles Fruchtfleisch und intensiv gefärbten Fruchtsaft.
- Die Früchte der Amarellen oder Glaskirschen mit hellem Fruchtfleisch und ungefärbtem Fruchtsaft werden meist verarbeitet gegessen. Manchmal wird der Fruchtsaft gefärbt. Dunkelfrüchtige Sorten sind meist sehr sauer und werden mit anderen Früchten

gemischt verarbeitet. Manche Sorten können auch eine leicht bittere Note haben, die eine feine Kombination von bitter-süß-sauer ergibt. Mit Schokolade überzogen ergeben die Amarellen ein feines Dessert. Bekannt ist die Maraschino Kirsche. Die Früchte werden auch kandiert, getrocknet, zu Früchtejoghurt verarbeitet oder zu Sauerkirschenwein oder Destillaten veredelt.

- Same: Aus den Weichselkernen können Sie feines nach Mandeln duftendes Speiseöl pressen. Eine echte Delikatesse, die ich nur empfehlen kann: http://www.hartls-oele.at
- Harz: Das gummiartige Harz, das sich am Stamm oder den Ästen bildet, können Sie kauen.

Sorten und Bezugsquellen: Eine große Auswahl an seltenen Sorten finden Sie bei: https://shop.baumschuleritthaler.de. Darunter sind die gelbe/rote ‚Papillon', ‚Dolls Langstieler', ‚Maibigarreau', die ‚Bankhardkirsche' oder die ‚Weiße Herzkirsche'. Bei dieser Fülle an Sorten lohnt es für ihren speziellen Standortanspruch bei der Baumschule nachzufragen oder Sie lassen sich überraschen, wie sich eine spezielle Sorte bei Ihnen entwickelt. Eine schöne Auswahl haben Sie auch bei: http://biobaumschule.schafnase.at. Darunter die ‚Kritzendorfer Einsiedekirsche', die dunkelschwarzrote ‚Schneebergkirsche', die ‚Coburger Maiherzkirsche', die ‚Lucienkirsche', die in Deutschland um 1800 entstand, sowie die aus Brandenburg stammende ‚Grolls Schwarze'. ‚Dankelmanns Frühe', die ‚Goldgelbe Herzkirsche', sowie zahlreiche andere Sorten erhalten Sie bei: https://biobaumversand.de.

Tipp/Besonderheiten: Weichseln sind selbstfruchtbar. Verschiedene Weichselklone lassen sich gut als Unterlagen für Süßkirschen verwenden, um deren Wachstum zu bremsen.

Zwergweichsel in Großriedenthal in Niederösterreich

Zwergweichsel/Steppenkirsche (*Cerasus fruticosa Syn. Prunus fruticosa*)

Die Zwergweichsel kommt von Nordost-Kasachstan, dem Südural, Südostrussland, der Ukraine bis Zentraleuropa vor. Die Sträucher werden 1–2 m hoch, 1,5–2 m breit und sind bis -34,4 °C (Zone 4) frosthart. Sie sind ausläufertreibend und können dichte Bestände bilden. Die Zwergweichsel wächst auf verschiedenen Bodentypen und gedeiht sowohl auf feuchten als auch trockenen Böden. Die Pflanzen benötigen eine sonnige Lage. Nach meiner Erfahrung sind sie an Standorten mit hoher Luftfeuchtigkeit im Frühjahr anfällig für Triebmonilia.

Die Zwergweichsel kommt als eigene Art und oft als spontane Kreuzung mit der Weichsel/Sauerkirsche (*Cerasus vulgaris*) vor. Die Früchte können dann auch die Größe von Weichseln erreichen und saftig säuerlich schmecken. Die weißen Blüten erscheinen im Mai, die kleinen roten Früchte reifen von Juli bis August. Die Früchte der Zwergweichsel sind sauer und leicht zusammenziehend. Sie werden eingekocht oder getrocknet oder entsaftet. ‚Fruchtstrauch' trägt reichlich weichselähnliche Früchte. ‚Hetzendorf' fruchtet gut und wird ein 2 m breiter Strauch. Die ‚Hetzendorf Hänge-Steppenkirsche' wird am Stamm gezogen. Pflanzen erhalten Sie bei: http://www.praskac.at.

Trauben-Steppenkirsche/Kugel-Steppenkirsche (*Prunus x eminens*)

Die Trauben-Steppenkirsche ist eine Kreuzung zwischen der Zwergweichsel (*Cerasus fruticosa*) und der Weichsel (*Cerasus vulgaris*). Die Sträucher werden 3–4 m hoch, 3–4 m breit und sind bis -34,4 °C (Zone 4) frosthart. Sie wachsen auf verschiedenen Bodentypen. Feuchte Böden werden bevorzugt. Die Pflanzen wachsen im Halbschatten und in voller Sonne. Die Früchte können Sie frisch essen, zu Marmelade einkochen oder entsaften. Die Sorte ‚Umbraculifera' wird meist auf einem Stamm und mit einer Kugelkrone gezogen. Die Pflanzen werden 3 m hoch. Sie tragen erbsengroße Früchte. Die Sorte ‚Schönbrunn' blüht reichlich, setzt aber wenige weichselartige Früchte an. ‚Gloriette' wird am Stamm gezogen und ist eine Hängeform, die ebenfalls wenig fruchtet. Pflanzen erhalten Sie bei: http://www.praskac.at.

Die saftigen Früchte der Steinweichsel schmecken herb-süß.

Steinweichsel/Felsenkirsche (*Cerasus mahaleb Syn. Prunus mahaleb*)

Als Wildfrucht hat sie sehr unterschiedliche Ausprägungen in Geschmack, Größe (erbsengroß bis 1 cm Durchmesser) und Saftgehalt. In Südosteuropa, im Mittleren Osten, vor allem aber der Türkei, Syrien und Libanon ist sie auch Kulturobst, wobei vor allem die Steinkerne genützt werden. Diese sind sehr klein. Dass sich die Arbeit allerdings lohnt, merken Sie, wenn Sie erst einmal die kleinen „Mandel"kerne gekostet haben. Die im Juli reifenden Früchte variieren farblich zwischen rot und schwarz. Sie reifen unregelmäßig und werden entweder gepflückt oder vom Baum geschüttelt. Für Liebhaber leicht herbsüßer Früchte sehr zu empfehlen.

Herkunft: Familie der Rosengewächse (*Rosaceae*); von Marokko über Westeuropa bis Westasien

Höhe und Platzbedarf: 9 m hoch, 9 m breit

Frosthärte: Zone 5; frosthart bis -28,8 °C

Wuchsform und Standort: Die Steinweichsel wächst als sparriger Strauch oder als kleiner Baum bis 9 m hoch. Die attraktive, weiße Blüte erscheint von April bis Mai und ist wohlriechend. Die Pflanzen bevorzugen gut durchlässige Böden und gedeihen an warmen und trockenen Standorte. Sie wachsen sowohl im Halbschatten als auch in voller Sonne.

Pflege: Steinweichseln sind gut schnittverträglich, unempfindlich gegen Schädlinge und eine wertvolle Pflanze in Hecken.

Verwendung:

- Frucht: Nur die vollreife Frucht eignet sich für den Frischverzehr, für Saft und Likörweinherstellung oder zur Trocknung. Aus den getrockneten Früchten kann ein mit Süß- oder Bitterschokolade überzogenes Konfekt hergestellt werden. Die Trockenfrucht eignet sich auch für Früchtetees.
- Samen: Die ölhaltigen Mahalebkerne haben ein ausgeprägtes Bittermandelaroma, schmecken nussig und haben einen leicht bitteren, manchmal auch süß-säuerlichen Geschmack. Sie werden als Mahlepi Pulver zum Aromatisieren von Speisen, vor allem von Brot und Gebäck verwendet. Süßen Keksen oder Teegebäck gibt es ein leicht blumiges Aroma. Die Kerne sind Bestandteil des griechischen Osterbrots.

Vermehrung: Die Vermehrung erfolgt einfach aus den Samen, die stratifiziert werden. Sollten Sie eine Pflanze mit besonderer Fruchtqualität haben, lohnt sich die sortenechte Vermehrung durch Veredelung auf Sämlinge von *Prunus mahaleb*, durch Absenker im Frühjahr oder durch Stecklinge von halbreifem Holz im Frühsommer.

Sorten und Bezugsquellen: Spezifische Sorten sind in Mitteleuropa derzeit nicht bekannt. Eine Auslese auf bitterstoffarme und große Früchte wäre lohnend. Pflanzen erhalten Sie bei: http://www.eggert-baumschulen.de und http://www.bs13.baumschule-walsetal.de.

Tipp/Besonderheiten: Detaillierte Informationen zur Felsenkirsche und über die Verwendung des Mahlepi Pulvers finden Sie auf der äußerst informativen und höchst lesenswerten Website von Gernot Katzer: http://gernot-katzers-spice-pages.com.

Rote Sommerhimbeeren und Schwarze Himbeeren reifen zur gleichen Zeit.

Himbeeren und Co. (*Rubus spec.*)

Die Himbeeren und ihre Verwandten bilden eine Gattung mit einer Fülle von Arten mit essbaren Früchten. Sie kommen von Europa über Asien bis Nordamerika vor. Bei meiner Reise nach Norwegen wuchsen in Stavanger gelbe, gut schmeckende wilde Himbeeren neben dem Weg im Wald. Immer wieder kommen einzelne dieser Arten auch bei uns auf den Markt. Die Arten, die ich bisher angepflanzt habe, stelle ich Ihnen hier vor. Falls Sie weitere interessante Vertreterinnen und Vertreter dieser Gattung finden, nehmen Sie doch bitte Kontakt mit mir auf.

Ein Problem gibt es mit Bezugsquellen. Baumschulen oder Gärtnereien, die Raritäten anbieten, haben manchmal nur eine Mutterpflanze, von der aus sie weitervermehren. Wenn diese nicht selbstfruchtbar ist, haben sie zwar eine schöne Pflanze, aber keine oder wenige deformierte Früchte, da eine Befruchtersorte fehlt. Fragen Sie daher beim Einkauf nach, wie die Vermehrung erfolgt. Eine gute Möglichkeit ist, eine zweite Pflanze von einem anderen Anbieter zu kaufen, sofern dieser seine Mutterpflanze von einer anderen Quelle bezogen hat.

Herkunft: Familie der Rosengewächse (*Rosaceae*)

Vermehrung: Die Vermehrung aus Samen erfordert Stratifizierung. Stockteilungen können in der Winterruhe erfolgen. Stecklinge vom halbreifen Holz schneiden Sie Juli/August. Manche Arten machen Ausläufer, die in der Winterruhe abgetrennt und verpflanzt werden. Die Vermehrung über Absenker machen Sie im Juli. Diese werden im Herbst abgetrennt und verpflanzt.

Verwendung:

- Frucht: Die Beeren der verschiedenen Arten werden frisch gegessen, für Kuchenbeläge verwendet oder zu Marmeladen und Fruchtlikören verarbeitet.

Himbeere/Europäische Himbeere (*Rubus idaeus*)

Eine wichtige Unterscheidung ist die zwischen Sommerhimbeeren und Herbsthimbeeren. Sommerhimbeeren tragen an den zweijährigen Ruten. Ende Juli, nachdem Sie die letzten Früchte geerntet haben, schneiden Sie die Vorjahrstriebe weg und lassen je Stock etwa fünf Jungtriebe stehen. Damit verhindern Sie die Ausbreitung von Erkrankungen der Ruten.

Einfacher haben Sie es bei den Herbsthimbeeren. Diese tragen von August an bis zum Frost ständig Blüten und Früchte. Nach der letzten Ernte schneiden Sie alle Triebe bodennah weg. Sollten Sie Ruten stehen lassen, so tragen diese im nächsten Sommer wieder Früchte. Danach entfernen Sie diese Ruten. Bei dieser Methode ist der Herbstertrag allerdings geringer.

Neben den bekannten rotfrüchtigen Sorten gibt es eine Reihe gelbfrüchtiger Himbeersorten.

Herkunft, Höhe und Platzbedarf: Europa bis Asien; 2 m hoch, 1,5 m breit

Frosthärte: Zone 3; frosthart bis -40,0 °C

Himbeere ‚Autumn Bliss'

Wuchsform, Standort und Pflege: Himbeersträucher wachsen mit aufrechten Ruten und treiben Ausläufer. Sie wachsen sowohl im Halbschatten als auch in voller Sonne. Feuchte Böden werden bevorzugt. Wichtig zur Krankheitsvorbeugung ist das Entfernen der alten Ruten wie oben beschrieben.

Verwendung:

- Frucht: Die Köstlichkeiten aus der Frucht kennen Sie wohl alle: Säfte, Kuchenbeläge, Gelees und cremiges Himbeereis.
- Blatt: Der Tee aus den Blättern schmeckt sehr gut. Wenn Sie die Blätter fermentieren, erhalten Sie einen geschmackvollen „Schwarztee". Hierzu quetschen Sie die frisch gepflückten Blätter mit einem Nudelholz oder dem Messerrücken. Die Blätter stapeln Sie und rollen sie zu einer dichten Wurst. Diese lassen Sie 24 Stunden lang eingehüllt in eine Plastikfolie in einem warmen Raum liegen. Danach entrollen Sie die Blätter und trocknen Sie sie möglichst rasch und vorsichtig. Fertig ist Ihr „Schwarztee".

Sorten und Bezugsquellen: Raritäten der Sommerhimbeeren wie ‚Normandie' oder ‚Willamette' und viele mehr finden Sie bei: www.arche-noah.at. Raritäten der Herbsthimbeeren wie die gelbfrüchtigen Sorten ‚Sucré de Metz' und ‚Surprise d'Automne' sowie die orangefarbene ‚Goldmarie', eine alte österreichische Landsorte, bekommen Sie bei: http://www.deaflora.de.

Tipp/Besonderheiten: Europäische Himbeeren sind selbstfruchtbar.

Amerikanische Rote Himbeere (*Rubus strigosus*)

Die Ruten werden nur einen halben Meter hoch und tragen schmackhafte rote Früchte. Aus den Blättern können Sie guten Kräutertee bereiten. Die Pflanzen sind bis -40,0 °C (Zone 3) frosthart. Eine selbstfruchtbare Sorte mit violetten Beeren erhalten Sie bei: http://www.deaflora.de.

Schwarze Himbeere/ Amerikanische Schwarze Himbeere (*Rubus occidentalis*)

Schwarze Himbeeren sind für mich eine echte Bereicherung im Garten. Bei mir tragen sie jedes Jahr reichlich, sie vermehren sich gut über Absenker und schmecken allen.

Herkunft und Frosthärte: Die Pflanzen stammen aus dem östlichen und zentralen Nordamerika. Zone 3; frosthart bis -40,0 °C

Höhe, Platzbedarf, Wuchsform und Standort: Schwarze Himbeeren wachsen ähnlich wie Brombeeren. Sie bilden bis zu 3 m lange Ranken mit Widerhaken aus und pflanzen sich über Absenker fort. An den Seitentrieben der heurigen Langtriebe bilden sich im Juni/Juli des nächsten Jahres die Früchte. Der abgetragene Trieb wird nach der Ernte bodennah entfernt. Am besten bewährt hat sich das Aufbinden an Pflöcken oder an Spalierdrähten. Feuchte Böden werden bevorzugt.

Schwarze Himbeere Sorte ‚Black Jewel'

Pflege und Vermehrung: Bei Trockenheit müssen Sie gießen, ansonsten leidet die Fruchtbildung. Die Absenker können in der Winterruhe abgetrennt und verpflanzt werden.

Verwendung:

- Frucht: Die Beeren werden frisch gegessen, für Saftgewinnung oder zur Marmeladenbereitung verwendet.
- Sprosse: Junge zarte Sprosse werden wie Rhabarber roh oder gedünstet zubereitet.

Sorten und Bezugsquellen: Die Sorte ‚Black Jewel' erhalten Sie bei: http://www.pflanzmich.de. Die Sorten ‚Black Diamond' und ‚Farahilda' erhalten Sie bei: http://www.proeftuin.eu.

Tipp/Besonderheiten: Schwarze Himbeeren sind selbstfruchtbar.

Violette Himbeere ‚Clen Coe'

Violette Himbeere/‚Clen Coe', ‚Purple Royalty' (*Rubus idaeus [x neglectus]*)

‚Clen Coe' ist eine ertragreiche schottische Züchtung aus der roten und der schwarzen Himbeere. Die rosa-violetten Beerenfrüchte reifen Ende Juni am zweijährigen Holz. Die tragenden Triebe werden nach der Ernte bodennah abgeschnitten. Die Ruten sind dornenlos. Die Pflanzen treiben keine Ausläufer und wachsen kräftig und buschförmig. Die Früchte schmecken sehr gut.

‚Purple Royalty' ist ähnlich wie ‚Clen Coe', wächst 120 cm hoch und hat leicht bedornte Ruten. Sie hat größere Früchte und reift mit Mitte Juli später als ‚Clen Coe'. Pflanzen erhalten Sie bei: http://www.deaflora.de.

Beide Sorten sind selbstfruchtbar.

Weiße Zimthimbeere (*Rubus parviflorus*)

Weiße Zimthimbeeren stammen aus Nordamerika und sind bis -40,0 °C (Zone 3) frosthart. Sie bevorzugen feuchte Böden. Die Pflanzen gedeihen sowohl im Halbschatten als auch in voller Sonne. Die stachellosen Triebe werden bis 1,2 m hoch und wachsen straff aufrecht. Die Weiße Zimthimbeere ist stark ausläufertreibend und eignet sich so gut als Bodendecker. Setzen Sie sie nur an einen freien Platz, wo Sie sie auch gut durch Mähen begrenzen können. Ich habe sie in eine Hecke gesetzt, in der sie alles zuwächst. Die jungen zarten Triebe im Frühjahr können Sie schälen und als Gemüse dünsten. Die großen weißen Blüten duften ganz leicht nach Zimt. Aus diesen entstehen kleine rote Früchte, die wie aufgesetzte Käppchen wirken. Die Früchte werden frisch verzehrt, zu Gelee verarbeitet oder getrocknet. Für die Fruchtproduktion benötigen Sie zwei genetisch verschiedene Pflanzen. Manche Baumschulen vertreiben allerdings Klone, die keine Frucht ansetzen. Fragen Sie deshalb nach der Art der Vermehrung oder besorgen Sie sich Pflanzen von zwei unterschiedlichen Anbietern. Da ich seit Jahren vergeblich auf Früchte warte, habe ich gesucht und bin fündig geworden. Pflanzen, die verlässlich fruchten und deren Früchte gut schmecken, erhalten Sie bei: http://www.deaflora.de. Pflanzen erhalten Sie auch bei: http://www.eggert-baumschulen.de.

Weiße Zimthimbeere (Foto: Eggert Baumschulen)

Zimthimbeeren beeindrucken mit ihrer Blütenpracht.

Zimthimbeere (*Rubus odoratus*)

Die Zimthimbeere ist vom Aussehen und den Ansprüchen her sehr ähnlich wie die Weiße Zimthimbeere. Der wesentliche Unterschied ist die Farbe der Blüten. Die Zimthimbeere hat große rosa Blüten, die sie zu einer idealen Pflanze für Gestaltungen von Vorplätzen macht. Ich habe sie in der Grünanlage der Universität Stavanger in Norwegen kennengelernt – eine sommerliche Pracht. Die Blüte zieht sich von Ende Juni bis September. Die Früchte reifen ab August. Sie können für Kuchenbeläge verwendet oder getrocknet werden. Auch hier benötigen Sie eine genetisch unterschiedliche Pflanze für einen guten Fruchtertrag. Verlässlich fruchtende Pflanzen erhalten Sie bei: http://www.deaflora.de. Pflanzen erhalten Sie bei: http://www.burncoose.co.uk, http://www.praskac.at, http://www.eggert-baumschulen.de und http://www.baumschule-horstmann.de.

Chinesische Himbeere ‚Ambra' (Foto: Deaflora)

Chinesische Himbeere/ Blauholzige Brombeere (*Rubus cockburnianus*)

Die besondere Attraktivität der Chinesischen Himbeeren ergibt sich aus der weißen Rinde mit bläulichem Schimmer. Sie sind bis -23,3 °C (Zone 6) frosthart. Die schlanken Triebe wachsen bis 1,7 m hoch. Die Pflanzen treiben viele Ausläufer und haben kräftige Widerhaken. Die Pflanzen stellen keine besonderen Ansprüche an den Boden. Sie wachsen sowohl im Halbschatten als auch in voller Sonne. Die Blüten erscheinen im Juni/Juli, die schwarzen Beerenfrüchte von August bis September. Bei http://www.deaflora.de erhalten Sie eine verlässlich fruchtende Variante mit schwarzen Früchten sowie eine Rarität mit ambrafarbenen Früchten. Die Sorte ‚Golden Vale' mit knallgelbem Laub sowie eine Sämlingspflanze erhalten Sie bei: http://www.burncoose.co.uk und http://www.eggert-baumschulen.de. Für den Fruchtertrag lohnt es, beide Pflanzen zur wechselseitigen Befruchtung zu setzen.

Oregonhimbeere mit gelben Früchten

Oregonhimbeere/Blauholzige Brombeere (*Rubus leucodermis*)

Die Oregonhimbeeren sind eng mit den Schwarzen Himbeeren verwandt. Wegen der bläulich bereiften und bedornten Triebe wird die Oregonhimbeere auch als Zierpflanze eingesetzt. Die Frosthärte ist bis -23,3 °C (Zone 6). Sie wachsen bis 1,2 m hoch und 1 m breit und sind stark ausläufertreibend. Die bis zu 2 m langen Triebe können gut an Spalierdrähte gebunden werden. Da die Pflanzen nicht selbstfruchtbar sind, entwickelte sich die Oregonhimbeere bei uns im Alchemistenpark zwar zu einer dichten Hecke, trug allerdings bisher keine Früchte. Ab nächstem Jahr setzen wir eine zweite Sorte dazu und hoffen auf einen guten Fruchtertrag. Pflanzen erhalten Sie bei: http://larchcottage.co.uk, http://www.eggert-baumschulen.de und eine gelbfrüchtige Sorte bei: http://www.deaflora.de.

Tigerbeere (*Rubus mesogaeus*)

Die straff aufrecht wachsenden Sträucher stammen aus Ostasien und werden bis 2 m hoch. Sie sind bis -23,3 °C (Zone 6) frosthart, gedeihen sowohl im Halbschatten als auch in voller Sonne und bevorzugen feuchte Böden. Die Ruten sind fein bestachelt. Die bis 1 cm großen schwarzen Beerenfrüchte reifen von Juli bis September. Pflanzen erhalten Sie bei: http://www.deaflora.de.

Erdbeerhimbeere (*Rubus illecebrosus*)

Im Vorjahr habe ich meine ersten Erdbeerhimbeeren gepflanzt. Sie haben sich prächtig entwickelt, treiben Ausläufer und tragen zuerst große weiße Blüten. Aus diesen entwickeln sich große, bis zu 3 cm lange und 2 cm breite rote Früchte, die wie Zapfen auf den Pflanzen sitzen. Für die Süße der Früchte ist ein sonniger Standort wichtig. Eine Spezialität der Erdbeerhimbeeren sind die rückwärtsgebogenen Stacheln auf den Blättern und Trieben, an denen man wie an Widerhaken hängen bleibt.

Herkunft, Höhe und Platzbedarf: Japan, 0,3–0,6 m hoch, bis 1 m breit, ausläufertreibend

Frosthärte: Zone 5; frosthart bis -28,8 °C

Wuchsform, Standort und Pflege: Die buschig wachsenden Pflanzen gedeihen sowohl in der Sonne als auch im Schatten. Sie mögen einen feuchten humosen Boden, gedeihen aber auch auf trockenen Böden gut. Im Winter ziehen sie ein und treiben im Frühjahr aus dem Wurzelstock neu aus. Die Pflanzen sind robust und benötigen keine besonderen Pflegemaßnahmen. Breiten sich die Pflanzen bei Ihnen zu stark aus, mähen Sie sie einfach ab.

Verwendung: Die Früchte reifen ab Ende Juli. Sie können sie frisch verzehren oder zu Marmelade einkochen.

Die großen Früchte sitzen wie Zapfen auf den Pflanzen.

Vermehrung: Samen müssen stratifiziert werden. Stecklinge vom halbreifen Holz können Sie im Juli/August nehmen. Absenker mit den Triebspitzen können im Juli gemacht werden, Stockteilungen im Herbst oder Frühjahr im unbelaubten Zustand.

Sorten und Bezugsquellen: Spezielle Fruchtsorten sind mir derzeit keine bekannt. Pflanzen erhalten Sie bei: http://www.eggert-baumschulen.de, http://www.baldur-garten.de, http://www.deaflora.de und http://www.haeberli-beeren.ch.

Tipp/Besonderheiten: Erdbeerhimbeeren eignen sich gut als Bodendecker. Für eine rasche Bodenbedeckung benötigen Sie 3–4 Pflanzen. Die Pflanzen sind selbstfruchtbar.

Japanische Weinbeere (*Rubus phoenicolasius*)

Für mich ist das eine der leckersten Beerenarten. Sie ist einfach anzubauen, macht laufend neue Pflanzen, die Kinder lieben die frischen Früchte, was will man mehr. Achten Sie allerdings auf die feinen Stacheln, die sind sehr tückisch.

Herkunft: Familie der Rosengewächse (*Rosaceae*); China, Korea, Japan
Höhe und Platzbedarf: Die Ranken können bis zu 3 m lang werden. Je nach Erziehungsform ergibt sich eine Breite von 1–2 m.

Ein Gerüst aus Akazienstecken stützt die Fruchthecke aus der Japanischen Weinbeere.

Frosthärte: Zone 5; frosthart bis -28,8 °C

Wuchsform, Standort und Pflege: Die Sträucher wachsen etwa 1,7 m hoch und neigen sich dann in großen Bögen dem Boden zu. Die hellgrünen Stängel sind stark mit feinen rötlichen Stacheln bewehrt. Bei Schnittmaßnahmen oder anderen Pflegemaßnahmen empfiehlt sich das Tragen von Handschuhen. Man kann die Weinbeeren an einem Spalier oder an Stöcken ziehen. Bei genügend Platz kann man die einzelnen Pflanzen auch frei wachsen lassen. Neben der Einzelpflanzung ist der Anbau als Fruchthecke gut möglich.

Zwischen Mai und Juni bildet die Pflanze von den einzelnen Trieben abgehend doldenförmige, weiße Blütenstände aus. Die Früchte entstehen am zweijährigen Holz.

Die Japanischen Weinbeeren wachsen gut auf sonnigen oder halbschattigen Standorten mit humosen und kalkreichen Böden.

Die alten verholzten Triebe, die dann auch absterben, müssen jährlich bodennah entfernt werden. Eine jährliche Düngung mit Kompost ist notwendig.

Verwendung:

- Frucht: Die dunkelroten, äußerst weichen und klebrigen Früchte schmecken milde, fein aromatisch, süß und leicht säuerlich. Erntezeit ist von Mitte Juli bis Mitte August. Sie eignen sich für den Frischverzehr, für Marmeladen und Säfte. Der Vitamingehalt ist hoch. Früher wurden die Beeren zum Weinfärben genutzt, was sich im Namen widerspiegelt.

Vermehrung: Die Vermehrung geschieht über Ausläufer und Absenker, die sich überall bilden, wo ein Zweig die Erde berührt, und durch Stockteilung im Frühjahr. Die Samen müssen stratifiziert werden.

Sorten und Bezugsquellen: Spezielle Sorten wie ‚Bella di Tokyo' sind derzeit in Österreich noch nicht erhältlich.

Pflanzen erhalten Sie bei: http://www.deaflora.de und http://www.praskac.at.

Tipp/Besonderheiten: Die Pflanzen sind selbstfruchtbar.

Brombeere und Co. (*Rubus spec.*)

Brombeeren und Co. gehören zu einer Gattung, die zahlreiche Arten mit essbaren Früchten hervorbringt. Sie lassen sich auch gut untereinander oder mit anderen *Rubus* Arten kreuzen. So entstand eine Reihe schmackhafter Beerensorten. Sollten Sie im August nach Dublin in Irland kommen, besuchen Sie unbedingt den Botanischen Garten. Die dortige Sammlung der Brombeerarten ist beeindruckend und die Verkostung ein Genuss. Einige der Arten wie die Tibetanische Brombeere waren bei uns bisher nur als Ziersorte ‚Silver Fern' erhältlich. Mit der Larch Cottage Nursery in Großbritannien habe ich endlich eine Anbieterin gefunden, die auch eine zweite Sorte anbietet. Damit erhält ‚Silver Fern' einen Befruchter.

Dieses Problem der fehlenden Befruchter gibt es bei einer Reihe von Rubusarten. Baumschulen oder Gärtnereien, die Raritäten anbieten, haben manchmal nur eine Mutterpflanze, von der aus sie weitervermehren. Wenn diese nicht selbstfruchtbar ist, haben Sie zwar eine schöne Pflanze, aber keine oder wenige deformierte Früchte, da eine Befruchtersorte fehlt. Fragen Sie daher beim Einkauf nach, wie die Vermehrung erfolgt. Eine gute Möglichkeit ist, eine zweite Pflanze von einem anderen Anbieter zu kaufen, sofern dieser seine Mutterpflanze von einer anderen Quelle bezogen hat.

Herkunft: Familie der Rosengewächse (*Rosaceae*); zirkumpolar auf der Nordhalbkugel in vielen Arten

Verwendung:

- Blatt: Die Blätter der verschiedenen Arten, sofern Ihnen die Blätter nicht zu bedornt sind, können Sie für Kräutertees verwenden.
- Frucht: Die Beeren können Sie frisch essen, für Marmelade, Gelee, Saft oder Sirup verwenden oder zu Speiseeis weiterverarbeiten.

Vermehrung: Samen müssen stratifiziert werden. Stockteilungen machen Sie im zeitigen Frühjahr oder im Herbst nach dem Blattfall. Die meisten Brombeeren lassen sich über Absenker vermehren. Stecklinge vom halbreifen Holz schneiden Sie im Juli/August.

Tipp: Bei der Baumschule Deaflora finden Sie neben unten angeführten Brombeerarten die folgenden Wildformen: Kaukasische Brombeere (*Rubus caucasicus*), American Dewberry (*Rubus trivalis*) als Virginia-Brombeere angeführt, Hain-Haselbrombeere/Faltenbrombeere (*Rubus nemorosus*) als Englische Brombeere angeführt, Zweifarbige Brombeere (*Rubus bifrons*) als Zweifarbige Himalayabrombeere angeführt, Wahlberg-Brombeere (*Rubus wahlbergii*).

Wichtiger Hinweis: Die Armenische Brombeere (*Rubus armeniacus Syn. Rubus procerus*), die im Handel ist, ist bereits vielerorts verwildert und als invasiv eingestuft. Tragen Sie bitte dazu bei, die Ausbreitung zu verhindern, indem Sie die Pflanze nicht kaufen oder indem Sie Ihre Baumschule auf die Problematik aufmerksam machen.

Brombeere (*Rubus fruticosus*)

Die **Wildform** der Brombeere kommt in ganz Europa in verschiedenen Unterarten vor. In meiner Kindheit ging die ganze Familie im Hochsommer „in den Schlag", um Kübel voll köstlicher Beeren von den dornigen Sträuchern zu ernten, die nach dem Kahlschlag spontan in großer Zahl wuchsen. Von den Wildformen gibt es zahlreiche beschriebene Unterarten.

Die **Kulturformen** sind Kreuzungen von *Rubus fruticosus* mit zumindest 16 anderen Brombeerarten. Sie existieren seit Mitte des 19. Jahrhunderts. Dadurch gibt es stachellose oder straff aufrecht wachsende Sorten, die sich auch in kleine Gärten integrieren lassen oder für die Kübelkultur passen.

Die Sorte ‚Navaho' trägt große Früchte.

Frosthärte: Zone 6; frosthart bis -23,3 °C

Wuchsform und Standort: Die Pflanzen sind Spreizklimmer und bilden bis 3 m lange Ranken aus. Sie wachsen, wenn sie sich abstützen können, bis 3 m hoch.

Pflege: Die Brombeere trägt am zweijährigen Holz. Entfernen Sie nach der Ernte die abgetragenen Triebe bodennah. Die frischen Triebe binden Sie am Spalier oder an Stöcken fest. Kürzen Sie sie auf das für Sie passende Maß ein. Auch die Seitentriebe können Sie leicht einkürzen. An diesen wächst die Ernte des kommenden Jahres.

Sorten und Bezugsquellen: Pflanzen der wilden Brombeere erhalten Sie bei: http://www.baumschule-horstmann.de und http://www.baumschulen-biermann.eu.

Stachellose Kultursorten sind: ‚Black Satin' hat zylinderförmige Früchte. ‚Thornfree' ist eine Hauptsorte im Erwerbsanbau mit leicht herben, säuerlichen Früchten. ‚Loch Ness' hat süßliche, aromatische Früchte und ist sehr frosthart. ‚Chester Thornless' ist die winterhärteste stachellose Sorte. Weitere Sorten sind ‚Hull Thornless' und ‚Thornless Evergreen' (verträgt keine Dauerfrostlagen). ‚Navaho' wächst straff aufrecht und benötigt kein Spalier. ‚Black Satin' hat rundliche Früchte und ist gut frostfest. ‚Jumbo' hat die größten Früchte. ‚Oregon Thornless' hat tief geschlitzte Blätter und benötigt ein Gerüst. ‚Loch Tay' Syn. ‚Scotty' reift ab Mitte Juli. ‚Reuben' ist eine Neuheit. Die Blüten und Früchte entwickeln sich am diesjährigen Holz. Die Früchte reifen von Mitte August bis Ende Oktober. Pflanzen erhalten Sie bei: http://www.haeberli-beeren.ch. ‚Diretissima®' und ‚Montblanc®' tragen ebenfalls am einjährigen Holz. Die abgeernteten Triebe schneiden Sie im Februar/März auf 15 cm zurück. Pflanzen erhalten Sie bei: http://www.lubera.com.

Bedornte Kultursorten sind: ‚Himalayan Giant' trägt reichlich. Pflanzen erhalten Sie bei: http://larchcottage.co.uk. ‚Theodor Reimers' hat hohe Erträge mit sehr guter Qualität und ist winterfrostempfindlich. ‚Wilson's Frühe' trägt von Juli bis September. Pflanzen erhalten Sie bei: http://www.baumschule-horstmann.de.

Ein großes Sortenangebot finden Sie bei: http://www.proeftuin.eu, http://www.baumschule-horstmann.de, https://www.venditapiccolifrutti.it, http://www.deaflora.de und http://www.pflanzenhof-online.de.

Tipp/Besonderheiten: Brombeeren sind selbstfruchtbar.

Die Triebe von Dorman Red müssen aufgebunden werden.

Dorman Red (*Rubus parviflorus x Rubus idaeus* ‚Dorsett')

Dorman Red hat schwächere, bedornte Triebe ähnlich denen der Brombeere. Sie müssen aufgebunden werden. Pflanzen erhalten Sie bei: http://www.praskac.at und http://www.haeberli-beeren.ch.

Boysenbeere (*Rubus spec.*)

Die Boysenbeere ist eine Kreuzung der Brombeere mit der Loganbeere. Sie ist nicht sehr frosthart. Die Triebe sind stachellos und müssen aufgebunden werden. Sie wachsen bis 4 m lang. Die dunkelroten großen Früchte sind sehr aromatisch. Pflanzen erhalten Sie bei: http://www.deaflora.de, https://www.venditapiccolifrutti.it und http://www.deaconsnurseryfruits.co.uk.

Hildaberry (*Rubus spec.*)

Die Hildaberry stammt aus England und ist eine Kreuzung der Boysenbeere mit einer Taybeere (*Rubus fruticosus x Rubus idaeus*). Die bedornten Pflanzen sind starkwüchsig und tragen rote Früchte. Bezugsquelle kenne ich derzeit leider noch keine.

Summerberry (*Rubus spec.*)

Die Summerberry wurde von Mark Lord in England gezüchtet. Sie ist eine Kreuzung der Hildaberry mit der Loganbeere (*Rubus x loganobaccus*). Die Pflanzen sind bedornt, sehr wüchsig und tragen von Ende Juni bis Anfang August reichlich große schwarze Beeren. Pflanzen erhalten Sie über: http://www.thefruitnursery.co.uk

Loganbeere (*Rubus x loganobaccus*)

Die Loganbeere entstand in Kalifornien. Sie ist wahrscheinlich eine Kreuzung aus der Kalifornischen Brombeere (*Rubus ursinus*) und der Himbeersorte ‚Red Antwerp'. Es gibt verschiedene Sorten wie ‚Phenomenal', ‚Thornless Logan' und ‚Thornless Young'. Die Triebe sind leicht bedornt und wachsen 4–5 m lang. Pflanzen erhalten Sie bei: http://www.deaflora.de, http://www.praskac.at und https://www.venditapiccolifrutti.it. Die Sorte ‚Brandywine' trägt zahlreiche rote Himbeeren. Die Beeren reifen von Juli bis August. Pflanzen erhalten Sie bei: http://www.hortensis.de und http://www.deaconsnurseryfruits.co.uk. Dort erhalten Sie auch die eher säuerliche Loganberry ‚LY 59' und die dornenlose Loganberry ‚LY 654'.

Youngbeere ([*Rubus x loganobaccus*] *x Rubus flagellaris*)

Die Youngbeere ist eine Kreuzung der Loganbeere ‚Phenomenal' mit der Sorte ‚Lucretia' und der

Taybeere ‚Buckingham' (Foto: Deaflora)

in Kanada wachsenden Common Eastern Dewberry (*Rubus flagellaris*). Die Pflanze hat einen kräftigen Wuchs. Sie ist empfindlicher im Anbau als Brombeeren und weniger frostfest. Die schwarzen aromatischen Früchte reifen von Ende Juli bis September. Pflanzen erhalten Sie bei: http://www.hortensis.de und http://www.deaconsnurseryfruits.co.uk.

Boatsberry ([*Rubus x loganobaccus*] *x Rubus spec.*)

Die Boatsberry ist eine Kreuzung zwischen der Loganbeere ‚LY 654' und ‚Godshill Goliath'. Sie ähnelt der Boysenbeere, die dunkelroten Beeren reifen aber später. Pflanzen erhalten Sie bei: http://www.deaconsnurseryfruits.co.uk.

Taybeere (*Rubus fruticosus x Rubus idaeus*)

Die Taybeere ist eine Kreuzung der Brombeere mit der Himbeere. Sie wächst strauchartig und ist sehr frosthart. Die mittelgroßen orangenen Früchte schmecken sehr gut. Pflanzen der dornenlosen Sorte ‚Buckingham' erhalten Sie bei: http://www.haeberli-beeren.ch und http://www.deaflora.de. ‚Medana®' reift ab Ende Juni bis August. Pflanzen erhalten Sie bei: http://www.baumschule-horstmann.de und http://www.deaconsnurseryfruits.co.uk.

Eine süß schmeckende Kroatzbeere im Wald

Rubus henryi *(Foto: Eggert Baumschulen)*

Sunberry (*x Rubus*)

Die Sunberry ähnelt der Taybeere, fruchtet aber später. Pflanzen erhalten Sie bei: http://www.deaconsnurseryfruits.co.uk.

Kroatzbeere/Kratzbeere (*Rubus caesius*)

Die Kroatzbeere kommt in Europa und in Westasien bis in den Iran, vereinzelt auch im Altai, vor. Sie wächst als Halbstrauch mit 30–60 cm langen Ruten und ist bis -28,8 °C (Zone 5) frosthart. In einigen Kaukasusregionen wird sie wegen der Früchte angebaut. Bei den Wildvorkommen gibt es große Unterschiede. Die blau bereiften Früchte können sauer und eher geschmacklos sein oder süß aromatisch. Solche Pflanzen fand ich vor kurzem im Wald und werde ihnen einen Platz in meinem Garten geben. Die Früchte werden gerne zu Likören oder Edelbränden verarbeitet. In Ungarn wurde 1980 die Sorte ‚Fertődi Bötermő' gezüchtet. Eine Bezugsquelle konnte ich noch nicht finden. Die Kroatzbeere ist nicht selbstfruchtbar. Setzen Sie zwei Pflanzen von Standorten, die etwas auseinanderliegen, um garantiert zwei genetisch verschiedene Pflanzen zu haben. Pflanzen erhalten Sie bei: http://www.korewildfruitnursery.co.uk, http://www.eggert-baumschulen.de, http://www.pflanzmich.de und http://www.baumschulen-biermann.eu. Eine großfrüchtige Auslese erhalten Sie bei: http://www.ahornblatt-garten.de

Kletter-Brombeere/Kletter-Himbeere (*Rubus bambusarum Syn. Rubus henryi* var. *bambusarum* und *Rubus henryi*)

Die Kletter-Brombeere stammt aus Ostasien und Westchina. Die immergrünen verholzenden Pflanzen ranken bis 6 m hoch und 3 m breit und sind bis -23,3 °C frosthart. Sie gedeihen auf verschiedenen Bodentypen, sowohl im Halbschatten als auch in voller Sonne und bevorzugen feuchte Böden. Die lanzettförmigen Blätter sind bei *Rubus henryi* drei- bis fünfteilig gefiedert und bis auf den Grund eingeschnitten. Wählen Sie einen windgeschützten Platz, der im Winter wenig besonnt ist. Die Blätter verdunsten sonst zu viel Wasser, das bei langanhaltenden, tiefen Frösten aus dem Boden nicht nachgeliefert werden kann. Die rosa Blüten

Rubus bambusarum *mit kleinen Beeren und Blüten*

erscheinen von Juni bis August an den mehrjährigen Sprossachsen. Die schwarzen 1,5 cm großen Beeren reifen von August bis September. Die Blätter und der Wuchs machen die Kletter-Brombeere zu einer attraktiven Pflanze für ornamentale Gestaltungen. Pflanzen Sie für die Fruchtproduktion am besten zwei Pflanzen aus verschiedenen Baumschulen. Pflanzen erhalten Sie bei: http://lve-baumschule.de, http://www.esveld.nl und http://www.eggert-baumschulen.de. Bei http://www.burncoose.co.uk erhalten Sie *Rubus henryi*. Die Blätter sind nicht gefiedert, sondern lanzettförmig an den Ranken angeordnet.

Ichang-Beere (*Rubus ichangensis*)

Die Ichang-Beere stammt aus China. Die halbimmergrünen Sträucher haben einen kriechenden Wuchs und bilden bis zu 180 cm lange Triebe mit hakenförmigen Stacheln aus. Sie werden ca. 30 cm hoch. Die weißen Blüten erscheinen im Juli.

Lachsbeere ‚Olympic Double' (Foto: Deaflora)

Ab August reifen die bis 8 mm großen, rot-orangen, süßen Beeren. Die Pflanzen benötigen einen gut durchlässigen, frischen bis feuchten Boden. Sie gedeihen in voller Sonne und auch im Halbschatten. Die Ichang-Beere eignet sich zur Begrünung von Böschungen und kann auch als Kletterpflanze gezogen werden. Pflanzen erhalten Sie bei: http://www.esveld.nl und http://www.garden-shopping.de.

Hain-Brombeere (*Rubus nemoralis*)

Die Hain-Brombeere kommt in Deutschland und Nordeuropa vor. Sie ist allgemein nicht als gefährdet zu sehen, kann allerdings in manchen Bundesländern selten sein. Die süßen schwarzen Früchte sind etwa 2 cm groß. Pflanzen erhalten Sie bei: http://www.deaflora.de.

Heilige Brombeere (*Rubus sanctus Syn. Rubus sanguineus*)

Die Heilige Brombeere kommt auf dem Balkan, in Istrien, der Türkei, Israel und Syrien sowie dem Iran, auf der Krim und im Kaukasus vor. Im Süden Kasachstans wird sie wegen der Früchte kultiviert. Die Pflanzen wachsen buschig und 80 cm bis 2 m

Gelbe Lachsbeere (Foto: Deaflora)

hoch. Sie sind winterhart. Sie blühen zartrosa und tragen reichlich schwarze kugelige Früchte. Beim Katharinenkloster auf dem Sinai wird ein großer Busch aus dieser Art als Abkömmling des brennenden Dornbuschs aus dem Alten Testament gepflegt. Pflanzen erhalten Sie bei: http://www.deaflora.de. Die Heilige Brombeere wird dort auch als Blut-Brombeere, entsprechend ihrem lateinischen Synonym, angeboten.

Lachsbeere/Rosenbrombeere/Prachthimbeere (*Rubus spectabilis*)

Die Lachsbeere wächst an der Pazifikküste von Kalifornien bis Alaska und auf den Aleuten. Sie wächst 1–2 m hoch und bildet Ausläufer. Die Pflanzen sind bis -28,8 °C (Zone 5) frosthart. Sie gedeihen auf verschiedenen Bodentypen und auch auf sehr sauren Böden. Die Lachsbeere bevorzugt feuchte Böden und wächst sowohl im Halbschatten als auch in voller Sonne. Nur im unteren Wachstumsbereich bilden sich Dornen. Die jungen Sprossen werden im Frühling geerntet, geschält und wie Spargel als Gemüse zubereitet. Die duftenden, purpurroten Blüten erscheinen im Mai. Die Lachshimbeeren tragen ab Juli reichlich gelbe, orange oder rote süße Beeren. Die Lachsbeere ist selbstfruchtbar. Pflanzen erhalten Sie bei: http://www.korewildfruitnursery.co.uk, https://www.lubera.com, http://www.burncoose.co.uk und http://www.eggert-baumschulen.de. Bei http://www.deaflora.de erhalten Sie Pflanzen mit orangefarbenen Früchten und die Sorte ‚Olympic Double' mit gefüllten rosa Blüten. Sie benötigt eine zweite Sorte als Befruchter, um die 3 cm großen Früchte hervorzubringen.

Tibetische Brombeere (*Rubus thibetanus*)

Die feinblättrige Sorte ‚Silver Fern' erhalten Sie als Zierpflanze bei: http://www.praskac.at und in vielen weiteren Baumschulen. Zusammen mit *Rubus thibetanus* ‚AGM' erreichen Sie eine Kreuzbefruchtung und können im August die schwarzen süßen Früchte ernten. Pflanzen erhalten Sie bei: http://larchcottage.co.uk.

Chinesische Brombeere (*Rubus tricolor*)

Die Chinesische Brombeere ist ein dornenloser, wintergrüner, sich rasch ausbreitender Strauch, der nur 40–60 cm hoch wird. Der Zuwachs in die Breite ist 1 m oder mehr im Jahr. Dadurch eignet sich diese Art gut als Bodendecker. Sie ist bis -17,7 °C (Zone 7) frosthart und benötigt daher bei starken Frösten einen Winterschutz. Die Pflanzen gedeihen sowohl auf trockenen als auch auf feuchten Böden und sind recht tolerant gegen Trockenheit. Sie gedeihen auch gut im tiefen Schatten. Die Blüten erscheinen im Juli, die roten schmackhaften Beerenfrüchte von August bis September. Für einen guten Fruchtertrag setzen Sie am besten zwei genetisch verschiedene Pflanzen. Pflanzen erhalten Sie bei: http://www.burncoose.co.uk, http://www.esveld.nl, http://www.eggert-baumschulen.de und http://www.agroforestry.co.uk.

Chinesische Brombeere als Bodendecker in Bad Vigaun in Salzburg

Kalifornische Brombeere (*Rubus ursinus*)

Die Kalifornische Brombeere stammt aus Nordamerika von Britisch Columbia bis Kalifornien. Sie wächst als beinahe immergrüner Busch mit niederliegenden, kriechenden, bedornten Trieben. Sie gedeiht auf verschiedenen Bodentypen, bevorzugt auf gut durchlässigen, feuchten Böden. Die Kalifornische Brombeere wächst im Halbschatten und in voller Sonne. Im Frühling können Sie die jungen Triebe ernten, schälen und als Gemüse dünsten. Die Blüten erscheinen ab Juni. Die schwarzen länglichen Beeren reifen ab August. Für einen guten Fruchtansatz kaufen Sie am besten Pflanzen bei verschiedenen Anbietern. Pflanzen erhalten Sie bei: http://www.eggert-baumschulen.de und http://www.korewildfruitnursery.co.uk.

Zierbrombeere/‚Betty Ashburner'/‚Kenneth Ashburner'/‚Emerald Carpet' (*Rubus calycinoides Syn. Rubus rolfei Syn. Rubus pentalobus*)

Diese Zierbrombeeren sind immergrün, stachellos und gut als Bodendecker geeignet. Die Pflanzen sind einigermaßen frosthart. Wählen Sie in kälteren Lagen einen geschützten Standort, der wenig besonnt ist. Bei tief gefrorenem Boden verlieren die Pflanzen bei starker Sonneneinstrahlung zu viel Wasser und vertrocknen dann. Zierbrombeeren gedeihen auf verschiedenen Bodentypen. Sie benötigen gut durchlässige, feuchte Böden und können im Schatten, im Halbschatten oder in voller Sonne wachsen. Die Züchtungen ‚Betty Ashburner' und ‚Kenneth Ashburner' sind Kreuzungen von *Rubus calycinoides* mit der Chinesischen Brombeere (*Rubus tricolor*). Um einen guten Fruchtansatz der roten Beeren zu bekommen, benötigen Sie einen der Elternteile als Befruchter. ‚Kenneth Ashburner' könnte sich ebenso eignen. Erfahrungen damit habe ich leider noch kei-

Rubus calycinoides *Zierbrombeere ‚Betty Ashburner' (Foto: Eggert Baumschulen)*

ne. Pflanzen erhalten Sie bei: http://www.burncoose.co.uk, http://www.eggert-baumschulen.de, http://larchcottage.co.uk, http://www.esveld.nl und http://www.agroforestry.co.uk. ‚Emerald Carpet' ist etwas weniger frosthart. Pflanzen erhalten Sie bei: http://www.agroforestry.co.uk und http://larchcottage.co.uk. Die reine Form von *Rubus rolfei* trägt orange Früchte. Pflanzen erhalten Sie bei: http://www.edrom-nurseries.co.uk.

Goldbeere (*Rubus xanthocarpus*)

Die Goldbeere stammt aus Westchina. Sie wächst 10–30 cm hoch und 1 m breit. Die bedornten Pflanzen sind bis -23,3 °C (Zone 6) frosthart und gedeihen auf verschiedenen Bodentypen. Sie benötigen gut durchlässige, feuchte Böden. Goldbeeren können im Halbschatten oder in voller Sonne wachsen. Sie eignen sich gut als Bodendecker. Im Winter ziehen die Pflanzen ein und treiben im Frühjahr aus dem Wurzelstock neu aus. Die weißen Blüten erscheinen im Juni, die goldgelben Früchte reifen im Juli. Die Pflanzen sind selbstfruchtbar. Pflanzen erhalten Sie bei: http://larchcottage.co.uk, https://www.pflanzmich.de, http://www.deaflora.de und http://www.eggert-baumschulen.de.

Szechuanbrombeere (*Rubus setchuenensis*)

Szechuanbrombeeren sind durch ihre attraktive Blattgröße und die großen Blütenrispen eine ästhetische und durch ihre wohlschmeckenden Beeren eine kulinarische Attraktion im Garten.

Herkunft: Familie der Rosengewächse (*Rosaceae*); Südwesten Chinas

Höhe und Platzbedarf: Ohne Frostschäden kann die Pflanze bis 3,5 m hoch werden. Bei uns wächst sie ähnlich wie klassische Brombeeren. Die Ranken breiten sich in einer Saison zwischen 3 und 4 m aus.

Frosthärte: Zone 5; frosthart bis -28,8 °C. Diese Literaturangabe mag für den Wurzelstock gelten. In sehr kalten Wintern frieren bei uns viele der Triebe ab und die Pflanze treibt neu aus. Ein windgeschützter Standort an einer Mauer könnte von Vorteil sein.

Wuchsform und Standort: Sie wächst an Wald- und Straßenrändern oder an Hängen, wo sie auf freien Flächen dichte Bestände bilden kann. Die starkwüchsigen und stachellosen Büsche können in der freien Natur bis zu 3,5 m hoch werden. Im Unterschied zu den europäischen Brombeeren verholzen die anfangs gelblich-braunen Triebe mit zunehmendem Alter, werden rötlichbraun und bilden ein stabiles Grundgerüst. Die 5-

Szechuanbrombeeren reifen ab Ende August.

bis 7-lappigen dunkelgrünen Blätter haben bis zu 15 cm Durchmesser und erscheinen im Frühjahr. Die purpurfarbenen Blüten erscheinen in großen, bis zu 20 cm langen, vielblütigen Rispen von Juli bis September. Die Sträucher können im Halbschatten gedeihen, für die optimale Fruchtreife ist ein sonniger Platz vorteilhaft.

Pflege: Die Ranken werden je nach Bedarf eingekürzt und an einem Spalier oder an Drähten befestigt. Wichtig ist, die alten Triebe im Frühjahr zu belassen, sie bilden mit den Jahren ein kräftiges Holz aus. Nur bei Frostschäden wird weiter zurückgeschnitten. Ein humoser und eher feuchter Boden wird bevorzugt.

Verwendung:

- Frucht: Die Fruchtreife ist von September bis zum Frost. Die Beeren sind schwarz und zwischen 1 und 1,2 cm groß. Sie schmecken aromatisch süß und eignen sich zum Frischverzehr, für die Saftgewinnung oder für Marmeladen. Die Beeren werden auch zum Färben verwendet und ergeben einen violetten bis blauen Farbton.

Vermehrung: Die Pflanze lässt sich leicht durch Absenker oder auch aus den Samen vermehren.

Sorten: Spezielle Fruchtsorten sind mir derzeit keine bekannt.

Bezugsquellen: Lukas Heilingsetzer vertreibt Pflanzen über das Sortenhandbuch der Arche Noah: http://arche-noah.at. Pflanzen erhalten Sie auch bei: http://www.eggert-baumschulen.de oder http://www.hortensis.de.

Tipp/Besonderheiten: Es ist noch unklar, ob Szechuanbrombeeren selbstfruchtbar sind. Setzen Sie zur Sicherheit zwei genetisch unterschiedliche Pflanzen.

Indische Scheinbeere/ Scheinbeere (*Duchesnea indica*)

Meine ersten Kostproben ließen das Interesse an Scheinbeeren schnell vergehen, sie schmeckten bloß trocken und waren eine Enttäuschung, da ich an das Aroma reifer Erdbeeren gedacht hatte. Erst als ich eine kleine Kostprobe zu Marmelade verkochte, entdeckte ich das Geheimnis der Scheinbeeren, ein köstlicher Duft entfaltete sich in der Küche und die Marmelade war danach schnell verspeist.

Herkunft: Familie der Rosengewächse (*Rosaceae*); Gebirgsregionen Südostasiens, vom Himalaya bis Japan. Ursprünglich wurde sie als Zierpflanze und Bodendecker in Gärten und Parks gepflanzt und hat sich von dort aus selbständig weiterverbreitet.

Die Früchte der Scheinbeere entfalten erst beim Einkochen ihr Aroma.

Höhe und Platzbedarf: 10 cm hoch, ausläufertreibend

Frosthärte: Zone 6; frosthart bis -23,3 °C

Wuchsform und Standort: Aufgrund des Wuchses und der roten Beeren wird die Indische Scheinbeere oft mit den Walderdbeeren verglichen. Dies hat auch zum Namen Scheinerdbeere oder im englischen Mock Strawberry geführt. Beide Pflanzen sind ausdauernd und kommen an ähnlichen Standorten vor. Die Indische Scheinbeere ist anspruchslos und wächst unter Büschen, Bäumen und an Wegrändern. Sie verträgt direkte Sonne wie auch Halbschatten. Feuchte Standorte werden bevorzugt. Die leicht behaarten Blätter bestehen aus drei länglichen gefiederten Teilen und ähneln in der Form den Fingerkräutern (*Potentilla spec.*). In verschiedenen Verzeichnissen wird sie daher auch als Erdbeerfingerkraut (*Potentilla indica*) geführt. Auch den Namen *Fragaria indica*, also Indische Erdbeere, findet man in Datenbanken. Die gelben Blüten erscheinen ab dem Frühsommer bis in den Herbst und sind bis zu 2 cm groß.

Pflege: Anspruchslose Pflanze. Eine Begrenzung der Ausläufer kann sinnvoll sein.

Verwendung:

- Frucht: Die kugelförmigen roten Früchte sind 1–1,5 cm groß und haben wenig Eigengeschmack. Das Fruchtfleisch ist weiß und hat eine trockene Konsistenz. Sie können den Sommer über bis in den Spätherbst geerntet werden.
- Bei der Zubereitung als Marmelade entfaltet sich ein feines Aroma. Zu den Beeren und dem Gelierzucker (Verhältnis 3:1) wird entsprechend Wasser zugegeben und dann aufgekocht. Die Samen geben zudem eine leicht knackige Textur. Für den Frischverzehr können die Früchte sowie die Blätter in gemischten Salaten verwendet werden.

Vermehrung: Die Vermehrung erfolgt sehr leicht über Samenaussaat oder durch Abtrennen von Ausläufern.

Bezugsquellen: Fragen Sie Ihre Nachbarn, Bekannten oder Freunde. Die Pflanze ist mittlerweile weit verbreitet. Pflanzen erhalten Sie bei: http://www.pflanzmich.de und http://www.baumschule-horstmann.de.

Tipp/Besonderheiten: Noch ist unklar, ob die Indische Scheinbeere als invasive Art einzustufen ist. Das bewusste Ausbringen ins Freiland sollte daher vermieden werden.

Traubenkirschen lassen sich vielseitig verwenden.

Traubenkirsche (*Prunus padus*)

Die Traubenkirsche ist ein attraktiver Baum und lässt sich gut in Hecken integrieren. Sie ist eine in der Vergangenheit viel genutzte Pflanze, die Sie für sich wieder entdecken können. Bei mir wächst sie problemlos und ich freue mich immer im Sommer auf die frischen, süß-bitteren Früchte, die ich in kleinen Dosen genieße.

Herkunft: Familie der Rosengewächse (*Rosaceae*); Europa, Kaukasus bis Südsibirien, Nordjapan, Nordwestchina und Nordkorea

Frosthärte: Zone 3; frosthart bis -40,0 °C

Wuchsform, Standort und Pflege: Die Bäume wachsen rasch und werden bis 15 m hoch und 8 m breit. Die weißen Blütentrauben erscheinen im Mai. Die Beeren reifen im Juli/August. Die Pflanzen gedeihen im Halbschatten und in voller Sonne. Sie bevorzugen nasse, humose Böden. Schnittmaßnahmen vertragen sie problemlos. Sie können Traubenkirschen auch auf Stock setzen. Dadurch sind sie gut in Hecken integrierbar. Auf nassen Böden treiben sie Ausläufer.

Verwendung:

- Blatt: Die jungen Blätter können als Gemüse gedünstet werden.
- Blüte: Die duftenden Blüten können Sie für Salate verwenden oder frisch essen.
- Frucht: Die süßen, leicht bitteren und adstringierenden/zusammenziehenden kleinen schwarzen Beerenfrüchte werden für Säfte, Liköre, zur Essigbereitung und für Marmelade verwendet. In China werden sie als Pickles sauer eingelegt. Im Alpenraum wurden die Früchte, so wie heute noch in Russland, getrocknet und zusammen mit dem Kern fein gemahlen und dem Brotteig zugesetzt. Im Alpenraum wurden mit dieser Masse Krapfen gefüllt.
- Rinde: Aus der Rinde können Sie Tee brühen.
- Wurzel: In Indien wird die Wurzel zum Färben verwendet.

Vermehrung: Die Samen säen Sie am besten gleich nach der Ernte aus. Sie benötigen Stratifizierung. Stecklinge vom grünen Holz schneiden Sie im Frühjahr, vom halbreifen Holz im Juli/August, vom reifen Holz im Oktober/November. Absenker machen Sie im Frühling. Ausläufer können Sie im Spätherbst oder im Frühling vor dem Blattaustrieb abtrennen.

Sorten und Bezugsquellen: Spezielle Fruchtsorten sind keine bekannt. Pflanzen erhalten Sie bei: http://www.baumschule-horstmann.de und http://www.eggert-baumschulen.de. ‚Colorata' treibt mit rötlich gefärbtem Laub aus und hat hellrosa Blüten. Pflanzen erhalten Sie bei: http://www.eggert-baumschulen.de.

Tipp/Besonderheiten: Ob die Traubenkirsche selbstfruchtbar ist, konnte ich nicht herausfinden. Für eine gute Fruchtentwicklung setzen Sie am besten zwei Bäume.

Die Lampionkirsche, eine beliebte Zierpflanze, ist essbar.

Physalis und Co. (*Physalis spec.*)

Die verschiedenen Physalis-Arten haben einen papierenen Kelch, der die Frucht umhüllt. Die Beerenfrüchte sind somit in einer Bioverpackung bestens geschützt und essfertig. Bei allen Nachtschattengewächsen enthalten die grünen Teile, also unreife Früchte oder die Blätter, den Stoff Solanin, der giftig ist.

- **Herkunft:** Familie der Nachtschattengewächse (*Solanaceae*); außer der Lampionkirsche (*Physalis alkekengi*), die von Europa bis Ostasien vorkommt, stammen alle Arten vom amerikanischen Kontinent.

Verwendung:

- Frucht: Die Früchte können frisch gegessen oder zu Marmeladen verarbeitet werden. Sie schmecken auch gut als Trockenfrüchte.

Vermehrung: Die Vermehrung aus Samen ist problemlos. Säen Sie die Samen ab Ende Februar in einem warmen Raum. Die Keimung erfolgt binnen weniger Wochen. Härten Sie die in kleine Töpfchen vereinzelten Jungpflanzen ab, indem Sie sie ab April bei warmem Wetter untertags an einen windgeschützten, sonnigen Platz stellen. Nachts holen Sie die Pflänzchen in den warmen Innenraum. Setzen Sie die Pflanzen nach den letzten Frösten ab Mai frei aus. Bei der Vermehrung von Fruchtsorten sollten Sie darauf achten, dass Sie keine anderen Pflanzen dieser Art in der Nähe anbauen, um die Sorteneigenschaften zu erhalten.

Lampionkirsche/Judenkirsche (*Physalis alkekengi Syn. Physalis franchetii*)

Die Lampionkirsche kommt von Europa bis Ostasien vor und ist bis -23,3 °C (Zone 6) frosthart. Sie wird bis 60 cm hoch und treibt Ausläufer. Feuchte Böden werden bevorzugt. Die Pflanzen tolerieren aber auch Trockenheit. Die Lampionkirsche wächst im Halbschatten und in voller Sonne. Sie ist eine beliebte Pflanze für dekorative Gestecke. In der Literatur finden sich verschiedene Angaben zur Essbarkeit oder es wird vor der Giftigkeit gewarnt. Wie bei allen Nachtschattengewächsen enthalten die grünen Teile, also unreife Früchte oder die Blätter, den Stoff Solanin, der giftig ist. Die orangefarbenen Beeren der Lampionkirsche reifen ab Mitte August. Sie sind süß und essbar. Je nach Sämling und vielleicht auch Standort können sie einen mehr oder weniger bitteren Beigeschmack haben. Wenn Sie eine gute Fruchtsorte haben, können Sie diese einfach aus Ausläufern im Herbst oder Frühjahr oder aus Stecklingen im Juni sortenecht vermehren. Entscheiden Sie selbst, ob Ihre Lampionkirsche Ihnen zusagt. Ich pflanze die Lampionkirsche gerne in Hecken als Bodendecker. Die reifen Früchte können Sie in Schokolade tauchen und als Konfekt servieren. Ich esse sie gerne als Trockenfrüchte. *Physalis franchetii* wird oft als eine kompakte, niedriger wachsende Form mit großen Lampions angeboten. Pflanzen einer Zwergform, die nur 25 cm hoch wird, erhalten Sie bei: http://www.deaflora.de.

Sternkirsche (Foto: Deaflora)

Aztekenkirsche (Foto: Deaflora)

Sternkirsche (*Physalis angulata*)

Die Sternkirsche stammt aus dem südlichen Nordamerika. Die weiß-violetten Lampions enthalten gelbe, violett gesprenkelte Früchte, die von Juli bis September reifen. Samen erhalten Sie bei: http://www.deaflora.de.

Aztekenkirsche (*Physalis coztomatl*)

Die Aztekenkirsche stammt aus Mexiko. Die Früchte sind etwas kleiner als bei der Erdkirsche (*Physalis pruinosa*) und haben einen leicht bitteren Nachgeschmack. Dieser soll sich verlieren, wenn die reife Frucht etwas abliegt. Samen erhalten Sie bei: http://www.deaflora.de.

Andenbeere/Kap-Stachelbeere (*Physalis peruviana Syn. Physalis edulis*)

Andenbeeren baue ich schon seit vielen Jahren im Gartenbeet an. Die Pflanzen wuchsen üppig und setzten viele Früchte an, die meistens dem ersten Frost im Herbst zum Opfer fielen. Meine Ausbeute an reifen Früchten war recht mager. Da erging es meinem Freund eindeutig besser. Er brachte mir im Sommer eine Handvoll reifer aromatischer Andenbeeren – zum Verzweifeln war das. Kurz und gut – mein Schluss daraus ist: Suchen Sie die sonnigste Stelle, am besten an einer Mauer, und pflanzen Sie dort Ihre Andenbeeren. Oder setzen Sie sie in einen Blumentopf so wie mein Freund. Stellen Sie diesen im Hof an eine sonnenbeschienene Wand und ernten Sie reichlich.

Wuchsform und Standort: Andenbeeren stammen eventuell aus Peru, vermutlich aber von den Westindischen Inseln. Sie sind frostempfindlich und werden bei uns meist als einjährige Pflanzen gezogen. Sie können bis 1,2 m hoch und bis 1 m breit wachsen. Der Boden muss gut durchlässig und eher feucht sein. Andenbeeren gedeihen auch auf eher nährstoffarmen Böden. Für den Fruchtertrag ist ein sonniger Standort ideal.

Sorten und Bezugsquellen: ‚Andenbeere großfrüchtig' sowie Samen der Sorte ‚Perm' mit 3 cm großen Früchten bzw. ‚Heitmann', die früher und zahlreich fruchtet, erhalten Sie bei: http://www.deaflora.de. Die Sorte ‚Schönbrunner Gold' finden Sie im: http://sortenhandbuch.arche-noah.

Die Früchte der Andenbeere lassen sich an einem trockenen Ort über einige Wochen lagern.

Die Früchte der Erdkirsche fallen bei Vollreife ab und halten sich über Wochen.

at. Samen der großfrüchtigen Hybride ‚Columbia' erhalten Sie bei: https://templiner-kraeutergarten.de.

Tipp/Besonderheiten: Andenbeeren sind selbstfruchtbar.

Erdkirsche/Ananaskirsche (*Physalis pubescens Syn. Physalis grisea Syn. Physalis pruinosa*)

Was mir an den Erdkirschen am besten gefällt, ist, dass sie seit Jahren an verschiedenen Stellen in den Gartenbeeten von selbst keimen. Zusätzlich setze ich noch selbst gezogene oder gekaufte Pflanzen, für die ich den Platz festlege. Die schönsten Pflanzen wachsen an eher trockenen Stellen am Rand der Kastenbeete. Die weichen Blätter sind oval bis herzförmig. Von Juni bis September erscheinen die gelben Blüten in Glockenform mit fünf dunkelbraunen Flecken im Kelch.

Anbau im Garten: Erdkirschen stammen aus dem östlichen Nordamerika und sind nicht frosthart. Sie werden als einjährige Pflanzen gezogen und wachsen 40 cm hoch und bis 60 cm breit. Der Anbau ist problemlos. Die Pflanzen wachsen am besten an einem warmen und sonnigen Standort mit lockerem, trockenem bis feuchtem Gartenboden. Staunässe wird allerdings nicht vertragen. Ein Pflanzabstand von 50 cm x 50 cm ist zu empfehlen. Für die Düngung eignet sich reifer Kompost. Eine Mulchschicht aus Rasenschnitt oder Stroh fördert das Wachstum und erleichtert die Pflege.

Verwendung:

- Frucht: Die bis zu 1,5 cm großen Beeren sind von einem papierenen Lampion umschlossen, der bei Reife der Frucht ockerfarben bis beige wird. Die reifen gelben Früchte fallen ab und können einige Wochen auch bei Zimmertemperatur gelagert werden. Die knackigen, saftigen Früchte können von Anfang Juli bis Frosteintritt geerntet werden. Sie schmecken aromatisch süß mit einem deutlichen Ananasaroma. Das Fruchtfleisch enthält kleine Samen ähnlich wie bei Tomaten. Die Erdkirschen werden frisch verzehrt zu Marmeladen, Säften oder pikanten Saucen verarbeitet oder als Kuchenbelag verwendet.

Sorten und Bezugsquellen: Samen oder Pflanzen erhalten Sie in verschiedenen Gärtnereien und bei: http://www.arche-noah.at. Pflanzen der Sorte ‚Aunt Molly's' erhalten Sie bei: http://www.hortensis.de und http://www.deaflora.de. Saatgut finden Sie im: http://sortenhandbuch.arche-noah.at.

Samen der Sorte ‚Izumi', die von Juli bis Herbst trägt, von ‚Goldie' mit großen Früchten, der russischen Sorte ‚Zolotya Rossip', die längliche große Früchte bildet, und die ‚Geltower Selektion' mit 2 cm großen Früchten erhalten Sie bei: http://www.deaflora.de. Samen der russischen Sorte ‚Yantar' erhalten Sie bei: https://www.tradewindsfruit.com.

Erdkirsche (*Physalis walteri*)

Physalis walteri stammt aus dem südöstlichen Nordamerika. Die Pflanzen werden 25 bis 40 cm hoch und sind winterhart. Sie wachsen ähnlich wie die Lampionpflanzen (*Physalis alkekengi*), wuchern aber nicht so stark. Die zahlreichen leckeren 2 cm großen Beeren reifen im August/September. Der Geschmack ist fruchtig süß. Die Pflanzen sind selbstfruchtbar und wachsen problemlos. Pflanzen erhalten Sie bei: http://www.hortensis.de.

Allackerbeere (*Rubus arcticus*)

Allackerbeeren sind zarte Geschöpfe und brauchen einen Platz, wo sie vor Überwucherung durch andere Pflanzen geschützt sind. Die ersten Pflanzen sind bei mir einfach verschwunden. Erst in einem eigenen Kastenbeet, in dem gut gemulcht wird, um den Boden feucht und frei von Konkurrenz zu halten, gedeihen sie. Die Beeren schmecken köstlich und die Pflanzen sind durch die Frucht und die rosa Blüte eine Zierde.

Herkunft: Familie der Rosengewächse (*Rosaceae*); Skandinavien, Sibirien, Ostrussland und China

Im nordöstlichsten Asien und in Nordamerika wächst die sehr ähnliche *Rubus stellatus*. Beide Arten werden als Wildpflanzen wegen ihrer Früchte beerntet. Die im Handel befindlichen Fruchtsorten sind eine Kreuzung zwischen der skandinavischen *Rubus arcticus* und der nordamerikanischen *Rubus stellatus*.

Die rosa Blüten der Allackerbeere sind eine Zierde.

Höhe und Platzbedarf: 10–25 cm hoch, 15 cm breit. Für Pflanzungen werden 6–8 Pflanzen je m^2 gerechnet.

Frosthärte: Zone 1; frosthart bis -45,5 °C

Wuchsform und Standort: Sie wächst als mehrjährige krautige Pflanze, die viele Ausläufer macht, und wird 10 bis 25 cm hoch. Die gefiederten Blätter sind am Rand gezahnt und leicht behaart. Die Pflanzen wachsen auf feuchten Standorten, auf Sumpfwiesen, im Wald, an Wegrändern oder an Uferböschungen. Beweidung und Brandrodung förderten früher die Ausbreitung der Allackerbeere. Durch die intensive Forst- und Landwirtschaft gehen die Wildvorkommen zurück. Im Garten benötigen sie einen humosen und leicht feuchten Boden und wachsen auf sonnigen oder halbschattigen Standorten. Von Mai bis Juni erscheinen die rosa bis roten Blüten.

Pflege: Allackerbeeren eignen sich als Bodendecker, sind allerdings nicht sehr konkurrenzstark. Das Überwuchern mit Unkraut muss verhindert werden. Zwischen den Pflanzen sollte gemulcht

Allackerbeeren haben große Früchte.

werden. Rasenschnitt eignet sich sehr gut dafür. Ab August ziehen die Pflanzen ein und treiben im Frühjahr aus den Knospen neu aus.

Verwendung:

- Frucht: Die bräunlich-purpurroten, saftigen Früchte können von Juni bis Juli geerntet werden. Sie schmecken süß-säuerlich aromatisch und haben die Größe von Brombeeren. Der Stiel haftet fest an den Beeren. Daher werden Allackerbeeren mit dem Stiel gepflückt. Sie werden frisch verzehrt oder zu Säften, Likören oder Marmeladen verarbeitet.
- Blatt: Die Blätter werden für Kräutertees verwendet.

Vermehrung: Die Vermehrung erfolgt über Ausläufer, die Pflanzen können auch problemlos geteilt werden. Bei der Vermehrung aus Samen ist eine Stratifizierung notwendig.

Sorten und Bezugsquellen: Die Sorten ‚Linda' und ‚Beata' erhalten Sie bei: http://www.praskac.at. ‚Marika', ‚Tarja' und ‚Mespi' (*Rubus arcticus stellarcticus*) erhalten Sie bei: http://www.deaflora.de.

Tipp/Besonderheiten: Für einen sicheren Ertrag sind zwei verschiedene Sorten erforderlich, um die Fremdbefruchtung sicherzustellen.

Moltebeere ‚Arom'arctic Nyby' (Foto: Lubera)

Moltebeere (*Rubus chamaemorus*)

Wer in schwedische Möbelhäuser einkaufen geht, stößt dort auch auf Moltebeeren. Die gelben Beeren kommen außer in wenigen Gegenden Norddeutschlands nur im Norden Europas vor. Sie sind Moorbeetpflanzen. Ich habe mir heuer meine ersten Pflanzen gekauft. Die große Ernte sollte nächstes Jahr beginnen.

Herkunft: Familie der Rosengewächse (*Rosaceae*); zirkumpolar; Nordjapan, Nordeuropa, Sibirien, nördliches Nordamerika

Höhe und Platzbedarf: 30 cm hoch, ausläufertreibend durch Rhizome, bis zu einem Meter im Jahr

Frosthärte: Zone 2; frosthart bis -45,5 °C

Wuchsform, Standort und Pflege: Die Moltebeere ist eine krautige Pflanze, die im Herbst einzieht und im Frühjahr neu austreibt. Sie blüht von Mai bis Juni mit großen weißen Blüten. Die gelben brombeergroßen Früchte erscheinen von Juni bis Ende Juli. Die Pflanzen benötigen einen sauren, feuchten oder nassen Boden. Sie eignen sich gut als Unterwuchs unter Heidelbeeren. Die Pflanzen wachsen gut im Halbschatten und brauchen wenig Dünger. Moltebeeren sind pflegeleicht.

Verwendung:

- Blatt: Aus den Blättern können Sie Kräutertee machen.
- Blüte: Die Blüten werden zu Salaten dazugegeben oder zur Dekoration von Süßspeisen verwendet.
- Frucht: Die säuerlichen Beeren werden frisch gegessen, als Kuchenbelag verwendet oder zu Marmeladen oder Gelees eingekocht. Aus dem Saft können Sie Likör oder Essig bereiten.

Vermehrung: Die Vermehrung aus Samen benötigt Stratifizierung. Stecklinge vom halbreifen Holz schneiden Sie im Juli/August, Stockteilungen machen Sie im Spätherbst oder im Frühjahr vor dem Austrieb.

Sorten und Bezugsquellen: Moltebeeren sind zweihäusig. Für den Fruchtertrag benötigen Sie eine männliche und eine oder mehrere weibliche Pflanzen. ‚Arom'arctic Nyby' ist eine selbstfruchtbare Sorte. Pflanzen erhalten Sie bei: http://www.lubera.com. Sämlingspflanzen erhalten Sie bei: http://www.poyntzfieldherbs.co.uk.

Steinbeere (*Rubus saxatilis*)

Die Steinbeere gehört zu den Rosengewächsen (*Rosaceae*) und kommt von Südgrönland bis zu den Mittelmeergebirgen und in den fernen Osten bis Japan vor. Die Pflanzen werden 10–30 cm hoch und sind bis -34,4 °C (Zone 4) frosthart. Sie gedeihen auf sonnigen eher trockenen und nicht zu kalkhaltigen Standorten. Die weißen Blüten erscheinen von Mai bis Juni, die Früchte von Juli bis August. Die roten säuerlichen Früchte können

Steinbeere (Foto: Johannes Rabensteiner)

Sie frisch essen oder zu Gelee oder Marmelade einkochen. Die Vermehrung aus Samen erfordert Stratifizierung. Ansonsten trennen Sie Ausläufer ab und verpflanzen sie. Die Steinbeere ist selbstfruchtbar. Samen erhalten Sie bei: http://www.wildblumensaatgut.at, Pflanzen bei: http://www.thefruitnursery.co.uk.

Westliche Sandkirsche (*Prunus besseyi Syn. Cerasus besseyi*)

Als entscheidend für einen erfolgreichen Anbau hat sich ein luftiger gut besonnter Standort erwiesen, da die Westliche Sandkirsche bei hoher Luftfeuchtigkeit für Monilia sehr anfällig ist. Die beste Erfahrung habe ich mit Pflanzen gemacht, die ich auf eine Terrasse gepflanzt habe, wo die kaltfeuchte Luft abfließen kann und die Pflanze rasch abtrocknet.

Herkunft: Familie der Rosengewächse (*Rosaceae*); Prärieregionen im Zentrum der USA bis Südkanada

Höhe und Platzbedarf: 1,2 m hoch, 1,5 m breit; Bei Veredelung auf St. Julien Pflaume (*Prunus insititia*) werden die Pflanzen etwas größer.

Frosthärte: Zone 3; frosthart bis -40,0 °C

Die Westliche Sandkirsche trägt reichlich, ist aber sehr für Monilia anfällig.

Wuchsform und Standort: Sie wächst strauchartig bis 1,5 m hoch und hat lanzettförmige Blätter. Die weißen Blüten erscheinen von April bis Mai. Die Westliche Sandkirsche wächst bevorzugt an sonnigen Plätzen, die gut durchlüftet sind. Bei feuchtkühler Witterung im Frühjahr ist sie sehr empfindlich für den Befall durch Monilia, die Spitzendürre, die durch den Pilz *Monilia laxa* oder andere Monilia-Pilze verursacht wird. Trockenheit wird gut vertragen. An den Boden stellt die Westliche Sandkirsche keine besonderen Ansprüche. Sie verträgt starke Fröste.

Pflege: Die von Monilia befallenen Triebe werden großzügig, bis 20 cm ins gesunde Holz hinein, weggeschnitten. Die Fruchtmumien müssen zur Vorbeugung gegen den Pilzbefall entfernt werden. Das Auslichten der Sträucher ermöglicht ein rascheres Abtrocknen nach Regenfällen und beugt so dem Pilzbefall vor.

Verwendung:

- Frucht: Die dunkelvioletten, süßen Früchte sind bis 1,8 cm groß, haben einen großen Kern und reifen Mitte bis Ende Juli. Die Früchte eignen sich für den Frischverzehr, sie können auch getrocknet oder zu Marmeladen, Gelees oder Säften verarbeitet werden.

Vermehrung: Die Vermehrung aus Samen gelingt gut nach Stratifizierung. Die Früchte von Sämlingspflanzen können mehr oder weniger adstringierend sein, was im Mund ein pelziges Gefühl erzeugt. Es lohnt daher, Pflanzen mit geschmackvollen Früchten sortenecht zu vermehren. Sie können auf St. Julien Pflaume (*Prunus insititia*) veredelt werden.

Sorten und Bezugsquellen: Pflanzen erhalten Sie bei: http://www.korewildfruitnursery.co.uk. In der Ukraine gibt es eine gelbfrüchtige Sorte ‚Soneczko', deren Früchte süß und leicht adstringierend sind und 3 Gramm wiegen. Sie wird 1,5 m hoch. Die Website dazu: http://www.mezhenskyjv.narod.ru/index_eng.htm. Für die nordamerikanischen Fruchtsorten ‚Black Beauty', ‚Sioux' oder ‚Hansen's' konnte ich noch keine europäische Bezugsquelle finden.

Tipp/Besonderheiten: Für den Fruchtertrag ist die Pflanzung von zwei verschiedenen Sträuchern bzw. Sorten notwendig. Die Westliche Sandkirsche lässt sich gut mit anderen Prunus-Arten kreuzen, was neue interessante Fruchtarten wie Chums und Cherrycots hervorbringt.

Chums (*Prunus besseyi x Prunus salicina*)

Der Name Chums ist die Kombination aus Cherry und Japanese Plums. Es handelt sich um die Kreuzung der Westlichen Sandkirsche mit der Susine/Japanischen Pflaume (*Prunus salicina*), die reichlich tragende Fruchtsträucher hervorbringt. Diese werden je nach Sorte zwischen 1,5 und 2,5 m hoch und zwischen 1,5 und 2,5 m breit. Sie sind bis Zone 2/3 (-40,0 °C) frosthart, reifen von Ende Juli bis Ende August und wären damit eine echte Bereicherung der Obstpalette im Alpenraum. Die Früchte sind größer als Kirschen und haben je nach Sorte verschieden farbiges Fruchtfleisch. ‚Convoy' mit gelbem, ‚Kappa' mit grünem sowie ‚Manor' und ‚Sapalta' mit dunkelviolettem Fruchtfleisch bieten eine herrliche Farbpalette. Für den Fruchtertrag benötigen Sie zwei verschiedene Sorten. Leider bietet nach meinem Informationsstand noch keine einzige Baumschule in Europa diese Obstart an. Deshalb konnte ich auch noch keine Erfahrungen mit Chums machen. Sollten Sie Pflanzen haben, so kontaktieren Sie mich bitte. Unter: http://www.greenbarnnursery.ca, einem ausgezeichneten Permakulturbetrieb, der sich auf winterharte Obstspezialitäten spezialisiert hat, können Sie einen Vorgeschmack beim Betrachten der Fruchtfotos bekommen. Für alle, die mehr wissen möchten, empfehle ich den Artikel von Rick Sawatzky von der Universität Saskatchewan: http://www.fruit.usask.ca/articles/plums.pdf.

Aprikyra (Foto: Baumschule Häberli)

Cherrycot (*Prunus besseyi x Armeniaca vulgaris*)

Der Name Cherrycot ist die Kombination aus Cherry und Apricot. Es handelt sich um die Kreuzung der Westlichen Sandkirsche mit der Marille/Aprikose (*Prunus armeniaca*). Die Kleinbäume oder Sträucher werden bis 2,5 m hoch und bis 2,5 m breit. Sie vereinen die Frosthärte der Sandkirsche mit der Fruchtqualität der Marille/Aprikose. Die rotfleischigen Früchte haben die Größe kleiner Marillen/Aprikosen und rote Schale sowie rotes Fruchtfleisch. Sie reifen im August. Die Pflanzen sind selbstfruchtbar und widerstandsfähig gegen Monilia. Die Blüten bilden sich am ein- und zweijährigem Holz. Deshalb ist ein jährlicher Verjüngungsschnitt in der Winterruhe notwendig. Unter dem Handelsnamen *Cherrykose®* vertreibt der Gartenversand Baldur eine Sorte: http://www.baldur-garten.de. *Aprikyra* erhalten Sie bei: http://www.haeberli-beeren.ch. In der Beschreibung wird allerdings irrtümlich die Süßkirsche als Elternteil aufgeführt. Pflanzen, möglicherweise der Sorte ‚Yuksa' erhalten Sie bei: http://www.hortensis.de.

Ribisel/Johannisbeeren, Ågråsl/ Stachelbeeren und Co. (*Ribes spec.*)

Diese Familie hat eine Reihe von Arten mit essbaren Beeren hervorgebracht, die im Anbau pflegeleicht und äußerst robust sind. Es lohnt sich auf Entdeckungsreise zu gehen und Arten mit schmackhaften Früchten zu entdecken, die besonders in klimatisch raueren Gegenden das Obstspektrum bereichern können.

Herkunft: Familie der Stachelbeergewächse (*Grossulariaceae*).

Vermehrung: Die Samen werden kalt stratifiziert. Stecklinge vom halbreifen Holz werden im Juli/August genommen und vom reifen Holz von November bis Februar. Die Vermehrung durch Absenker oder Stockteilung erfolgt im Frühjahr vor dem Blattaustrieb.

Schwarze Ribisel/Johannisbeeren

Grüne Johannisbeere Sorte ‚Venny' (Foto: Deaflora)

Schwarze Ribisel/Schwarze Johannisbeeren (*Ribes nigrum*)

Die Schwarze Ribisel/Johannisbeere zeigt eine große Sortenvielfalt. Rote, gelbe oder grüne Fruchtsorten zeigen ein schönes Farben- und Geschmacksspektrum.

Herkunft, Höhe und Platzbedarf: Nördliche Hälfte Europas bis Zentralsibirien, Kaukasus und Himalaya; 1,8 m hoch, 1,5 m breit

Frosthärte: Zone 5; frosthart bis -28,8 °C

Wuchsform und Standort: Die Büsche wachsen aufrecht und ausladend. Einige Sorten werden auch auf etwa 80 cm hohe Stämmchen veredelt. Dadurch sind sie ohne Bücken beerntbar und die Scheibe um die Stämmchen ist leichter zu pflegen. Die auf Stämmchen gezogenen Sträucher sind auch als Gestaltungselement im Garten oder in Parks gut verwendbar.

Pflege: Die Sträucher sind pflegeleicht.

Verwendung:

- Frucht: Die Früchte reifen von Anfang bis Ende Juli. Wegen des strengen Geschmacks werden sie kaum frisch verzehrt. Gut möglich ist dies allerdings bei der Bereitung von Früchteeis aus verschiedenen Früchten. Ribisel/Johannisbeeren werden meist zu Säften, Gelees, Marmeladen, Obstwein oder Likör verarbeitet.

Die Goldjohannisbeere wird wegen der goldgelben Blüten gerne als Zierstrauch gepflanzt.

Goldjohannisbeere (*Ribes aureum Pursh.*)

Die Sträucher werden bis 2,4 m hoch und 1,5 m breit. Sie stammen aus dem westlichen Nordamerika und sind bis Zone 2 (-45,5 °C) frosthart. Sie werden häufig als Veredelungsunterlagen für andere Ribisel-/Johannisbeerarten und Stachelbeeren verwendet. In Russland, Usbekistan und den angrenzenden Staaten wird die Goldjohannisbeere wegen der wohlschmeckenden schwarzen Früchte angebaut. Sie können sie für den Frischverzehr, für Säfte, Gelees, Marmeladen und als Kuchenbelag verwenden. Die meisten Früchte bilden sich am zwei- und dreijährigen Fruchtholz. Die Pflanzen, die ich bisher kaufte, tragen wenige, höchstens erbsengroße Früchte. Sollten Sie Zugang zu den oben erwähnten Fruchtsorten haben, so kontaktieren Sie mich bitte.

Büffeljohannisbeere Sorte ‚Black Saphir®' (Foto: Lubera), vertrieben als Vierbeere

Büffeljohannisbeere /Missouri-Johannisbeere (*Ribes odoratum Syn. Ribes aureum Lindl., non Pursh.*)

Die bis 2,5 m hohen und 2,5 m breiten Büsche kommen in den mittleren Staaten der USA vor und sind bis Zone 5 (-28,8 °C) frosthart. Ausgewählte Kulturformen werden in Nordamerika und in Russland für die Fruchtgewinnung angebaut. Sie tragen von Juli bis August zahlreiche wohlschmeckende, gelblich rote oder schwarze 1 cm große Beeren, die frisch verzehrt, getrocknet oder für Säfte, Gelees und Marmeladen verwendet werden. Die gelben, süß schmeckenden Blüten können Sie für Salate verwenden, die frischen Blätter zum Aromatisieren von Speisen oder getrocknet für Kräutertees. Büffeljohannisbeeren wachsen sowohl im Halbschatten als auch in voller Sonne. Die meisten Früchte bilden sich am zwei- und dreijährigen Fruchtholz. Ältere Zweige, die zu Boden hängen, werden an der Basis ganz entfernt.

Die Firma Lubera http://www.lubera.com vertreibt unter dem Namen Vierbeere verschiedene Neuzüchtungen, die ich nur empfehlen kann. Die Pflanzen sind robust und die großen zahlreichen Früchte ein Geschmackserlebnis. Die Pflanzen lassen sich gut als Fruchthecke erziehen und werden 1,2 bis 1,6 m hoch und bis zu 1 m breit. ‚Black Gem®' und ‚Black Pearl®' reifen von Mitte

Büffeljohannisbeere ‚Orangesse®' (Foto: Lubera), vertrieben als Vierbeere

Sibirische Johannisbeere (Foto: Deaflora)

Juli bis Anfang August, ‚Black Saphir®' von Anfang bis Ende August. ‚Orangesse®' trägt orangefarbene Früchte, wächst bis zu 2 m hoch und reift von Ende Juni bis Ende Juli. Die Sorten ‚Gwens' und ‚Idaho' erhalten Sie bei: http://www.proeftuin.eu. ‚Tschernij Altai', eine in Russland verbreitete Sorte geht auf den russischen Züchter Mitschurin zurück. Pflanzen erhalten Sie bei: http://www.deaflora.de. Die Sträucher wachsen 1,5 m hoch und tragen schmackhafte, stahlblaue erbsengroße Früchte. Blüten und Blätter gleichen denen der Goldjohannisbeere. Bei Deaflora erhalten Sie auch ‚Yellow Fruited', eine gelbfruchtige Sorte, die vermutlich Mitschurins ‚Großfrüchtiger Bernsteingelber' ist sowie ‚Crandall', deren Blüten nach Nelken duften, und ‚Idaho'. ‚Black Giant Missouri' erhalten Sie bei: https://www.zahradnictvi-spomysl.cz.

Blut-Johannisbeere (*Ribes sanguineum*)

Die 2 m hohen und 2 m breiten Sträucher stammen aus dem westlichen Nordamerika und sind bis Zone 6 (-23,3 °C) frosthart. Im Frühling erscheinen die roten Blüten und im Juli die blauen, weiß bereiften Beeren. Sie können sie frisch essen, für Kuchenbeläge verwenden oder zu Marmelade verarbeiten. Die Sorte ‚King Edward II' erhalten Sie unter dem Namen Blaue Johannisbeere bei: http://www.deaflora.de und http://dmkert.hu.

Sibirische Johannisbeere (*Ribes laxiflorum*)

Die 0,5–1 m hohen Sträucher wachsen in Nordamerika von Alaska bis Kalifornien und New Mexiko und kommen auch in Sibirien vor. Sie sind bis -28,8 °C frosthart und gedeihen auf verschiedenen Bodentypen. Feuchte Böden werden bevorzugt. Im Frühling erscheinen die rosa Blüten, im Sommer die blauen, bereiften und leicht behaarten süßen Früchte. Pflanzen erhalten Sie bei: http://www.deaflora.de.

Jochelbeere ‚Jonova' (Foto: Deaflora)

Hagebutten-Stachelbeere (Foto: Deaflora)

Jochelbeere und Jostabeere (*Ribes x nidigrolaria*)

Der Genetiker Erwin Baur kreuzte in den 1920er Jahren die Wildjohannisbeere (*Ribes succirubrum*) mit der Stachelbeere und schuf so die Jochelbeere. Der Pflanzenzüchter Rudolf Bauer kombinierte 1970 die Eigenschaften der Schwarzen Ribisel/Johannisbeere mit denen der Stachelbeere und schuf damit eine robuste und schmackhafte neue Obstart: Die Jostabeere. Hier ist die genaue „Formel": (*Ribes nigrum* ‚Langtraubige Schwarze' × *Ribes divaricatum*) × (*Ribes nigrum* ‚Silvergieters Schwarze' × *Ribes uva-crispa* ‚Grüne Hansa')

Höhe, Platzbedarf und Frosthärte: 1,8 m hoch, 1,8 m breit; Zone 5; frosthart bis -28,8 °C

Wuchsform und Standort: Die Sträucher wachsen breit ausladend. Sie gedeihen auf unterschiedlichen Bodenarten. Feuchte Böden werden bevorzugt. Sie wachsen sowohl im Halbschatten als auch in voller Sonne. Die Sträucher sind auch als Veredelung auf etwa 80 cm hohe Stämmchen erhältlich.

Pflege: Die Pflanzen sind widerstandsfähig gegenüber verschiedenen Krankheiten und einfach in der Pflege. Die Triebe werden nach 3–4 Jahren bodennah entfernt, um Raum für Jungtriebe zu geben. Der Strauch soll 3–5 Triebe unterschiedlichen Alters enthalten.

Verwendung:

- Frucht: Die Früchte variieren im Geschmack zwischen Ribisel/Johannisbeere und Stachelbeere. Sie werden frisch verzehrt, zu Säften, Gelees, Marmeladen, Obstwein oder Likör verarbeitet.
- Blatt: Die Blätter werden frisch oder fermentiert (→ siehe „Schwarztee"-Zubereitung Seite 129) für schmackhafte Kräutertees verwendet.

Sorten und Bezugsquellen: ‚Jogranda' hat schwarze Früchte, ‚Jonova' hat wein- bis dunkelrote Beeren, ‚Jostine' trägt dunkelviolette bis schwarze Früchte. Alle Sorten reifen von Anfang bis Ende Juli: http://www.baumschule-horstmann.de.

Tipp/Besonderheiten: Jostabeeren und Jochelbeeren sind selbstfruchtbar. Der Anbau verschiedener Sorten fördert den Fruchtertrag. Jochelbeeren erhalten Sie bei: http://www.ahornblatt-garten.de.

Hagebutten-Stachelbeere (*Ribes cynosbati*)

Die Hagebutten-Stachelbeere stammt aus Nordamerika. Die Sträucher wachsen bis 1,5 m hoch und sind bis -45,5 °C (Zone 2) frosthart. Sie gedeihen sowohl im Halbschatten als auch in voller Sonne. Die violetten Beeren ähneln Stachelbeeren und sind süß. Selbstfruchtbare Pflanzen erhalten Sie bei: http://www.proeftuin.eu und als Veilchenbeere bei: http://www.deaflora.de.

Stachelbeere/Ågråsl (*Ribes uva-crispa*)

Die Stachelbeeren, in Österreich Ågråsl genannt, wurden im 16. Jahrhundert in Kultur genommen. Aus der grünfarbenen Wildform wurden gelbe, grüne und rote Fruchtsorten gezüchtet. Für den erfolgreichen Anbau ist es wichtig, Sorten zu wählen, die widerstandsfähig gegen Stachelbeermehltau sind. Mehltau ist eine durch Pilze hervorgerufene Pflanzenkrankheit. Sie erkennen ihn an dem weißen Belag, der sich auf der Blattoberseite bildet.

Herkunft, Höhe und Platzbedarf: Von West-, Zentral- und Osteuropa bis zum Kaukasus, Griechenland und Nordafrika; 1–1,5 m hoch, 1 m breit

Frosthärte: Zone 5; frosthart bis -28,8 °C

Wuchsform und Standort: Die bedornten Sträucher wachsen auf mäßig trockenen nährstoffreichen Böden, feuchte Standorte werden bevorzugt. Sie gedeihen auch im Schatten und lassen sich in Hecken integrieren.

Pflege: Stachelbeeren sind unkompliziert im Anbau. Die besten Früchte reifen auf dem ein- und zweijährigen Holz. Ältere Triebe werden im Frühjahr bodennahe entfernt, sodass der Busch aus 4–5 ein- bis dreijährigen Trieben besteht.

Sorte ‚Hinnonmäki' (Foto: Baumschule Praskac)

Sorte ‚Invicta' (Foto: Baumschule Praskac)

Verwendung:

- Frucht: Die bis zu 3 cm großen, ovalen Früchte reifen von Anfang bis Ende Juli. Sie werden frisch verzehrt oder für Kuchenbeläge verwendet, für die Saftgewinnung gepresst oder zu Marmelade eingekocht.

Sorten und Bezugsquellen: Die hier vorgestellten Sorten sind widerstandsfähig gegen Stachelbeermehltau. ‚Hinnonmäki gelb' hat glattschalige süß schmeckende Früchte und reift von Anfang bis Ende Juli. ‚Invicta' hat gelbgrüne, mittelgroße, aromatisch schmeckende Früchte und reift ebenfalls von Anfang bis Ende Juli. ‚Rote Eva® redeva' hat glattschalige rote süße Früchte und reift von Mitte Juli bis Anfang August. Weitere Sorten erhalten Sie bei: http://www.haeberli-beeren.ch und http://www.proeftuin.eu/.

Tipp/Besonderheiten: Stachelbeeren/Ågråsl sind selbstfruchtbar. Die Pflanzung verschiedener Sorten erhöht allerdings den Ertrag.

Sachalinbeere (*Ribes sachalinense*)

Die roten Beeren hängen in Trauben an den Sträuchern und ähneln Stachelbeeren. Erhältlich sind die von der Halbinsel Sachalin in Russland stammenden Pflanzen bei: http://www.deaflora.de, https://www.denmulderboomteelt.com und http://wildobstschnecke.de. Die Pflanzen sind selbstfruchtbar. Sie können durch Samenaussaat (Stratifizierung ist notwendig) weitere Pflanzen ziehen und dadurch den Ertrag der Einzelpflanzen erhöhen.

Worcesterbeere (*Ribes divaricatum*)

Die aus dem westlichen Nordamerika stammenden Pflanzen werden bis 2,7 m hoch, bis 2,5 m breit und sind bis Zone 4 (-34,4 °C) frosthart. Die bis zu 1,5 cm großen länglichen schwarz-roten Beeren schmecken ähnlich wie Stachelbeeren. Sie reifen Ende Juli bis Anfang August. Mir schmecken sie sehr gut. Die kräftig wachsenden Sträucher eignen sich mit ihren Dornen auch gut für eine Hecke. Pflanzen erhalten Sie bei: http://wildobstschnecke.de, http://www.eggert-baumschulen.de und http://www.agroforestry.co.uk.

Unter dem Namen ‚Russische Riesenbeere' vertreibt https://www.gaissmayer.de bis zu 1,8 m hoch werdende Sträucher mit blau-schwarzen süßen Beeren. Da die botanische Zugehörigkeit nicht ganz klar ist, werden sie vorläufig *Ribes divaricatum* zugeordnet.

Worcesterbeeren schmecken süß und aromatisch.

Marille/Aprikose und Co. (*Armeniaca spec.* und *Prunus spec.*)

Marillen sind für mich eine der köstlichsten Früchte. Sie werden meist mit dem Weinbauklima in Verbindung gebracht, gedeihen aber auch sehr gut auf Salzburger Bergbauernhöfen an sonnigen Haus- oder Stadelwänden. Neben der Marille gibt es noch verwandte Arten, die gute Früchte tragen und in unserem Klima gedeihen.

Marille/Aprikose (*Armeniaca vulgaris Syn. Prunus armeniaca*)

Wer Marillenbäume pflanzt, wird leider oft mit dem umgangssprachlich Schlagtreffen (Apoplexie) genannten Phänomen konfrontiert. Der junge Baum entwickelt sich zuerst gut und trägt vielleicht schon erste Früchte. Die Freude ist groß und dann kommt die unangenehme Überraschung: Die Blätter welken plötzlich, einzelne Zweige, ganze Kronenteile oder der ganze Baum stirbt plötzlich ab. Dies geschieht durch Verstopfen der Saftleitbahnen durch Baumharz. Die Ursachen dafür sind zahlreich. Manche Sorten sind anfälliger als andere. Ein zu starker Fruchtbehang, ein falscher Standort oder Infektionen durch Monilia oder Schrotschusskrankheit können die Pflanzen schwächen und sie anfällig für das Schlagtreffen machen. Betroffen sind vor allem Bäume zwischen dem 3. und 7. Lebensjahr. Ist diese kritische Phase überstanden, können Marillenbäume sehr alt werden.

Herkunft: Familie der Rosengewächse (*Rosaceae*); China

Höhe und Platzbedarf: Sämlinge wachsen bis zu 9 m hoch und 6 m breit. Mittlerweile gibt es schwachwüchsige Unterlagen, die säulenförmige Kleinbäume, die nur bis zu 2 m hoch werden hervorbringen.

Frosthärte: Zone 5; frosthart bis -28,8 °C

Marillen lassen sich an geschützten Wänden auch in Höhenlagen anbauen.

Wuchsform und Standort: Der Marillenbaum erreicht eine Höhe von 4–10 m und weist eine ausladende Krone auf. Die einzeln stehenden, weiß mit einem rötlichen Anflug gefärbten Blüten erscheinen zeitig im Frühjahr und sind deshalb sehr frostgefährdet. Die Bäume benötigen einen warmen und windgeschützten Standort und warme, trockene Böden. Die Pflanzung erfolgt idealerweise im Frühjahr. Marillen eignen sich gut für die Erziehung am Wandspalier. Durch einen Wärmestau im Frühling kann es allerdings zu einer frühen Blüte kommen, die frostgefährdet ist.

Pflege: Marillenbäume haben einen hohen Nährstoffbedarf. Eine Düngung mit Hornspänen und reichlich Kompost ist vorteilhaft. Die Marille reagiert empfindlich auf Schnittmaßnahmen. Diese sollten nach der Ernte im Sommer erfolgen, um den Gummifluss zu verhindern.

Verwendung:

- Frucht: Die 4–8 cm großen, kugeligen bis eiförmigen Steinfrüchte haben eine dünne, samtartige oder seltener glatte, hellgelbe bis orangegelbe und sonnenseitig rötlich gefärbte Schale und einen hohen Gehalt an Carotin, dem Provitamin A, das immunstärkend wirkt. Marillen eignen sich ideal zum Verzehr als Frischobst. Sie werden außerdem zu wohlschmeckenden Marmeladen, Aufläufen, Desserts und Torten verarbeitet. Da sie beim Erhitzen ihre natürliche Süße verlieren, ergibt sich beim berühmten Marillenfleck der angenehme Kontrast der süßen Grundlage mit den jetzt säuerlichen Marillen. Die Früchte lassen sich auch zu Nektar verarbeiten. Hierzu werden sie mit Wasser verdünnt püriert.
- Kern: Die Samen im Kerninneren weisen ein intensives Mandelaroma auf und werden nach dem Trocknen geröstet und gesalzen oder süß in Kakao gewälzt gegessen. Sie eignen sich auch gut für die Bereitung von Marzipan. Das aromatisch duftende Öl aus den Kernen eignet sich für Salate oder zur Verfeinerung von Gemüsegerichten.
- Harz: Am Stamm oder an kräftigen Ästen bildet sich ein gummiartiges Harz, das gekaut wird.

Vermehrung: Die Vermehrung aus Samen, die stratifiziert werden, gelingt leicht. Eine sortenechte Vermehrung ist durch Veredelung auf Kirschpflaume möglich oder durch Absenker im Frühling.

Sorten und Bezugsquellen: Die ‚Marille von Nancy' stammt aus Frankreich und ist seit über 200 Jahren bekannt. Sie reift Ende Juli bis Anfang August. Die Früchte sind groß und gelb mit roten Backen. Sie sind saftig, süß, schmelzend und aromatisch. Sie eignet sich für gute Böden in warmen geschützten Lagen. Die Sorte ‚Ungarische Beste' hat eine große und rundliche, leuchtend gelbe, gut steinlösende Frucht mit süßem, fein säuerlichem und würzigem Geschmack. ‚Bergeron' blüht spät und ist robust und daher auch für höhere Lagen geeignet. Pflanzen erhalten Sie bei: https://www.zahradnictvi-spomysl.cz/. Die österreichische Baumschule Spindler in der Wachau sammelt diverse Sorten und bietet eine große Auswahl zum Verkauf an: http://members.aon.at/mspindle/.

Tipp/Besonderheiten: Marillen sind selbstfruchtbar. Sie können sich auch mit anderen Prunusarten wie Susine, Pfirsich, Sandkirsche oder Kirschpflaume kreuzen. Bekannt ist die vor allem im Kulturraum der beiden Arten (Kaukasus, Mittelasien) spontan vorkommende Kreuzung von Marille mit Kirschpflaume (*Prunus cerasifera*), von der mehrere Kultursorten vermehrt werden. Das Fruchtfleisch variiert je nach Sorte zwischen gelb, rot, rotbraun, dunkel violett bis schwarz. Sie blühen spät und sind recht frosthart.

Biricoccolo/Alexandrinische Schwarze Marille/Schwarze Aprikose/Papst Aprikose (*x Armenoprunus dasycarpa Syn. Prunus dasycarpa*)

Die Biricoccolo ist eine Kreuzung der Kirschpflaume (*Prunus cerasifera*) und der Marille/Aprikose (*Armeniaca vulgaris*). Die im Durchmesser etwa 3,5 cm großen Früchte sind nicht steinlösend. Es gibt verschiedene Sorten mit gelbem, rotem, dunkelpurpurnem bis schwarzem Fruchtfleisch. Der Geschmack der süßen Früchte erinnert mehr an Kirschpflaume als an Marille/Aprikose. Die Bäume wachsen mit lockerer Krone bis zu 5 m hoch. Der Ertrag ist mäßig. Die Reifezeit ist von Mitte/Ende Juli bis Anfang August. Pflanzen erhalten Sie in Deutschland bei: http://pflanzenspezl.de. Ansonsten gibt es viele italienische Anbieter wie: http://www.vivaigabbianelli.it, oder http://www.fruttiantichi.biz. Die Sorten ‚Gigante di Budrio', ‚Bolognese', ‚Sélection' und ‚Vesuviano' erhalten Sie bei: http://www.pepinieredubosc.fr.

Biricoccolo Frucht aufgeschnitten (Foto: Wolf Stockinger)

Percoche (*Armeniaca vulgaris x Persica vulgaris*)

Percoche entstand aus der Kreuzung von Marille mit Pfirsich. Die gelb-orange Frucht ähnelt von der Größe und dem Aussehen her einem Pfirsich, ist allerdings nicht so saftig. Die gelbfleischigen Früchte sind groß und können je nach Sorte bis zu 200 g schwer werden. An besonnten Stellen färben sie sich rot. Percoche sind resistenter gegen Kräuselkrankheit als Pfirsiche. Die Früchte reifen von Anfang bis Mitte Juli und eignen sich gut für den Frischverzehr, für Kuchenbeläge oder zum Einmachen. Das Fleisch löst sich nur schwer vom Kern. Die Sorten ‚Andros', ‚Baby Gold 9', ‚Carson', ‚Chiara' und ‚Romea' erhalten Sie bei: https://eurostore.europlantsvivai.com, http://pflanzenspezl.de, sowie http://www.austropalm.at.

Peacotum® (*Armeniaca vulgaris x Persica vulgaris x Prunus salicina*)

Diese neue Obstart von Zaiger Genetics aus Kalifornien vereint Eigenschaften von Marille/Aprikose, Pfirsich und Japanischer Pflaume/Susine. Die kleinwüchsigen Bäume tragen gelb-orange

Percoche

Marillensusinen sind im Geschmack den Pflaumen ähnlich.

gefärbte Früchte, die Marillen/Aprikosen ähneln. Sie reifen Ende Juni, Anfang Juli. Für die Befruchtung wird eine Pluot® benötigt. Die Pflanzen sind in Europa noch nicht erhältlich. Mehr Informationen dazu finden Sie bei: http://www.davewilson.com.

Aprium®/Marillensusine/ Aprikosensusine (*Armeniaca vulgaris x Prunus salicina*)/ Plumcot/Pluot® ([*Armeniaca vulgaris x Prunus salicina*] x *Prunus spec.*)

Die englischen Namen vereinen Plum mit Apricot. Die Kreuzung von Marille/Aprikose mit Susine/Japanischer Pflaume gibt es in einfacher Weise oder auch komplex. Bei der komplexen Variante, wie z.B. den Pluots®, werden Kreuzungen nochmals mit Marille/Aprikose oder anderen verwandten Prunusarten gekreuzt, um verschiedene Eigenschaft hervorzuheben, wie einen erhöhten Zuckergehalt, ein besonderes Aroma oder auch Wuchseigenschaften. Führend auf diesem Gebiet ist Floyd Zaiger und sein Familienunternehmen Zaiger Genetics. Wichtig zu wissen ist, dass es sich hier nicht um Gentechnik handelt, sondern um eine ausgeklügelte Form traditioneller Kreuzung von verwandten Obstarten. Interessante Informationen dazu finden Sie auf der Website der Traditionsbaumschule Dave Wilson Nursery in Kalifornien: http://www.davewilson.com. Einige der dort entwickelten Sorten gibt es mittlerweile auch in europäischen Baumschulen zu kaufen.

Unten dem Markennamen Aprium® sind mehrere interessante Sorten entstanden, bei denen der Marillencharakter im Vordergrund steht. Vom Erbe her enthalten sie zu 25% Eigenschaften der Japanischen Pflaume/Susine und zu 75% Eigenschaften der Marille/Aprikose. Eine davon, ‚Aprium Cot-n-Candy', vertreiben: http://www.agroforestry.co.uk und http://pflanzenspezl.de. Sie ist bis -22 °C frosthart.

Plumcots/Marillensusinen als einfache Kreuzungen von Marille/Aprikose und Japanischer Pflaume bzw. auch der Kirschpflaume (*Prunus cerasifera*) haben bei den Früchten und auch beim Wuchs den Charakter der Japanischen Pflaumen oder der Kirschpflaumen im Vordergrund. Vom Erbe her enthalten sie zu 50% Eigenschaften der Japanischen Pflaume/Susine und zu 50% Eigenschaften der Marille/Aprikose. Eine Sorte mit gelbschaligen Früchten, die im Juli reift, finden Sie bei der Baumschule Hubmann: http://www.baumschule-hubmann.at. Unter dem Handelsnamen ‚Aprisali' erhalten Sie eine Sorte mit großen blauschwarzen Früchten bei: http://www.haeberli-beeren.ch. Pflanzen vertreibt auch: https://www.botanik-wug.de. Die Sorte ‚Mesch Mesch Amrah' mit dunkelroten Früchten erhalten Sie bei: http://www.hortensis.de. Alle Sorten sind robust, mittelstark wachsend und selbstfruchtbar.

Ein faszinierendes Sortenangebot von Plumcots finden Sie auf der Homepage von Ken und Lorraine Taylor: http://www.greenbarnnursery.ca. Das Anliegen dieser Permakultur-Pioniere ist es, frostharte Obstsorten anzubieten, entsprechend ihrem Motto: „Fruit Trees for Our SECURE Farming FUTURE". Eine SICHERE landwirtschaftliche ZUKUNFT versprechen Sorten wie ‚Taylor's Gold Plumcot', die bis Zone 3 (-40 °C), bzw. ‚Spring Satin Plumcot', die bis Zone 5 (-28,8 °C) pflanzbar sind. Zeit, dass dieses Obst auch in den kühleren Gegenden Europas verfügbar wird.

Pluots® zeichnen sich durch einen sehr hohen Zuckergehalt und ein intensives Aroma aus und erinnern eher an Japanische Pflaume als an Marille/Aprikose. Vom Erbe her enthalten sie zu 75% Eigenschaften der Japanischen Pflaume/Susine und zu 25% Eigenschaften der Marille/Aprikose. Je nach Sorte haben die Früchte gelbes oder sogar dunkelrotes Fruchtfleisch. Die Pflanzen sind robust, kräftig wachsend und benötigen jeweils eine zweite Sorte Pluot® oder eine Japanische Pflaume als Bestäuber. Sie reifen von August bis Mitte September. Die Sorten ‚Flavor Candy®', ‚Flavor Supreme®' und ‚Purple Candy®' erhalten Sie bei: http://pflanzenspezl.de. ‚Flavor King' erhalten Sie bei: http://www.agroforestry.co.uk und http://www.orangepippintrees.eu/.

Seit einigen Jahren ist eine angebliche Kreuzung zwischen Aprikose/Marille und Mirabelle in einigen Baumschulen zu finden. Neben dem Namen ‚Aprimira' sind noch weitere Phantasienamen zu finden. Die Frucht wird als kleine Sensation dargestellt. Sollten Sie so wie ich auf der Suche nach neuen Obstarten sein, dann kann ich Ihnen jetzt eine Enttäuschung ersparen. Einmal reicht. Es soll sich bei ‚Aprimira' um eine Kreuzung der Aprikose ‚Orangered' mit der ‚Mirabelle von Herrenhausen' aus dem Jahr 1994 handeln. Das mit der Jahreszahl stimmt. Eine Kreuzung der beiden Arten ist aus genetischen Gründen nicht möglich. Ansonsten ist ‚Aprimira' einfach eine wohlschmeckende Mirabelle, Vater unbekannt.

Mandschurische Marille/Aprikose (*Armeniaca manshurica Syn. Prunus mandshurica*)

Die Mandschurische Aprikose wächst von Nordkorea über Nordchina bis zur südlichen Ussuri Region. Am Naturstandort werden die Bäume bis 15 m hoch, bei uns erreichen sie Höhen von 5 m. Die Bäume sind gut frosthart und anspruchslos. Sie bevorzugen gut durchlässige, feuchte Böden und wachsen sowohl im Halbschatten als auch in voller Sonne. Die blassrosa Blüte erscheint im März. Von Juli bis August reifen die kleinen, saftigen, aromatisch-süßsauren Früchte. Diese werden frisch gegessen, getrocknet und kandiert oder zu Süßigkeiten verarbeitet. Pflanzen erhalten Sie bei: http://www.hortensis.de.

Briançon Aprikose/Marille (*Armeniaca brigantiaca*)

Die Briançon Aprikose kommt in den südwestlichen Alpen in Frankreich, Italien und der Schweiz vor. Sie wächst als Busch und gedeiht sowohl im Halbschatten als auch in voller Sonne. Sie wächst auf feuchten und trockenen Böden. Die etwa

3 cm großen, gelben Früchte haben einen großen Kern. Die Früchte können laut manchen Berichten gegessen werden. Sie werden auch zu einer Spirituose verarbeitet. Die Kerne können Sie frisch oder geröstet essen. Das Öl aus den Kernen wird als „Marmotte-Öl" als Speiseöl verwendet. Pflanzen erhalten Sie bei: http://www.bs13.baumschule-walsetal.de.

Strandpflaume (*Prunus maritima*)

Die Strandpflaume stammt aus dem nordöstlichen Nordamerika von Brunswick bis Virginia. Die Sträucher wachsen bis 2,5 m hoch und sind bis -40,0 °C (Zone 3) frosthart. Die Pflanzen sind anspruchslos und vertragen auch Salz im Boden. Sie gedeihen auf trockenen und feuchten Böden und benötigen einen sonnigen Standort. Schatten vertragen sie nicht. Die weißen Blüten erscheinen im Mai. Im August/September reifen die knapp 2 cm großen, wohlschmeckenden, pflaumenähnlichen Früchte. Laut Christoph Kruchem gilt die Strandpflaume in Fachkreisen als völlig unterbewertete Pflanze mit hohem Potential. Die Sorte ‚Ecos' hat gelbrote, etwa 3 cm große Früchte, ‚Nana' wächst nur 1 m hoch. Pflanzen erhalten Sie bei: http://www.hortensis.de. Sämlingspflanzen erhalten Sie bei: http://www.korewildfruitnursery.co.uk, http://www.vivaigabbianelli.it und http://www.thefruitnursery.co.uk. Es gibt auch Hybriden mit der japanischen Pflaume (*Prunus salicina*).

...pflaume (*Prunus x dunbari*)

Diese Hybride entstand aus der Kreuzung der Strandpflaume (*Prunus maritima*) mit der Amerikanischen Pflaume (*Prunus americana*). Die Pflanzen werden bis 3 m hoch und tragen reichlich blaurote aromatische Früchte bis 3 cm Größe. Sie sind frisch oder verarbeitet essbar. Christoph Kruchem beschreibt diese selbstfruchtbaren Kleinbäume als sehr pflegeleicht. Pflanzen erhalten Sie bei: http://www.hortensis.de.

Amerikanische Strauchkirsche (*Prunus jacquemontii x Prunus japonica*)

Die Kreuzung von *Prunus jacquemontii* mit der koreanischen Strauchkirsche (*Prunus japonica*) wurde von Prof. E. M. Meader aus New Hampshire entwickelt. Die Pflanzen wachsen strauchförmig, sind winterhart und krankheitsresistent. Sie werden 1,2 m hoch. Im Frühling erscheinen die weißen Blüten. Ende August/Anfang September tragen die Sträucher dicke, rote Kirschen mit säuerlichem Aroma. Sie sind frisch oder verarbeitet verwendbar. Stecklingsvermehrte Pflanzen der Sorten ‚Jan', ‚Joel' und ‚Joy' erhalten Sie bei: https://www.botanik-wug.de/. ‚Joel' ist selbstfruchtbar. Die beiden anderen Sorten sind teilweise selbstfruchtbar. Für einen besseren Fruchtertrag benötigen Sie zwei Sorten oder einen der Elternteile als Fremdbefruchter.

Japanische Aprikose/Marille (*Prunus mume*)

Die Japanische Aprikose/Marille stammt aus China und den Bergen Vietnams und Laos. Die Bäume werden 9 m hoch und 6 m breit. Sie sind bis -23,3 °C frosthart. Die weiße Blüte erscheint im April. Die Früchte reifen im Juli/August. Die harten und sauren Früchte werden in Japan als Pickles eingelegt, zu einem Erfrischungsgetränk oder zu Likör verarbeitet. Pflanzen der Sorten ‚Beni Chi Dori', ‚Chongmaesil' und ‚Hongmaesil' erhalten Sie bei: http://www.hortensis.de. ‚Beni Chi Dori' hat halbgefüllte, rosa Blüten. Sie soll durch Kreuzbestäubung mit einer anderen Sorte auch Früchte tragen. ‚Chongmaesil' ist eine koreanische Fruchtsorte mit rein grünem Laub. Sie blüht sehr früh und reichlich und setzt grünliche Früchte an, wenn eine andere Sorte in der Nähe steht. ‚Hongmaesil' hat einen rötlichen Blattaustrieb und eignet sich als Fremdbefruchter für die anderen Sorten. Verschiedene Sorten werden wegen der Blüte als Zierpflanzen angeboten. ‚Beni-shidare' mit rosaroten Blüten erhalten Sie bei: http://www.baumschule-horstmann.de, ‚Beni Chi Dori' erhalten Sie auch bei: http://www.heckenpflanzen.ch, ‚Beni Shi Don' erhalten Sie bei: http://www.eggert-baumschulen.de. ‚Benishidori' und ‚Dawn' erhalten Sie bei: http://www.drzewa.com.pl/. Vielleicht wollen Sie ja ausprobieren, ob diese Sorten nach Kreuzbestäubung mit einer anderen Sorte Früchte ansetzen.

… Pflaume (*Prunus x blireana*)

Prunus x blireana wird als Zierbaum wegen der gefüllten rosa Blüten gepflanzt. ‚Saling Hall' ist ein Zufallssämling, der auf Saling Hall (Essex/UK) entstanden ist. Er wird 3–5 m hoch und ist gut frosthart. Wahrscheinlich ist die Pflanze keine echte *Prunus x blireana*, wurde aber von einer englischen Gärtnerei so benannt. Sie ist viel schöner als *Prunus x blireana* und hat ungefüllte, zartrosa Blüten und bronzefarbenes Laub. Im Spätsommer reifen die kleinen bronze-grün marmorierten Pflaumen. Die Früchte sind im Geschmack ähnlich den Kirschpflaumen. Pflanzen erhalten Sie bei Christoph Kruchem: http://www.hortensis.de.

Susine/Japanische Pflaume (*Prunus salicina* var. *salicina*)

Die Japanische Pflaume nimmt für mich wegen ihrer Saftigkeit und des süßen Aromas einen Spitzenplatz in der großen Familie der Pflaumen ein. Gleichzeitig ist der Anbau eine Herausforderung. Eine Reihe der bisher angebauten Sorten ist sehr anfällig für die Pilzkrankheit Monilia, die zu Spitzendürre und Gummifluss führt. Nach anfänglichen Symptomen starben diese Pflanzen ab.

‚Black Amber' hat dunkles, süßes Fruchtfleisch.

Glücklicherweise erkranken einige neue Sorten nicht, wachsen problemlos und fruchten reichlich.

Herkunft: Familie der Rosengewächse (*Rosaceae*); China (Provinzen Shanxi und Gansu)

Höhe und Platzbedarf: 9–12 m hoch, 3–4 m breit

Frosthärte: Zone 6; frosthart bis -23,3 °C

Wuchsform und Standort: Die Susine wächst schlank aufrecht. Die zahlreichen weißen Blüten erscheinen im April und sind jeweils zu Bündeln von 3 Blüten zusammengefasst. Wegen der oben genannten Anfälligkeit auf Monilia ist ein Standort, der gut besonnt und belüftet ist, unbedingt zu bevorzugen. Senken, in denen sich Kälteseen bilden und sich Feuchtigkeit sammeln kann, sind zu meiden.

Pflege: Fruchtmumien oder von Monilia befallene Früchte, müssen so rasch als möglich entfernt werden und dürfen nicht auf den Kompost gegeben werden. Zweige oder Äste, die von Spitzendürre betroffen sind, werden bis 15 cm in das gesunde Holz hinein weggeschnitten. Auch sie dürfen nicht kompostiert werden. Nach innen wachsende Äste werden am besten nach der Ernte entfernt.

‚Kometa' ist eine robuste, reich tragende Sorte.

Verwendung:

- Frucht: Die flach kugelförmigen Früchte variieren sehr stark je nach Sorte sowohl in der Farbe (von schwarzblau über rot bis gelb) als auch in der Größe und der Reifezeit. Großfrüchtige Sorten können einen Durchmesser von 6 cm haben. Die Früchte sitzen an einem ganz kurzen Stiel knapp am Stamm oder Ast. Voll ausgereift sind die Früchte sehr saftig, süß und aromatisch. Die Erntezeit ist je nach Sorte von Juli bis August.

Vermehrung: Die sortenechte Vermehrung erfolgt durch Veredelung mit Reisern im Frühjahr oder mit Chip im Sommer.

Sorten und Bezugsquellen: ‚Kometa', eine gelbfrüchtige Sorte, hat sich bisher als recht resistent gegen Spitzendürre gezeigt. ‚Black Amber' hat bis zu 6 cm große, schwarzblaue, saftige Früchte. Pflanzen finden Sie unter anderem bei: https://www.botanik-wug.de, und http://www.starkl.at. Die Sorten ‚Kometa' und ‚Najdiena' erhalten Sie bei: http://www.pflanzenhof-online.de. Die Sorten ‚Black Amber' und ‚Friar' erhalten Sie bei: http://www.baumschulekraemer.de. Die Sorte ‚Satsuma' erhalten Sie bei: http://www.hortensis.de. ‚Satsuma' ist selbstfruchtbar, der Ertrag ist bei Fremdbefruchtung besser. ‚Methley' erhalten Sie bei: http://www.orangepippintrees.eu. ‚Shiro' mit gelben Früchten, ‚Santa Rosa' mit rosa Früchten und ‚Nagrada' mit blauen Früchten sowie weitere Sorten erhalten Sie bei: http://dmkert.hu.

Besonderheiten: Susinen sind selbstfruchtbar. Sie lassen sich auch gut mit anderen Mitgliedern der Prunusfamilie kreuzen. Dadurch entstand eine Reihe attraktiver Obstarten: Marillensusine (Japanische Pflaume x Marille), ‚Sweet Treat Pluerry™' (Japanische Pflaume x Vogelkirsche), ‚Sprite' ist eine kernlösende, süße Frucht (Japanische Pflaume x Kirschpflaume); ‚Bella Gold Peacotum™' vereint die Eigenschaften von drei Elternteilen (Japanische Pflaume x Pfirsich x Marille). Wer sich näher mit den verschiedenen Hybriden beschäftigen möchte, findet auf der Website der Dave Wilson Nursery in Kalifornien viele Informationen und Bezugsquellen für Pflanzen: http://www.davewilson.com.

Pluerry® (*Prunus salicina x Cerasus spec.*)

Diese neue Obstart ist eine Kreuzung von Japanischer Pflaume/Susine und der Süßkirsche durch Zaiger Genetics aus Kalifornien. Im Erbe befinden sich auch noch Pfirsich und Marille. Bedauerlicherweise gibt es diese Obstart derzeit noch nicht in Europa. Die violett gefärbten Früchte mit gelbem Fruchtfleisch vereinen die Süße der Kirsche mit der Textur der Japanischen Pflaume. Sie sind größer als Kirschen und reifen von Ende Juni bis Ende Juli. Als Besonderheit gilt, dass die reifen Früchte einen Monat am Baum verbleiben können. Für die Befruchtung benötigt Pluerry® eine Japanische Pflaume/Susine. Derzeit gibt es nur eine Sorte: ‚Sweet Treat Pluerry™'. Weitere Informationen dazu finden Sie unter: http://www.davewilson.com.

Zwillingsbeere (Foto: Marc Geens Kruisbessen 'Proef'tuin)

Zwillingsbeere (*Lonicera involucrata*)

Mit Zwillingsbeeren habe ich noch keine Erfahrungen. Die schönen und robusten Pflanzen möchte ich wegen der schönen Blüten, aber auch wegen der Früchte setzen. Die Büsche wachsen 1,2 m hoch und sind bis -34,4 °C (Zone 4) frosthart. Sie gedeihen auf unterschiedlichen Bodentypen und bevorzugen feuchte Böden. Sie benötigen einen sonnigen Standort und können nicht im Schatten wachsen. Marc Geens von Kruisbessen hat das Saatgut für seine Pflanzen in British Columbia in Kanada gesammelt. Seine Pflanzen sind selbstfruchtbar. Die Erträge sind allerdings nicht sehr hoch. Er verwendet die schwarzen Beeren, die einen leicht süßlichen Nachgeschmack haben und ihn leicht an Schwarze Johannisbeeren/Ribisel erinnern, in Beerenmischungen. Die Pflanzen sind gut durch Samen vermehrbar. Diese benötigen Stratifizierung. Absenker können Sie im Herbst machen, Stecklinge vom halbreifen Holz im Juli/August und vom reifen Holz im November.

Sorten und Bezugsquellen: Spezielle Fruchtsorten sind mir derzeit keine bekannt. Pflanzen erhalten Sie bei: http://www.proeftuin.eu (Marc Geens) und bei http://www.deaflora.de unter dem Namen Zweibeere. Eine Unterart der Zwillingsbeere *Lonicera involucrata* var. *ledebourii*, die wegen ihrer rot-gelben Blüten angebaut wird und schwarze Früchte trägt, erhalten Sie bei: http://www.sebtan.fr und http://www.burncoose.co.uk. Wie die Früchte dieser Art schmecken, müssen Sie selbst ausprobieren. Die Höhe dieser Art wird mit 3 m angegeben, die Breite mit 4 m.

Sommerkiwi/Sibirische Kiwi (*Actinidia kolomikta*)

Sommerkiwis haben mehrere Vorteile. Zum einen geben sie bereits im August etwa stachelbeergroße Früchte. Sie gehen auch früher in Ertrag (meist im zweiten Jahr nach dem Pflanzen) als Minikiwi der Art *Actinidia arguta* und sie sind auch frosthärter als diese.

Die Kiwi-Pflanzen sind zweihäusig, d. h. die männlichen und weiblichen Blüten sitzen auf verschiedenen Pflanzen. Für den Fruchtansatz an der weiblichen Pflanze ist demnach unbedingt eine männliche nötig.

Herkunft: Familie der Strahlengriffelgewächse (*Actinidiaceae*); China, Korea, Östliches Russland, Japan

Höhe und Platzbedarf: Die Ranken benötigen Halt an einem Zaun oder Drähten, die Sie an einer Mauer befestigen. Sie können bis 10 m hoch schlingen. Lassen Sie die Pflanzen die ersten Jahre wachsen, damit sie viel Fruchtholz entwickeln. Schneiden sollten Sie erst, wenn der Fruchtertrag eingesetzt hat. Ein idealer Zeitpunkt dafür ist Ende Februar bis Anfang März. Zu lange Triebe werden eingekürzt und alte, abgetragene Äste werden bis auf ein Auge zurückgeschnitten. Die männliche Pflanze kann kleiner gehalten werden, da sie nur Blüten liefert.

Frosthärte: Zone 4; frosthart bis -34,4 °C

Sommerkiwi Sorte ‚Senty' (Foto: Lubera)

Sommerkiwi Sorte ‚Dr. Szymanowski' (Foto: Lubera)

Wuchsform, Standort und Pflege: Die Pflanzen wachsen sowohl im Halbschatten als auch in der Sonne. Ein feuchter und leicht saurer Boden wird bevorzugt. Eine Besonderheit sind die panaschierten Blätter, die rosa-grün-weiß gescheckt und so eine Zierde im Garten sind.

Verwendung:

- Frucht: Die etwa stachelbeergroßen Früchte sind glattschalig und müssen nicht geschält werden. Sie reifen ungleichmäßig und fallen bei Vollreife ab. Es ist sinnvoll, wenn Sie während der Reifezeit eine Unterlage unter die Pflanze geben. Die Früchte werden frisch gegessen oder zu Marmelade eingekocht. Achten Sie darauf, Kiwis nicht mit Milch zusammenzubringen. Die Fruchtsäure fällt das Eiweiß der Milch aus.

Vermehrung: Samen benötigen eine Stratifizierung. Stecklinge vom grünen Holz werden im Frühling geschnitten, vom halbreifen Holz im Juli/August und vom reifen Holz im Oktober/November.

Sorten und Bezugsquellen: ‚Adam' ist die männliche Befruchtersorte. ‚Arctic Beauty' ist reich tragend und für raue Lagen geeignet. Pflanzen erhalten Sie bei: http://www.praskac.at und http://www.deaflora.de. Eine Bezugsquelle finden Sie im Sortenhandbuch der Arche Noah. ‚Senty' und ‚Dr. Szymanovski' erhalten Sie bei: http://www.lubera.com. Auf der Homepage finden Sie auch Kurzfilme über den Anbau von Sommerkiwi. ‚Tomoko' aus Südkorea hat rosa-grün-weiß panaschierte Blätter. ‚Kruplopodnaja' hat die größten Früchte, ‚Sentiabraskaya' ist auch als ‚September Sun' im Handel, ‚Aromatnaja' ist außen rubinrot gefärbt, ‚Anniki' stammt aus Finnland und ist selbstfruchtbar. ‚Zakarpacie' erhalten Sie bei: http://in-vitro.pl. ‚Aromatnaja' wird auch als ‚Anna' in den Handel gebracht. Diese Sorte ist eine sehr wuchsstarke Kreuzung von Mitschurin aus *Actinidia arguta* mit *Actinidia kolomikta*. ‚Matovaya' stammt aus Russland und ist die frühest reifende Sorte. ‚Perloskaya' hat tropfenförmige Früchte.

Foto: Johannes Hloch

Schwarzer Nachtschatten und Co. (*Solanum spec.*)

Die Nachtschattenfamilie liefert weltweit eine Reihe der wichtigsten Gemüsearten. Zudem gibt es viele teils exotische Beerenfrüchte. Lassen Sie sich überraschen und experimentieren Sie im Garten mit diesen einjährigen Nachtschattengewächsen. Manche wie den einheimischen Schwarzen Nachtschatten haben Sie vielleicht schon im Garten. Falls nicht – setzen Sie einmal einige Pflanzen; sie samen sich in den folgenden Jahren von selbst aus. Bei mir taucht der Schwarze Nachtschatten auf, wo es ihm beliebt, und ich genieße die süßen Früchte bis zum ersten Frost.

Achten Sie darauf, nur vollreife Beeren zu essen. Unreife grüne Beeren, außer die unten angeführten Arten, die grün abreifen, enthalten das Gift Solanin.

Herkunft: Familie der Nachtschattengewächse (*Solanaceae*)

Wuchsform, Standort und Pflege: Alle unten genannten Arten wachsen in gut durchlässigen eher feuchten Gartenböden. Sie eignen sich auch für die Kübelkultur. Die Pflanzen sind pflegeleicht und nicht frosthart.

Vermehrung: Die Vermehrung aus Samen gelingt einfach. Säen Sie Ende Februar aus und halten Sie die Pflanzen warm. Ab April können Sie die Pflanzen an warmen Tagen ins Freie stellen und langsam abhärten. Pflanzen Sie sie erst nach den letzten Frösten Mitte Mai ins Freiland.

Verwendung:

- Frucht: Die reifen Beeren können Sie frisch essen, zu Marmeladen einkochen oder als Kuchenbeläge oder für Fruchtjoghurt verwenden.

Schwarze Nachtschattenbeeren reifen den Sommer über bis zum Frost.

Schwarzer Nachtschatten (*Solanum nigrum*)

Der Schwarze Nachtschatten wächst weitverbreitet in Afrika, Australien, China, Europa, West- und Südasien, Neuseeland und Nordamerika. Die schwarzen Beerenfrüchte schmecken süß mit einem eigenen Aroma. Samen erhalten Sie bei: http://www.sunshine-seeds.de. In manchen Regionen werden die Blätter als Gemüse gedünstet. Es gibt auch eigene Auslesen dafür. Eine Subspezies *Solanum nigrum subsp. schultesii* mit süßen Beeren finden Sie im: http://sortenhandbuch.arche-noah.at.

Miltomate (*Miltomato loco*)

Die buschförmig bis 120 cm hoch wachsenden Pflanzen stammen aus Südamerika und tragen schwarze, erbsengroße, süße Beerenfrüchte. Bei Vollreife fallen sie vom Strauch. Samen erhalten Sie bei: http://www.deaflora.de und http://sortenhandbuch.arche-noah.at. Dort finden Sie auch die Sorte ‚Vallisto' mit süßen, 1 cm großen Früchten.

Wonderberry/Schwarzenbeere (*Solanum retroflexum Syn. Solanum burbankii*)

Diese Variante des Nachtschattens wurde von dem amerikanischen Züchter Luther Burbank in seinem Garten gefunden. Er nahm an, dass es sich um eine Hybride mit einer anderen Nachtschattenart (Chichicquelite *Solanum guineense*) handle. Dies scheint ein Irrtum zu sein. *Solanum retroflexum* stammt aus Afrika und hat sich in Amerika und Australien eingebürgert. Die schwarzen Beeren haben die Größe kleiner Heidelbeeren. Samen erhalten Sie bei: http://www.deaflora.de und http://www.saemereien.ch. Bei Deaflora erhalten Sie auch die Auslese auf größere Früchte ‚Mrs. B´s Nonbitter'.

Chichiquelite/Gardenhuckleberry (*Solanum scabrum Syn. Solanum guineense Syn. Solanum melanocerasum*)

Diese Nachtschattenart stammt aus Südafrika und trägt kleine, schwarze, süße Beeren. In Nordamerika wird sie als Gardenhuckleberry angebaut. Samen erhalten Sie bei: http://www.deaflora.de. Dort erhalten Sie auch Samen der Sorte ‚Hei Tien Tsai' mit dunkelvioletten Früchten, die in Asien angebaut wird, und die Sorte ‚Valliso'.

Gelber Nachtschatten (Foto: Deaflora)

Gelber Nachtschatten und Oranger Nachtschatten (*Solanum villosum Syn. Solanum luteum*)

Diese Art trägt gelbe oder orange Beerenfrüchte. Samen erhalten Sie bei: http://www.deaflora.de und http://sortenhandbuch.arche-noah.at.

Argentinien-Nachtschatten/Glanzfrüchtiger Nachtschatten (*Solanum physalifolium* var. *nitidibaccatum*)

Diese Nachtschattenart stammt ursprünglich aus Südamerika. Auffällig sind die behaarten Blätter. Die Pflanze gilt in einigen Staaten als invasiv. Sie findet sich mittlerweile als Wildpflanze im Stadtgebiet von Wien. Bei Vollreife färben sich die süßen Beerenfrüchte grün bis grün dunkelviolett. Samen erhalten Sie bei: http://www.deaflora.de.

Morelle Verte/Greenberry (*Solanum opacum*)

Morelle Verte stammt aus dem östlichen Australien. Die Beeren sind bei Vollreife grün und sehr süß. Samen erhalten Sie bei: http://www.deaflora.de und http://sortenhandbuch.arche-noah.at.

Tzimbalo (*Solanum caripense*)

Greenberry (Foto: Deaflora)

Tzimbalo (Foto: Deaflora)

Tzimbalo stammt aus Südamerika und gilt als eine der Urformen der Pepino/Birnenmelone (*Solanum muricatum*). Die etwa 3 cm großen Früchte sind bei Reife violett gestreift. Die Früchte schmecken fruchtig und etwas süß. Sie werden ab dem Sommer gebildet und reifen spät im Herbst. Samen erhalten Sie bei: http://www.deaflora.de und http://www.sunshine-seeds.de.

Lulo/Naranjilla/Quito-Orange (*Solanum quitoense*)

Die Lulo stammt aus Südamerika und wächst als Busch bis 100 cm hoch. Sie benötigt viel Wärme, um auszureifen. Die grünen und dann orange abreifenden Früchte werden bis 5 cm groß und schmecken süß-sauer. Samen erhalten Sie bei: http://www.saemereien.ch und http://sortenhandbuch.arche-noah.at. Pflanzen erhalten Sie bei: http://www.sebtan.fr.

Saracha/Jaltomate (*Jaltomata procumbens Syn. Saracha procumbens*)

Die Jaltomate wächst vom Südwesten der USA bis Peru. Die buschförmig wachsenden Pflanzen wurden wegen ihrer süßen, schwarzen, kirschgroßen Früchte von den Tarahumara Indianern in Chihuahua in Mexiko domestiziert. Samen erhalten Sie bei: http://www.kraeutergarten-storch.de und http://www.deaflora.de.

Litschitomate/Morelle de balbis (*Solanum sisymbriifolium*)

Herkunft: Familie der Nachtschattengewächse (*Solanaeceae*); von Argentinien nordwärts bis in den Süden der USA

Höhe und Platzbedarf: 1,7 m hoch, 1 m breit

Frosthärte: In ihrer Heimat ist die Litschitomate eine mehrjährige Pflanze. Die Pflanzen sind bei uns einjährig, tolerieren allerdings leichte Fröste.

Wuchsform und Standort: Sie wächst bis zu 1,7 m hoch und buschig in die Breite. Die Haupttriebe verholzen über das Jahr. Die jungen Pflanzen werden an kräftigen Stöcken aufgebunden. Alle Arbeiten werden am besten mit Handschuhen durchgeführt, da die ganze Pflanze mit bis zu

Die Litschitomate hat zierende Blüten.

Nur die vollreifen Früchte lassen sich leicht lösen.

2 cm langen Stacheln besetzt ist. Die großen weißen oder weiß-violetten Blüten machen die Litschitomate zu einer attraktiven Pflanze im Garten. Für eine gute Fruchtqualität braucht es zumindest 2 Pflanzen und einen sonnigen Standort.

Pflege: Litschitomaten sind Starkzehrer und benötigen eine gute Versorgung mit Dünger, am besten eignet sich reifer Kompost. Die Pflanzen sind sehr resistent gegen Krankheiten und der Anbau gelingt problemlos. Als Schädlinge können sich Kartoffelkäfer einstellen, die regelmäßig abgesammelt werden sollen. Auf der Unterseite der Blätter können frühzeitig die Gelege der Kartoffelkäfer entfernt werden.

Verwendung:

- Frucht: Die kirschroten, süßen und geschmackvollen Früchte enthalten zahlreiche kleine Samen, die von gelbem Fruchtfleisch umgeben sind. Sie reifen ab August und werden 2–3 cm groß. Die Beeren sind von stachelbesetzten Kelchblättern umhüllt. Bei Vollreife öffnen sich diese und die Früchte lassen sich dann leicht mit einigem Geschick aus dem Kelch drehen. Der Geschmack ist erfrischend mit einer angenehmen, leichten Säure. Die Beeren eignen sich für den Frischverzehr, als Kuchenbelag oder für die Herstellung von Marmeladen. Sie können gedünstet, passiert oder durch ein Sieb gestrichen werden, um die Samen zu entfernen. Das Fruchtpüree kann dann weiter zu Süßigkeiten oder Fruchtzubereitungen sowie pikant zu Chutneys verarbeitet werden.

Vermehrung: Die Vermehrung erfolgt über Aussaat, wie bei Tomaten. Die Samen von besonders schönen Früchten werden im Herbst ausgelöst und getrocknet. Die Keimung erfolgt zwischen 2 und 4 Wochen ab Aussaat in einem warmen Raum. Die pikierten Pflanzen werden nach den letzten Nachtfrösten im Mai in ein Gartenbeet gesetzt. Auch eine Topfkultur ist möglich.

Sorten und Bezugsquellen: Samen oder Pflanzen erhalten Sie bei: www.arche-noah.at. ‚Gigante' mit 3 cm großen Beeren, ‚Mamoncillos' mit großen Fruchtständen, ‚Sweety' und ‚Téton' (das Brüstchen, nach der Fruchtform so benannt), eine französische Sorte, erhalten Sie bei: http://www.deaflora.de.

Fruchtchili (*Capsicum rhomboideum*)

Diese Nachtschattenart gehört botanisch zu den Paprikas und Chilis. Die 1 cm großen, kugeligen, roten Früchte schmecken fruchtig. Sehr schön sind auch die gelben Blüten. Die Pflanze verholzt und kann auch leicht kühl oder mäßig warm überwintert werden. Samen erhalten Sie bei: http://www.deaflora.de.

Feigen (*Ficus spec.*)

Neben der bekannten Fruchtfeige (*Ficus carica*) gibt es noch eine Reihe anderer Feigenarten, die gute Früchte hervorbringen.

Feige (*Ficus carica* var. *domestica*)

Ich habe von meinen Reisen verschiedenste Steckhölzer von Feigen mitgenommen, die alle problemlos wachsen. Bei den als besonders frosthart angekündigten Feigen habe ich bisher keine Unterschiede feststellen können. In strengen Wintern sind sie genauso zurückgefroren. Deshalb packe ich alle Feigen im Winter dick in Drainagevlies ein und genieße im August die Früchte. Einen Unterschied konnte ich feststellen: Manche Sorten sind starkwüchsig und eignen sich nicht für die Erziehung als Busch, wenn der Platz begrenzt ist. Sollte das bei Ihnen der Fall sein, graben Sie einfach die Pflanze aus, verschenken Sie sie und versuchen Sie eine andere Sorte oder nehmen Sie sich Stecklinge beim Urlaub im Süden mit.

Herkunft: Familie der Maulbeergewächse (*Moraceae*); Südwestasien bis Nordwestindien

Höhe und Platzbedarf: Bei der Erziehung als Baum 6–10 m hoch, 6 m breit

Frosthärte: Zone 7; frosthart bis -15,0 °C; unter -15 °C frieren die Triebe ab. Der Wurzelstock verträgt tiefere Temperaturen und treibt im Frühjahr problemlos neu aus.

Die Feigenernte ist ein Höhepunkt im Sommer.

Wuchsform und Standort: In klimatisch begünstigten Anbaugebieten wächst die Feige zu einem bis zu 10 m hohen Baum. Er besitzt große, derbe und gelappte Blätter, die an Weinblätter erinnern. Die Rinde ist glatt und hellgrau. Feigen gedeihen auf unterschiedlichen Böden und vertragen Trockenheit gut. Während der Fruchtbildung in der Erntezeit benötigen sie allerdings eine gute Wasserversorgung. Für den Freilandanbau im deutschsprachigen Raum ist das Mikroklima entscheidend. In städtischen Innenhöfen in Wien gibt es große Bäume, die reichlich tragen. Für die erste Ernte, die je nach Sorte und Standort ab Mitte August zu erwarten ist, ist das Überleben der im Vorjahr ausgebildeten Triebe Voraussetzung. Diese müssen entsprechend vor zu tiefen Temperaturen geschützt werden. Entscheidend dafür ist ein Standort, der vor kalten Winden im Winter sicher ist. Bei großen Windgeschwindigkeiten sinkt die Temperatur lokal stark ab und die fruchttragenden Triebe erfrieren. Standorte mit Kälteseen im Winter sind zu vermeiden. Unproblematisch ist der Frost für den Wurzelstock. Er treibt auch nach starken Frösten wieder aus. An den neuen Trieben

Über Wochen kann alle paar Tage geerntet werden.

erscheinen auch im gleichen Jahr wieder Feigen, die allerdings erst ab Mitte Dezember ausreifen, sofern das Klima dies zulässt. In südlichen Ländern sind drei Ernten möglich, diese können in Mitteleuropa nur im Glashaus erreicht werden. Die Topfkultur ist unproblematisch. Nach dem Blattfall im Herbst werden die Pflanzen kühl gestellt. Vor dem Austrieb im Frühjahr müssen sie umgetopft und reichlich mit Dünger versorgt werden. Sofern kein größerer Topf verwendet wird, müssen Triebe und Wurzeln zurückgeschnitten werden. Für einen sicheren Fruchtertrag braucht es während der Wachstumszeit eine regelmäßige wöchentliche Düngung oder Dauerdünger.

Pflege: Mit einem entsprechenden Winterschutz kann der Anbau auch an ungünstigen Standorten erfolgen und bringt eine regelmäßige gute Ernte. Dazu wird der Feigenbaum als mehrästiger Busch erzogen und mit Wellpappe, Jutegewebe, Drainagevlies o.Ä. eingehüllt und oben abgedeckt. Auch das Einwickeln mit Luftpolsterfolie und Ausstopfen mit Stroh hat sich in der Praxis bewährt. Feigen sind gut schnittverträglich. Bei der Erziehung als Busch kann ein Einkürzen der Triebe im Sommer sinnvoll sein. Zu dicht stehende Triebe werden im Frühjahr oder bereits nach dem Blattfall entfernt. Die heute kultivierten Fruchtfeigen benötigen keine Bestäubung.

Verwendung:

- Frucht: Je nach Sorte haben Feigen eine kugelige bis birnenförmige Gestalt und sind außen grün bis dunkelviolett. Bei eintretender Reife verfärben sich die Früchte und werden weich. Die frisch geernteten Früchte schmecken aromatisch und süß. Feigen sind reich an Vitamin B1 und Mineralstoffen und enthalten etwa 15% Zucker. Die Früchte können vielseitig verwendet werden. Sie werden frisch verzehrt, getrocknet, in Honig oder Zuckerlösung eingelegt, zu Spirituosen, Marmeladen oder Feigensenf verarbeitet oder als Mus konserviert.

Vermehrung: Die Vermehrung erfolgt sehr einfach mit Stecklingen. Dazu werden etwa 25–30 cm lange Triebe geschnitten und zur Hälfte in einen Topf mit Blumenerde gesteckt. Darüber wird eine durchsichtige Plastikhaube mit Schlitzen darin gesteckt, um einen Treibhauseffekt zu erzeugen. Um Schimmelbildung zu vermeiden, kann diese in der Nacht entfernt werden. Nach etwa zwei Wochen treiben die neuen Blätter aus. Die Stecklinge können entweder im Frühjahr vor dem Blattaustrieb geschnitten werden, eine erfolgreiche Vermehrung ist auch im Sommer möglich, allerdings müssen dafür die Blätter bis auf einen kurzen Stummel entfernt werden. Absenker werden im Frühjahr gemacht.

Sorten und Bezugsquellen: Im Handel ist eine Fülle von unterschiedlichen Sorten erhältlich. Eine schöne Auflistung mit Fotos findet sich unter: http://www.mercato-verde.ch/deangebot/feigenbaeume. Verschiedene Sorten erhalten Sie bei: http://www.fig-baud.com und http://www.feigenhof.at. Darunter sind Sorten, die besonders für Wintergärten und Glashäuser geeignet sind, wie ‚Col de Dame', ‚Blanche', ‚Col de Dame Noir' oder ‚Panachee' mit gelb-grün gestreiften Früchten. Für das Freiland und Terrassen besonders geeignet sind unter anderem ‚Brown Turkey', ‚Longe d'Aout' mit länglichen Früchten oder ‚Doreé'. Die Schalen dieser Sorten sind bei Vollreife goldbraun gefärbt. Blauviolett gefärbte Sorten sind ‚Pastilliere', ‚Sultane' oder ‚Ronde de Bordeaux'. Ein großes Angebot von Feigenraritäten finden Sie bei: http://www.hortensis.de. Darunter ist ‚Little Yellow Wonder' mit vielen kleinen gelben Früchten, die nur 2 m hoch wächst und gut für die Kübelkultur geeignet ist.

Sandpapierfeige/Sandpaper Fig (*Ficus coronata*)

Dieses Wildobst aus Australien trägt wohlschmeckende kleine Früchte. Die Blätter haben eine extrem raue Oberfläche und sollen von den Aborigines angeblich zum Glätten von Holz und Schildkrötenpanzern verwendet worden sein. Christoph Kruchem, der diese bis 3 m hoch wachsenden Pflanzen vertreibt, beschreibt sie als unempfindlich und wüchsig: http://www.hortensis.de.

Japanische Feige (*Ficus erecta* var. *sieboldii*)

Diese japanische Feigenart wächst strauchartig. Sie trägt kleine, gelblich-rote Feigen. Christoph Kruchem weiß von einer Pflanze, die in Straßburg seit Jahren ohne Winterschutz frei ausgepflanzt wächst: http://www.hortensis.de. Die genaue Winterhärte gilt es noch herauszufinden. Lassen Sie mich bitte Ihre Erfahrungen wissen.

Bedu (*Ficus palmata*)

Bedu wächst als Wildfeige von Äthiopien, Somalia, dem Sudan und Ägypten über Arabien bis Afghanistan, Pakistan und Nordindien. Die Blätter sind ungelappt. Am Naturstandort wachsen die Pflanzen bis 9 m hoch. Sie sind selbstfruchtbar und tragen kleine, violette Früchte. Bedus sollen gut frosthart sein. Diesbezügliche Erfahrungen stehen für Mitteleuropa noch aus. Lassen Sie mich bitte Ihre Erfahrungen wissen. Pflanzen verschiedener nordindischer Sorten erhalten Sie bei: http://www.hortensis.de.

Birnen (*Pyrus spec.*)

Von Europa bis Asien kommt eine Reihe von Birnenarten vor, deren meist kleine Früchte als Wildobst verwendet werden. Teilweise kreuzen sich diese spontan miteinander oder durch menschliches Zutun. Daraus entstand auch die Vielfalt unserer Kulturbirnensorten.

Herkunft: Familie der Rosengewächse (*Rosaceae*)

Verwendung:

- Frucht: Je nach Birnenart und Sorte werden die Früchte frisch gegessen oder zu Mus und Kompott verarbeitet. Sie können mit Gemüsen wie Kohl mitgekocht oder gedünstet und mit Preiselbeeren gefüllt als Beilage serviert werden. Der Presssaft kann konserviert oder zu Most oder Spirituosen weiterverarbeitet werden.

Vermehrung: Die Vermehrung aus Samen gelingt mit Stratifizierung recht einfach. Die sortenechte Vermehrung erfolgt durch Veredelung auf Quitte oder Sämlinge der Art. In Baumschulen erhalten Sie standardisierte Unterlagen wie die ‚Kirchensaller Mostbirne'.

‚Doppelte Phillipsbirne'

Kultur-Birne (*Pyrus communis*)

Unter den etwa sechstausend Birnensorten gibt es große Unterschiede hinsichtlich der Größe, des Geschmacks, der Farbe, des Reifezeitpunkts und des Aussehens. Auch bezüglich der Verwendung gibt es einen großen Formenreichtum. Es gibt Birnen zum Trocknen, zum Einkochen oder Einmachen, zum Mostpressen oder zum frisch Essen als Tafelbirnen. In meiner Kindheit wurden kleine Birnensorten in eigenen Dörrhäusern auf geflochtenen Holzrosten zu Kletzen gedörrt. Im Winter naschten wir die Kletzen, die in einem Stoffsack auf dem Dachboden gelagert wurden.

Die Kulturbirnen stammen aus der Region zwischen dem Kaukasus, Kleinasien und dem Westufer des Schwarzen Meeres. Bereits die alten Griechen kultivierten Birnen. Als einer der Elternteile unserer Kulturbirnen steht die Holzbirne (*Pyrus pyraster*) fest.

Höhe und Platzbedarf: Die Größe eines Birnbaumes hängt von der Unterlage ab, auf die die Edelsorte veredelt wurde. Auf Sämlinge veredelte Bäume werden bis 8 m hoch. Auf Quitte veredelte Bäume werden je nach gewählter Unterlage 2–3 m hoch und benötigen einen Stützpfahl oder die Erziehung an einem Spalier.

Birne der Sorte ‚Gräfin von Paris'

Frosthärte: Zone 4; frosthart bis -34,4 °C

Wuchsform, Standort und Pflege: Birnen bilden eine Pfahlwurzel aus. Die Bäume gedeihen auf verschiedenen Bodentypen und bevorzugen feuchte Böden. Sie tolerieren Trockenheit. Die Pflanzen gedeihen im Halbschatten und in voller Sonne. Für die gute Fruchtqualität ist es wichtig, die Bäume mit einer lichten Krone zu erziehen. Damit verhindern Sie die Schorfbildung (eine Pilzerkrankung) an den Früchten. Lichten Sie gegebenenfalls im Sommer vorsichtig aus, um Sonne an die Früchte zu bekommen. Eine auffällige Blatterkrankung ist der Birnengitterrost. Dabei bilden sich auf der Unterseite der Blätter rote Pusteln. Diese werden durch den Rostpilz *Gymnosporangium sabinae* hervorgerufen. Für die Vermehrung benötigt der Pilz einen Zwischenwirt. Zwischenwirte sind aus Asien stammende Wacholderarten wie der Sadebaum (*Juniperus sabina*) oder *Juniperus media.* Wichtig ist hier anzumerken, dass der einheimische Wacholder (*Juniperus communis*) nicht vom Birnengitterrost befallen wird. Der Pilzbefall selbst lässt sich nicht behandeln. Sie können nur den Baum durch gute Bodenpflege und Schnittmaßnahmen stärken. Manche Gartenbesitzer schneiden bei stärkerem Befall den Baum um. Das ist nicht notwendig. Leben Sie mit dem Birnengitterrost und genießen Sie die Früchte.

Sorten und Bezugsquellen: Die Kulturbirnen bieten ein reiches Spektrum vom Genusszeitpunkt und von der Verwendung her. Sie lassen sich in Sommertafelbirnen, Wintertafelbirnen und Kochbirnen unterteilen. Einige Sorten sind speziell zum Dörren geeignet – die „Kletzen", Birnen, die im Ganzen getrocknet werden, haben wir früher den ganzen Winter über gegessen.

Sommertafelbirnen: Bereits im Juli reift die ‚Bunte Julibirne' und Anfang August die ‚Nagowitzbirne' mit kleinen, süßen Früchten. Die ‚Doppelte Phillipsbirne' ist nur kurz haltbar, schmelzend und reift im September. Die ‚Blutbirne' hat rot marmoriertes Fleisch und reift von Mitte August bis Anfang Oktober. Die ‚Kletzenbirne' hat kleine Früchte, reift von August bis September und eignet sich zum Dörren.

Wintertafelbirnen: ‚Hardenponds Winterbutterbirne' hat große, zitronengelbe Früchte und reift von Dezember bis Jänner. Die ‚Gräfin von Paris', meine Lieblingssorte, hat vollreif ein feines Aroma und reift von November bis Jänner. Lange lagerfähig sind ‚Olivier de Serre' und ‚Esperens Bergamotte'. Erstere reift von Jänner bis März, zweitere ist von Jänner bis April genießbar. Beide Sorten sind vollreif schmelzend und süß. In wärmeren Lagen können sie frei stehend angebaut werden, in kühleren Lagen als Wandspalier.

Kochbirnen sind meist alte Sorten, die kleinere und harte Früchte haben, die erst durch längeres Kochen genießbar werden. Die Kochbirnen können Sie auch dörren/trocknen. ‚Gieser-Wildeman' ist eine in Holland häufig angebaute selbstfruchtbare Sorte. Pflanzen erhalten Sie bei: http://www.esveld.nl. Die ‚Rote Kochbirne' hat eine lange Reifezeit und eignet sich daher nicht für raue Lagen. ‚Kuhfuß' ist eine alte Sorte. Die Sorte ‚Großer Katzenkopf' ist eine Winterkochbirne, die auch für Höhenlagen geeignet ist. Sie reift von Dezember bis April und wird von ‚Bosc's Flaschenbirne' bestäubt. Eine wertvolle Rarität ist die ‚Kaiserbirne mit dem Eichenblatt', eine Sorte die von Ende Oktober bis April lagerfähig ist. Die Pflanzen sind ertragreich, gesund und starkwüchsig. Diese alte Sorte hat gewellte Blattränder. Pflanzen erhalten Sie bei: http://shop.baumschuleritthaler.de.

Die Duckpear ‚Tsu Li' ist bis März lagerfähig.

Eine sehr große Sortenauswahl finden Sie bei: https://www.baumgartner-baumschulen.de, http://dmkert.hu, http://sortenhandbuch.arche-noah.at, https://www.tonisuter.ch, http://bio-baumschule.schafnase.at und http://shop.baumschuleritthaler.de.

Tipp/Besonderheiten: Viele Birnensorten brauchen eine Kreuzbefruchtung durch eine andere Sorte. Fragen Sie in der Baumschule, welche Sorte für die Birne, die Sie setzen, der geeignete Befruchtungspartner ist, oder fragen Sie Ihre Nachbarn, welche Sorten sie gepflanzt haben.

Eine Sortenvariation von Mostbirnen

Mostbirnbäume sind landschaftsprägend.

Weiße Birne (*Pyrus bretschneideri*)

Die Weiße Birne stammt aus Zentral- und Nordchina. Sie ist vermutlich eine Hybride aus der Ussuri-Birne (*Pyrus ussuriensis*), der Nashi Birne (*Pyrus pyrifolia*) und/oder der Birkenblättrigen Birne *Pyrus betulaefolia*. In China werden Fruchtsorten der Weißen Birne schon lange kultiviert. Es gibt Sorten für den Frischverzehr und Lagersorten. Die Pflanzen wachsen bis 6 m hoch und sind bis -28,8 °C (Zone 5) frosthart. Sie gedeihen auf verschiedenen Bodentypen und bevorzugen feuchte Böden. Die Weiße Birne toleriert Trockenheit. Die Pflanzen gedeihen im Halbschatten und in voller Sonne. Die Sorte ‚Tsu Li', eine komplexe Hybride mit der Ussuri-Birne (*Pyrus ussuriensis*), erhalten Sie bei: https://www.botanik-wug.de, http://biobaumschule.schafnase.at und https://www.calleplant.be.

Ölweidenblättrige Birne (*Pyrus elaeagnifolia Syn. Pyrus nivalis var. kotschyana*)

Die Ölweidenblättrige Birne ist einer der Elternteile der Schneebirne/Lederbirne (*Pyrus x nivalis*). Sie wächst auf der Krim, in Anatolien, Ostbulgarien, Rumänien und dem europäischen Teil der Türkei. Die Pflanzen wachsen 8–10 m hoch, 8–10 m breit und sind bis -28,8 °C (Zone 5) frosthart. Sie gedeihen auf verschiedenen Bodentypen und bevorzugen feuchte Böden. Die Ölweidenblättrige Birne toleriert Trockenheit. Die Pflanzen gedeihen im Halbschatten und in voller Sonne. Manche der wilden Bäume tragen essbare Früchte, die nach der Ernte nachreifen und gegessen oder getrocknet werden. Die Sorte ‚Silver Sails' trägt Früchte und ist sehr dekorativ. Pflanzen erhalten Sie bei: http://www.esveld.nl.

Schneebirne/Lederbirne (*Pyrus x nivalis*)

Die Schneebirne ist eine Kreuzung der Kulturbirne (*Pyrus communis*) mit *Pyrus elaeagnifolia* und kommt ursprünglich von Ostbulgarien über Rumänien bis Zentraleuropa vor. Die Bäume wachsen 8 m hoch, selten werden sie bis 20 m hoch. Sie sind bis -23,3 °C (Zone 6) frosthart. Die Pflanzen gedeihen auf verschiedenen Bodentypen und bevorzugen feuchte Böden. Die Schneebirne toleriert Trockenheit. Sie gedeiht im Halbschatten und in voller Sonne. Die Früchte variieren in Form und Größe. Sie werden hauptsächlich für die Mostproduktion und für Edelbrände verwendet. Manche Fruchtsorten werden auch gedörrt oder gebraten. Besonders in Ober- und Niederösterreich, im Mostviertel, gibt es eine lange Tradition der Mostproduktion. Die stattlichen Bäume waren früher landschaftsprägend. Seit einiger Zeit gibt es zahlreiche Initiativen, die sich um den Erhalt der alten Sorten und Aufbau neuer Vermarktungsschienen bemühen. Die einzelnen Sorten reifen von August bis Anfang November. Die ‚Hirschbirne' stammt aus der Steiermark, die ‚Rote Carisi' aus Frankreich, die ‚Rote Winawitz' aus Oberösterreich und die ‚Ettenbirne' aus der Vorderpfalz. Eine große Sortenvielfalt finden Sie bei: http://shop.baumschuleritthaler.de, http://biobaumschule.schafnase.at und https://www.tonisuter.ch.

Weitere Infos: Einen guten Überblick über die Sortenvielfalt und die Tradition der Mostproduktion bietet das folgende Buch: Martina Schmidthaler (2001), Die Mostbirnen, Die Früchte des Mostviertels, Verein ‚Neue alte Obstsorten', 3300 Amstetten, Österreich.

Himalayabirne (*Pyrus pashia*)

Die Himalayabirne wächst von Ostafghanistan und Nordpakistan im Himalaya bis Nordvietnam, Laos und in den chinesischen Provinzen Szechuan und Yunnan. Die Bäume werden bis 9 m hoch und sind bis -28,8 °C (Zone 5) frosthart. Sie gedeihen auf verschiedenen Bodentypen und bevorzugen feuchte, gut durchlässige Böden. Die Pflanzen wachsen auch auf schweren Lehmböden. Die Himalayabirne gedeiht sowohl im Halbschatten als auch in voller Sonne. Im April erscheinen die schönen weiß-roten Blüten. Wenn die Früchte schwarz werden, sind sie reif und können gegessen werden. Pflanzen erhalten Sie bei: http://www.esveld.nl.

Nashi/Japanbirne (*Pyrus pyrifolia*)

Nashibirnen sind mein Tipp für den kleinen oder auch den pflegeleichten Obstgarten. Sie sind enge Verwandte der europäischen Birnen, bilden allerdings eine eigene Gattung mit über 1.000 Sorten. Sie stammen aus Zentral-, West- und Südostchina. Nashibirnen sind kugelförmig und werden manchmal fälschlich als Kreuzung von Apfel und Birne angeboten.

Höhe und Platzbedarf: Die Wildform wird bis zu 10 m hoch. Veredelte Nashi-Bäume wachsen nur mittelstark (2,5–3 m hoch), so dass bei mehreren Bäumen ein Pflanzabstand von 2,5 Meter von Baum zu Baum ausreicht.

Frosthärte: Zone 6; frosthart bis -23,3 °C

Wuchsform und Standort: Sie haben ähnliche Ansprüche wie die europäischen Kulturbirnen. Insgesamt gelten Nashi als weniger krankheitsanfällig als europäische Birnensorten. Schon im zweiten Standjahr kann man die ersten Früchte ernten. Die großen Blüten erscheinen im April. Sie sind schneeweiß gefärbt und verströmen einen angenehmen Duft. Nashi gedeihen auf verschiedenen Böden. Ein gut durchlässiger und feuchter Boden

Nashi ‚Hosui'

Nashi und Duckpears

wird bevorzugt. Sie tolerieren auch Trockenheit. Für die Entwicklung einer guten Fruchtqualität ist ein sonniger Standort zu wählen.

Pflege: Ein kräftiges Ausdünnen nach dem Fruchtansatz ist wichtig, da die Nashi eine Vielzahl von Früchten ansetzt und diese sonst klein bleiben würden und weniger aromatisch wären. Je Fruchtbüschel soll nur eine Nashi am Ast verbleiben. Zudem kommt es ohne Ausdünnen häufig zu Astbrüchen.

Verwendung:

- Frucht: Die Frucht ist rundlich und hat eine, je nach Sorte, hellgrüne bis ockergelbe oder leicht berostete Schale, die von ausgeprägten und auffällig großen Lentizellen besetzt ist. Das helle und feste Fruchtfleisch enthält viele Steinzellen und weist einen süßen, birnenartigen Geschmack auf. Nashi sind sehr saftig, was man hinter der festen Frucht gar nicht vermuten würde. Sie sind auf dem Kühllager oder im Keller einige Wochen, bestimmte Sorten sogar bis zu 6 Monaten, haltbar. Die ersten Sorten reifen in warmen Lagen ab Mitte Juli. Neben dem Frischverzehr eignen sich Nashi für die Saftgewinnung, für Kuchenbeläge und Obstsalate. Sie können in Zuckerwasser gekocht eingelegt werden.

Vermehrung: Die Vermehrung aus Samen gelingt leicht. Eine sortenechte Veredelung erfolgt auf Birne (*Pyrus communis*) als Unterlagen. Die Sorte ‚Nijisseiki' bleibt auf *Pyrus communis* nur klein. Sie wird besser auf *Pyrus betulaefolia*, *Pyrus calleryana* oder *Pyrus serotina* veredelt.

Sorten und Bezugsquellen: Es ist eine Vielzahl von Sorten erhältlich. Die angegebenen Reifezeiten stammen aus dem Weinbauklima und können sich in Gegenden mit einem kühleren Klima nach hinten verlagern. Eine Auswahl: ‚Nijisseiki' (glattschalig, sehr aromatisch, reift ab Mitte August), ‚Hosui' (dunkelschalig, sehr große Früchte, reift ab Ende August, 6 Wochen lagerfähig), ‚Kosui' (bronzefarbene Berostung, reift ab Mitte Juli), ‚Chojuro' (wird nicht von Schorf befallen, reift ab Mitte August, 5 Monate lagerfähig), ‚Kumoi' (goldbraun, reift ab Anfang September, 6 Wochen lagerfähig), Die Sorten ‚Sik Chon Early Pear', ‚An Ben Pear' und ‚Hayatama' sowie die glattschalige ‚Shinseiki' führt: http://biobaumschule.schafnase.at. Weitere Sorten erhalten Sie bei: http://www.pflanzenhof-online.de und http://www.praskac.at.

Eine Reihe selten angebotener Sorten führt: http://www.baumschulekraemer.de. ‚Kiiro Osoi' ist bis November/Dezember lagerfähig und erhältlich bei: http://www.alte-obstsorten-online.de. ‚Erdi korai' und ‚Nakai' erhalten Sie bei: http://dmkert.hu.

Seit kurzem sind auch Kreuzungen zwischen europäischer Birne und Asienbirne erhältlich: ‚Benita' hat ein feinfruchtiges Aroma und ist ausgezeichnet haltbar. Pflanzen erhalten Sie bei: http://www.artner.biobaumschule.at. ‚Agoi' erhalten Sie bei: http://dmkert.hu.

Eine Birnensorte, die vor allem in Niederösterreich um 1900 Verbreitung fand, ist ‚Kiefers Sämling', sie entstand 1863 in den USA und ist ein Sämling der Japanbirne (Chinese Sand Pear). Von der

'Kiefers Sämling', die „Allerheiligenbirne"

Weidenblättrige Birne

Form her und vom Fruchtfleisch, das bei Vollreife schmelzend wird, scheint sie auch eine komplexe Kreuzung mit, wie ich vermute, einer europäischen Birne zu sein. Die Bäume wachsen bis 10 m hoch und sind gut geeignet für Streuobstwiesen. Die Früchte reifen Ende Oktober, Anfang November und tragen daher auch den Namen „Allerheiligenbirnen". Sie sind sehr empfindlich auf Druckstellen und bis zu 6 Wochen lagerfähig. Traditionell werden sie eingelegt konserviert. Pflanzen erhalten Sie bei: http://www.bs13.baumschule-walsetal.de.

Tipp/Besonderheiten: Nashi benötigen einen Fremdbefruchter. Als Befruchter eignen sich verschiedene europäische Birnensorten.

Weitere Infos: Auf dieser ungarischen Website finden Sie Fotos und viele Detailinformationen in Ungarisch und Englisch zu einzelnen Sorten: http://terebess.hu/tiszaorveny/gyumolcs/nashi.html.

Weidenblättrige Birne (*Pyrus salicifolia*)

Die Weidenblättrige Birne stammt aus dem Ostkaukasus, dem Transkaukasus, Armenien und dem Nordwestiran. Die Bäume wachsen 7,5 m hoch und 4 m breit. Die Weidenblättrige Birne ist bis -34,4 °C (Zone 4) frosthart. Sie gedeiht auf verschiedenen Bodentypen und bevorzugt feuchte oder trockene Böden. Trockenheit wird toleriert. Die Pflanzen gedeihen im Halbschatten und in voller Sonne. Die weißen Blüten erscheinen im April. Die 2–3 cm großen, harten Früchte reifen im September/Oktober. Nach der Ernte sind sie nicht lange haltbar. Beim Nachreifen werden sie weich und braun und sind dann genießbar. Auf lokalen Märkten werden sie unter dem Namen „Nanto" verkauft. Pflanzen erhalten Sie bei: http://www.flora-toskana.de und http://www.garden-shopping.de. Die Hängeform der Weidenblättrigen Birne 'Pendula' erhalten Sie bei: http://www.eggert-baumschulen.de und http://www.praskac.at.

Ussuri-Birne (*Pyrus ussuriensis*)

Die Ussuri-Birne stammt aus Nordostchina, Nordkorea und dem fernen Osten Russlands, aus der Amur- und Ussuriregion. Bäume der Wildform werden bis 15 m hoch und wachsen rasch. Sie sind bis -34,4 °C (Zone 4) frosthart. Sie gedeihen auf verschiedenen Bodentypen und bevorzugen feuchte Böden. Die Pflanzen tolerieren Trockenheit. Sie gedeihen im Halbschatten und in voller Sonne. Die Früchte werden als hart und sauer beschrieben. Sie eignen sich eventuell für Marmelade oder Gelee. Eine Sorte mit großen, schmackhaften Früchten erhalten Sie bei: http://dmkert.hu.

Die kleinen Früchte der Birkenblättrigen Birne können im Ganzen gegessen werden.

Duckpear (*Pyrus ussuriensis x bretschneideri*)

Duckpears, die Kreuzungen der Ussuribirne (*Pyrus ussuriensis*) mit der Weißen Birne (*Pyrus bretschneideri*) sind für mich eine der spannendsten Fruchtentdeckungen der letzen Jahre. Nashis mit der Zusatzbezeichnung Li sind Duckpears. In China sind sie als „Entenbirnen" bekannt und beliebt. Ich habe die englische Übersetzung übernommen und mittlerweile eine Reihe toller Sorten gefunden und weiterverbreitet. Die kleinen Bäume wachsen bis 3 m hoch.

Sorten: ‚Early Shu' ist selbstfruchtbar und reift im August. ‚Tsu Li' benötigt Fremdbefruchtung, ‚Hong Li', ‚Shi Ren Li'. Pflanzen erhalten Sie bei: https://www.zahradnictvi-spomysl.cz und https://www.botanik-wug.de.

Birkenblättrige Birne (*Pyrus betulaefolia Syn. Pyrus betulifolia*)

Die Birkenblättrige Birne stammt aus Nord- und Zentralchina und ist bis -28,8 °C (Zone 5) frosthart. Die Bäume entwickeln eine pyramidale Krone und werden 5–7 m hoch und bis 5 m breit. Sie gedeihen in voller Sonne oder auch im Halbschatten, wachsen auf verschiedenen Bodentypen und bevorzugen feuchte, gut durchlässige Böden. Die robusten Pflanzen werden auch wegen der attraktiven weißen Blüte im Frühling im städtischen Bereich gerne als Alleebäume gepflanzt. Heuer konnte ich in Paris Ende Dezember die etwa 1,5 cm großen apfelförmigen Birnen verkosten. Sie schmeckten mir gut. Die Bäume trugen reichlich und ich konnte die Früchte büschelweise ernten. Die Bäume sind nicht selbstfruchtbar. Pflanzen erhalten Sie bei: http://www.esveld.nl, http://bulk-boskoop.nl und http://www.drzewa.com.pl unter *Pyrus betulifolia.*

Melone/Zuckermelone/Wassermelone (*Cucumis melo* und *Citrullus lanatus vulgaris Dessert Group*)

Bei den Melonen wird hauptsächlich zwischen den Zuckermelonen und den Wassermelonen unterschieden. Beide Arten benötigen warme Standorte im Freiland. In kühleren Regionen ist der Anbau im Glashaus möglich. Am besten säen Sie die Samen im März im Topf und härten die Pflanzen im April ab, indem Sie sie an sonnigen Tagen ins Freie stellen. Nach den letzten Frösten, meist nach den Eis-

Alleine wegen der schönen Blüten lohnt der Anbau der Pepinos.

bis 10 cm lang und 6 cm breit. Die dünne Schale hat purpurfarbene oder violette Streifen. Bei Vollreife färben sich die Früchte gelb. Das süße und weiche Fruchtfleisch ist goldfarben bis orange und erinnert von der Konsistenz und vom Geschmack her an Melonen. Die aufgeschnittene Frucht hat einen kleinen Hohlraum mit wenigen Samen. Am besten eignen sich Pepinos für den Frischverzehr, sie werden aber auch eingemacht. Dafür werden sie geschält. Sie können einige Wochen bei Raumtemperatur gelagert werden.

Vermehrung: Überwintert werden Pepinos an einem hellen Standort bei etwa 15 °C. Die Vermehrung erfolgt durch Aussaat oder durch Stecklinge vom halbreifen Holz im Juli/August.

Sorten und Bezugsquellen: Von den verschiedenen Sorten ist im deutschsprachigen Raum ‚Gold' erhältlich. Die Sorte ‚Arcadia®Ampel' erhalten Sie bei: http://www.haeberli-beeren.ch. Weitere Pflanzen erhalten Sie bei: http://www.sebtan.fr und http://www.arche-noah.at. Saatgut erhalten Sie unter: http://shop.mein-schoener-garten.de.

Tipp/Besonderheiten: Pepinos sind selbstfruchtbar.

Berberitze und Co. (*Berberis spec.*)

Viele der Arten aus dieser großen Familie liefern essbare, säuerliche Früchte. Bei einigen Arten wurden Kultursorten für die Fruchtgewinnung ausgelesen. Einige reich tragende Arten stelle ich Ihnen im Folgenden näher vor.

Herkunft: Familie der Berberitzengewächse (*Berberidaceae*)

Berberitze/Sauerdorn (*Berberis vulgaris*)

Berberitzen werden in kleinen Mengen von Kindern wegen ihres säuerlichen Geschmacks gerne gekostet oder gegessen.

Herkunft, Höhe und Platzbedarf: Europa, Mittelasien und Vorderasien; 1–3 m hoch, bis 2 m breit

Frosthärte: Zone 4; frosthart bis -34,4 °C

Wuchsform und Standort: Sie wächst als dorniger Strauch mit vielen Schösslingen und wird bis 3 m hoch. Man findet sie in lichten Eichen- und Kiefernwäldern, am Wegrand oder in sonnigen Hecken. Der Sauerdorn ist kalkliebend und wächst auch auf armen Böden. Die gelben, stark riechenden Blüten hängen in Trauben von Mai bis Juni an den Ruten und sind eine gute Bienenweide. Die Blätter haben eine schöne Herbstfärbung.

Pflege: Die Pflanzen gedeihen problemlos. Sie sind gut schnittverträglich. Bei zu dichtem Wuchs werden ganze Ruten bodennah entfernt.

Verwendung:

- Frucht: Die roten, länglichen Früchte sind etwa 1 cm lang. Sie hängen in Trauben an den Ruten, schmecken säuerlich und sind reich an Fruchtsäuren und Vitamin C. Die Ernte erfolgt von Mitte August bis Mitte

September. Aus dem Saft der frischen Früchte wird ein Erfrischungsgetränk bereitet. Mit Gelierzucker kann der frische Saft zu Dicksaft oder Gelee weiterverarbeitet werden. Für die Marmeladenbereitung wird die frische Frucht mit etwas Wasser gekocht und durch ein Sieb gestrichen. Die Trockenfrüchte finden Verwendung in Früchtetees. In Reis oder Sauerkraut werden sie als Gewürz mitgekocht.

- Bast und Wurzeln: Der gelbe Bast des Holzes und der Wurzeln eignet sich zum Gelbfärben.

Vermehrung: Die Vermehrung erfolgt im Spätsommer durch Stecklinge oder durch Samen, die zuvor stratifiziert werden. Die Abtrennung von Ausläufern ist eine weitere Vermehrungsmöglichkeit.

Sorten und Bezugsquellen: Wildsorten erhalten Sie bei: http://www.baumschule-horstmann.de. Für die Fruchtverwendung sind kernlose Sorten von Interesse. Bereits im 16. Jh. gab es verschiedene Sorten. Die Sorte ‚Dulcis' hatte weniger Säure, die Sorte ‚Apirena' oder ‚Asperma' war kernlos. Eine kernlose Sorte wird in Persien als Wirtschaftsobst angebaut.

Ich bin nach langer Suche in der Ukraine auf eine Bezugsquelle für zwei Sorten kernloser Berberitzen gestoßen. Die Früchte wiegen jeweils 2 Gramm. ‚Beznassineviyj Czervonyi' ist eine rotfrüchtige Sorte, ‚Beznassinevbyj Zhovtyi' ist eine gelbfarbige Fruchtsorte. Die Website dazu: http://www.mezhenskyjv.narod.ru.

Tipp/Besonderheiten: Berberitzen sind nicht selbstfruchtbar, es müssen zwei Pflanzen unterschiedlicher Herkunft gesetzt werden. Die Berberitze sollte nicht in Getreideanbaugebieten gepflanzt werden, da sie der Zwischenwirt eines Pilzes, des Getreide-Schwarzrostes, ist.

Alle Pflanzenteile außer den Beeren enthalten leicht giftige Alkaloide.

Berberitzen sind eine gute Bienenweide und liefern säuerliche Früchte.

Koreanische Berberitze (*Berberis koreana*)

Die Koreanische Berberitze ist vom Wuchs und den Eigenschaften her der einheimischen Berberitze sehr ähnlich. Sie ist bis -34,4 °C (Zone 4) frosthart und wird bis zu 2 m hoch und 2 m breit. Die Pflanzen fruchten reichlich. Die roten Früchte hängen in Trauben an den Pflanzen und sind rundlicher als bei der einheimischen Berberitze. Die Früchte werden eingekocht und auch ähnlich wie Preiselbeeren verwendet. Die jungen Blätter können als Gemüse gedünstet werden. Die Koreanische Berberitze ist selbstfruchtbar. Bei mir wächst sie problemlos. Die Sorten ‚Rubin' und Berberis x ‚Azisa' erhalten Sie bei: http://www.baumschule-friedersdorf.de.

Foto: Johannes Hloch

… Berberitze (*Berberis vulgaris x Berberis koreana*)

Die Kreuzung der Gewöhnlichen Berberitze und der Koreanischen Berberitze bringt reich tragende Pflanzen mit großen Früchten. ‚Red Tears', die große und teilweise kernlose Früchte trägt, erhalten Sie bei: http://www.gaertnerei-strickler.de und http://www.ribanjou.com.

Knäuelfrüchtige Berberitze (*Berberis aggregata*)

Die Knäuelfrüchtige Berberitze stammt aus China und ist bis -23,3 °C (Zone 6) frosthart. Die Sträucher mit ihren straff aufrecht wachsenden, bedornten Triebe werden 1,5 m hoch und bis 1,5 m breit. Sie gedeihen sowohl im Halbschatten als auch in voller Sonne. Sie wachsen auf feuchten oder trockenen Böden. Die Blüten erscheinen von Juni bis Juli, die Bündel roter Früchte von September bis Oktober. Die Knäuelfrüchtige Berberitze ist selbstfruchtbar und liefert verlässliche große Erträge. Pflanzen erhalten Sie bei: http://www.korewildfruitnursery.co.uk.

Calafate/Buchsblättrige Berberitze (*Berberis buxifolia*)

Eine Obstrarität aus Chile und Argentinien ist die Calafate. Ihre blauen Früchte sollen sehr gut schmecken. In Südamerika werden sie kommerziell für die Herstellung von Marmeladen angebaut. Ich habe lange nach Calafate gesucht und drei Baumschulen gefunden, die sie vertreiben. Falls Sie in Gärtnereien nach Calafate fragen, werden Sie oft die Sorte ‚Nana' bekommen. Diese ist kleinwüchsig und wird als Bodendecker verwendet. Sie trägt keine Früchte. Erfahrungen mit Calafate habe ich noch keine, da ich die Pflanzen erst vor kurzem erhalten habe.

Calafate (Foto: KORE Wild Fruit Nursery)

Höhe und Platzbedarf: 2,5 m hoch, 3 m breit
Frosthärte: Zone 5; frosthart bis -28,8 °C

Wuchsform, Standort und Pflege: Die immergrünen dornigen Büsche tragen im April goldgelbe Blüten. Im Spätsommer erscheinen die blauen kugeligen Früchte. Die Pflanzen wachsen im Halbschatten und auch in voller Sonne. Calafate gedeiht auf feuchten sowie auch auf trockenen Böden. Auch starke Rückschnitte werden problemlos vertragen.

Verwendung:
- Frucht: Die Früchte werden frisch gegessen, zu Marmelade oder Gelee verarbeitet oder als Trockenfrüchte verwendet.

Vermehrung: Die Vermehrung aus Samen benötigt Stratifizierung. Stecklinge vom halbreifen Holz schneiden Sie im Juli/August, Stecklinge vom reifen Holz im Oktober.

Sorten und Bezugsquellen: Pflanzen erhalten Sie bei http://www.korewildfruitnursery.co.uk, http://www.drzewa.com.pl und http://www.vivaigabbianelli.it. Spezielle Fruchtsorten sind mir derzeit keine bekannt. Die Calafate ist selbstfruchtbar.

Mandschurische Dornenkirsche (*Prinsepia sinensis*)

Die Pflanzen wachsen bei mir problemlos. Es war allerdings Geduld gefragt, da es 4 Jahre dauerte, bis die schön blühenden Pflanzen fruchteten.

Herkunft: Familie der Rosengewächse (*Rosaceae*); von Nordchina bis in die Mandschurei

Höhe und Platzbedarf: 1,8 m hoch, 2 m breit

Frosthärte: Zone 4; frosthart bis -34,4 °C

Wuchsform und Standort: Sie wächst in Mischwäldern, an schattigen Hängen, auf Schwemmland oder kiesigem Untergrund. Die Büsche werden bis zu 1,8 m hoch. Die Triebe wachsen anfangs straff aufrecht und bilden mit der Zeit ein lockeres, in die Breite gehendes Gehölz mit überhängenden Zweigen. An diesen befinden sich kurze Dornen, die das Ernten der Früchte aber nicht beeinträchtigen. Die Blätter sind schmal und länglich. Von April bis Mai erscheinen die cremegelben Blütenbüschel. Die mandschurische Dornenkirsche ist eine anspruchslose und frostharte Pflanze. Sie wächst sowohl im Halbschatten als auch in voller Sonne und lässt sich gut in eine Fruchthecke integrieren. Für eine optimale Fruchtqualität ist allerdings ein sonniger Platz wichtig. Der Boden soll durchlässig und eher feucht sein. Staunässe ist zu vermeiden.

Pflege: Es sind keine besonderen Pflegemaßnahmen notwendig. Rückschnitte oder das bodennahe Auslichten ganzer Triebe erfolgt am besten in der Winterruhe.

Verwendung:

- Frucht: Die unreifen Früchte können Sie backen. Die reifen, pflaumenförmigen, roten Früchte haben einen Durchmesser von etwa 1,5 cm. Sie enthalten einen großen, flachen Kern. Der Erntezeitraum erstreckt sich von Anfang August bis Anfang September. Die Früchte sind saftig säuerlich, haben ein angenehmes Aroma und enthalten viel Vitamin C. Sie können frisch verzehrt oder zu Gelee, Marmelade oder Säften verarbeitet werden. Nach der Ernte ist eine rasche Verarbeitung zu empfehlen, da die vollreifen Früchte leicht platzen. Hängen die mandschurischen Dornenkirschen länger am Strauch, trocknen sie ein und können gut als Trockenobst verwendet werden. Getrocknet eignen sie sich auch als Zugabe zu Früchtetees.
- Samen: Aus den Samen wird ein halb-trocknendes Speiseöl gepresst.

Bei Vollreife platzen die saftigen Früchte sehr leicht.

Vermehrung: Die Vermehrung gelingt leicht durch Teilung der Wurzelstöcke, durch Stecklinge von halbreifem Holz im Juli/August oder aus Samen, die stratifiziert werden. Ein guter, regel-

Die cremefarbenen Blüten der Mandschurischen Dornenkirsche erscheinen im April/Mai.

mäßiger Fruchtertrag setzt erst nach einigen Jahren ein.

Sorten und Bezugsquellen: Spezielle Fruchtsorten sind mir derzeit keine bekannt. Pflanzen erhalten Sie bei: http://www.garden-shopping.de, http://www.shop.herrenkampergaerten.de, http://www.karlschneider.de oder http://larch-cottage.co.uk.

Tipp/Besonderheiten: Eine Auslese auf größere Früchte mit höherem Zuckergehalt wäre wünschenswert. Mandschurische Dornenkirschen haben ein Potential für den Erwerbsanbau. Sie sind nicht selbstfruchtbar, es müssen 2 Pflanzen unterschiedlicher Herkunft gesetzt werden.

Chinesische Dornenkirsche (*Prinsepia uniflora*)

Die Chinesische Dornenkirsche wächst 1,8 m hoch und 3 m breit. Sie ist bis -28,8 °C (Zone 5) frosthart. Die weißen Blüten erscheinen von April bis Mai, die Früchte reifen von Juli bis August. Die Pflege der Pflanzen und die Verwendung der Früchte und Samen sind wie bei der Mandschurischen Dornenkirsche. Pflanzen erhalten Sie bei: http://www.baumschule-hartwich.de.

Diese Echte Rebhuhnbeere würde mit einem Fremdbefruchter mehr Früchte tragen.

Echte Rebhuhnbeere (*Mitchella repens*)

Vor zwei Jahren kaufte ich diese zarten Pflänzchen und setze sie in eine sonnige Rabatte im Innenhof unter den Rosenbusch, damit ich sie gut im Blick haben und vorm Überwuchern durch andere Pflanzen schützen konnte. Sie sind problemlos gewachsen und haben jedes Jahr geblüht. Heuer haben sie erstmals drei johannisbeergroße, rote Beeren getragen. Eine kleine Ernte zwar, aber die ermöglicht ja den Vorgeschmack auf mehr. Die Beeren schmeckten saftig und leicht aromatisch. Wenn ich eine Handvoll davon hätte, würde ich sie mir ins Frühstücksmüsli geben.

Herkunft: Familie der Rötegewächse (*Rubiaceae*); Nordamerika, von Neufundland bis Florida, Texas und Minnesota

Frosthärte: Zone 3; frosthart bis -40,0 °C

Höhe, Platzbedarf und Wuchsform: 10 cm hoch, ausläufertreibend, bis 50 cm

Die kleinen immergrünen Pflanzen eigen sich als Bodendecker. Rechnen Sie mit 6–8 Pflanzen je m^2. Sie gedeihen in sehr saurer, saurer oder neutraler Erde und bevorzugen feuchte Böden. Sie wachsen im Halbschatten und auch in voller Sonne. Die stark duftenden, weißen Blüten erscheinen von Juni bis Juli, die Früchte reifen ab Ende August.

Pflege: Echte Rebhuhnbeeren sind problemlose Pflanzen.

Verwendung:

- Blatt: Aus den Blättern können Sie Tee bereiten.
- Frucht: Die Früchte können Sie frisch verzehren, zu Marmelade einkochen oder auch trocknen.

Vermehrung: Die Samen benötigen Stratifizierung. Absenker oder Ausläufer trennen Sie im Frühling ab, Stecklinge schneiden Sie vom Frühling bis zum Herbst.

Sorten und Bezugsquellen: Spezielle Fruchtsorten sind mir derzeit keine bekannt. Pflanzen erhalten Sie bei: http://www.eggert-baumschulen.de, http://www.baumschule-horstmann.de und http://www.gartenbauwagner.at.

Tipp/Besonderheiten: Die Echte Rebhuhnbeere wird als selbstfruchtbar beschrieben. Ich vermute allerdings, dass ein Fremdbefruchter den Ertrag erhöht. Fragen Sie in der Baumschule oder in der Gärtnerei nach der Art der Vermehrung. Falls die Pflanzen sämlingsvermehrt sind, haben Sie, wenn Sie mehrere Pflanzen setzen, jedenfalls Fremdbefruchtung gegeben.

Pflaumenvariationen im August mit Kirschpflaume ‚Trailblazer', Halbzwetschke ‚Schöne von Löwen', ‚Quillins Ringlotte', violetter Kirschpflaume und Susine ‚Black Amber'

Pflaumen, Zwetschken, Zibarten und Co. (*Prunus domestica spec.*)

Die Art der Pflaumen weist eine große Fülle auf. Neben Primitivpflaumen werden Landrassen und Edelsorten unterschieden. Aus meiner Kindheit erinnere ich mich noch an viele alte Bäume mit kleinen, blauen, kugelförmigen Früchten, den süßen Kriecherln, wie sie bei uns im Mostviertel in Niederösterreich genannt wurden. Die meisten dieser Bäume sind mittlerweile verschwunden und mit ihnen eine Fülle lokaler Sorten. Verschiedene Initiativen versuchen mittlerweile die erhaltenen Bestände zu sichten und durch Vermehrung zu sichern. Wenn Sie alte Sorten in Ihren Garten setzen, tragen Sie zur Erhaltung dieser alten Kulturschätze bei. Bei der Gliederung der folgenden Unterarten halte ich mich an die Arbeit von Peter Schlottmann.

Herkunft: Familie der Rosengewächse (*Rosaceae*)

Echte Zwetschke (*Prunus domestica subsp. domestica*)

Die ersten Funde von Zwetschkenformen gehen zweieinhalbtausend Jahre zurück. Die Bäume werden zwischen 6 und selten 10 m hoch. Sie sind bis -28,8 °C (Zone 5) frosthart. Sie mögen einen eher warmen, tiefgründigen feuchten Boden. Die rei-

Hauszwetschke

fen Früchte sind blau bis schwarzblau gefärbt. Sie werden frisch gegessen, auf kleiner Flamme unter ständigem Umrühren zu Mus eingekocht (Powidl), für Kuchenbeläge oder Speiseeis verwendet oder zu Spirituosen verarbeitet. Eine klassische Zubereitungsform sind die Gedörrten Zwetschken. Sie waren in früheren Zeiten der süße Wintervorrat und hingen bei uns in einem großen Stoffsack am Dachboden.

Viele Zwetschkensorten sind selbstfruchtbar. Eine große Sortenauswahl finden Sie bei: http://www.bs13.baumschule-walsetal.de. Darunter sind verschiedene Hauszwetschken mit blauen Früchten, die längliche große ‚Rote Dattelzwetschke' oder ‚Hartwiß Gelbe', eine Sorte mit gelben, ovalen Früchten. Eine große Auswahl hat auch: http://www.artner.biobaumschule.at. Dort finden Sie die ‚Gelbe Hauszwetschke', die selbstfruchtbare ‚Wangenheims Frühzwetschke' und ‚Valjevka', eine neuere scharkatolerante Sorte.

Löhrpflaume (*Prunus domestica subsp. intermedia*)

Die Löhrpflaume hat kleine rotviolette Früchte. Sie werden gerne für Edelbrände verwendet. Pflanzen erhalten Sie bei: http://www.artner.biobaumschule.at.

In Niederösterreich heißen Zibarten Süßkriecherl.

Spilling (*Prunus domestica subsp. pomariorum*)

Spillinge werden nach den Farben in den Gelbroten Spilling, den Roten Spilling, den Blauen Spilling und den Gelben Spilling unterteilt. Die Sorte ‚Katalonischer Spilling' mit gelben Früchten und eine Sorte ‚Roter Spilling' erhalten Sie bei: http://www.artner.biobaumschule.at.

Ziberl/Zibarte (*Prunus domestica subsp. prisca*)

Zibarten, in Österreich Ziberl genannt, sind eine Wildpflaumenart, die seit der Steinzeit in Mitteleuropa unverändert angepflanzt wird. Die 3–4 m hohen Bäume tragen Dornen an den Zweigen. Die Pflanzen sind robust und anspruchslos im Anbau sowie gut winterhart. Zibarten können Sie als Veredelungsunterlage für Pflaumen verwenden. Die weiße Blüte erscheint Ende April/Anfang Mai, die Früchte im Spätsommer. Die 2–3 cm großen,

Blüte der Zibarte (Foto: Eggert Baumschulen)

Haferschlehe Frucht (Foto: Eggert Baumschulen)

kugelförmigen Früchte gibt es in verschiedenen Farbvarianten von schwarz, blaurot, blau über grüngelb bis gelb. Sie sind beliebte Früchte für Edelbrände. Pflanzen erhalten Sie bei: http://www.eggert-baumschulen.de. Die Sorten ‚Zibartl blau' und ‚Zibartl gelb Klon E' erhalten Sie bei: http://www.artner.biobaumschule.at.

Haferschlehe/Krieche/Steinkriecherl/Wiechel (*Prunus domestica subsp. insititia*)

Unterschieden wird zwischen der Varietät *austerior* der Haferpflaume, der Varietät *mitior* der Roggen-Pflaume und der Normalform der Wiechel. Die Haferpflaume erhalten Sie bei: http://www.artner.biobaumschule.at und http://www.bs13.baumschule-walsetal.de.

Kreete (*Prunus domestica subsp. intermedia* var. ‚*tricolor*')

Von dieser Art konnte ich leider nicht mehr in Erfahrung bringen und auch keine Baumschule finden.

Kreke (*Prunus domestica subsp. acuticarpa*)

Kreken sind mittlerweile eine Rarität. Die 3–4 m hohen Bäume werden 3–4 m breit. Sie sind anspruchslose Pflanzen und sehr gut winterhart. Nach der weißen Blüte Ende April/Anfang Mai erscheinen im Spätsommer die eiförmigen Früchte. Die verschiedenen Formen der Kreke bringen blaue, gelbe oder rötliche Früchte hervor. Eine gelbfrüchtige Variante erhalten Sie bei: http://www.eggert-baumschulen.de.

Halbzwetschke (*Prunus domestica subsp. intermedia*)

Halbzwetschken stehen den Zwetschken nahe und reifen im September/Oktober. Die Sorte ‚Anna Späth' erhalten Sie bei: http://www.biobaumversand.de. Weitere Sorten sind ‚Stanley', eine amerikanische Sorte mit großen blauen Früchten, ‚Königin Viktoria', eine reich tragende Sorte, die Eierpflaumen, zu denen die ‚Schöne von Löwen' und die ‚Gelbe Eierpflaume' gehören, sowie die Oval- oder Spitzzwetschken. Zu diesen zählt die Sorte

Pflaume ‚Königin Viktoria'

‚Czar'. Eine große Auswahl finden Sie bei: http://www.bs13.baumschule-walsetal.de und http://www.artner.biobaumschule.at.

Mirabelle (*Prunus domestica subsp. syriaca*)

Die Mirabellen stammen ursprünglich aus Syrien. Schon 50 v.d.Z. wurde sie im alten Griechenland angebaut. Von den Mirabellen gibt es nur wenige und alte Sorten. ‚Flotow's Mirabelle' ist gelb mit roten Punkten. Die ‚Mirabelle de Septembre parfume' hat kleine, gelborange Früchte. Die ‚Pillnitzer Mirabelle' ist scharkatolerant. Diese Sorten und noch weitere finden Sie bei: http://www.bs13.baumschule-walsetal.de. Die ‚Metzer Mirabelle', die ‚Mirabelle von Nancy' und ‚Miragrande', eine großfrüchtige Züchtung aus Geisenheim, erhalten Sie bei: http://www.artner.biobaumschule.at.

Die Blutpflaume ‚Unika' trägt reichlich saftige, süße Früchte.

Rundpflaume/Ringlotte/Reneklode (*Prunus domestica subsp. italica*)

Verschiedene Sorten erhalten Sie bei: http://www.artner.biobaumschule.at. Darunter sind die sehr süße ‚Große Grüne Ringlotte' und die süße goldgelbe ‚Quillins Ringlotte', die im August reift. Eine Lieblingspflaume von mir ist die ‚Unika Blutpflaume'. Die Äste sind stark bedornt. Sie tragen große Mengen sehr süßer und saftiger, kugelförmiger Pflaumen mit dunkelrotem Fruchtfleisch. Eine reiche Sortenauswahl finden Sie bei: http://www.bs13.baumschule-walsetal.de. Darunter befinden sich ‚Coes Golden Drop' mit ovalen gelben Früchten, die tropfenförmige ‚Czernowitzer' und die große, flachkugelige ‚Pfirsichpflaume'.

Zibarte auf Äpfeln

Die Bärentraube ist ein guter Bodendecker (Foto: Baumschule Praskac).

Bärentraube (*Arctostaphylos uva-ursi*)

Die Bärentraube ist bei uns nur als Heilmittel bekannt. Die Blätter werden für Tees verwendet. Die Beeren sind essbar. Die Bärentraube ist allerdings in Mitteleuropa sehr selten und daher streng geschützt. Für den Fruchtanbau können Sie aber auf Pflanzen aus der Gärtnerei zurückgreifen.

Herkunft: Familie der Heidekrautgewächse (*Ericaceae*); gemäßigte Regionen der nördlichen Hemisphäre, speziell in Europa und Asien

Höhe, Platzbedarf und Frosthärte: Die immergrünen kleinen Sträucher wachsen 10 cm hoch und breiten sich bis 1 m aus. Sie sind bis -34,4 °C (Zone 4) frosthart.

Standort und Pflege: Die Bärentraube gedeiht auf leichten, sandigen oder mittleren, lehmigen Böden und kann auch auf nährstoffarmen Böden wachsen. Sie benötigt einen neutralen oder sauren, feuchten Boden und wächst auch auf sehr sauren Böden. Die Pflanzen wachsen im Schatten, im Halbschatten oder in voller Sonne. Die Blüten erscheinen von April bis Juli, die etwa 6 mm großen roten Früchte reifen von Juli bis September.

Verwendung:

- Frucht: Die Früchte können Sie frisch essen, zu Marmelade verarbeiten oder in Eintöpfen mitkochen. Aus den Beeren werden auch Getränke gemacht. Sie können sie auch trocknen.

Vermehrung: Die Samen müssen Sie stratifizieren. Stecklinge von Seitentrieben sollen 5–8 cm lang sein. Sie können von August bis Dezember geschnitten werden. Sie benötigen ein Jahr zur Bewurzelung. Absenker und Stockteilungen machen Sie im Frühjahr.

Sorten und Bezugsquellen: Spezielle Fruchtsorten sind mir derzeit keine bekannt. Pflanzen erhalten Sie bei: http://www.boehlje.de, http://www.baumschule-newgarden.de, http://www.pflanzmich.de und http://www.lubera.com. Samen erhalten Sie bei: http://www.saemereien.ch.

Tipp/Besonderheiten: Die Bärentraube ist selbstfruchtbar.

Preiselbeeren, Heidelbeeren und Co. (*Vaccinium spec.*)

Herkunft: Familie der Heidekrautgewächse (*Ericaceae*)

Wuchsform, Standort und Pflege: Die Pflanzen wachsen als kleine oder große ausdauernde Sträucher. Sie benötigen einen sauren oder sehr sauren Boden und vertragen keinen Kalk (→ Informationen dazu, wie Sie torffreie Erde herstellen können, finden Sie auf Seite 399). Feuchte Böden werden bevorzugt. Zum Auslichten werden ältere, mehrjährige Triebe unmittelbar nach der Blüte weggeschnitten.

Vermehrung: Die Vermehrung aus Samen benötigt Stratifizierung. Ausläufer trennen Sie im Frühling oder frühen Herbst ab. Absenker machen Sie im September/Oktober. Die Vermehrung aus Stecklingen vom halbreifen Holz im August ist schwierig und dauert bis 1,5 Jahre.

Verwendung:

- Frucht: Die Beerenfrüchte können Sie frisch essen, zu Marmeladen oder Säften verarbeiten oder getrocknet essen.

Preiselbeeren können auch im Topf gezogen werden.

Preiselbeere/Kronsbeere (*Vaccinium vitis-idaea und Vaccinium vitis-idaea minus*)

Preiselbeeren können gut unter Heidelbeersträucher gepflanzt werden. Die Pflanzen kommen rund um den Nordpol von Europa, Asien bis China, Japan und Nordamerika vor. Die kleinen Sträucher wachsen 30 cm hoch. Für einen m^2 können Sie mit 6 Pflanzen rechnen. Sie sind bis -28,8 °C (Zone 5) frosthart. Die Blüte erscheint von Mai bis Juni. Die roten Früchte reifen von August bis Oktober. Preiselbeeren sind selbstfruchtbar. Für einen besseren Ertrag pflanzen Sie am besten verschiedene Sorten zusammen.

Sorten und Bezugsquellen: Wildformen der Preiselbeere sind derzeit im Handel leider nicht erhältlich.

Sorten wie ‚Erntesegen', ‚Erntetraum', ‚Koralle', ‚Rouge Coral', ‚Red Star' sowie ‚Red Pearl', die bereits im Juli erstmals trägt und im Oktober mit einer zweiten Ernte aufwartet, erhalten Sie bei: http://www.proeftuin.eu, http://www.baumschule-horstmann.de, http://www.garden-shopping.de und http://www.haeberli-beeren.ch. Die Sorte ‚Silver Spot' erhalten Sie bei: http://www.esveld.nl.

Die Unterart *Vaccinium vitis-idaea minus* kommt in Nordamerika vor. Pflanzen erhalten Sie bei: http://www.esveld.nl.

Amerikanische niedrigbuschige Heidelbeere (*Vaccinium angustifolium*)

Die Amerikanische niedrigbuschige Heidelbeere ist eine Wildpflanze aus dem nordöstlichen Nordamerika und wird 20–50 cm hoch. Sie ist bis -45,5 °C (Zone 2) frosthart. Die Pflanzen wachsen im Halbschatten und in voller Sonne. Sie benötigen sauren, feuchten oder trockenen Boden. Die Pflanzen sind feuertolerant. Eine Kulturmethode, ist die Felder alle paar Jahre abzuflammen, um andere Sträucher loszuwerden und den Neuaustrieb der Heidelbeersträucher anzuregen. Die kleinen Sträucher blühen von Mai bis Juni, die blauen Früchte reifen im Juli. Sie werden frisch gegessen oder verarbeitet. Die Indianer verwendeten die getrockneten und gemahlenen Früchte für Fleischspeisen. Aus den Blättern und den Früchten können Sie Tee machen. Die Sorte ‚Top Hat' erhalten Sie bei: http://www.esveld.nl, http://www.online-pflanzenversand.de und http://www.boehlje.de.

Heidelbeeren können auch im Topf gezogen werden.

Kulturheidelbeere/ Amerikanische Blaubeere (*Vaccinium corymbosum*)

Die Kulturheidelbeere entstand durch die Kreuzung unterschiedlicher amerikanischer Heidelbeerarten. Die stark verzweigten Sträucher wachsen 1,5–2 m hoch und sind gut frosthart. Die Größe der Früchte, der Geschmack und auch die Wuchsform der Pflanze hängen von der Sorte ab. Für den guten Fruchtertrag ist ein sonniger Standort wichtig. Die Früchte reifen je nach Sorte von Juli bis Mitte September. Fruchtsorten wie ‚Bluecrop', ‚Duke', ‚Goldtraube', ‚Northland' oder ‚Patriot' tragen reichlich und verlässlich. ‚Brigitta Blue' ist eine wüchsige und ertragreiche australische Sorte. ‚Reka®', eine neuseeländische Sorte, kommt ohne Moorbeet aus. Sie müssen allerdings sauren Torfersatz unter die normale Gartenerde mischen und so ein Beet vorbereiten. ‚Elisabeth' ist ähnlich bodentolerant wie ‚Reka®' und ist geschmacklich eine der besten Sorten. Sie trägt bis Mitte September Früchte. Eine zweimal tragende Sorte ist ‚Hortblue petite'. Sie wird 80–100 cm hoch und trägt von Ende Juli bis Ende August und von Anfang September bis zum Frost Früchte. Eine sehr frostharte und niedriger wachsende Sorte ist ‚Northcountry'. Sie trägt ab Mitte Juli. Die Pflanzen werden 50–70 cm hoch und 100 cm breit. Alle diese Sorten erhalten Sie bei: http://www.haeberli-beeren.ch. Andere Sorten hat: http://www.shop.zahradnictvolimbach.sk. Eine besonders große Auswahl haben: http://www.proeftuin.eu und http://www.dierking.de.

Wichtiger Hinweis: Verzichten Sie auf die Pflanzung von Kreuzungen der Amerikanischen niedrigbuschigen Heidelbeere und der Kulturheidelbeere/Amerikanische Blaubeere in der Nähe von Mooren, Kiefernwäldern oder Feuchtgebieten. Die Pflanzen sind in manchen Regionen bereits verwildert und verdrängen dort die einheimische Krautschicht. Besonders bei Hochmooren ist die Gefährdung sehr groß.

Kaukasische Heidelbeere (*Vaccinium arctostaphylos*)

Die Kaukasische Heidelbeere ist vom östlichen Mittelmeerraum bis Westasien verbreitet. Sie bildet bis zu 3 m hohe Sträucher und ist bis -23,3 °C (Zone 6) frosthart. Sie benötigt feuchte, saure und gut durchlässige Böden. Sie gedeiht sowohl im Halbschatten als auch in voller Sonne. Die Blüten erscheinen von Mai bis Juni, die blauen 1 cm großen ovalen Früchte reifen im September. Pflanzen erhalten Sie bei: http://www.garden-shopping.de, http://www.online-pflanzenversand.de, http://www.boehlje.de und http://www.esveld.nl.

Rosa Heidelbeere (*Vaccinium corymbosum x V. ashei ‚Delight‘*)

Diese neue Züchtung aus zwei nordamerikanischen Heidelbeervarianten trägt im August/September zahlreiche rosa Früchte. Die Pflanze ist selbstfruchtbar. Für einen besseren Ertrag pflanzen Sie eine blaue Heidelbeersorte (*Vaccinium corymbosum*) dazu. Pflanzen erhalten Sie bei: http://www.lubera.com.

Heidelbeere ‚Pink Lemonade Landscape‘ (Foto: Lubera)

Walzenförmige Heidelbeere/ Azoren-Heidelbeere (*Vaccinium cylindraceum*)

Die Walzenförmige Heidelbeere stammt von den Azoren. Dort bildet sie bis zu 3 m hohe Büsche. Die halbimmergrünen Pflanzen benötigen einen geschützten Platz im Halbschatten oder in voller Sonne und einen sauren Boden. Azoren-Heidelbeeren sind nur bedingt winterhart, daher ist die Kübelkultur zu empfehlen. Wählen Sie dafür große, etwa 40 Liter fassende Kübel. Bei strengen Frösten stellen Sie die Pflanzen in einen frostfreien Bereich. Wenn Sie die Pflanzen im Freien auspflanzen, achten Sie auf einen Platz an dem sie nicht zu viel Wintersonne abbekommen, um die Verdunstung zu reduzieren. Damit verhindern Sie das Vertrocknen der Pflanzen. Die Blüten erscheinen den Sommer über, die blauen Früchte reifen ab Ende Juni bis Oktober. Pflanzen erhalten Sie bei: http://www.garden-shopping.de, http://www.online-pflanzenversand.de und http://www.boehlje.de. Die Sorte ‚Blautropf®‘ erhalten Sie bei: http://www.lubera.com.

Azoren-Heidelbeere ‚Blautropf‘ (Foto: Lubera)

Andenheidelbeere (*Vaccinium floribundum*)

Diese immergrüne Heidelbeerart stammt aus den hohen Anden (Kolumbien bis Bolivien). Sie wird am Naturstandort bis 1 m hoch und 2 m breit. Die Frosthärte wird unterschiedlich angegeben, von -5 °C bis -15 °C (Zone 8 bis Zone 9). Für die immergrüne Pflanze ist die Kübelkultur mit Einräumen bei starken Frösten oder bei Auspflanzung im Freien ein geschützter Standort, der im Winter nicht zu viel Sonne abbekommt, geeignet. Damit verringern Sie die Verdunstung über die Blätter bei gefrorenem Boden. Die Pflanzen wachsen auf sauren, feuchten Böden, im Halbschatten und in voller Sonne. Die rosa Blüten erscheinen im Juni, die 5 mm großen roten Beeren reifen später im Jahr. Pflanzen erhalten Sie bei: http://www.esveld.nl, http://www.bluebellnursery.com, http://www.burncoose.co.uk, http://www.online-pflanzenversand.de und http://www.boehlje.de.

Samtblättrige Heidelbeere (*Vaccinium myrtilloides*)

Die Samtblättrige Heidelbeere stammt aus dem östlichen Nordamerika (Labrador bis West Virginia). Sie ist eine der süßesten Heidelbeerarten. Die Sträucher werden 60 bis 200 cm hoch. Sie sind bis -45,5 °C (Zone 2) frosthart. Sie wachsen auf sauren, feuchten Böden. Die Pflanzen wachsen im Halbschatten und in voller Sonne. Die Blüten erscheinen im Mai. Die Blüten werden frisch gegessen oder eingemacht. Die blauen Früchte werden frisch gegessen, verarbeitet oder getrocknet. Aus den Blättern können Sie Tee machen. Pflanzen erhalten Sie bei: http://www.esveld.nl.

Waldheidelbeere/Blaubeere (*Vaccinium myrtillus*)

Die Waldheidelbeere hat unter all den Heidelbeerarten, die ich kenne, das feinste Aroma. Sie wächst in Nord- und Zentraleuropa, Asien, dem pazifischen Nordwesten und den Rocky Mountains in den USA. Die Pflanzen werden 20–30 cm hoch und sind bis -40,0 °C (Zone 3) frosthart. Sie wachsen auf sauren, feuchten Böden. Die Pflanzen wachsen im Halbschatten und in voller Sonne. Die Blüten erscheinen vom Mai bis Juni. Die Früchte reifen von Juli bis September. Waldheidelbeeren sind selbstfruchtbar. Pflanzen erhalten Sie bei: http://www.artner.biobaumschule.at, http://www.boehlje.de, http://www.deaflora.de und http://www.eggert-baumschulen.de.

Waldheidelbeere in der Blüte

Coin Whortleberry (*Vaccinium nummularia*)

Diese immergrüne Heidelbeerart stammt aus dem Himalaya (Sikkim bis Bhutan). Die genaue Winterhärte konnte ich nicht ermitteln. In sehr kalten Lagen benötigen Sie Winterschutz. Als immergrüne Pflanze ist wohl ein geschützter Standort, der im Winter nicht zu viel Sonne abbekommt, geeignet. Damit verringern Sie die Verdunstung über die Blätter bei gefrorenem Boden. Die Pflanzen wachsen im Halbschatten, bevorzugen saure, feuchte Böden und werden 30–50 cm hoch. Sie blühen im April/Mai. Die blauschwarzen 6 mm großen Beeren reifen im August/September. Pflanzen erhalten Sie bei: http://www.esveld.nl und http://www.boehlje.de.

Rotfrüchtige Heidelbeere (*Vaccinium parvifolium*)

Die Rotfrüchtige Heidelbeere stammt aus dem westlichen Nordamerika (Kalifornien bis Alaska). Die Sträucher wachsen 1,8 m hoch und 1,8 m breit. Sie sind bis -23,3 °C (Zone 6) frosthart. Sie wachsen auf saurem, feuchtem Boden und gedeihen im Halbschatten oder auch in voller Sonne. Die roten Früchte werden frisch oder getrocknet gegessen oder verarbeitet. Aus den Blättern und den Früchten können Sie Tee zubereiten. Pflanzen erhalten Sie bei: http://www.boehlje.de und http://www.dierking.de.

Rauschbeere/Trunkelbeere/Sumpfheidelbeere (*Vaccinium uliginosum*)

Die Rauschbeere wird teilweise als giftig beschrieben. Vergiftungserscheinungen sind allerdings nur nach dem Genuss großer Mengen möglich. Verantwortlich dafür dürfte ein schmarotzender Schlauchpilz sein.

Die Rauschbeere kommt zirkumboreal in Europa, Asien und Nordamerika vor und wird wegen der essbaren Früchte kultiviert. Die Büsche werden bis 80 cm hoch und sind bis -45,5 °C (Zone 2) frosthart. Sie wachsen auf saurem, feuchtem oder nassem Boden. Sie gedeihen im Halbschatten oder auch im vollen Schatten. Die Blüten erscheinen von Mai bis Juni, die blauen Früchte im August. Sie haften den Winter über an der Pflanze. Die süßen Früchte werden frisch verzehrt oder verarbeitet. Aus den Blättern können Sie Kräutertee machen. Pflanzen erhalten Sie bei: http://www.garden-shopping.de, http://www.online-pflanzenversand.de, http://www.boehlje.de und http://www.artner.biobaumschule.at.

Kaninchenäugige Heidelbeere/Rabbiteye-Blueberry (*Vaccinium virgatum*)

Die Kaninchenäugige Heidelbeere stammt aus dem Osten und Südosten der USA. Die Pflanzen wachsen 1–2 m hoch und sind bis -23,3 °C (Zone 6) frosthart. Die schwarzen Beeren reifen in Trauben ab Ende Juli/Anfang August. Pflanzen erhalten Sie bei: http://www.esveld.nl. Pflanzen der selbstfruchtbaren Sorte ‚Blacky' erhalten Sie bei: http://www.as-garten.at.

Large Cranberry/Großfrüchtige Moosbeere (*Vaccinium macrocarpon*)

Die Cranberry stammt aus dem nordöstlichen Nordamerika. Die Pflanzen werden 20 cm hoch und können sich bis zu 2 m ausbreiten. Sie sind bis -45,5 °C (Zone 2) frosthart. Für einen guten Fruchtansatz benötigen Sie einen nährstoffarmen, feuchten oder nassen Boden. Ansonsten werden hauptsächlich Triebe und Blätter angesetzt. Die Blüten erscheinen von Juni bis August. Die roten Früchte reifen von August bis Oktober. Im Erwerbsanbau werden die Felder geflutet und die Früchte schwimmen oben auf. Cranberries sind selbstfruchtbar. Die Beeren werden vor allem getrocknet gegessen oder für Muffins und Kuchen verwendet. Den Presssaft können Sie nach Belieben süßen. Cranberries sind selbstfruchtbar.

Sorten und Bezugsquellen: ‚Stevens', ‚Pilgrim' und ‚Red Sun' erhalten Sie bei: http://www.proeftuin.eu. ‚Red Star®' erhalten Sie bei: http://www.baumschule-horstmann.de, ‚Red Balloon' bei: http://www.lubera.com.

Torfmyrte/Pernettya mit lila Früchten (Foto: Johannes Hloch)

Cranberries können auch als Unterwuchs von Heidelbeeren gepflanzt werden.

Kranbeere/Moosbeere (*Vaccinium oxycoccus*)

Die Moosbeere wächst auf der nördlichen Halbkugel zirkumboreal. Die immergrüne Pflanze wird 10 cm hoch und bildet bis 1 m lange, am Boden kriechende Stiele. Sie ist bis -45,5 °C (Zone 2) frosthart und gedeiht auf feuchten oder nassen, sauren oder sehr sauren Böden. Sie wächst im Halbschatten und in voller Sonne. Die Blüten erscheinen von Mai bis Juni, die 6 mm großen Früchte reifen im Oktober und bleiben im Winter an der Pflanze haften. Sie werden frisch gegessen oder zu Marmelade verarbeitet. Aus den Blättern können Sie Tee machen. Die Moosbeere ist selbstfruchtbar. Pflanzen erhalten Sie bei: http://www.artner.bio-baumschule.at, http://www.garden-shopping.de, http://www.online-pflanzenversand.de und http://www.eggert-baumschulen.de. Die Sorte ‚Rubrum' erhalten Sie bei: http://www.esveld.nl.

Heimische Moosbeere ‚Vaaler Moor' (Foto: Eggert Baumschulen)

Krähenbeere (*Empetrum nigrum*)

Ich selbst habe noch keine Erfahrungen mit Krähenbeeren gemacht, bin allerdings an Erfahrungen mit dem Anbau und der Fruchtnutzung interessiert. Krähenbeeren sind zweihäusig. Sie benötigen also männliche und weibliche Pflanzen. Ich habe allerdings keinen Anbieter gefunden, der diese deklariert anbietet. Am sichersten kommen Sie zu Früchten, wenn Sie mehrere Sämlingspflanzen kaufen und hoffen, dass ein Pärchen dabei ist.

Herkunft: Familie der Krähenbeerengewächse (*Empetraceae*); Europa, Sibirien, Nordamerika

Höhe und Platzbedarf: 30 cm hoch, 50 cm breit

Frosthärte: Zone 3; frosthart bis -40,0 °C

Wuchsform, Standort und Pflege: Die immergrünen Büsche bevorzugen saure, humose, ausreichend feuchte und lockere Sand-, Kies- oder

Krähenbeere (Foto: KORE Wild Fruit Nursery)

Torfböden und teilweisen Schatten. Vermeiden Sie Staunässe und verdichteten Boden. Krähenbeeren können als Bodendecker verwendet werden.

Verwendung:

- Frucht: Die kleinen schwarzen Beeren reifen im Herbst und werden frisch verzehrt oder in einen Obstsalat gegeben. In Schottland wurden sie früher zu einem Getränk mit Sauermilch verarbeitet. Bei den Inuit werden diese Wildfrüchte auch als Trockenfrüchte verwendet. Die Beeren bleiben den Winter über am Strauch hängen, wenn sie nicht geerntet werden.

Vermehrung: Die Vermehrung aus Samen benötigt Stratifizierung. Stecklinge vom halbreifen Holz schneiden Sie im Juli/August, vom reifen Holz im Oktober.

Sorten und Bezugsquellen: Spezielle Fruchtsorten sind mir derzeit keine bekannt. Pflanzen erhalten Sie bei: http://www.korewildfruitnursery.co.uk, http://www.artner.biobaumschule.at und http://www.eggert-baumschulen.de. Wildformen und die Sorten ‚Bernstein', ‚Irland' und ‚Smaragd', die teilweise wegen der Blattfärbung ausgelesen wurden, erhalten Sie bei: http://www.boehlje.de.

Holunder mit grünen Beeren

Holunder/Holler (*Sambucus spec.*)

Mit Holler verbinde ich Kindheitserinnerungen. Meine Großmutter kochte die schwarzen Beeren zusammen mit Zwetschken und einer Mehlschwitze zu einem süßen dicken Mus. Den roten Holler bereitete sie dann zu, wenn wir Kinder Husten hatten. Sie kochte die Beeren, passierte sie durch ein Sieb und machte daraus Gelee.

Schwarzer und Roter Holler werden nur verarbeitet gegessen. Beim Roten Holler werden die Samen entfernt, da sie wegen eines Blausäureglykosids giftig sind.

Herkunft: Familie der Moschuskrautgewächse (*Adoxaceae*)

Verwendung:

- Blüte: Die Blüten können frisch in einen Palatschinkenteig getaucht und in Öl knusprig gebacken werden. Sehr beliebt ist der Hollerblütensirup. Die Blüten können frisch oder getrocknet für Tee oder Milchgetränke verwendet werden.

Holundermilch
Mit den getrockneten Blüten lässt sich ein feines Milchgetränk zubereiten. Die getrockneten Blüten werden in der Milch erhitzt. Nachdem die Blüten 10 Minuten lang in der heißen Milch ziehen konnten, werden sie abgeseiht. Die Holundermilch wird mit Honig gesüßt und getrunken.

- Frucht: Die Frucht wird zu Marmelade, Gelee oder Likör verarbeitet.

Vermehrung: Die Vermehrung aus Samen benötigt Stratifizierung. Stecklinge vom halbreifen Holz machen Sie im Juli/August, vom reifen Holz im November. Beim Schwarzen Holler können einzelne Triebe mit Wurzeln im Herbst/Winter abgetrennt werden.

Bereiftfrüchtiger Holunder/ Blauer Holunder (*Sambucus caerulea*)

Der Bereiftfrüchtige Holunder mit seinen blauen und leicht weiß bereiften Beeren stammt aus dem westlichen Nordamerika. Die Sträucher werden 3 m hoch und sind bis -28,8 °C (Zone 5) frosthart. Sie wachsen auf verschiedenen Bodentypen, besonders gut auf feuchten Lehmböden. Sie gedeihen auf trockenen und feuchten Böden. Sie vertragen Halbschatten, wachsen aber am besten in voller Sonne. Die Blüten erscheinen im Juni/Juli und werden frisch, frittiert oder in Pfannkuchen gegessen. Auch für einen aromatischen Tee können Sie die Blüten verwenden. Die Früchte reifen im August/September und werden zu Säften, Gelees, Saucen, Obstwein verarbeitet oder als Kuchenbelag verwendet. Die Beeren wurden bereits von den Indianern frisch oder getrocknet gegessen. Ich konnte nicht herausfinden, ob die Pflanzen selbstfruchtbar sind. Pflanzen erhalten Sie bei: http://www.ribanjou.com, http://www.thefruitnursery.co.uk, http://www.garden-shopping.de und http://www.eggert-baumschulen.de.

Roter Holunder/Holler (*Sambucus racemosa*)

Der Rote Holler kommt von Europa über Kleinasien bis Nordchina vor. Er wächst an kühleren luftfeuchten Standorten und ist kalkempfindlich. Er wächst auf ausreichend sauren, feuchten Böden. Die Pflanzen vertragen Hitze und Trockenheit schlecht. Aus meiner Erfahrung benötigt der

Die Samen der Roten Holunderbeeren müssen entfernt werden.

Rote Holler an wärmeren Standorten einen jährlichen Rückschnitt, um kräftig frisch durchzutreiben. Ansonsten kümmern die Pflanzen und verschwinden nach einigen Jahren. Auch an nassen Standorten können die Pflanzen nicht gedeihen. Der Rote Holler wächst bis 4 m hoch und 3 m breit. Er ist bis -34,4 °C (Zone 4) frosthart. Die weißen Blüten erscheinen im April/Mai. Die Früchte reifen von August bis September.

Wuchsform, Standort und Pflege: Der Rote Holler ist eine pflegeleichte Pflanze. Sie ist bis -34,4 °C (Zone 4) frosthart. Rückschnitte verträgt sie gut.

Sorten und Bezugsquellen: Eine Fruchtsorte der Unterart *Sambucus racemosa subsp. racemosa Syn. Sambucus tigranii* erhalten Sie bei: http://www.ribanjou.com. Pflanzen erhalten Sie bei: http://www.eggert-baumschulen.de, http://www.lubera.com/ und http://www.praskac.at. Bei Praskac erhalten Sie auch die Sorte ‚Sutherland Gold' mit goldgelben Blättern. Eine Fruchtsorte mit gelben Früchten der Unterart *Sambucus racemosa* var. *kamtschatica f. aureocarpa* erhalten Sie bei: http://www.drzewa.com.pl.

Holunderbeeren werden nur gekocht gegessen.

Die Holunderblüten können vielseitig verwendet werden.

Schwarzer Holunder/Holler (*Sambucus nigra*)

Der Schwarze Holler wächst von Europa, Nordafrika über Kleinasien, den Kaukasus bis Westsibirien. Die schwarzen Beerenfrüchte werden neben den oben genannten Nutzungsformen auch zu Likör und Wein verarbeitet.

Wuchsform, Standort und Pflege: Die Sträucher wachsen bis 6 m hoch und 6 m breit. Durch gezielten Schnitt können Sie auch Kleinbäume mit einem Stamm erziehen. Der Schwarze Holler ist bis -28,8 °C (Zone 5) frosthart. Er gedeiht auf verschiedenen Bodentypen und bevorzugt feuchte Böden. Er wächst sowohl im Halbschatten als auch in voller Sonne. Die weißen Blüten erscheinen von Juni bis Juli. Die Beeren reifen von August bis September.

Sorten und Bezugsquellen: Vom Holler gibt es eine Reihe von Fruchtsorten. Auch spezifische Blattfarben und -formen und Blütenfarben wurden ausgelesen. Die vorgestellten Sorten sind selbstfruchtbar. ‚Aurea' hat goldgelbe Blätter. ‚Black Beauty' hat schwarz-rote Blätter und stärker duftende Blüten als die Wildform. ‚Black Lace' hat geschlitzte dunkle Blätter. ‚Alba' hat durchscheinende weißliche Früchte. ‚Viridis' hat im reifen Zustand grün-gelbliche Früchte. ‚Haschberg' und ‚Haidegg 17' sind österreichische Fruchtsorten mit großen Fruchtdolden. ‚Samidan', ‚Korsor' und ‚Sampo' sind dänische Fruchtsorten mit reichen Fruchtdolden. Pflanzen erhalten Sie bei: http://www.eggert-baumschulen.de, http://www.agro-forestry.co.uk, https://www.lubera.com und http://www.pflanzenhof-online.de. Die säulenförmig wachsende Sorte ‚Pyramidalis' erhalten Sie bei: http://www.ribanjou.com, die rotlaubige, säulenförmig wachsende ‚Black Tower' bei: http://koju.de, die Sorten ‚Bad Muskau' mit rosa Blüten sowie ‚Anatole' bei https://www.zahradnictvi-spomysl.cz.

Nektarinenbäume lassen sich auch aus Samen vermehren, in diesem Fall ergab das süße, schmelzende Früchte.

Pfirsich und Nektarine (*Persica vulgaris Syn. Prunus persica* und *Persica vulgaris* var. *nectarina*)

Pfirsiche werden mit dem Weinbauklima und dem Süden assoziiert. Dabei können Sie Pfirsiche bei passendem Standort erfolgreich auf 600 m Seehöhe und mehr anbauen. Das Schöne bei Pfirsichen ist: Sie können einen Pfirsichkern in die Erde stecken und in etwa vier Jahren ernten Sie schon Ihre ersten Früchte. Neben verschiedenen Sorten, die Sie kaufen können, haben Sie so die Möglichkeit, einen höchstwahrscheinlich gut schmeckenden Pfirisch selbst zu ziehen. Besonders gut gelingt dies bei den Weingartenpfirsichen, die seit langem auf diese Weise vermehrt werden. Wenn Sie dann einen Baum mit besonders gut schmeckenden Früchten haben, dann lohnt es, diesen durch Veredelung oder über Stecklingsvermehrung sortenecht weiterzuziehen. Der Weingartenpfirsich hat noch einen weiteren großen Vorteil: Er ist wesentlich resistenter gegenüber der Kräuselkrankheit als viele Zuchtsorten. Die Kräuselkrankheit (*Taphrina deformans*) ist eine Pilzkrankheit, bei der sich die Blätter aufwölben und eine gekräuselte Form erhalten und die Neutriebe deformiert wachsen. Besonders beim Pfirsich ist ein sonniger und gut belüfteter Standort entscheidend, um die Kräuselkrankheit zu vermeiden. Deshalb habe ich die Pfirsichbäume auf meine Terrassen gepflanzt.

Noch anfälliger für die Kräuselkrankheit sind die Nektarinen, eine glattschalige Variante des Pfirsichs, die köstlich schmeckt. Nach neueren Forschungen könnte es sich bei der Nektarine um eine Kreuzung des Pfirsichs mit der Japanischen Pflaume/Susine (*Prunus salicina*) handeln.

In den letzten Jahren werden auch verschiedene Platt- oder Tellerpfirsiche und Plattnektarinen angeboten. Die Pflanzen sind anfällig auf Kräuselkrankheit. Die Früchte sind saftig und süß. Sie sind allerdings bei feuchter Witterung sehr gefährdet, in der Tellermitte zu faulen.

Herkunft: Familie der Rosengewächse (*Rosaceae*); die genaue Herkunft steht nicht fest; vermutlich China

Höhe und Platzbedarf: 3–4 m hoch, 3–4 m breit

Frosthärte: Zone 5; frosthart bis -28,8 °C

Weingartenpfirsiche eignen sich auch für geschützte, kühlere Lagen.

Die Blüten der Weingartenpfirsiche variieren – je nach Sämlingsbaum – stark in der Größe.

Wuchsform und Standort: Die Bäume benötigen genügend feuchte, nährstoffreiche Böden und sonnige, warme und geschützte Lagen. Sie sind anfällig für Spätfröste. Ein regelmäßiges Mulchen der ganzjährig offenen Baumscheibe ist vorteilhaft. Die rosaroten Blüten erscheinen zwischen März und April. Die schmalen, etwa 6–12 cm langen, mittelgrünen Blätter entwickeln sich erst später. Die mit samtigem Flaum bedeckten, fleischigen Früchte reifen je nach Sorte von Mitte Juli bis September.

Pfirsichbäume sind auch gut als Spalier an Südwänden zu erziehen. Dazu bauen Sie am besten ein lockeres Fächerspalier auf.

Pflege: Eine wichtige Pflegemaßnahme ist das Entfernen und Entsorgen der Fruchtmumien bei Monilia-Befall. Von diesen aus kann sich der Pilz gut verbreiten. Empfohlen werden biologische Pflanzenstärkungsmittel als Spritzung im Frühjahr. Mit Neudo-Vital Obst-Pilzschutz spritzen Sie die Pflanze vor dem Knospenschwellen je nach Witterung bereits ab Ende Jänner. Wiederholen Sie die Spritzung drei-, viermal im Abstand von zwei bis drei Wochen. Eine einfachere Maßnahme, die die Ausbreitung einschränkt, ist das Abzupfen der befallenen Blätter. Wenn die kühlen Nächte im Frühsommer vorbei sind, treiben die Bäume meist kräftig durch und die Frucht kann gut ausreifen. Schnittmaßnahmen erfolgen erst kurz vor, während oder nach der Blüte. Starke Rückschnitte werden gut vertragen und sind für die Ausbildung kräftiger Fruchttriebe auch erforderlich. Empfohlen wird der Aufbau einer Hohlkrone, die aus 4 Leitästen besteht und keinen Mitteltrieb aufweist. Die Hohlkrone gewährleistet eine gute Besonnung der Früchte und gutes Abtrocknen des Laubes.

Verwendung:

- Blüte: Die Blüten können für Salate verwendet oder als Tee zubereitet werden. Das Wasserdampfdestillat liefert ein aromatisches Wasser für Süßspeisen.
- Frucht: Pfirsiche werden frisch gegessen, eingelegt oder als Kuchenbelag verwendet. Sie können auch zu Saft, Nektar oder Marmelade verarbeitet oder getrocknet werden.
- Harz: Den Gummi, der sich am Stamm oder den Ästen bildet, können Sie kauen.

Vermehrung: Die Samen werden möglichst frisch in Erde gegeben und stratifiziert. Stecklinge vom weichen Holz schneiden Sie im Frühling bis Frühsommer, vom halbreifen Holz im Juli/August. Absenker machen Sie im Frühling.

Sorten und Bezugsquellen: Gelbfleischige Sorten sind anfälliger für die Kräuselkrankheit als weißfleischige. Die bayrische Landesanstalt für Wein- und Gartenbau empfiehlt ‚Revita' und ‚Benedicte' als relativ robust gegen die Kräuselkrankheit. Die Sorte ‚Kernechter vom Vorgebirge' reift auch an ungünstigen Standorten und ist gut geeignet für Kompott. ‚Red Heaven' ist die weltweit wichtigste gelbfleischige Pfirsichsorte. Von den Weingartenpfirsichen gibt es verschiedene Auslesen wie den ‚Kamptaler Weingartenpfirsich' oder den ‚Badener Weingartenpfirsich'. Diesen erhalten Sie bei: http://www.praskac.at. ‚Benedicte' sowie verschiedene Blutpfirsiche wie den ‚Roten Weinbergpfirsich' mit rotem Fruchtfleisch oder ‚Rubira', einen Pfirsich mit rotem Laub und saftigen kleinen Früchten, der auch auf ungünstigen Standorten gedeiht, finden Sie bei: http://shop.baumschuleritthaler.de.

Eine wahre Fundgrube für alte und seltene Pfirsichsorten sind die italienische Baumschule Vivai Belfiore bei Florenz mit ‚Carlotta bianca' unter: http://www.vivaibelfiore.it sowie https://www.zahradnictvi-spomysl.cz. Eine absolute Rarität ist der ‚Kirschpfirsich' bei https://www.botanik-wug.de.

Tipp/Besonderheiten: Pfirsiche und Nektarinen sind meistens selbstfruchtbar. Die Früchte wachsen nur an den im Vorjahr entstandenen Trieben.

Tibet-Pfirsich (*Persica mira Syn. Prunus mira*)

Der Tibet-Pfirsich stammt vom Fuße des Himalaya (Indien, Tibet, Bhutan und Nepal) und aus China (West Szechuan). Er hat ähnliche Ansprüche wie der Pfirsich. Die robusten Pflanzen eignen sich auch für Höhenlagen. Die Früchte haben weißes Fleisch und reifen von August bis September. Pflanzen erhalten Sie bei: http://www.bs13.baumschule-walsetal.de.

Pfirsich aus Pakistan (*Persica vulgaris* ‚Missour' *Syn. Prunus persica* ‚Missour')

Diese Pfirsichart stammt aus Pakistan und wird seit der Römerzeit in Marokko kultiviert. Sie ist für Höhenlagen geeignet und wird über Samen vermehrt. Achten Sie dabei darauf, sie nicht mit anderen Pfirsicharten zu verkreuzen. Drei Formen des Missour-Pfirsichs werden in Marokko unterschieden: Maloussi, Farouki und Lahloua. Pflanzen erhalten Sie bei: http://www.bs13.baumschule-walsetal.de.

Peach-Plum® (*Persica vulgaris x Prunus cerasifera*)

Die Kreuzung aus Pfirsich und Kirschpflaume (*Prunus cerasifera*) sieht aus wie ein Pfirsich, hat weißes Fruchtfleisch und den Geschmack einer Kirschpflaume. Die Sorte ‚Tri Lite' von Zaiger Genetics aus Kalifornien scheint es in Europa noch nicht zu geben. Erhältlich ist sie in Kalifornien bei: http://www.davewilson.com. Falls Sie eine Pflanze haben, nehmen Sie doch bitte Kontakt mit mir auf. Eine andere Sorte aus Ungarn erhalten Sie bei: http://www.bs13.baumschule-walsetal.de.

NectaPlum® (*Persica vulgaris x Prunus cerasifera x Persica vulgaris* var. *nectarina*)

Diese komplexe Kreuzung aus Pfirsich, Nektarine und Kirschpflaume wurde von Zaiger Genetics in Kalifornien durch klassische Kreuzung geschaffen. Diese Pflanzen sind derzeit in Europa noch nicht erhältlich. Pflanzen der selbstfruchtbaren Sorte ‚Spice Zee NectaPlum®' erhalten Sie in Kalifornien bei: http://www.davewilson.com.

Groundplum/Buffalo Pea (*Astragalus crassicarpus*)

Die Groundplum gehört zu den Tragantarten, die auf der Nordhalbkugel und auch in Mitteleuropa vorkommen. Sie können Luftstickstoff binden und sind daher für die Permakultur auch als Düngerpflanzen interessant. Christoph Kruchem hat eine gut winterharte Auslese aus Nordamerika erhalten. Die robuste Staude trägt im Frühjahr lila Wickenblüten. Die fleischigen unreifen Früchte ähneln grünen Pflaumen, schmecken aber angenehm nach Zuckererbsen. Sie können sie roh, gekocht, gegart oder sauer eingelegt essen. Pflanzen erhalten Sie bei: http://www.hortensis.de.

Apfelvariationen mit Japanischem Zierapfel, Wollapfel und Apfel

Äpfel (*Malus spec.*)

In Europa und Asien gibt es an die 40 verschiedene Wildapfelarten. Fast alle tragen kleine Früchte mit sehr unterschiedlichen Eigenschaften und viele davon werden als Obst genutzt. Grundsätzlich sind auch alle Zieräpfel essbar. „Der" Klassiker ist der „Apfel", das beliebteste Obst der Deutschen und weltweit die dritthäufigste produzierte Obstart. In den USA finden sich 1.000 Jahre alte Wildäpfel, die vermutlich von den indianischen Einwanderern über die Beringstraße mitgebracht wurden.

Apfel (*Malus domestica*) und „Urapfel" (*Malus sieversii*)

Die neuesten wissenschaftlichen Erkenntnisse rechtfertigen die Vorstellung von „Apfel" und „Urapfel" in einem Porträt. Die Geschichte dahinter finde ich berührend und faszinierend.

In der Umgebung von Almaty, der ehemaligen Hauptstadt von Kasachstan, am Fuße des Tian Shan Gebirges, gibt es ausgedehnte wilde Apfelwälder mit einer enormen Vielfalt, was die Größe, Farbe und den Geschmack der Äpfel anbelangt. Hier liegt die Heimat des bei uns angebauten Apfels. Unter den bis 300 Jahre alten wilden Apfelbäumen gibt es viele reichlich tragende Bäume mit Äpfeln, wie sie im nächsten Supermarkt verkauft werden könnten. Aymak Djangaliev, ein kasachischer Biologe, der 2009 starb, hatte sein Leben der Erhaltung dieses von Abholzung bedrohten Schatzes gewidmet. Er wollte nachweisen, dass dies die Heimat der Kulturäpfel ist. Erst vor wenigen Jahren konnten Forscher dies durch Vergleiche der Gene bestätigen. Was Djangaliev beschäftigte, war auch die Frage, warum gerade in Almaty aus den kleinen, oft bitteren Apfelfrüchten ohne Zutun des Menschen große wohlschmeckende Äpfel entstanden. Die Erklärung dazu möchte ich Ihnen unbedingt vorstellen. In diesen Apfelwäldern leben auch viele große Bären, die zur Reifezeit „ihre" Bäume aufsuchen, an ihnen hochklettern und die reifen Früchte herunterschütteln. Die sind dann die Grundlage für ihren Winterspeck. Über die letzten 165 Millionen Jahre haben die Bären und vermutlich auch Wildpferde so unbewusst den größten, wohlschmeckendsten und meisttragenden Bäumen zu einem Startvorteil verholfen. Der Bärenkot, in dem die Apfelkerne keimten und den die Bären im ganzen Gebiet verteilten, ist ein perfekter Dünger. Vor tausenden Jahren haben nomadische Völker diese Äpfel oder ihre

Samen mitgenommen und so bis nach Südeuropa gebracht. Die Sumerer erfanden vor 7.000 Jahren in Babylon die Kunst der Baumveredelung. An uns liegt es, diese Geschenke unserer menschlichen Vorfahren und unserer nichtmenschlichen Mitwesen zu pflegen und sie für unsere Kinder und die Bärenkinder zu bewahren. Auf der Website von Christian Mösenbichler können Sie die spannende Dokumentation von Catherine Peix, ausgestrahlt auf ARTE (Alte Gene: Der Urapfel aus Asien – *Malus sieversii*), zu dieser Geschichte ansehen: http://www.permaculture.at.

Herkunft: Familie der Rosengewächse (*Rosaceae*); Tian Shan Gebirge, Nordchina und Kasachstan

Höhe und Platzbedarf: *Malus sieversii*, der Urapfel, wächst bis zu 30 m hoch. Die Kultursorten von *Malus domestica* werden auf einer Sämlingsunterlage bis 9 m hoch. Durch die Auslese schwachwachsender Unterlagen ist es heute auch möglich, Äpfel im Topf auf der Terrasse als Säulenapfel anzubauen. So finden sich Unterlagen für den Kleingarten bis hin zu großen Bäumen in Streuobstwiesen. Je nach Unterlage ist auch die Wuchsform verschieden, von der Säule über einen buschartigen Wuchs und zur großen ausladenden Krone.

Frosthärte: Zone 3; frosthart bis -40,0 °C

Standort: Äpfel wachsen auf gut durchlässigen nährstoffreichen feuchten Böden. Staunässe vertragen sie nicht. Sie lieben geschützte und sonnige Standorte, können aber auch im Halbschatten gedeihen. In der Blütezeit sind Apfelblüten anfällig gegen kalte Winde.

Pflege: Für eine gute Fruchtqualität ist ein jährlicher Auslichtungsschnitt in der Winterruhe wichtig. Ungeschnittene Bäume bringen mit der Zeit viele kleine Früchte mit Schorfpilz-Befall hervor.

Blutäpfel haben attraktive rote Blüten.

Blutapfel Redlove ‚Odysso' (Foto: Lubera)

Verwendung:

- Frucht: Die Verwendung der Früchte ist vielfältig. Neben dem Frischverzehr der Äpfel wird der Apfelsaft entweder frisch getrunken, vergoren zu Apfelwein oder langsam eingekocht zu Apfelkraut, einem Fruchtaufstrich, verwendet. Apfelkuchen oder Bratäpfel sind leckere Süßspeisen. Für die Selbstversorgung ist die Haltbarkeit einzelner Apfelsorten von Bedeutung. Die Lagerung bei 2–4 °C ermöglicht eine Versorgung mit eigenen Äpfeln das ganze Jahr über. Manche Sorten neigen zur Alternanz. Sie tragen nur jedes zweite Jahr ausreichend Früchte.
- Blatt: Die Blätter werden für Kräutertee verwendet.

Vermehrung: Die Vermehrung aus Samen gelingt einfach. Meine Sämlingsunterlagen habe ich alle am Fensterbrett vorgezogen. Mit Glück ist eine neue attraktive Apfelsorte unter den Sämlingspflanzen. Die sortenechte Vermehrung erfolgt durch Veredelung auf Apfelunterlage. Steckhölzer vom reifen Holz werden im November geschnitten.

Sorten und Bezugsquellen: Von den weltweit angebauten 6.000 Sorten finde ich die rotfleischigen Sorten interessant. Sie sind rotbelaubt und sind mit ihren roten Blüten auch eine Zierde im Garten. Der russische Biologe Mitschurin züchtete vor 90 Jahren die Sorte ‚Roter Mond'. In Bayern wurde neu ‚Baya®Marisa' gezüchtet. Bei http://www.baldur-garten.at erhalten Sie diese auch als Säulenapfel. Lubera brachte unter der Marke Redlove die Sorten ‚Era', ‚Circe', ‚Sirena', ‚Odysso' und ‚Calypso' auf den Markt. Diese Sorten erhalten Sie in gut sortierten Baumschulen und Gartencentern wie Bellaflora. Eine große Auswahl alter Sorten finden Sie bei: http://www.artner.biobaumschule.at und http://shop.baumschuleritthaler.de. Als Lagersorte kann ich den ‚Rheinischen Bohnapfel' (‚Großer Bohnapfel') empfehlen. Im Erdkeller hält er sich bei mir ein Jahr lang.

Bei http://www.drzewa.com.pl erhalten Sie drei Sorten von *Malus sieversii:* Var. *niedzwetzkyana* mit roten flachen Früchten, var. *turkmenorum* mit gelbgrünen Früchten sowie eine namenlose Sorte.

Tipp/Besonderheiten: Apfelbäume sind nicht selbstfruchtbar. Sie benötigen eine andere Apfelsorte oder eine Sämlingspflanze als Bestäuber. Gut geeignet dafür ist auch der Japanische Zierapfel (*Malus sargentii*).

Ich habe Sämlingspflanzen in meiner Fruchthecke und den Windschutzgürtel integriert. Durch Rückschnitte wachsen sie buschförmig.

Um Platz zu sparen und unterschiedliche Erntezeiträume zu nutzen, können Sie auch 2–3 verschiedene Sorten auf einem Baum aufedeln. Ein gelber „Klarapfel" („Jackerlapfel"), der Ende Juli reift, neben einem Herbstapfel und einem Winterapfel zum Einlagern schaut auch optisch schön aus. Wichtig dabei ist, dass Sie darauf achten, dass die Sorten eine ähnliche Wuchsstärke haben. Ansonsten überwächst eine Sorte die übrigen.

Der Japanische Zierapfel liefert Früchte zum Einkochen.

Japanischer Zierapfel (*Malus sieboldii Syn. Malus toringo Syn. Malus baccata subsp. toringo*)

Die aus Nordostchina, Korea und Japan stammenden Bäume werden bis zu 3 m hoch. Sie lassen sich gut in Fruchthecken integrieren und tragen reichlich etwa 1 cm große Früchte. Unreif schmecken sie adstringierend, also zusammenziehend, mit einem pelzigen Geschmack im Mund. Die gut ausgereiften kleinen Früchte können mit Nelken und Zimt eingekocht oder zu Gelee verarbeitet werden. In den Baumschulen finden Sie verschiedene Sorten. Falls möglich, achten Sie auf Sorten mit wenigen Bitterstoffen. Der Japanische Zierapfel *Malus sargentii* wird als eine Unterart von *Malus sieboldii* gesehen. Pflanzen der Sorten ‚Brouwers Beauty' und ‚Tina' erhalten Sie bei: http://www.praskac.at und http://www.baumschule-newgarden.de.

Japanischer Zierapfel (Foto: Johannes Hloch)

Orientalischer Apfel/ Kaukasusapfel (*Malus orientalis Syn. Malus pumila*)

Die aus dem Kaukasus, Nordanatolien und Armenien stammenden Bäume variieren stark in Fruchtgröße und Qualität. Die Früchte werden eingekocht oder getrocknet. Der Presssaft wird zu Getränken, Gelee, Sirup, Marmelade, Obstwein oder Essig verarbeitet. Pflanzen erhalten Sie bei: http://www.drzewa.com.pl/.

Holzapfel/Wildapfel (*Malus sylvestris Syn. Malus communis* var. *sylvestris*)

Holzäpfel kommen in Europa bis zum Ural vor. Sie sind ein wertvoller Bestandteil in Wildfruchthecken. Die rohen Früchte schmecken adstringierend. Für den Verzehr können Sie sie einkochen oder trocknen. Sämlinge des Holzapfels werden als Unterlage für Apfelveredelungen verwendet. Pflanzen der Unterart *praecox* erhalten Sie bei: http://www.drzewa.com.pl.

Wollapfel (*Malus tschonoskii*)

Der Wollapfel stammt aus Japan und trägt gelbe, rot überlaufene, feste Früchte. Sie werden 2–3 cm groß. Der Baum wächst kegelförmig und wird 4–8 m hoch. Pflanzen erhalten Sie bei: http://www.praskac.at und http://www.artner.biobaumschule.at. Die Sorte ‚Belmonte' erhalten Sie bei: http://www.drzewa.com.pl.

Mandschurischer Beerenapfel (*Malus mandshurica Syn. Malus baccata* var. *mandshurica*)

Der Mandschurische Beerenapfel ist in Nordostasien verbreitet. Die Früchte werden frisch gegessen oder verarbeitet. Pflanzen erhalten Sie bei: http://www.drzewa.com.pl.

Japanischer Wollapfel

Kirschapfel/Beerenapfel/ Sibirischer Wildapfel (*Malus baccata Syn. Malus sibirica*)

In meinem Wohnort gibt es noch einen letzten roten „Kirschapfel". Die Besitzer erzählen, dass sie früher die etwa 2 cm großen Früchte eingelegt haben und im Winter als Kompott aßen. Die gelbe Sorte ist mittlerweile verschwunden. „Kirschäpfel" waren früher weiter verbreitet, da sie sehr robust sind. Die Fruchtreife ist von Oktober bis Dezember. Ob es sich dabei um den Mandschurischen Beerenapfel oder eine andere Art handelt, konnte ich noch nicht klären. Die Baumschule Brenninger in Oberbayern führt in ihrem reichen Apfelsortenangebot auch einen gelben und einen roten ‚Kirschapfel' als alte Sorten: http://www.baumschule-brenninger.de. ‚Flava', ‚Gracilis', ‚Nigra' sowie ‚Macroflora' mit dunkelroten Äpfeln erhalten Sie bei: http://www.drzewa.com.pl.

Die Äpfelchen schmecken leicht mehlig und süß.

Vielblütiger Zierapfel/ Japanischer Zierapfel/ Korallenstrauch (*Malus floribunda*)

Die Bäume werden 4–5 m hoch und 4–5 m breit. Sie blühen reichlich und bringen kleine bis zu 1 cm große essbare gelbe oder rote Früchte hervor. Wenn sie reif sind, haben sie eine weiche, fast cremige Konsistenz. Der Japanische Zierapfel ist gut für einen Spielplatz geeignet, da die Früchte über längere Zeit am Baum hängen und von Kindern genascht werden können. Pflanzen erhalten Sie bei: http://www.eggert-baumschulen.de und www.biolandbaumschule.de. ‚Ellwangeriana' mit gelblich-rötlichen Früchten und ‚Hillieri' erhalten Sie bei: http://www.drzewa.com.pl.

Crabapples

Apfelhybriden/Zieräpfel/ Crabapple (*Malus hybr.*)

Durch die Kreuzung verschiedener Apfelarten entstanden interessante Fruchtvarianten. Wegen der Blüte oder der Blattfärbung und dem Fruchtbehang, der oft lange an den Bäumen hängen bleibt, werden sie als Zieräpfel gepflanzt. Die folgenden Sorten sind essbar. Meist wird Gelee aus ihnen gemacht oder sie werden als Kompottäpfel eingelegt. Die Sorte ‚Russischer Zierapfel' wird 2 m hoch und trägt reichlich orange-rote Früchte, die bis in den Winter hinein am Baum bleiben können. Sie können als Kompott zusammen mit Rosinen gekocht werden. Pflanzen erhalten Sie unter: https://www.botanik-wug.de/. Mit den folgenden Sorten habe ich gute Erfahrungen gemacht: ‚Crittenden' trägt zahlreiche, 3 cm große rote Früchte. ‚Golden Hornet' (*Malus x zumi*) hat gelbe, frisch essbare Früchte, ‚Red Sentinel' (*Malus x robusta*) trägt zahlreiche rote Früchte, ‚John Downie' eignet sich für den Frischverzehr. ‚Butterball' ist eine neue Sorte, die gut schmeckt und reichlich trägt. ‚Jelly King®' eignet sich gut für Gelee. ‚Dolos Pink Glow' hat größere rosa Früchte. ‚Laura' hat größere Früchte, wächst säulenförmig und ist schwachwüchsig. ‚Royal Beauty' ist eine Hängeform mit dunkelroten Früchten. Pflanzen erhalten Sie bei: http://www.orangepippintrees.eu.

Chinese mealy apple (*Malus x asiatica*)

Es gibt verschiedene Sorten dieser alten Hybride zwischen *Malus sieversii* und der chinesischen Hybride *Malus x prunifolia*. Sie sind in Mittelasien verbreitet. Die Früchte sind für den Sofortverzehr geeignet und nicht lagerfähig. Eine Bezugsquelle für Pflanzen konnte ich noch nicht finden. Sollten Sie eine kennen oder selbst einen Baum gepflanzt haben, kontaktieren Sie mich bitte. Die Unterart *Malus asiatica* var. *wrightii* mit gelbgrünen Früchten erhalten Sie bei: http://www.drzewa.com.pl/.

Pflaumenblättriger Apfel (*Malus x prunifolia*)

Die Sorte ‚Safrani Kitayka' wurde vermutlich von Mitschurin aus einer europäischen Kultursorte mit dem asiatischen pflaumenblättrigen Apfel (*Malus prunifolia*) gezüchtet. Sie ist sehr frostresistent und wurde in Österreich angebaut. Eine namenlose Sorte erhalten Sie bei: http://www.eggert-baumschulen.de und http://www.drzewa.com.pl.

Purpurapfel (*Malus x purpurea*)

Purpuräpfel sind gut winterhart. Sie wachsen als Großsträucher oder Kleinbäume. Die Früchte reifen Ende September bis Oktober. ‚Eleyi' mit wein- bis blauroten Blüten und kleinen weinroten Äpfeln erhalten Sie bei: http://www.pflanzmich.de und http://www.weasdale.com. Die Sorte ‚Neville Copeman' blüht dunkelrosa bis purpurn. Im Herbst reifen die pflaumengroßen roten Äpfel. Pflanzen erhalten Sie bei: http://www.pomonafruits.co.uk und http://www.drzewa.com.pl. ‚Ola' mit 4 cm großen roten Früchten wächst 4–5 m hoch. ‚Pendula' ist eine Hängeform. ‚Rogow' trägt rote Früchte. Pflanzen dieser drei Sorten sowie ‚Aldenhamensis' und ‚Ökonomierat Echtermayer' erhalten Sie bei: http://www.drzewa.com.pl.

Die Sorte ‚Aron' ist robust und trägt schmackhafte Tafeltrauben (Foto: Johannes Hloch).

Weintrauben Sorte ‚Isabella'

Weintrauben (*Vitis spec.*)

Der Beginn des Weinbaus wird vor siebentausend bis achttausend Jahren an der Ostküste des Schwarzen Meeres im Transkaukasus vermutet. Es gibt tausende von Rebsorten. Viele sind Kreuzungen unterschiedlicher Arten. Sorten, die für den Weinanbau verwendet werden, haben oft kleinere Früchte und benötigen intensive Pflege. Sie sind häufig sehr anfällig auf Pilzerkrankungen. Mittlerweile sind viele Tafeltraubensorten erhältlich, die robust sind und im Bioanbau verwendet werden können. Auch für den zukünftigen, verbesserten Bioweinbau wird viel geforscht und gekreuzt, um resistente, geschmackvolle Weinsorten zu entwickeln. Für die unten angeführten Sorten sind keine chemischen Behandlungen erforderlich. Am wichtigsten für die Pflanzengesundheit ist die Wahl des Standorts. Dieser soll möglichst sonnig und in kühleren Lagen an einer geschützten Hauswand oder einer Mauer sein. Der Weinstock profitiert von der untertags gespeicherten Wärme. Wichtig ist auch, dass die Pflanze gut ablüften kann. Einige Äste meines ersten Weinstocks der Sorte ‚Aron', einer herrlichen weißen Tafeltraube, habe ich als Pergola gezogen. Bei nassem und kühlem Augustwetter verderben regelmäßig schöne große Trauben, da die Luftfeuchtigkeit unter der Pergola hoch ist. Einen Ast habe ich zehn Meter lang an der Hausmauer entlanggezogen. Auch bei schlechtem Sommerwetter entwickeln sich hier die Weintrauben meist ohne Schimmelbefall, da dieser Kordon luftig hängt und gut abtrocknen kann.

Herkunft: Familie der Weinrebengewächse (*Vitaceae*); als Kulturpflanze weltweit angebaut

Frosthärte: Zone 6; frosthart bis -23,3 °C

Höhe, Wuchsform und Standort: Die Weinrebe ist eine Kletterpflanze, die rasch wächst und bis 15 m hoch ranken kann. Für den Fruchtanbau werden die Triebe an Drähten waagrecht befestigt oder an Spalieren oder Pergolen befestigt. Die Pflanzen wachsen auf verschiedenen Bodentypen und bevorzugen gut durchlässige Böden. Sie gedeihen sowohl im Halbschatten als auch in voller Sonne. Weintrauben wachsen auf feuchten und trockenen Böden. Sie wurzeln tief und können sich dadurch auch auf trockenen Stellen wie Dachüberständen oder auf Schotterböden gut entwickeln.

Pflege: Im Frühjahr, von Ende Jänner bis Ende Februar, werden die Seitentriebe auf zwei Augen eingekürzt. Aus diesen wachsen die fruchttragenden neuen Triebe. Diese können mehrere Meter lang wachsen. Im Sommer können Sie zu lange Triebe einkürzen. Lassen Sie jedenfalls einige Blätter vor der letzten Traube stehen, um diese zu versorgen. Je nach Sorte und nach Lage reifen die Weintrauben von Mitte August bis Oktober.

Verwendung:

- Pflanzensaft: Beim Rückschnitt der Triebe im Frühjahr tropft der frische Pflanzensaft über Tage von der Schnittstelle herab. Den süßen Saft können Sie frisch trinken oder sterilisieren und haltbar machen. Eine zu starke Saftentnahme schwächt allerdings die Pflanze.
- Sprossen und Blüten: Die jungen Sprossen und die Blüten können Sie als Gemüse verwenden.
- Blatt: Die Blätter werden 4–8 Minuten blanchiert. Danach schrecken Sie sie mit kaltem Wasser ab und lassen sie abtropfen. Anschließend werden sie zum Einwickeln von Speisen, z.B. gedünstetem Reis, verwendet. Sie können die Weinblätter auch für einige Tage im Kühlschrank aufbewahren, indem Sie sie in Salzlake einlegen. Messen Sie dafür so viel Wasser ab, dass die blanchierten Weinblätter bedeckt sind, und salzen Sie sie kräftig. Zur Geschmacksverfeinerung können Sie auch noch Zitronensaft dazugeben.
- Frucht: Die noch unreifen Weintrauben können Sie entsaften. Den sauren Saft füllen Sie in eine sterile Flasche und stellen ihn kühl. Den Saft, der ähnlich wie Zitronensaft oder Essig für Marinaden verwendet werden kann, können Sie für ein erfrischendes Getränk mit Mineralwasser aufspritzen. Die reifen Früchte werden frisch gegessen, zu Marmeladen oder Gelee verarbeitet oder als Kuchenbelag verwendet. Kernlose kleine Trauben können Sie trocknen und haben damit Rosinen für Gebäck oder als Trockenobst zum Knabbern. Den Presssaft können Sie als Fruchtsaft einmachen oder zu Wein vergären. Diesen können Sie zu Weinbrand destillieren.

- Samen: Der frische Pressrückstand wird vergoren und zu Grappa gebrannt. Die Kerne können Sie trocknen und zu Traubenkernmehl vermahlen. Das Traubenkernmehl können Sie zu Backwaren hinzufügen. Die gerösteten und gemahlenen Samen können Sie als Kaffeeersatz verwenden. Wenn Sie die Kerne pressen, erhalten Sie wertvolles Traubenkernöl, das Sie zum Kochen oder für Salatsaucen verwenden können.

Vermehrung: Die Samen sollen gleich nach der Ernte gepflanzt werden und benötigen sechs Wochen Stratifizierung. Die sortenechte Vermehrung erfolgt durch Veredelung auf amerikanische Rebsorten, die gegen einen Wurzelschädling, die Reblaus, resistent sind. Dabei wird ein spezieller Omegaschnitt gemacht oder mit einer Maschine in die Veredelungspartner gestanzt. Stecklinge vom reifen Holz schneiden Sie im Frühjahr vor dem Blattaustrieb. Absenker machen Sie im Frühling.

Sorten und Bezugsquellen: Weiße Tafeltrauben: ‚Aron' ist eine großfrüchtige Tafeltraube, ‚Zala' hat große Beeren, ‚Himrod' ist kernlos, ‚Talisman', eine ukrainische Sorte, hat sehr große Beeren. ‚Hobrevet', eine kernlose Sorte, erhalten Sie bei: http://www.haeberli-beeren.ch.

Rote Tafeltrauben: ‚Nero', ‚Königliche Esther', ‚New York Muskat' (mit sehr großen Trauben und schmackhaften Beeren) und ‚Muskat Blue' sind weitgehend pilzresistent. ‚Phillips' ist eine sogenannte Datteltraube. Der Name leitet sich von der Fruchtform ab. ‚Sweety', eine kernlose Sorte, erhalten Sie bei: http://www.haeberli-beeren.ch. ‚Mitschurinski' wurde von Mitschurin gezüchtet und ist bis -30 °C frosthart. Pflanzen erhalten Sie bei: https://www.rebschule-schmidt.de. Bei Manfred Hans finden Sie noch weitere interessante kernlose Sorten. Rosafarbene Trauben: ‚Katharina' mit großen Beeren erhalten Sie bei: http://www.haeberli-beeren.ch.

Resistente amerikanische Trauben wie die legendäre blaue Uhudlertraube ‚Isabella' haben eine eigene Geschmacksnote, die als Foxton bezeichnet wird. Man liebt diesen Geschmack oder mag ihn nicht. Hier gibt es keine Zwischentöne. Eine gute Sortenauswahl finden Sie bei: http://www.praskac.at, http://www.artner.biobaumschule.at und http://www.proeftuin.eu. Die größte Auswahl guter pilzresistenter Tafeltrauben, mit Sorten aus der Ukraine, Russland, Frankreich etc. finden Sie bei der slowakischen Baumschule http://www.slovplant.sk/. Sie können anrufen, die Betreuerin des E-Shops spricht deutsch.

Tipp/Besonderheiten: Weintrauben sind selbstfruchtbar.

Amerikanischer Angelikabaum/ Amerikanische Narde (*Aralia racemosa*)

Dieser Pflanzenfund am Pflanzenmarkt der Arche Noah macht mir besondere Freude. Einerseits ist es der attraktive Wuchs mit den zarten Blütenständen, sowie der aromatische Duft, wenn man Pflanzenteile berührt. Und was ich eine besonders leckere Kombination finde, ist Narde mit Himbeere als Fruchtjoghurt. Die kleinen Beeren der Narde lassen sich leicht abrebeln. Einen Teil der Beeren zerdrücke ich mit einer Gabel in der Schüssel, der Rest entfaltet sein Aroma beim genussvollen Kauen.

Herkunft: Familie der Araliengewächse (*Araliaceae*); östliches Nordamerika

Höhe und Platzbedarf: 1,8 m hoch, 1,2 m breit

Frosthärte: Zone 4; frosthart bis -34,4 °C

Wuchsform und Standort: Die ausdauernde, frostharte Pflanze hat einen knollenartigen, gelb-

Die Früchte der Narde bezaubern mit ihrem Aroma.

lich-weißen und aromatisch duftenden Wurzelstock, aus dem sie bis zu 1,8 m hoch buschartig austreibt. Die Stängel verholzen teilweise und tragen drei- bis fünffach gefiederte Blätter. Die zarten weißen Blüten erscheinen von Juni bis September als lange rispige Trauben. Aus diesen entwickeln sich die dunkelrot bis purpurfarbenen Beeren, die in Größe und Aussehen an Holunderbeeren erinnern und etwa 4 mm Durchmesser haben. Die Pflanzen wachsen bevorzugt auf feuchten, nährstoffreichen Böden, sowohl im Schatten als auch im Halbschatten.

Pflege: Die amerikanische Narde wächst unproblematisch. Im Spätherbst oder Frühjahr werden die abgestorbenen Stängel und Blütenstände entfernt.

Verwendung:

- Frucht: Die aromatisch schmeckenden, leicht süßen, saftigen Früchte reifen im September und eignen sich für den Frischverzehr oder können zu Säften, Gelees oder Marmeladen verarbeitet werden.
- Triebe und Wurzelstock: Auch die anderen Pflanzenteile werden in der Küche verwendet. Die jungen Triebe können als Gemüse gedünstet oder als Suppeneinlage gebraucht werden. Der Wurzelstock hat ein Lakritz-/Süßholz-Aroma und kann gedünstet oder in Öl angebraten werden.

Vermehrung: Samen müssen stratifiziert werden. Die Vermehrung erfolgt zudem einfach über Wurzelschösslinge oder Wurzelschnittlinge im Winter. Stecklinge vom halbreifen Holz werden im Juli/August geschnitten.

Bezugsquellen: Narden sind eine Rarität. Pflanzen erhalten Sie bei: http://crug-farm.co.uk, http://www.korewildfruitnursery.co.uk, http://www.gartenbauwagner.at, http://www.stauden-stade.de oder http://www.kräuterey.com.

Besonderheiten: Für eine sichere Fremdbefruchtung pflanzen Sie zwei samenvermehrte Pflanzen oder Pflanzen aus unterschiedlichen Herkünften.

Apfelbeeren/Aroniabeeren (*Aronia spec.*)

Die verschiedenen Arten der Apfelbeere tragen blauschwarze bis schwarze Beeren mit einem leicht herben Geschmack. Sie haben etwa die Größe von Heidelbeeren. Durch die Kreuzung der verschiedenen Arten untereinander und durch Auslese entstanden eine Reihe attraktiver und reichtragender Fruchtsorten. Die stärker wachsenden Arten lassen sich gut in niedrig wachsende Hecken integrieren, schwachwüchsige Arten sollten Sie besser als eigene Hecke oder in Einzelstellung pflanzen. Apfelbeeren sind problemlos zu ziehende Pflanzen. Wegen der guten Frosthärte sind sie auch in kälteren Regionen eine Bereicherung des Obstspektrums. Sie eignen sich auch gut für die Gestaltung von öffentlichen Flächen, da sie durch die weißen Doldenblüten, den Fruchtbehang und die rote Herbstfärbung der Blätter eine attraktive Erscheinung sind.

Apfelbeeren tragen reichlich gesunde Früchte.

Herkunft: Familie der Rosengewächse (*Rosaceae*); östliches Nordamerika

Frosthärte: Zone 4; frosthart bis -34,4 °C

Wuchsform, Standort und Pflege: Apfelbeeren wachsen strauchförmig und verzweigen sich gut. Im Jugendstadium können Sie durch gezielten Rückschnitt eine dichtere Verzweigung fördern. Die Pflanzen stellen an den Boden keine besonderen Ansprüche. Nur zu nasse Böden mögen sie nicht. Aroniabeeren sind robust und pflegeleicht. Im Frühjahr werden zu dicht stehende Triebe bodennah weggeschnitten.

Verwendung:

- Frucht: Die Beerenfrüchte wachsen in Dolden und sind wenig saftig. Manche essen die Früchte auch roh, meistens werden sie allerdings verarbeitet. Der Presssaft wird als Reinsaft getrunken oder Mischfruchtsäften beigefügt und verleiht diesen eine dunkle Farbe. Zudem wird er zu Likör verarbeitet. Sie können die Früchte im Ganzen zu Marmeladen einkochen oder die gekochten Beeren pürieren und durch ein Sieb streichen. Aus diesem Fruchtmus lassen sich köstliche Desserts, Mischfruchtaufstriche oder auch Eiscremen zubereiten. Sie können die Früchte auch trocknen.

Vermehrung: Die Samen müssen stratifiziert werden. Die Vermehrung erfolgt zudem einfach über Absenker im Frühjahr und durch Wurzelschösslinge im Winter. Stecklinge vom halbreifen Holz werden im Juli/August geschnitten.

Sorten und Bezugsquellen: Die unten angeführten Sorten erhalten Sie bei: http://www.baumschule-horstmann.de und http://www.aronia-pflanzen.com.

Tipp/Besonderheiten: Apfelbeeren sind selbstfruchtbar.

Rote Apfelbeere (*Aronia arbutifolia*)

Die Rote Apfelbeere wächst bis 1,2 m hoch und bis 1 m breit. ‚Brilliant' wird bis zu 2 m hoch und trägt erbsengroße rote Früchte, die im September reifen. ‚Erecta' erhalten Sie bei: http://www.drzewa.com.pl.

Schwarzfrüchtige Apfelbeere (*Aronia melanocarpa*)

Die Schwarzfrüchtige Apfelbeere wächst 1,5–2 m hoch und bis 1,5 m breit. Die Früchte sind je nach Standort von August bis in den Herbst hinein erntereif. ‚Königshof' wächst 1,5 m hoch. ‚Nero' enthält besonders wenig Gerbsäure, ist sehr ertragreich und wird 1,5–2,5 m hoch. ‚Aron' ist eine großfrüchtige dänische Sorte, die bis 1,5 m hoch wird. ‚Galicjanka' erhalten Sie bei: http://dmkert.hu. ‚Czarnoowocowa' wächst 2–2,5 m hoch. Pflanzen erhalten Sie bei: http://www.drzewa.com.pl.

Azarole bianco

oder birnenförmigen Formen und Fruchtgrößen von 2–3,5 cm. Die süß-säuerlichen frischen Früchte werden gezuckert oder in Honig eingelegt gegessen oder zu Marmeladen, Kompotten, Likören oder getrocknet und gemahlen als Backzusatz verwendet. Die Blätter werden für Kräutertees verwendet. Pflanzen erhalten Sie bei http://www.garden-shopping.de, Pflanzen mit weiß-rosa Früchten bei: http://www.praskac.at, http://demoerbeiboom.be, http://www.eggert-baumschulen.de und http://www.artner.biobaumschule.at. Eine Sorte mit roten Früchten erhalten Sie bei: http://dmkert.hu.

Pear Hawthorn (*Crataegus calpodendron*)

Diese Weißdornart stammt aus dem östlichen Nordamerika und ist bis -45,5 °C (Zone 2) frosthart. Pflanzen erhalten Sie bei: http://demoerbeiboom.be.

Schwarzer Weißdorn (*Crataegus chlorosarca*)

Diese seltene Weißdornart stammt aus Ostasien (Japan und Mandschurei). Die Bäume werden 6 m hoch und 4,5 m breit und sind gut frosthart. Ab Mitte August bis September reifen die schwarzen Früchte mit grünem Fruchtfleisch. Pflanzen erhalten Sie bei: http://www.eggert-baumschulen.de.

Hahnendorn (*Crataegus crus-galli*)

Der Hahnendorn stammt aus dem östlichen Nordamerika. Die Bäume werden bis 8 m hoch und 8 m breit. Sie tragen bis 8 cm lange Dornen und sind bis -28,8 °C (Zone 5) frosthart. Die Blüten erscheinen im Mai/Juni. Die roten Früchte reifen im September. Pflanzen erhalten Sie bei: http://www.artner.biobaumschule.at, die weidenblättrige Sorte ‚Salicifolia' mit schönen herabhängenden Zweigen bei: http://www.vdberk.nl.

...Weißdorn (*Crataegus durobrivensis*)

Crataegus durobrivensis kommt in der freien Natur nicht vor und ist vermutlich eine Hybride aus *Crataegus pruinosa x Crataegus suborbiculata*. Die Pflanzen sind bis -28,8 °C (Zone 5) frosthart. Die selbstfruchtbaren Pflanzen tragen lange Dornen. Die weiße Blüte erscheint im Mai. Die roten 1,5 cm großen Früchte reifen im September. Pflanzen erhalten Sie bei: http://www.agroforestry.co.uk.

Crataegus durobrivensis *(Foto: Martin Crawford)*

...Weißdorn (*Crataegus ellwangeriana*)

Diese Weißdornart stammt aus dem Osten Nordamerikas und kommt nur in Kultur vor. Sie ist vermutlich eine Hybride. Die Bäume wachsen 6 m hoch und 6 m breit und sind bis -28,8 °C (Zone 5) frosthart. Sie tragen lange Dornen. Die Blüte erscheint im Mai. Die roten, 2–2,5 cm großen Früchte reifen im September. Pflanzen erhalten Sie bei: http://www.agroforestry.co.uk und http://demoerbeiboom.be.

Gelbfrüchtiger Weißdorn (*Crataegus flava*)

Diese seltene Weißdornart aus dem Südosten Nordamerikas hat gelbe birnenförmige Früchte und kleine Dornen. Die Bäume werden 8 m hoch und 10 m breit und sind bis -23,3 °C (Zone 6) frosthart. Die weiße Blüte erscheint im Mai/Juni. Pflanzen erhalten Sie bei: http://demoerbeiboom.be.

Der Grignon Weißdorn lässt sich auch noch spät im Jahr beernten.

Grignon Weißdorn (*Crataegus grignonensis*)

Der Grignon Weißdorn ist eine selbstfruchtbare Hybride aus dem Mexikanischen Weißdorn (*Crataegus mexicana* Syn. *Crataegus pubescens*) und dem Hahnendorn (*Crataegus crus-galli*) und gut frosthart. Die Bäume werden bis 6 m hoch und sind fast dornenlos. Die weiße Blüte erscheint im Mai. Im September/Oktober reifen die roten 1,5 cm großen, roten Früchte, die bis in den Winter hinein am Baum hängen bleiben. Ich habe heuer die ersten Früchte verkostet und bin begeistert vom Grignon Weißdorn. Die Bäume tragen üppig und die Früchte schmecken mir sehr gut. Der Grignon Weißdorn ist deshalb auch für den Erwerbsanbau zu empfehlen. Pflanzen erhalten sie bei: http://www.eggert-baumschulen.de, http://www.vdberk.nl und http://demoerbeiboom.be.

Grignon Weißdorn im Dezember in Wien

Mexikanischer Weißdorn mit gelben und Chinesischer Weißdorn mit roten Früchten (Foto: De Moerbeiboom)

Mexikanischer Weißdorn (*Crataegus mexicana Syn. Crataegus pubescens*)

Der Mexikanische Weißdorn ist in Mittelamerika und Südafrika eine wichtige Obstart. Die Bäume wachsen bis 9 m hoch und sind bis -17,7 °C (Zone 7) frosthart. Damit eignen sie sich für den Anbau in Mitteleuropa in geschützten Lagen im Weinbaugebiet oder in Städten. Oder die Pflanzen müssen im Winter durch Vlies geschützt werden. Die Frosthärte einzelner Sorten kann hier unterschiedlich sein. Hier ist noch Pioniergeist gefragt, um die Anbaumöglichkeiten auszuloten. Die Pflanzen gedeihen auf feuchten Böden und tolerieren Trockenheit recht gut. Die Kulturformen sind dornenlos. Die Blüten erscheinen im Juni, die Früchte reifen im Oktober. Die Früchte können länger gelagert werden. Eine Sorte mit gelben Früchten erhalten Sie bei: http://demoerbeiboom.be. Die Sorte ‚Stipulacea' erhalten Sie bei: http://www.vdberk.nl und http://dmkert.hu.

Orientalischer Weißdorn (*Crataegus orientalis subsp. orientalis Syn. Crataegus tanacetifolia*)

Der Orientalische Weißdorn kommt vom südlichen Balkan über Griechenland, Bulgarien bis zur Krim und dem Kaukasus vor. In Armenien, Georgien und im Irak wird der Orientalische Weißdorn als Fruchtbaum kultiviert. Die Bäume wachsen 6 m hoch und 5 m breit. Sie sind gut winterhart. Die Blüte erscheint im Juni. Die bis 2,5 cm großen schmackhaften orangefarbenen Früchte reifen im Oktober. Sie werden frisch gegessen oder getrocknet und gemahlen dem Mehl für süße Brote beigemengt. Pflanzen erhalten Sie bei: http://www.eggert-baumschulen.de, http://www.artner.bio-baumschule.at, http://www.agroforestry.co.uk, http://dmkert.hu und http://demoerbeiboom.be.

Scharlachdorn (*Crataegus pedicellata Syn. Crataegus coccinea*)

Ursprünglich hatte ich eine andere Weißdornart bestellt und war dann über die Größe der Früchte und vor allem ihren Geschmack höchst erfreut. Die unerwartete Frucht entpuppte sich als Scharlachdorn – ein Tafelobst, das ich nur empfehlen kann.

Wuchsform und Standort: Mit seinem strauchförmigen und breiten Wuchs eignet sich der Scharlachdorn gut als Heckenpflanze. Die Bäume werden 7 m hoch und 7 m breit und sind bis -28,8 °C (Zone 5) frosthart. Die Zweige tragen locker verteilt etwa 4 cm lange und leicht gebogene Dornen. Die breit ovalen Blätter sind gezähnt. Von Ende April bis Anfang Mai erscheinen die weißen, stark duftenden Blüten in Trugdolden. Der Scharlachdorn stellt keine besonderen Ansprüche an den Boden. Er ist frosthart und wächst gut sowohl auf trockenen als auch feuchten Böden. Für eine gute Fruchtqualität ist ein sonniger Standort notwendig. Regelmäßiger Schnitt wird gut vertragen.

Frisch gegessen oder zu Mus gekocht – der Scharlachdorn ist ein Tafelobst.

Verwendung:

- Frucht: Die kugelförmigen scharlachroten Früchte haben einen Durchmesser von etwa 2 cm und enthalten drei bis fünf kleine Kerne. Die Früchte hängen traubenförmig am Strauch und reifen Mitte September bis Oktober. Aufgrund des feinen Aromas, der angenehmen Süße sowie des fruchtigen Geschmacks und des Saftgehalts stellen sie eine Bereicherung im Obstgarten dar. Die Ernte gestaltet sich einfach. Die Früchte reifen etwa zeitgleich und fallen bei Vollreife ab. Neben der Fruchtgröße und dem vorzüglichen Aroma ist dies ein weiterer Vorteil für den Erwerbsanbau. Sie können zudem gekühlt bis zu zwei Monate gelagert werden. Die Früchte des Scharlachdorns eignen sich zum Frischverzehr, für die Herstellung von Marmeladen und Kompotten, konserviert als Mus oder als Kuchenbelag. Sie können auch als Likör angesetzt oder vergoren zu Schnaps gebrannt werden. Getrocknet finden sie in Früchtetees oder als Trockenobst Verwendung.
- Blüten: Die Blüten können getrocknet und als Tee verwendet werden.

Bezugsquellen: Der Scharlachdorn ist selbstfruchtbar. Eine zweite Sämlingspflanze erhöht den Ertrag. Pflanzen erhalten Sie bei: http://www.eggert-baumschulen.de, http://www.artner.bio-baumschule.at und http://www.praskac.at.

Chinesischer Weißdorn (*Crataegus pinnatifida* var. *major*)

Der Chinesische Weißdorn kommt von Mittel- und Nordchina, Korea, Japan bis in den fernen Osten Russlands vor. Er wird in China plantagenmäßig angebaut und auf Märkten in Form von kandierten Fruchtspießen oder als Frischware verkauft. Bei mir gedeiht er problemlos. Die Pflanzen werden bis 7 m hoch und sind bis -23,3 °C (Zone 6) frosthart. Im Mai erscheinen die weißen Blüten. Von September bis Oktober reifen die bis zu 3,5 cm großen, dunkelroten Früchte. Der Chinesische Weißdorn ist selbstfruchtbar. Pflanzen der Sorte ‚Big Golden Star' erhalten Sie bei: http://dmkert.hu, http://www.bs13.baumschule-walsetal.de, http://www.garden-shopping.de, http://www.agroforestry.co.uk und http://www.eggert-baumschulen.de. Die Fruchtsorten ‚Big Golden Star', ‚Little Golden Star', ‚Chankou', ‚Big Ball' und ‚Purple Jam' erhalten Sie bei: http://demoerbeiboom.be.

Chinesischer Weißdorn

Crataegus schraderiana *mit reichem Fruchtbehang (Foto: De Moerbeiboom)*

...Weißdorn (*Crataegus schraderiana*)

Crataegus schraderiana stammt aus Südeuropa. Ab Mitte September reifen die großen dunkelroten süßsauren Früchte. Pflanzen erhalten Sie bei: http://demoerbeiboom.be und http://dmkert.hu.

...Weißdorn (*Crataegus songarica*)

Crataegus songarica stammt aus Ostasien und ist fast dornenlos. Ab Ende August reifen die sehr dunkelroten, schmackhaften Früchte. Pflanzen erhalten Sie bei: http://demoerbeiboom.be und http://www.drzewa.com.pl.

Grüner Weißdorn (*Crataegus viridis*)

Crataegus viridis wächst als kleiner Baum und ist als attraktive Pflanze für die Gestaltung von Freiräumen beliebt. Die Sorte ‚Winter King' ist dornenlos und trägt im Herbst 2 cm große rote Früchte. Pflanzen erhalten Sie bei: http://www.agroforestry.co.uk.

Crataegus songarica *hat schwarz-violette Früchte (Foto: De Moerbeiboom).*

Lederblättriger Weißdorn/ Apfeldorn (*Crataegus x lavallei* ‚Carrierei' und *Crataegus x lavallei*)

Die beiden hier angeführten Formen ähneln sich sehr und entstanden im Segrez Arboretum in Frankreich um 1880. In der Literatur finden sich unterschiedliche Angaben zur Elternschaft. Im Mai erscheinen die weißen Blüten. Beide Formen tragen geschmackvolle Früchte, die bis in den Winter hinein am Baum hängen bleiben. Ich genieße es sehr, in dieser kargen Jahreszeit frische Früchte ernten zu können. Die orangefarbenen, bis 1,5 cm großen, ovalen Früchte hängen in Trauben an den Bäumen und reifen ab September. Ich habe sie im Erdkeller bis Mai nächsten Jahres problemlos eingelagert. Sie schmecken gut als Frischobst und lassen sich gut zu Fruchtmus verarbeiten. Die Pflanzen sind selbstfruchtbar.

‚Carrierei', die Kreuzung aus Mexikanischem Weißdorn (*Crataegus mexicana*) und *Crataegus calpodendron*, wächst als Baum breitkronig 5 bis 7 m hoch. Die Kronen können Sie bei ornamentalem Einsatz der Bäume gut in Kugelform halten. Pflanzen erhalten Sie bei: http://www.drzewa.com.pl, http://www.baumschule-horstmann.de und http://www.praskac.at.

*Apfeldorn (*Crataegus x lavallei*) Herincq*

Crataegus x lavallei Herincq ist eine Kreuzung aus dem Hahnendorn (*Crataegus crus-galli*) und *Crataegus stipulacea*. Bei manchen Baumschulen findet sich der Hinweis auf lange Dornen. Die von mir gepflanzten Bäume haben nur in Ausnahmefällen einzelne Dornen, die ich mit der Baumschere entferne. Anfangs wachsen die Bäume eher säulenförmig, im Alter gehen sie etwas in die Breite. Sie werden 7–10 m hoch. Ich nutze diese Wuchseigenschaft und setze säulenförmig erzogene Bäume an exponierte Standorte gleichsam als Landmarke. Pflanzen erhalten Sie bei: http://www.drzewa.com.pl.

Pflaumendorn/ Pflaumenblättriger Dorn (*Crataegus x prunifolia Syn. Crataegus persimilis*)

Der Pflaumendorn wächst 6 m hoch und 6 m breit und ist sehr gut frosthart. Die weißen Blüten erscheinen im Mai. Die roten Früchte reifen im Herbst und haften lange an den Zweigen. Pflanzen erhalten Sie bei: http://www.agroforestry.co.uk, http://www.praskac.at, http://www.artner.biobaumschule.at und http://www.eggert-baumschulen.de. Die Sorte ‚Splendens' mit 1,5 cm großen roten Früchten erhalten Sie bei: http://www.agroforestry.co.uk und http://www.garden-shopping.de.

Sanddorn (*Hippophaë rhamnoides*)

Herkunft: Familie der Ölweidengewächse (*Elaeagnaceae*); von Asien bis Europa.

Höhe und Platzbedarf: 6 m hoch, 2,5 m breit

Frosthärte: Zone 3; frosthart bis -40,0 °C

Wuchsform und Standort: Der dornenbewehrte Strauch mit seinen sparrig abstehenden Ästen wächst je nach Sorte zwischen 1 und 4 m hoch. An guten Standorten kann er auch zum Kleinbaum heranwachsen und bis 6 m hoch werden. Wegen seines dichten Wurzelwerks wird er zur

Weibliche Blüte des Sanddorns

Bodenstabilisierung verwendet. Dank der Symbiose der Wurzeln mit Luftstickstoff verarbeitenden Strahlenpilzen gedeiht Sanddorn auch sehr gut auf sandigen und kargen Böden. Er ist auch resistent gegenüber längeren Dürren und an extreme Temperaturen angepasst. Er benötigt viel Licht. Staunässe ist zu vermeiden. Sanddorn vermehrt sich auch vegetativ durch Wurzelausläufer. Sanddorn ist zweihäusig und benötigt daher für den Fruchtertrag jeweils eine männliche Pflanze auf bis zu 6 weibliche Pflanzen. Die weidenähnlichen lanzettförmigen Blätter sind auf der Oberfläche dunkelgrün bis grau gefärbt, auf der Unterseite sind sie silberweiß und dicht behaart. Zwischen März und April bilden sich unauffällige, braun gefärbte Blüten. Die weiblichen Blüten sind traubenförmig angeordnet. Die Bestäubung erfolgt durch den Wind.

Pflege: Sanddorn ist eine pflegeleichte Pflanze. Er ist recht resistent gegen Schädlinge und Krankheiten und verträgt Schnittmaßnahmen sehr gut. Rückschnitte und Auslichtungsschnitte werden in der Winterruhe durchgeführt.

Verwendung:

- Frucht: Die orangeroten Beeren werden knapp erbsengroß und sind je nach Sorte zwischen Ende August und Ende September erntereif. Sie enthalten sehr viel Vitamin C und wertvolle Öle und schmecken roh säuerlich-herb. Da die Früchte mit dem kurzen Stängel fest am Holz haften, gestaltet sich das Pflücken schwierig. Sie zerplatzen leicht. Die beste Methode im Haushalt ist das Abschneiden ganzer Zweige. Diese werden dann in der Kühltruhe schockgefroren. Die gefrorenen Beeren können abgeschüttelt und dann gut weiterverarbeitet werden. Der Saft wird durch einen Dampfentsafter oder durch Passieren durch ein Sieb gewonnen. In Verbindung mit Zucker oder Honig werden köstliche Gelees oder Säfte sowie Fruchtaufstriche gekocht. Die Beeren färben stark gelb und wurden früher auch als Färbemittel verwendet. Neben der Verwendung der ganzen Frucht wird auch das Sanddornöl als Heilmittel bei Quetschungen und Verbrennungen sowie als Pflegemittel für die Haut verwendet. Das Sanddornöl wird dabei mit Sonnenblumenöl aus dem Saft der Beeren extrahiert.

Vermehrung: Die Vermehrung über Samen benötigt Stratifizierung. Am leichtesten gelingt die Vermehrung durch Ausläufer, die vor dem Blattaustrieb abgetrennt und versetzt werden. Absenker werden im Herbst gemacht, Stecklinge vom halbreifen Holz im Juni/Juli. Steckhölzer vom reifen Holz im Herbst sind schwer zu bewurzeln.

Sorten und Bezugsquellen: Vor allem in Ostdeutschland wurden verschiedenste Sorten gezüchtet. Weibliche Sorten sind ‚Leikora', ‚Askola', ‚Dorana', ‚Frugana' oder ‚Hergo', als männliche Befruchtersorte ist ‚Pollmix' erhältlich. Pflanzen erhalten Sie bei: http://www.baumschule-horstmann.de und http://www.artner.biobaumschule.at. Die selbstfruchtbare, kernlose Sorte ‚Sandora hipparth (S)' mit gelborangen Früchten sowie die frühfruchtende (ab Mitte August) Sorte ‚Pendulina' gibt es bei: http://www.haeberli-beeren.ch/. ‚Pendulina' hat zudem längere Stiele und eignet sich dadurch besser für das Pflücken per Hand.

Tipp/Besonderheiten: Wenn Sie neben der männlichen Befruchtersorte zwei weibliche Pflanzen setzen, können Sie jedes Jahr eine Pflanze stark beernten, indem Sie die Fruchtzweige abschneiden. Diese Pflanze kann sich dann im Folgejahr erholen. So haben Sie jährlich einen guten Ertrag. Ganz aktuell bedroht die eingeschleppte Sanddornfruchtfliege, bei der die Larven die Früchte ausfressen, den Sanddornanbau in Deutschland.

Die Zweige mit den reifen Früchten werden am besten eingefroren und die Beeren danach abgestreift (Foto: Johannes Hloch).

Weibliche Blüte der Silberbüffelbeere

Die Beeren schmecken süß-säuerlich.

Silberbüffelbeere (*Shepherdia argentea*)

Diese Verwandte des Sanddorns ist in den letzten Jahren bei uns auf den Markt gekommen. Die Pflanzen, die ich gesetzt habe, wachsen problemlos und treiben viele Ausläufer. Dies sollten Sie bedenken, wenn Sie Silberbüffelbeeren setzen. Das große Problem derzeit ist, dass es noch keine Auslesen auf weibliche und männliche Pflanzen gibt. Jedenfalls konnte ich bisher im Handel keine finden. Erst mit einem Pärchen erhalten Sie Früchte. Sollten Sie ein Pärchen besitzen, so nehmen Sie bitte Kontakt mit mir auf. Im Alchemistenpark in Kirchberg am Wagram haben wir das Glück, zufälligerweise ein Pärchen zu haben. Die roten Beeren schmecken säuerlich und fruchtig. Die Ernte ist einfach, sie lösen sich leicht vom Strauch. Trotz der Dornen ist dies eine Frucht, die Kindern schmecken wird. Silberbüffelbeeren sind eindeutig eine Bereicherung für unsere Obstgärten. Ich freue mich schon auf die nächste Verkostung.

Herkunft: Familie der Ölweidengewächse (*Elaeagnaceae*); Nordamerika

Höhe und Platzbedarf: 4 m hoch, 4 m breit; ausläufertreibend

Frosthärte: Zone 2; frosthart bis -45,5 °C

Wuchsform und Standort: Silberbüffelbeeren wachsen als dichte Sträucher und können eine dichte Hecke bilden. Die Zweige sind mit Stacheln besetzt. Die Blüten erscheinen im März, die zahlreichen, kleinen roten Früchte sitzen dicht am Stamm. Sie reifen ab August. Die Pflanzen sind sehr robust. Sie gedeihen sowohl im Halbschatten als auch in voller Sonne. Sie wachsen auf feuchten oder trockenen Böden und tolerieren Trockenheit. Über ihre Wurzeln binden sie Luftstickstoff und düngen damit den Boden.

Pflege: Die Pflanzen sind robust und pflegeleicht. Rückschnitte werden gut vertragen.

Verwendung:

- Frucht: Die Beeren können frisch gegessen oder zu Marmelade, Gelee oder Säften verarbeitet werden. Getrocknet sind sie ein leckeres Trockenobst.

Vermehrung: Für die Vermehrung aus den Samen sollen diese erst im Herbst geerntet werden und abtrocknen. Danach benötigen sie Stratifizierung. Die Vermehrung über Wurzelausläufer machen Sie in der Vegetationspause. Absenker machen Sie im Frühjahr, Stecklinge vom halbreifen Holz im Juli/August.

Bezugsquellen, Sorten und Besonderheiten: Silberbüffelbeeren sind zweihäusig. Für den Fruchtertrag benötigen Sie eine weibliche und eine männliche Pflanze. Eine männliche Pflanze bestäubt bis zu 6 weibliche Pflanzen.

Pflanzen erhalten Sie bei: http://www.baumschule-hartwich.de, http://www.praskac.at, http://www.eggert-baumschulen.de, http://www.artner.biobaumschule.at, http://www.korewildfruitnursery.co.uk und http://www.burncoose.co.uk. Ich hoffe sehr, dass bald eine Baumschule auch mit der gesonderten Vermehrung von weiblichen und männlichen Pflanzen beginnt. In Nordamerika gibt es Fruchtsorten, unter anderem ‚Xanthocarpa' und ‚Goldeneye', zwei Sorten mit gelben Früchten.

Die gelben Blüten und die gefiederten Blätter machen den Blauschotenstrauch auch zu einer idealen Zierpflanze.

Die Früchte lassen sich wie Bohnenschoten öffnen (Foto: Johannes Hloch).

Blauschotenstrauch (*Decaisnea fargesii*)

Blauschotensträucher sind eine Zierde. Allerdings starben einige der ersten Pflanzen ab, die durch eine automatische Bewässerung versorgt wurden. Seit dem Vermeiden der Staunässe gedeihen sie bei mir problemlos.

Herkunft: Familie der Fingerfruchtgewächse (*Lardizabalaceae*); Bergwälder Westchinas

Höhe und Platzbedarf: 4 m hoch, 4 m breit

Frosthärte: Zone 5; frosthart bis -28,8 °C

Wuchsform und Standort: Die Pflanze wächst strauchartig 3 bis 5 m hoch und bildet im Juni gelblich-grüne, glockenförmige Blüten aus, die an langen Dolden herabhängen. Aus diesen entstehen die kobaltblauen Früchte, die an Bohnenschoten erinnern und etwa 10 cm lang und bis zu 2 cm dick sind. Im Herbst färben sich die 0,5 bis 1 m langen, paarweise gefiederten Blätter gelb, was zusammen mit den blauen Früchten eine optische Bereicherung im Garten darstellt. Ein sonniger und windgeschützter Standort wird bevorzugt. Die Pflanzen gedeihen auf verschiedenen Bodentypen und bevorzugen einen feuchten Boden. Sie reagieren empfindlich auf Staunässe und sterben dadurch ab.

Pflege: Die Jungpflanzen sollten im Wurzelbereich im Winter durch eine Mulchschicht geschützt werden. Ansonsten sind keine speziellen Pflege- oder Schnittmaßnahmen notwendig. Sollte ausgelichtet werden, geschieht dies am besten im Frühjahr vor dem Blattaustrieb.

Verwendung:

- Frucht: Die Früchte reifen von Ende September bis Oktober und können frisch genossen werden. Sie werden ähnlich wie eine Bohnenschote seitlich geöffnet und der Inhalt wird im Ganzen entnommen. Die zahlreichen flachen Samen sind von einer dünnen Schicht süßem, delikat schmeckendem, geleeartigem Fruchtfleisch umgeben, das verzehrt wird.

Vermehrung: Die Samen werden gleich nach der Ernte in ein Beet oder einen Topf gesät und keimen problemlos im Frühjahr. Die jungen Pflanzen benötigen die ersten Jahre Winterschutz.

Sorten und Bezugsquellen: Spezielle Fruchtsorten sind mir derzeit keine bekannt. Pflanzen erhalten Sie bei: http://www.praskac.at, http://www.baumschule-horstmann.de und http://www.pflanzenhof-online.de.

Tipp/Besonderheiten: Der Blauschotenstrauch ist selbstfruchtbar.

Chinesisches Spaltkölbchen/ Schisandra/Wu Wei Zi Beere (*Schisandra chinensis*)

Die Fotos von den roten Früchten, die ich vor Jahren sah, auf denen diese in üppigen Trauben von den Pflanzen hingen, hatten es mir angetan. Mein Gartenfreund Ernst setzte Pflanzen, die sich zwar üppig hochschlangen, aber bis auf ein paar einzelne Beeren tat sich nicht viel. Wir fanden dann heraus, dass Schisandra zweihäusig ist, und wir vermuteten, dass ein Befruchter fehlte. Dann fanden wir Hinweise, dass sich unten an der Pflanze männliche Blüten befänden und erst später oben die weiblichen dazukämen. Das Ende der Geschichte für mich: Vor zwei Jahren kaufte ich in einem Gartencenter im Baumarkt zwei Pflanzen, die schon im Jahr darauf fruchteten. Heuer habe ich die erste schöne Ernte. Es liegt wohl an einem verbesserten Pflanzenmaterial, das jetzt vertrieben wird. Bei mir schlingt sich die Schisandra an einem Gitter an der Stadelwand hoch und bildet dabei eine grüne Blätterwand. Die sieht nicht nur gut aus, sondern ich kann sie auch essen. Das Schöne an Schisandra ist die vielseitige Nutzungsmöglichkeit der Pflanze.

Herkunft: Familie der Sternanisgewächse (*Schisandraceae*); Russland (Amurgebiet, Sachalin), Nordkorea, Japan

Frosthärte: Zone 4; frosthart bis -34,4 °C

Höhe, Wuchsform und Standort: 9 m hoch, Schlingpflanze
Die Pflanzen benötigen ein Rankgerüst. Dafür eignen sich feine verzinkte Gitter, die Sie im Baumarkt bekommen. Das Gitter montiere ich auf Latten und befestige diese an einer Wand. Der Wurzelbereich der Pflanzen sollte beschattet oder gemulcht sein. Im Wurzelbereich treiben sie Ausläufer. Die kleinen gelblichen Blüten erscheinen im April/Mai, die Beeren reifen im September/Oktober. Sie mögen feuchte Böden und meiden sehr kalkhaltige. Schisandra wächst sowohl im Halbschatten als auch im vollen Schatten. Bei mir wächst sie an einer ostseitig orientierten Wand und gedeiht prächtig.

Pflege: Schisandra ist eine robuste, pflegeleichte Pflanze. Rückschnitte führen Sie am besten vor dem Blattaustrieb aus. Während der Vegetationszeit können Sie überzählige Triebe jederzeit entfernen.

Verwendung:

- Blatt: Die jungen Blätter können Sie als Gemüse dünsten. Sie können auch einen kräftigenden Tee aus den getrockneten Blättern und Trieben brühen.

Foto: Johannes Hloch

- Frucht: Die johannisbeergroßen Früchte enthalten verschiedene Aromen. Sie werden auch als „Fünf-Geschmacks-Früchte" bezeichnet da sie süß, sauer, scharf, bitter und leicht salzig sein sollen. Sauer und bitter dominieren allerdings. Sie können frisch gegessen werden, getrocknet als Trockenobst oder zu Mus, Marmelade, Gelee oder Sirup verarbeitet werden. In Russland werden sie laut PFAF auch zusammen mit Minikiwi zu einem Mus verarbeitet. Ich habe die Beeren meiner ersten größeren Ernte zusammen mit einigen Löffeln Honig und etwas Wasser langsam gedünstet und reduziert. Zwischendurch habe ich die Beeren mit einem Löffel zerquetscht. Das Ergebnis schmeckt sehr gut und passt gut zu Gemüse- oder auch Fleischgerichten.

Vermehrung: Samen sollen vor der Aussaat zwölf Stunden in warmes Wasser gelegt werden. Stecklinge vom halbreifen Holz schneiden Sie im August, Absenker machen Sie im Herbst. Ausläufer trennen Sie im Herbst oder Frühjahr ab.

Sorten und Bezugsquellen: Die Sorte ‚Sadova Nr. 1', die selbstfruchtbar ist, erhalten Sie bei: http://www.deaflora.de, die ebenfalls selbstfruchtbare ‚Vitalbeere®' erhalten Sie bei: http://www.garden-shopping.de und ‚Take 5' erhalten Sie bei: http://www.lubera.com.

Tipp/Besonderheiten: Die Wildform von Schisandra ist zweihäusig. Die heute vertriebenen Pflanzen scheinen selbstfruchtbar zu sein. Möglicherweise ist der Fruchtertrag höher, wenn Sie eine genetisch fremde Pflanze aus Sämlingsanzucht oder eine zweite Sorte dazusetzen. Bei der Sämlingsanzucht können Sie auch getrenntgeschlechtliche Pflanzen erhalten. Daran sollten Sie denken, falls Ihre Sämlingspflanzen keine Früchte ansetzen.

Kornelkirsche/Dirndl und Co. (*Cornus spec.*)

Die Kornelkirsche/Dirndl hat in den letzten dreißig Jahren steile Karriere gemacht. Vom teilweise seltenen Wildstrauch ist sie zu einem bekannten Wildobstgehölz mit verschiedenen Fruchtsorten in vielen Gärten geworden. Von der Hartriegelfamilie gibt es auch noch andere VertreterInnen mit essbaren Früchten.

Herkunft: Familie der Hartriegelgewächse (*Cornaceae*)

Vermehrung: Die Vermehrung aus Samen durch Stratifizierung gelingt einfach. Die sortenechte Vermehrung erfolgt durch Absenker im Juni/Juli, durch Stecklinge von Seitentrieben im Juli/August und durch Steckhölzer vom reifen Holz des diesjährigen Austriebs im Herbst.

Wildform der Kornelkirsche (Foto: Johannes Hloch)

Kornelkirsche/Dirndl (*Cornus mas*)

Die Kornelkirsche wächst in Zentral- und Südeuropa, dem Kaukasus und von Kleinasien bis in den Südwesten des Iran.

Höhe und Platzbedarf: 8 m hoch, 5 m breit

Frosthärte: Zone 5; frosthart bis -28,8 °C

Wuchsform und Standort: Sie ist ein sparrig verzweigt wachsender Großstrauch und wird als Kleinbaum bis zu 8 Meter hoch. Durch die gute Schnittverträglichkeit wird sie auch gerne als Hecke angepflanzt und kann in Form geschnitten werden. Durch gezielten Rückschnitt kann die Verzweigung der Äste und der Aufbau von Fruchtholz gefördert werden. Die Bäume werden über 100 Jahre alt, das deutsche Bundessortenamt berichtet auch von einem 250-jährigen Baum. Die ovalen Blätter sind gegenständig angeordnet, 4–8 cm lang und glatt. Die Rinde bildet im Alter eine graubraune Schuppenborke aus. Die Blütenknospen werden bereits im Herbst als kleine Dolden angelegt. Die goldgelben Blüten erscheinen als kleine Büschel im Februar oder März noch vor den Blättern und stellen eine wichtige Bienennahrung dar.

Die länglichen, glänzend roten Früchte haben stumpfe Enden und sind etwa 2 cm lang. Die Edelsorten sind größer und haben wesentlich mehr Fruchtfleisch.

Als Herzwurzler bildet die Dirndl ein dichtes Wurzelgeflecht aus und eignet sich zur Hangbefestigung. An den Boden stellt sie keine besonderen Ansprüche, nur Staunässe verträgt sie nicht gut.

Pflege: Pflanzenkrankheiten oder Schädlingsprobleme sind keine bekannt.

Die gelben Blüten der Kornelkirsche sind eine wichtige Bienenweide.

Verwendung:

- Frucht: Die länglichen, glänzend roten Früchte haben stumpfe Enden und sind etwa 2 cm lang. Die Edelsorten sind größer und haben wesentlich mehr Fruchtfleisch. Die reifen Früchte färben sich dunkelrot bis schwarz-rot und enthalten viel Zucker und Vitamin C. Sie schmecken leicht säuerlich und herbsüß mit einem typischen Aroma. Die Ernte zieht sich je Strauch oder Baum von Mitte August bis Ende September bis zu 3 Wochen hin. Bei Eintreten der Vollreife löst sich die Frucht selbst vom Stiel, davor ist sie wegen der enthaltenen Gerbstoffe noch herb. Dirndln sollen daher nicht gepflückt werden, auch ein heftiges Schütteln führt nur dazu, dass auch herbe Früchte vom Baum fallen. Es empfiehlt sich das Auslegen von Tüchern und das tägliche Auflesen der reifen Früchte. Durch Einfrieren können so geeignete Mengen für die Weiterverarbeitung gesammelt werden. Die Nutzung für Marmelade und die Herstellung von Säften (auch als Beimengung zu aromatischen Mehrfruchtsäften) oder Sirup sind im Haushalt gut machbar. Für die Marmeladenherstellung werden die Dirndl am besten durch ein Sieb gestrichen und dann mit Zucker eingekocht. Getrocknete Dirndl schmecken vorzüglich. In eine Essigmarinade eingelegt eignen sie sich als pikante Beilage zur Jause. Ein traditionelles hochwertiges Produkt ist der Dirndlbrand sowie in Frankreich der Fruchtwein Vin de Cornouille. In der Volksmedizin wurden Dirndlfrüchte zur Behandlung von Magenproblemen und der Ruhr eingesetzt.
- Samen: Die schlanken Steinkerne sind etwa 1 cm lang. Ihre Samen werden geröstet und geben in Mischkaffees ein vanilleähnliches Aroma. Aus den Samen wird Speiseöl gepresst.
- Blatt: Die Blätter werden für Kräutertees verwendet.

Sorten und Bezugsquellen: ‚Jolico', eine österreichische Sorte, geht sehr früh in Ertrag und reift Ende September. ‚Schumener' und ‚Kasanlaker' stammen aus Bulgarien und sind großfrüchtig und ertragreich. ‚Schönbrunner Gourmetdirndl' reift Ende August. Neben den rotfrüchtigen Sorten gibt es auch gelbfrüchtige Auslesen wie ‚Jantarnyj', eine ukrainische Sorte, oder ‚Flava', die seit dem 17. Jh. bekannt ist und Mitte August reift. Eine bemerkenswerte Sortenvielfalt finden Sie unter: http://kornelkirsche.eu. Die Sorten ‚Auslese Albrecht', ‚Titus' und ‚Devin' erhalten Sie bei: http://www.baumschule-friedersdorf.de.

Tipp/Besonderheiten: Für den Fruchtertrag ist das Pflanzen von zwei verschiedenen Sorten notwendig, wobei der Fremdbestäuber auch eine Wildform sein kann.

Weitere Infos: Unter http://www.dirndlwiki.at finden Sie zahlreiche Hintergrundinformationen sowie Anregungen für die Nutzung der Früchte.

Japanische Kornelkirsche

Japanische Kornelkirsche (*Cornus officinalis*)

Die Japanische Kornelkirsche ist im Wuchs und der Pflege den oben beschriebenen Kornelkirschen sehr ähnlich. Sie stammt aus China, Korea und Japan und ist bis -23,3 °C (Zone 6) frosthart.

Die roten Früchte sind leicht adstringierend (zusammenziehend) und werden für die Likörproduktion verwendet.

Bezugsquellen: Pflanzen erhalten Sie in Baumschulen, unter anderem bei: http://www.suedflora.de und http://www.artner.biobaumschule.at.

Tipp/Besonderheiten: Die ganze Pflanze wird seit über 2.000 Jahren in der chinesischen Medizin verwendet. Für den Fruchtertrag benötigen Sie zwei Pflanzen.

Kanadischer Hartriegel (Foto: Deaflora)

Kanadischer Hartriegel (*Cornus canadensis*)

Der Kanadische Hartriegel kommt von Sibirien bis Kanada vor und eignet sich gut als Bodendecker. Die Pflanzen werden nur bis 30 cm hoch, breiten sich rasch aus und gedeihen auch in schattigeren Bereichen gut. Sie bevorzugen feuchte Böden. Die Pflanzen sind bis -45,5 °C (Zone 2) frosthart. Die kleinen roten Früchte werden frisch gegessen, getrocknet oder zu Marmelade verarbeitet. Für den Fruchtertrag benötigen Sie 2 genetisch verschiedene Pflanzen. Pflanzen erhalten Sie bei: http://www.korewildfruitnursery.co.uk, http://www.proeftuin.eu, http://dmkert.hu, http://www.agroforestry.co.uk und unter dem Titel Puddingbeere bei: http://www.deaflora.de.

Chinesischer Blumenhartriegel (*Cornus kousa*)

Der Blumenhartriegel stammt aus China, Korea und Japan. Er vereint Schönheit mit wohlschmeckenden Früchten. Bei mir wächst er problemlos.

Höhe und Platzbedarf: 10 m hoch, 6 m breit

Frosthärte: Zone 5; frosthart bis -28,8 °C

Hinter der rauen Fruchthaut verbirgt sich cremiges aromatisches Fruchtmark.

Wuchsform und Standort: Der Blumenhartriegel wächst strauchförmig und kann sich zu einem großen Baum entwickeln. Die großen weißen Blüten erscheinen im Juni. Eigentlich ist das, was wie eine Blüte wirkt, nur der Landeplatz für die bestäubenden Insekten. Die eigentliche Blüte ist eher unauffällig und sitzt im Zentrum. Die etwa 2 cm großen, kugelförmigen roten Früchte mit ihrer warzigen, harten Haut sitzen an langen Stielen und reifen im September. An den Boden stellt er keine besonderen Ansprüche. Feuchte Böden werden allerdings bevorzugt. Immer wieder finden sich Hinweise, dass kalkiger Boden nicht vertragen wird. Ich konnte diesbezüglich noch keine Probleme feststellen. Blumenhartriegel gedeiht sowohl im Halbschatten als auch in voller Sonne.

Pflege: Die Erziehung als Heckenpflanze ist gut möglich. Schnittmaßnahmen in der Winterruhe werden gut vertragen.

Verwendung:

- Frucht: Die reifen Früchte haben eine harte Fruchtschale, die aufgebrochen wird. Im Inneren befindet sich das helle cremige Fruchtmark, das zahlreiche größere Samen enthält. Es schmeckt delikat und aromatisch und eignet sich am besten für den Frischverzehr.
- Blatt: Junge zarte Blätter werden als Gemüse gedünstet.

Sorten und Bezugsquellen: Spezielle Fruchtsorten sind nicht ausgewiesen. Bei Sämlingspflanzen variiert die Fruchtqualität. Die Auslese erfolgte auf die Größe oder das Farbenspiel der Blüten oder auch der Blätter. Pflanzen unterschiedlicher Sorten erhalten Sie in Baumschulen. Am besten suchen Sie sich im September eine bereits fruchtende Pflanze aus und verkosten die Früchte vor dem Kauf. Die großfrüchtigste Sorte, die gut schmeckt, ist ‚Big Apple'. Pflanzen erhalten Sie bei: http://www.baumschulgarten-enneking.de, http://bulk-boskoop.nl und http://www.esveld.nl.

Tipp/Besonderheiten: Blumenhartriegel ist nicht selbstfruchtbar. Für den Fruchtertrag benötigen Sie zwei Pflanzen.

Essbare Ölweiden (*Elaeagnus spec.*)

Viele Jahre war ich auf der Suche nach Essbaren Ölweiden, die Beschreibungen in verschiedenen Magazinen klangen verlockend. In Windschutzgürteln in Niederösterreich und auch in Wien fand ich Ölweiden, deren Früchte aber trocken und vor allem zusammenziehend schmeckten. Im Vorjahr bekam ich gleich eine Reihe von Sorten, die ich anpflanzte und die im Jahr darauf bereits erste Früchte trugen. Die kleinen roten Beeren sind etwa so groß wie kleine Ribisel/Johannisbeeren. Sie wachsen in großer Zahl auf den Zweigen und

Vielblütige Ölweide ‚Sweet Scarlet'
(Foto: Johannes Rabensteiner)

lassen sich leicht durch Abstreifen mit der Hand ernten. Und – sie schmecken vorzüglich, säuerlich mit Süße und einem eigenen Aroma. Manche Sorten haben eine leicht bittere Note. Alles in allem ein pflegeleichtes und schmackhaftes Obst. Es gibt allerdings eine Schattenseite. Die Schmalblättrige Ölweide (*Elaeagnus angustifolia*) ist ein invasives Gehölz, das sich vor allem in Nordamerika stark ausbreitet, auch am Neusiedlersee im Burgenland gefährdet sie wertvolle Trockenrasenstandorte. Diese Art der Ölweiden sollten Sie daher nicht anpflanzen.

Herkunft: Familie der Ölweidengewächse (*Elaeagnaceae*); Die Korallen-Ölweide (*Elaeagnus umbellata*) kommt von Afghanistan über Nordindien bis China, Korea und Japan vor. Sie wird 3 m hoch und 2 m breit und ist bis -40,0 °C (Zone 3) frosthart. Die

Fruchtsorten der Essbaren Ölweide haben mehr Fruchtfleisch als Wildformen (Foto: Andrea Heistinger).

Blüten erscheinen im April/Mai, die Früchte reifen im September/Oktober. Die Vielblütige Ölweide (*Elaeagnus multiflora*) stammt aus China, Korea und Japan. Sie wird 3 m hoch und 2 m breit und ist bis -23,3 °C (Zone 6) frosthart. Sie blüht im April/Mai. Die Früchte reifen im Juli. Eine Besonderheit ist die Wintergrüne Ölweide (*Elaeagnus x ebbingei*), eine Hybridform. Sie kommt in freier Natur nicht vor und benötigt für den Fruchtertrag eine Befruchtersorte. Sie wird 5 m hoch und 5 m breit. Sie ist bis -23,3 °C frosthart. Es hängt allerdings vom Kleinklima ab, ob die Blätter den Winter über grün bleiben und die Blüten, die im Spätherbst blühen, im April/Mai reife Früchte hervorbringen. Die orangen Früchte sind 2 cm lang und bis 1 cm breit. Sie enthalten einen Kern.

Frosthärte: Zone 6; frosthart bis -23,3 °C

Wuchsform, Standort und Pflege: Die Ölweiden wachsen strauchförmig. Durch ihre Fähigkeit, über die in Symbiose an ihren Wurzeln lebenden Knöllchenbakterien Luftstickstoff zu speichern, kommen sie mit vielen Bodentypen und auch auf nährstoffarmen Böden gut zurecht. Sie gedeihen im Halbschatten und in voller Sonne und tolerieren Trockenheit. Schnittmaßnahmen werden problemlos vertragen.

Elaeagnus x ebbingei *ist immergrün.*

Elaeagnus x ebbingei – *die Früchte enthalten einen großen Kern.*

Verwendung:

- Frucht: Die Beerenfrüchte werden frisch gegessen, zu Marmeladen, Gelees oder Saucen verarbeitet oder zu alkoholischen Getränken vergoren.

Vermehrung: Die sortenechte Vermehrung durch Absenker machen Sie im September/Oktober. Trennen Sie die neuen Pflanzen erst im darauffolgenden Herbst ab. Stecklinge vom halbreifen Holz schneiden Sie im Juli/August, vom reifen Holz im November. Samen benötigen Stratifizierung für das Keimen.

Sorten und Bezugsquellen: Fruchtsorten von *Elaeagnus umbellata* sind ‚Amber', ‚Big Red', ‚Brilliant Rose', ‚Jewel', ‚Marzahne', ‚Red Cascade', ‚Serinus', ‚Sweet-N-Tart' oder ‚Turdeus'. Fruchtsorten von *Elaeagnus multiflora* sind ‚Goumi du Japon' und ‚Sweet Scarlet'. Fruchtsorten von *Elaeagnus x ebbingei* sind ‚Limelight', ‚Gilt Edge' und ‚Coastal Gold'. Alle drei Sorten haben gelbgrüne Blätter. Pflanzen erhalten Sie bei: http://www.burncoose.co.uk. Pflanzen der verschiedenen oben genannten Sorten erhalten Sie bei: http://www.deaflora.de, http://www.agroforestry.co.uk, http://www.baumschule-friedersdorf.de, http://www.hortensis.de, http://www.raritätengärtnerei-manfredhans.de und http://www.eggert-baumschulen.de. Christoph Kruchem vermehrt eine afghanische Fruchtsorte von *Elaeagnus angustifolia* var. *orientalis*, die Trebizond Date/Senjed/Igde. Die gelben Früchte sind größer (2 cm) und von viel besserer Qualität als die von *Elaeagnus angustifolia*: http://www.hortensis.de. ‚Chalef', eine Fruchtsorte von *Elaeagnus umbellata*, und die großfrüchtige ‚Goumi du Japon', eine Sorte von *Elaeagnus multiflora*, erhalten Sie bei: http://www.ribanjou.com. die Sorte ‚ Urozhaynaya Vavilova' bei: https://www.eggert-baumschulen.de

Tipp/Besonderheiten: Manche Ölweiden sind zu einem geringen Grad selbstfruchtbar. Der Fruchtertrag ist allerdings wesentlich größer, wenn Sie zwei Sorten der gleichen Art für eine Kreuzbefruchtung pflanzen.

Rebhuhnbeere und Co. (*Gaultheria spec.*)

Verschiedene *Gaultheria*-Arten werden als Zierpflanzen verwendet. Zum einen wegen der Zweige mit den immergrünen, festen Blättern, die sich gut in Blumengestecken verarbeiten lassen. Und zum anderen wegen der auffallenden, großen roten oder rosafarbenen Beerenfrüchte. Diese haften lange an den Sträuchern. Dadurch eignen sie sich gut als Topfpflanzen, für Dekorationen oder auch als Friedhofspflanzen. Nebenbei sind sie auch gute Bodendecker. Für die Essbare Landschaft haben *Gaultherias* den großen Vorteil, dass die Beeren essbar sind und bei manchen Arten wohlschmeckenden und reichen Fruchtertrag bringen. *Gaultherias* sind Moorbeetpflanzen und benötigen saure Böden. Dies ist die Herausforderung für den Anbau. Da ich in einer eher trockenen und warmen Gegend lebe, bin ich noch immer am Experimentieren, um eine geeignete Anbauweise für *Gaultherias* zu finden. Lohnenswert scheint mir die Kultur in großen Töpfen. Hier kann ich die Zusammensetzung und die Feuchtigkeit des Substrats selbst besser steuern. Das werde ich nächstes Jahr versuchen.

Herkunft: Familie der Heidekrautgewächse (*Ericaceae*); Nord- bzw. Südamerika

Vermehrung: Die Vermehrung aus Samen benötigt Stratifizierung. Stockteilungen führen Sie am besten im Frühjahr vor dem frischen Austrieb durch. Stecklinge vom halbreifen Holz schneiden Sie im Juli/August.

Torfmyrte/Pernettya (*Gaultheria mucronata*)

In manchen Pflanzenbüchern werden die Beeren der Torfmyrte als giftig beschrieben. Bei Plants for a Future hingegen wird der Genuss der Beeren als unbedenklich beschrieben.

Torfmyrte/Pernettya

Die bei uns in kleinen Töpfen angebotenen Torfmyrten werden in ihren Herkunftsländern Argentinien und Chile bis 1,5 m hohe und bis 1,2 m breite immergrüne Büsche. Sie sind bis -23,3 °C (Zone 6) frosthart. Die Pflanzen sind nicht selbstfruchtbar. Für den Fruchtertrag benötigen Sie männliche und weibliche Pflanzen. Da meist die beerentragenden weiblichen Pflanzen verkauft werden, können Sie über eine Samenvermehrung hoffen, dass Sie ein Pärchen bekommen. Eine männliche Pflanze reicht für 5–6 weibliche. Die Pflanzen gedeihen im Halbschatten und in voller Sonne. Feuchte Böden werden bevorzugt. Die rot, rosa oder weiß gefärbten, kugeligen Früchte sind etwa 12 mm groß und reifen von September bis Oktober. Die Fruchtqualität kann bei Sämlingen stark variieren. Möglicherweise gibt es in den Herkunftsländern Fruchtsorten. Verschiedene weibliche Sorten wie ‚Signal' oder ‚Bells seedling', die selbstfruchtbar ist, sowie eine männliche Sorte ‚Maskula' erhalten Sie bei: http://www.burncoose.co.uk. Alle oben genannten *Gaultheria*-Arten, verschiedene weibliche und eine männliche Sorte der Torfmyrte erhalten Sie auch bei: http://www.shootgardening.co.uk. Die Sorten ‚Alba' und ‚Purpurea' erhalten Sie bei: http://www.baumschule-horstmann.de. Samen erhalten Sie bei: http://www.rarepalmseeds.com.

Wintergrün

Niederliegende Rebhuhnbeere/ Wintergrün/Scheinbeere (*Gaultheria procumbens*)

Wintergrün kennen Sie wahrscheinlich aus den Gärtnereien. Besonders im Herbst werden die kleinen immergrünen Pflanzen wegen des roten Beerenschmucks verkauft und häufig zur Dekoration eingesetzt. Die Beeren sind essbar. Das Besondere dabei ist der Geruch. Die Pflanzen riechen nach „Krankenhaus". Das aromatische Öl aus den Blättern wird in der Parfümerie und der Kosmetikindustrie verarbeitet. Zugegeben, das klingt jetzt nicht sehr schmackhaft. Wir haben die Beeren zusammen mit Szechuanpfeffer und Rosenblättern in Sonnenblumenöl gegeben und leicht erhitzt. Die farbenprächtige Mischung sah im Topf gut aus und das Gewürzöl, das wir nach dem Abseihen verwendeten, schmeckte anregend aromatisch.

Höhe und Platzbedarf: 20 cm hoch, ausläufertreibend, bis zu 40 cm/Jahr

Frosthärte: Zone 4; frosthart bis -34,4 °C

Wuchsform, Standort und Pflege: Die kleinen Büsche eignen sich als Bodendecker. Dafür berechnen Sie 6–10 Pflanzen/m^2. Die weißen Blüten erscheinen im Juli/August, die roten Früchte reifen im Oktober/November. Die Pflanzen gedeihen im Vollschatten oder Halbschatten. Sie benötigen genügend feuchte saure Böden und tolerieren auch vorübergehende Trockenheit.

Verwendung:

- Blätter: Aus den Blättern können Sie Tee zubereiten.
- Frucht: Die reifen Früchte können Sie für Marmeladen oder als Kuchenbelag verwenden.
- Öl: Das destillierte Öl aus den Blättern wird zum Aromatisieren von Bier, Süßigkeiten und Kaugummi verwendet.

Sorten und Bezugsquellen: Spezielle Fruchtsorten sind mir derzeit keine bekannt. Pflanzen erhalten Sie in vielen Gärtnereien und bei: http://www.boehlje.de.

Tipp/Besonderheiten: Die Pflanzen sind selbstfruchtbar.

Salal/Hohe Rebhuhnbeere/ Scheinbeere (*Gaultheria shallon*)

Wenn Sie einen schattigen Garten haben und dennoch Früchte wollen, dann ist Salal genau die richtige Pflanze für Sie. In Mitteleuropa ist sie noch eine absolute Rarität. Im Alchemistenpark habe ich Salalpflanzen auf eine schattige und feuchte Stelle mit saurem Boden unter den Zirbenbäumen gepflanzt. Dort entwickeln sie sich gut und fruchten auch. Die dunkelvioletten heidelbeergroßen Früchte wachsen an Rispen. Sie sind süß und haben ein gutes Fruchtaroma.

Höhe und Platzbedarf: 40–80 cm hoch, 60–80 cm breit; ausläufertreibend

Frosthärte: Zone 5; frosthart bis -28,8 °C

(Zone 6) frosthart. Sie sind nicht selbstfruchtbar. Die Blüten erscheinen im Juni, die blauschwarzen Früchte reifen im Oktober. Die selbstfruchtbare Sorte ‚Bulk' BRANDYWINE® wird nur 1,5 m hoch und wächst sehr kompakt. Sie wird wegen der rosa und blauen Fruchtstände und der auffälligen Blattfärbung im Herbst als Zierpflanze verkauft. Die Früchte haften lange an den Zweigen. Pflanzen erhalten Sie bei: http://www.esveld.nl/, http://koju.de und http://www.as-garten.at.

Gemeiner Schneeball (*Viburnum opulus*) und Zwergschneeball (*Viburnum opulus* ‚Compactum')

Der Gemeine Schneeball ist eine einheimische Wildpflanze, die in Eurasien und Nordafrika vorkommt. Die Sträucher werden 4 m hoch und 4 m breit und sind bis -40,0 °C (Zone 3) frosthart. Die weißen Blüten erscheinen im Juni, die roten Beerenfrüchte reifen im September und bleiben auch im Winter an den Zweigen hängen. Sie werden nur gekocht gegessen und wurden im Alpenraum traditionell zu Marmeladen verarbeitet. Im Kaukasus werden sie wegen der Früchte in Gärten angepflanzt, in Weißrussland wurden Fruchtsorten mit besserem Geschmack und Ertrag ausgelesen und in Südeuropa werden sie für Kompott geerntet. Die Früchte können Sie von September bis Jänner ernten. Die brandenburgische Sorte ‚88/1-Fruchtauslese' erhalten Sie bei: https://wildobstschnecke.de. ‚Slodka' und ‚Tajezhnyje Rubiny' aus Russland erhalten Sie dort ebenfalls sowie bei: http://kornelkirsche.eu. Die Sorte ‚Xanthocarpum' mit gelben Früchten erhalten Sie bei: http://www.garden-shopping.de. Eine klein bleibende Form des Gemeinen Schneeballs, die Sorte ‚Compactum', wird nur 1,5 m hoch. Sie trägt reichlich Früchte, die gut schmecken sollen. Deaflora empfiehlt die Früchte am Strauch gefriertrocknen zu lassen und erst im Winter zu ernten, da sie dann süß schmecken. Pflanzen erhalten Sie bei: http://kornel kirsche.eu, http://www.deaflora.de und http://www.eggert-baumschulen.de.

Gemeiner Schneeball

Wolliger Schneeball (*Viburnum lantana*)

Der Wollige Schneeball ist eine einheimische Wildpflanze, die in Süd- und Zentraleuropa, Großbritannien, der Ukraine und dem Kaukasus vorkommt. Die gut winterharten Pflanzen wachsen bis 4 m hoch. In Russland gibt es Fruchtsorten. In Frankreich gibt es eine essbare Sorte, die seit 1764 gezüchtet wird. Erhältlich ist sie als ‚Frankreich 1764' bei: https://www.botanik-wug.de. Die schwarzen Früchte reifen ab September und bleiben bis in den Winter hinein am Strauch hängen, wo sie langsam eintrocknen. Unter dem französischen Namen ‚Viorne lantane' finden Sie auch ein Fruchtbild auf der Website von: http://www.pepin-hier.fr.

Pflaumenblättriger Schneeball (*Viburnum prunifolium*)

Diesen Herbst habe ich erstmals die ovalen blauen Früchte des Pflaumenblättrigen Schneeballs verkostet. Sie schmeckten mir so gut, dass ich Ihnen diese Rarität nur empfehlen kann. Keine Spur von bitterem Geschmack, sondern süßes und weiches Fruchtfleisch um den flachen Kern hatte die Frucht von dem Strauch, von dem ich koste-

Die Früchte des Pflaumenblättrigen Schneeballs schmecken süß.

te. Die Pflanzen, die erhältlich sind, sind samenvermehrt. Daher kann die Fruchtqualität unterschiedlich sein. Der Pflaumenblättrige Schneeball stammt aus dem Osten und dem Zentralraum der USA. Er wächst bis 7 m hoch und 5 m breit und ist bis -40,0 °C (Zone 3) frosthart. Pflanzen erhalten Sie bei: http://www.eggert-baumschulen.de und http://www.drzewa.com.pl, Samen bei: http://www.sandemanseeds.com.

In der Literatur fand ich bei Mansfeld, dass *Viburnum lentago* und *Viburnum prunifolium* Synonyme sind. Bei PFAF werden die beiden Viburnumarten als zwei verschiedene Arten dargestellt. Im Handel gibt es eine Hybride aus beiden: Jack's Viburnum (*Viburnum x jackii*). Eine europäische Bezugsquelle konnte ich noch nicht finden. Das Rätsel konnte ich nicht lösen. Erst wenn beide Arten fruchten, werde ich den Unterschied oder die Gleichheit feststellen können.

Der Amerikanische Schneeball eignet sich gut zum Einkochen.

Amerikanischer Schneeball/ Highbush Cranberry (*Viburnum trilobum*)

Der amerikanische Name verrät, dass der Amerikanische Schneeball wie Cranberries verwendet wird. Die roten Beeren schmecken säuerlich mit einer leicht herben Note und enthalten viel Vitamin C.

Herkunft, Höhe und Platzbedarf: Nordamerika; 3 m hoch, 2 m breit

Frosthärte: Zone 2; frosthart bis -45,5 °C

Wuchsform und Standort: Die Pflanzen wachsen als dichte Büsche und können gut in Hecken integriert werden. Sie gedeihen auf unterschiedlichen Bodentypen. Feuchte Böden werden bevorzugt, der Amerikanische Schneeball verträgt aber auch Trockenheit.

Pflege: Highbush Cranberries sind pflegeleichte Pflanzen und vertragen Rückschnitte problemlos.

Verwendung: Die kleinen roten Beerenfrüchte enthalten je einen einzigen Samen und wachsen in Dolden. Nach der Reife Ende September können sie zu Marmelade, Gelee oder zu pikanten Chutneys verarbeitet werden. Ungeerntet bleiben die Beeren den Winter über am Strauch hängen, verlieren aber an Qualität.

Sorten und Bezugsquellen: ‚Alfredo', ‚Hahs', ‚Philipps' und ‚Wentworth' tragen reichlich Früchte. Pflanzen erhalten Sie bei: http://www.praskac.at, http://www.deaflora.de und http://www.agroforestry.co.uk.

Tipp/Besonderheiten: Für den Fruchtertrag benötigen Sie zwei verschiedene Sorten. Der Amerikanische Schneeball ist nicht selbstfruchtbar. ‚Philipps' und ‚Wentworth' sind laut Frau Hellmich von Deaflora selbstfruchtbare Sorten.

Chinesische Dattel/Jujube (*Ziziphus jujuba*)

Meine erste Jujube fand ich in einer slowenischen Baumschule und bereits zwei Jahre später hatte ich die ersten Früchte. Es handelt sich um die Sorte ‚Lang' und die Früchte sind zumeist kernlos. Die ersten Jahre hielt ich die durch ihre Blätter und den Wuchs sehr attraktive Pflanze problemlos in Topfkultur und hatte eine regelmäßige Ernte. Dann folgten die fruchtlosen Jahre, sowohl in Topfkultur als auch dann nach der Auspflanzung. Die Gründe dafür sind mir unklar. Ähnliche Beobachtungen machte ich auch bei Pflanzen in Griechenland. Dafür gab es heuer eine gute Ernte auf allen Bäumen.

Herkunft: Familie der Kreuzdorngewächse (*Rhamnaceae*); China und Japan

Höhe und Platzbedarf: 10 m hoch, 7 m breit

Frosthärte: Zone 6; frosthart bis -23,3 °C

Chinesische Datteln sind auch ideale und robuste Kübelpflanzen.

Wuchsform und Standort: Jujuben wachsen als Strauch mit biegsamen, dornigen Zweigen. In warmen Gegenden wird die Jujube als Baum mit strauchförmigem Wuchs bis zu 10 m hoch. Die Sträucher oder Bäume können als Einzelpflanzen gesetzt oder auch in Hecken angebaut werden. Das Holz ist sehr hart. Die Blätter sind länglich oval, leicht eingekerbt und wechselständig an den Zweigen angeordnet. Sie erscheinen im Frühjahr und sind glänzend hellgrün. Die kleinen gelben Blüten erscheinen von Juni an laufend in den Blattachseln. Aus ihnen entstehen die braunen, braunroten und je nach Sorte auch schwarzen Früchte. Diese sind je nach Sorte zwischen 2 und 5 cm lang, dattelförmig und enthalten einen länglichen Samen. Das Fruchtfleisch ist süß und aromatisch mit einem Geschmack nach Karamell. Die Früchte reifen im September bis Ende Oktober und fallen dann von den Bäumen. Wenn die grünen Früchte beginnen sich teilweise braun zu färben, können sie geerntet werden. In kälteren Regionen sollte auf einen möglichst sonnigen Standort, idealerweise mit einer Wärme speichernden Mauer oder einer Holzwand dahinter, geachtet werden, um das Ausreifen der Früchte sicherzustellen. Die Pflanzen stellen keine besonderen Ansprüche an den Boden, nur Staunässe soll vermieden werden. Sie gedeihen auch auf nährstoffarmen Böden und vertragen Trockenheit.

Chinesische Datteln sind attraktive Kleinbäume.

Pflege: Jujuben sind robust und pflegeleicht. In sehr kalten Regionen benötigen junge Pflanzen einen Winterschutz. Schnittmaßnahmen werden im Frühjahr vor dem Blattaustrieb durchgeführt.

Verwendung:

- Frucht: Die Früchte werden frisch mit der Schale gegessen. Auch die Trocknung der Früchte ist von Bedeutung. Die Trockenfrüchte sind mehlig, süß und wegen der enthaltenen Kohlenhydrate sehr nahrhaft. Sie enthalten reichlich Kalzium, Phosphor und Eisen. Sie können in Eintöpfen, als Füllung für Teigtaschen oder zu Desserts verarbeitet werden. In der chinesischen Medizin werden die Jujuben als Sirup oder als Trockenfrüchte gegen Erkältungen eingesetzt.
- Samen: Das Öl aus den Samen wird medizinisch, für Kosmetika und als Nahrungszusatz verwendet.

Vermehrung: Samen werden gleich nach dem Reifen in Substrat gegeben und zuerst warm gehalten sowie im Winter stratifiziert. Wurzelschösslinge können abgetrennt und vereinzelt werden. Eine sortenechte Vermehrung ist auf Sämlingsunterlagen von *Ziziphus jujuba* möglich.

Sorten und Bezugsquellen: ‚Giuggiolo' ist eine italienische Sorte mit kleineren Früchten, der Strauch ist bedornt. ‚Lang' hat bis zu 4 cm lange Früchte und ist dornenlos. Weitere Sorten sind ‚Li' und ‚Ju Tao Tsao'. Diese Sorten erhalten Sie bei: http://www.eggert-baumschulen.de. Die Sorte ‚Provence' erhalten Sie bei: http://www.pepinieredubosc.fr. Die längliche Sorte ‚Tigertooth' und die klein bleibende ‚So' mit zickzack wachsenden Zweigen erhalten Sie bei: http://ediblelandscaping.com.

Tipp/Besonderheiten: Chinesische Datteln sind selbstfruchtbar. Die Kübelkultur ist gut möglich. Wichtig ist dabei eine gute Versorgung mit einem Flüssigdünger in der Wachstumsphase bis Mitte August. Nach dem Blattfall im Spätherbst ist die Überwinterung in einem kühlen, auch dunklen Raum problemlos möglich.

Japanische Quitte/Zierquitte/Scheinquitte (*Chaenomeles spec.*)

Viele wissen nicht, dass sie einen Fruchtstrauch im Garten haben. Der Name Zierquitte verrät nicht, dass es sich um eine schön blühende und in Osteuropa und Asien seit langer Zeit im großen Stil kultivierte Obstart handelt. Das Schöne ist, dass die Früchte aller Arten verwendbar sind. Eine große Fülle an Sorten finden Sie bei: http://wildobstschnecke.de.

Bei mir haben die Scheinquitten ihren fixen Platz beim Marmelade Einkochen. Mittlerweile probiere ich sie in verschiedenen Mischmarmeladen miteinander zu kombinieren. Versuchen Sie selbst, Sie werden begeistert sein.

Herkunft und Wuchsform: Die Scheinquitte gehört zur Familie der Rosengewächse (*Rosaceae*) und kommt in verschiedenen Arten vor.

Die Art *Chaenomeles japonica* (*Syn. Chaenomeles lagenaria*), die wegen ihrer Blütenfülle häufig als Zierstrauch gepflanzt wird, stammt aus China und Japan und wird zwischen 1 m und 2 m hoch und 2 m breit. Die apfelförmigen Früchte sind etwa 4 cm groß.

Die Art *Chaenomeles speciosa* (*Syn. Chaenomeles lagenaria*) kommt in West- und Zentralchina in der Provinz Duadong vor und erreicht eine Höhe von 2–3 m und bis zu 5 m Breite. Ihre Früchte sind apfel- oder birnenförmig und 5–7 cm groß. *Chaenomeles cathayensis* stammt aus Zentralchina sowie den westlichen und südlichen Regionen. Sie wird 2 bis 3 m hoch und bis zu 3 m breit. Sie trägt bis zu 15 cm lange und 9 cm breite birnenförmige Früchte. Einzelne Sorten erreichen ein Fruchtgewicht bis zu 1,2 kg.

Chaenomeles thibetica kommt in den Bergregionen Osttibets und den chinesischen Provinzen Yunnan und Szechuan vor. Sie wird in der Nähe von Lhasa wegen ihrer birnenförmigen duftenden Früchte angebaut.

Chaenomeles × superba entstand als Hybride zwischen *Chaenomeles japonica* und *Chaenomeles speciosa* im Jahr 1900. Von den vielen Kulturformen werden einige wegen der großen Früchte kultiviert. Sie werden 1 m hoch und 2 m breit. Die Früchte sind apfel- oder birnenförmig und bis zu 6 cm groß.

Frosthärte: Zone 5; frosthart bis -28,8 °C

Standort: Die aufrecht, sparrig und dicht wachsenden Sträucher nehmen im Alter durch zahlreiche Wurzelausschläge im Umfang zu. Mit ihren Dornen können sie undurchdringliche Hecken bilden. Von März bis April erscheinen die attraktiven Blüten in dichten Büscheln oder als Einzelblüten. Durch Züchtungen und Kreuzungen entstanden viele Hybridarten mit roten, rosa oder weißen Blüten.

Die Sorte ‚Nivalis' eignet sich gut für die Verarbeitung (Foto: Julia Drexler).

Japanische Quitten sind frostharte und anspruchslose Sträucher, die auf vielen Böden und sowohl in sonniger Lage als auch im Halbschatten gedeihen. Nur bei zu stark kalkhaltigen Böden reagieren sie mit Chlorose. Die Pflanzen nehmen dann zu wenig Eisen auf und die Blätter oder ganze Pflanzenteile vergilben.

Pflege: Schnittmaßnahmen werden gut vertragen. Ein idealer Dünger ist reifer Kompost.

Verwendung:

- Frucht: Die gelben, glattschaligen Früchte duften aromatisch. Die Ernte erfolgt im Oktober vor dem Frost. Das gelbliche Fruchtfleisch enthält viele Fruchtsäuren sowie Vitamin C. Da die reifen Früchte hart und sauer sind, werden sie nur in verarbeitetem Zustand verzehrt. Die Früchte enthalten meist fünf große Kammern, die dicht mit Kernen, die Apfelkernen ähneln, gefüllt sind. In einem kühlen Raum ist eine Lagerung über drei Monate hinweg problemlos möglich. Für die Verarbeitung eignen sich vor allem Sorten, die große Früchte mit dickem Fruchtfleisch und wenigen Samen ausbilden. Aus diesen werden Gelees, Marmeladen, Liköre, Sirupe, Säfte, Dessert- und Obstweine hergestellt. Der Presssaft findet als Ersatz für Zitronensaft Verwendung. Feinblättrig geschnitten und getrocknet ist die Japanische Quitte ein aromatischer und säuerlicher Bestandteil von Früchtetees. Kandiert ergibt sie ein schmackhaftes Konfekt. Zusammen mit der frostharten Bitterorange (*Poncirus trifoliata*) kann die Japanische Quitte im Verhältnis 1:1 zu süß-bitter-säuerlichen Marmeladen eingekocht werden.

Vermehrung: Die Vermehrung erfolgt problemlos aus Samen. Eine sortenechte Vermehrung erfolgt durch Absenker im Frühling oder Herbst, die erst nach einem Jahr abgetrennt werden, durch Wurzelschösslinge, durch Stecklinge vom halbreifen Holz im Juli/August oder Steckhölzer vom reifen Holz im November.

Sorten und Bezugsquellen: Die dornenlose Züchtung ‚Cido®' aus Lettland ist auch als „nordische Zitrone" im Handel. Sie wird bis 1,5 m hoch, die Früchte haben einen Durchmesser von 4–5 cm. ‚Cido' hat orange Blüten, die neue Züchtung ‚Cido Red' hat rote Blüten. Pflanzen erhalten Sie bei: http://www.agroforestry.co.uk. ‚Nivalis' blüht weiß und hat bis zu 6 cm große Früchte. ‚Pink Lady', ‚Friesdorfer Typ 205', ‚Crimson and Gold' sowie ‚Fusion' sind gute Fruchtsorten. Die registrierten ukrainischen Fruchtsorten ‚Gold Kalif' und ‚Maksym' eignen sich für den Erwerbsanbau. Pflanzen erhalten Sie bei: http://kornelkirsche.eu. Die Sorte ‚Pandora' erhalten Sie bei: http://www.baumschule-friedersdorf.de. *Chaenomeles thibetica* erhalten sie bei: http://www.drzewa.com.pl.

Tipp/Besonderheiten: Für den sicheren Ertrag ist die Pflanzung von zwei verschiedenen Sorten notwendig. Wenn Sie *Chaenomeles* auf Birnensämlinge oder auf die Schwedische Mehlbeere (*Sorbus intermedia*) in einer Höhe von 60–80 cm aufedeln, erhalten Sie kleinkronige Bäumchen.

Die Früchte dieser Holzquitte sind leider bitter – gute Fruchtsorten sind gesucht.

Holzquitte (*Pseudocydonia sinensis*)

Wegen der Anfälligkeit für Feuerbrand wurde die Holzquitte aus den wenigen Baumschulen, die sie führten, verbannt. Es wäre jetzt an der Zeit dieser schönen Pflanze und ihrer attraktiven Frucht wieder einen Platz einzuräumen. Die Früchte lassen sich wie Quitten verarbeiten. Die von mir verkosteten Früchte waren allerdings ungenießbar. Der bittere Geschmack und das Zusammenziehende wurden durch das Kochen noch verstärkt. Falls Sie Fruchtsorten besitzen oder einen Sämling mit essbaren Früchten haben, nehmen Sie doch bitte Kontakt mit mir auf. Auslese- und Züchtungsarbeit sind bei der Holzquitte aus meiner Sicht absolut wünschenswert.

Herkunft: Familie der Rosengewächse (*Rosaceae*); China

Wuchsform und Standort: Die zarten rosa Blüten erscheinen im Mai. Die Holzquitte gedeiht auf unterschiedlichen, bevorzugt feuchten Böden. Einige Quellen schreiben, dass sie einen sauren Boden benötigt. Bei uns gedeiht sie allerdings problemlos in einem eher neutralen Boden. Sie verträgt keinen Schatten und benötigt einen sonnigen Standort.

Höhe und Platzbedarf: 6 m hoch, 6 m breit

Die Holzquitte hat wunderschöne zarte Blüten.

Frosthärte: Zone 5–6; mindestens frosthart bis -23,3 °C

Pflege: Die Pflanze ist anspruchslos. Auslichtungsschnitte werden in der Winterruhe durchgeführt.

Verwendung:

- Frucht: Die gelborange Frucht ist bis zu 18 cm lang und reift im Oktober. Das Fruchtfleisch hat eine ähnliche Konsistenz wie das der Quitte. Wegen ihres Duftes wird sie in Räume gelegt. Die Früchte von nicht bitteren und zusammenziehenden Sorten können Sie zu Kompott, Mus, Marmeladen und Gelee verarbeiten.

Vermehrung: Die Vermehrung gelingt gut durch Samen oder durch Absenker im Frühling.

Sorten und Bezugsquellen: Spezielle Fruchtsorten sind mir derzeit keine bekannt. Pflanzen erhalten Sie bei: http://www.korewildfruitnursery.co.uk, http://dmkert.hu, http://www.vdberk.de, http://www.nr-01.de, http://bulk-boskoop.nl und http://www.shop.herrenkampergaerten.de.

Tipp/Besonderheiten: Holzquitten benötigen einen Fremdbestäuber. Für den Fruchtertrag müssen zwei Pflanzen gesetzt werden.

Quitte (*Cydonia oblonga*)

In den deutschsprachigen Ländern wird die Quitte zwar oft angepflanzt, die Möglichkeiten der Verwendung der Früchte sind aber meist sehr begrenzt. Viele verbinden Quitte mit süßem Quittenkäse, am ehesten ist noch Quittengelee bekannt. In der Türkei hingegen spielt die Quitte eine große Rolle in der Küche als Beilage zu verschiedenen Gerichten. Und was viele überrascht: Gut ausgereifte Quitten mit zarter Schale können wie ein Apfel roh gegessen werden, entweder im Ganzen oder als feine Spalten geschnitten. Wichtig dabei ist, das Kerngehäuse großzügig zu entfernen. Es enthält viele Steinzellen. Versuchen Sie es einmal, Sie könnten auf den Geschmack kommen.

Herkunft: Familie der Rosengewächse (*Rosaceae*); vom Ostkaukasus bis zum Transkaukasus, von Dagestan bis zum Talyshgebirge im nördlichen Iran

Höhe und Platzbedarf: Die Kulturformen werden bis 3 oder 4 m hoch und bis 3 m breit.

Frosthärte: Zone 4; frosthart bis -34,4 °C

Wuchsform und Standort: Quitten wachsen meist strauchartig und sind daher auch für kleinere Gärten geeignet. Die weiß- bis rosafarbenen, angenehm duftenden Blüten erscheinen Ende April bis Ende Mai und sind eine gute Bienenweide. Die Wildform hat 3 cm große Früchte. Die größte Kulturform trägt bis zu 3 kg schwere Früchte. Bei zu kalkhaltigen Böden können Blattaufhellungen und Wuchsstörungen auftreten.

Pflege: Der Anbau ist problemlos. Allgemein ist die Quitte wenig anfällig für Krankheiten und Schädlinge. Auf Feuerbrand sollte aber geachtet werden. Erste resistente Sorten gibt es mittlerweile am Markt. Gelegentliche Auslichtungsschnitte sol-

'Riesenquitte von Vranje'

len in der Winterruhe durchgeführt werden. Eine Stickstoffdüngung kann zu Fleischbräune führen. Die Früchte sind dann kurzzeitig zwar noch verwertbar, aber nicht mehr so aromatisch.

Verwendung:

- Frucht: Die Früchte reifen von Ende September bis Ende Oktober und sind von einem dichten, öligen Flaum bedeckt. Im reifen Zustand haben viele Sorten den Flaum bereits verloren, ansonsten kann er leicht abgerieben werden. Die Früchte glänzen dann besonders schön. Wie Birnen enthält das Fruchtfleisch rund um das Kerngehäuse Steinzellen. Es wird daher großzügig ausgeschnitten und kann fein geschnitten für Früchtetees getrocknet werden. Wegen des intensiven aromatischen Dufts wurden Quitten früher gerne in den Wäschekasten gelegt. Je nach Sorte sind sie in einem kühlen Raum bis zu 10 Wochen lagerfähig. Zur Verarbeitung sollten nur vollreife Früchte verwendet werden. Aus Quitten lassen sich feine fruchtige Gelees, Kompott, aromatische Liköre, Säfte und Kuchenbeläge herstellen. In Gemüsecremesuppen mitgedünstet und mit passiert geben sie eine fruchtige Note.
- Samen: Die Samen werden getrocknet und sind ein altes Hausmittel bei Halsschmerzen, Gastritis, Hautentzündungen oder Verbrennungen. Dazu werden die Kerne mit Wasser übergossen und eine Stunde stehen gelassen. Der Schleim, der sich dadurch bildet, wird abgeseiht und verwendet. Er kann im Kühlschrank auch gekühlt 1–2 Tage aufbewahrt werden.

Vermehrung: Die Vermehrung gelingt einfach über Samen. Einige Sorten produzieren Wurzelschösslinge. Die sortenechte Vermehrung durch Veredelung gelingt auf Sämlinge von Quitte, auf Eberesche oder Weißdorn. In den Baumschulen gibt es spezifische Quittenklone als Unterlagen. Absenker werden im Frühjahr gemacht, Steckhölzer vom reifen Holz im November.

Sorten und Bezugsquellen: Häufig wird zwischen „Apfelquitte" und „Birnenquitte" unterschieden. Dies ist allerdings nur eine Orientierung an der Fruchtform. Einer meiner Favoriten ist die 'Portugiesische Birnenquitte', die großfrüchtig ist und sich länger lagern lässt. Die 'Konstantinopler Apfelquitte' hat mittelgroße Früchte und ist für rauere Standorte geeignet. 'Champion' hat mittelgroße Früchte und trägt früh und reichlich. 'Cydora Robusta' ist feuerbrandresistent. 'Vranja' benötigt Fremdbefruchtung. 'Cydora' ist eine robuste Frühquitte. Die 'Ingenheimer Riesenquitte' wird zum Frischverzehr empfohlen und ist erhält-

ten, und kann gut in Hecken integriert werden. Wegen der zahlreichen, bis zu 4 cm langen, kräftigen Dornen an den grünen Zweigen bildet sie ein undurchdringliches Dickicht. Von April bis Mai erscheinen die weißen, nicht duftenden Blüten, die von Insekten bestäubt werden. Die 3–6 cm langen Blätter erscheinen nach den Blüten und fallen im Herbst ab. Im Unterschied zu den Zitrusgewächsen, die länglich ovale Blätter haben, sind die Blätter dreigeteilt.

Ein weißer Blütentraum im Frühling.

Pflege: Dreiblättrige Orangen benötigen keine besonderen Pflegemaßnahmen. Bei Bedarf können Zweige vor dem Blattaustrieb oder im Sommer zurückgeschnitten werden.

Verwendung:

- Frucht: Die leicht längliche Frucht ist bis 3,5 cm breit und bis 5 cm lang und im Oktober erntereif. Das Fruchtfleisch enthält wenig Saft und je nach Sämling unterschiedlich viele Kerne. Durch eine etwa zweiwöchige Lagerung steigt der Saftgehalt. Die reifen Früchte duften intensiv nach Zitrusaroma und haben auf und in der Schale ein duftendes Harz. Die Schale ist je nach Sämling unterschiedlich dick und schmeckt bitter. In vielen Quellen wird die Dreiblättrige Orange als ungenießbar dargestellt. Dies hat wohl damit zu tun, dass die Geschmacksrichtung bitter in der europäischen Küche kaum vertreten ist. Aus den Früchten lässt sich Marmelade machen: Die Früchte werden geteilt und die Samen entfernt. Dann werden die Stücke samt Schale feinblättrig geschnitten. Um den Bittergeschmack zu mildern, empfiehlt sich die Zugabe anderer Obstarten. Ich verwende dafür gerne die Japanische Quitte (*Chaenomeles japonica*), die ein feines, säuerliches Aroma hat. Die Japanischen Quitten werden nach dem Entfernen der Kerne feinblättrig geschnitten. Ich mische die Früchte 1:1 und gebe dann Wasser und Gelierzucker dazu. Nach etwa 6 Minuten Kochzeit fülle ich die Marmelade in Gläser und stürze sie zum Abkühlen. Die Marmelade eignet sich gut als Beilage zu Fleischspeisen, Getreide oder verschiedenen Gemüsen. Der Saft der Früchte eignet sich auch für säuerliche Erfrischungsgetränke.
- Blatt: Die jungen Blätter werden als Gewürz mitgedünstet oder mitgekocht.

Vermehrung: Die Vermehrung über Samen erfordert eine Stratifizierung und gelingt problemlos. Stecklinge von halbreifem Holz werden im Juni/Juli genommen.

Sorten und Bezugsquellen: Spezielle Fruchtsorten sind mir derzeit keine bekannt. Pflanzen erhalten Sie bei: http://www.pflanzenhof-online.de und http://www.baumschule-horstmann.de. Große Pflanzen erhalten Sie bei: http://www.praskac.at.

Tipp/Besonderheiten: Die Dreiblättrige Orange ist selbstfruchtbar. Eine voll ausgewachsene Pflanze trägt bis zu 14 kg Früchte.

Wegen ihrer Robustheit wird die Dreiblättrige Orange als Veredelungsunterlage für andere Zitrusfrüchte verwendet. Durch die Kreuzung mit Orangen und anderen Zitrusfrüchten entstanden verschiedene frostharte Hybriden (meist bis zu -10 °C/-15 °C), die saure Früchte tragen.

Verschiedene Sorbushybride und Kirschpflaumen, im August geerntet

Ebereschen und Co. (*Sorbus spec.*)

Die Ebereschen gehören zur Familie der Rosengewächse (*Rosaceae*). Die Früchte der verschiedenen Arten sind grundsätzlich essbar. Manche Arten enthalten viele Bitterstoffe. Durch Auslese sind allerdings verschiedene bitterstoffarme Sorten entstanden. Der große Vorteil der Ebereschen ist ihre Robustheit. Viele Arten gedeihen auch oder vor allem in kälteren Klimazonen. Viele bilden außerdem große Bäume und liefern wertvolle Hölzer. Da sie sehr „kreuzungsfreudig" sind, entstanden in der freien Natur verschiedene Hybriden, die in Kultur genommen wurden und auch Strauchebereschen genannt werden. Durch die Kreuzung mit Apfelbeere, Weißdorn oder der Ebereschenarten untereinander, entstand eine Reihe interessanter Beerenarten mit einem ausgeprägten Aroma. Zudem enthalten sie viel Vitamin C und wertvolle Pflanzeninhaltsstoffe wie Anthocyane. Ein Problem ist die Namensgebung. Manche Hybriden sind unter verschiedenen Namen im Handel. Ich habe versucht einen Überblick zu bekommen und stelle deshalb die einzelnen Hybriden kurz vor.

Verwendung: Die Beeren enthalten meist wenig Saft und haben eine feste Textur. Bei den Wildformen kann der Saftgehalt je Pflanze variieren. Die Früchte werden daher fast nur verarbeitet gegessen. Der Speierling bildet da eine Ausnahme. Er hat die größten Früchte aller Arten und sie sind saftig. Mir schmecken die reifen Früchte sehr gut zum Frischverzehr. Der Speierlingpresssaft wird zur Bereitung von Obstweinen verwendet.

Ich verarbeite die roten oder orangen Beeren der verschiedenen Arten entweder sortenrein oder bunt gemischt zu Marmelade mit wenig Zuckergehalt. Um die Beeren aufzuschließen, quetsche ich sie und setze etwas Wasser zu. Hier können Sie je nach Geschmack variieren. Wenn Sie mehr Gelee wollen, nehmen Sie entsprechend mehr Wasser dazu. Die Beeren gelieren stark. Wenn Sie noch Essig und Gewürze dazugeben, erhalten Sie ein aromatisch schmeckendes Chutney. Die verschiedenen Zubereitungsformen passen gut zu verschiedenen Gemüsegerichten, in Palatschinken als Fülle oder zu Fleischgerichten.

Die Österreichische Mehlbeere und die Elsbeere koche ich nach den ersten Frösten zu Mus. Durch den Frost werden sie weich. Außer etwas Wasser gebe ich nichts hinzu. Dadurch entfaltet sich das feine Mandelaroma, das in den Samen enthalten ist, in Verbindung mit der Fruchtsäure.

Vermehrung: Die Vermehrung aus Samen benötigt Stratifizierung. Veredelungen der verschiedenen Hybriden gelingen gut auf Sämlinge der Gemeinen Eberesche (*Sorbus aucuparia*). Ansonsten veredeln Sie auf Sämlinge der jeweiligen Art oder auf Eingriffeligen Weißdorn (*Crataegus monogyna*). Ich habe Elsbeere auf Eberesche veredelt. Die Elsbeere überwallt allerdings die Eberesche. Ich werde sehen, wie alt der Baum wird.

Die Ebereschenblüten eignen sich für Kräutertees.

Gemeine Eberesche/Vogelbeere und Mährische Eberesche (*Sorbus aucuparia*/*Sorbus aucuparia* var. *edulis*/*Sorbus aucuparia* ‚Rossica Major‘)

Als ich in einem Wildobstkochbuch ein Rezept zur Entbitterung der Ebereschenfrüchte fand, probierte ich es begeistert aus. Von der frischen Marmelade habe ich dann einen kleinen Löffel gekostet und mit dem Rest guten Kompost gemacht. Seit ich die Mährische Eberesche kenne, bin ich mit der Eberesche wieder versöhnt. Die großen Dolden oranger Beeren schauen schön aus und sie schmecken gut. Sie können sich jetzt entscheiden: für die „harte" Tour mit dem Selbstversuch oder gleich eine Mährische Eberesche kaufen. Wenn Sie genug Platz im Garten haben, dann setzen Sie trotzdem auch eine Gemeine Eberesche. Die getrockneten Blüten ergeben einen aromatischen Tee.

Ebereschen wachsen in ganz Europa bis Zentralsibirien, Kleinasien und in den Kaukasus. Gute, nicht bittere Früchte liefern die beiden Varianten der Eberesche, die Mährische Eberesche, die 1810 in Mähren als Zufallsmutation gefunden wurde, und die 1880 in Russland gefundene ‚Rossica Major'.

Frosthärte: Zone 2; frosthart bis -45,5 °C

Wuchsform, Standort und Pflege: Die schlanken Bäume wachsen bis 15 m hoch und 7 m breit. Ebereschen lassen sich durch gezielten Rückschnitt im Jugendstadium auch mehrstämmig erziehen. Die Pflanzen gedeihen sowohl im Halbschatten als auch in voller Sonne. Sie bevorzugen feuchte Böden. In sehr warmen und trockenen Regionen sterben immer wieder anfangs gut entwickelte Bäume ab. Ansonsten sind Ebereschen anspruchslose und robuste Pflanzen.

Verwendung:

- Blüte: Aus den Blüten bereite ich gerne einen aromatisch schmeckenden Tee zu.
- Frucht: Die roten Früchte sind vielseitig verwendbar. Sie werden zu Gelee, Marmeladen, Sirup, Likör verarbeitet oder zu Ebereschenschnaps gebrannt. Sie können die Früchte auch kandieren oder getrocknet verwenden.

Die Gemeine Eberesche eignet sich auch gut für Hecken.

Vermehrung: Die sortenechte Vermehrung erfolgt durch Veredelung auf Sämlinge der Gemeinen Eberesche.

Sorten und Bezugsquellen: Die Sorten ‚Konzentra' und ‚Edulis/Mährische Eberesche/Moravica' erhalten Sie bei: http://www.baumschule-horstmann.de, ‚Kubovaja' und ‚Rosina' bei: http://www.garden-shopping.de, ‚Rossica Major' bei http://www.artner.biobaumschule.at, http://www.eggert-baumschulen.de und http://www.crown-nursery.co.uk. Die ukrainische Sorte ‚Moravska Urozhajna', bei der die Bäume 5 m hoch werden, erhalten Sie bei: http://www.mezhenskyjv.narod.ru. Die Sorte ‚Klosterneuburg Klon IV', eine Selektion aus der Mährischen Eberesche mit besonders wenigen Bitterstoffen, erhalten Sie bei: http://www.artner.biobaumschule.at. Bei http://www.ahornblatt-garten.de erhalten Sie eine strauchförmig wachsende *Milde Bergvogelbeere* sowie Sämlinge von *Sorbus aucuparia* ssp. *glabrata* mit kleinen mild säuerlichen Früchten.

Tipp/Besonderheiten: Ebereschen benötigen einen Fremdbefruchter.

Sorbus ‚Chinese Lace' (*Sorbus spec.*)

‚Chinese Lace' wächst 3–5 m hoch und 2 m breit. Die Blätter sind palmartig gefiedert. Den großen weißen Doldenblüten im Mai folgen tiefrote gut schmeckende Beeren in Dolden, die Ende September reifen. Diese attraktive Pflanze hat mich geschmacklich und durch ihre Schönheit überzeugt. Pflanzen erhalten Sie bei: http://www.praskac.at und http://www.crocus.co.uk.

Gelbfruchtende und Rosafruchtende Eberesche (*Sorbus aucuparia x Sorbus discolor und Sorbus aucuparia x Sorbus prattii Syn. Sorbus arnoldiana*)

Die Kreuzung aus der Gemeinen Eberesche und *Sorbus discolor* bzw. *Sorbus prattii* bringt Sorten mit bitterstoffarmen Früchten und schönen Fruchtfarben hervor. Geschmacklich haben sie mich überzeugt. Sie sind mit Honig gedünstet eine schöne farbenfrohe Beilage zu verschiedenen Gerichten. Insgesamt gibt es mehr als 20 Sorten, von denen ich die folgenden in verschiedenen Baumschulen finden konnte. ‚Golden Wonder' mit gelben Früchten reift im August/September. Die kleinen Bäume werden 6–8 m hoch

Die rosa Früchte von ‚Coral Pink' sind essbar.

‚Golden Wonder' trägt üppige Fruchtdolden (Foto: Baumschule Eggert).

und 3–5 m breit. ‚Kirsten Pink' wächst langsam strauchförmig oder als kleiner Baum. Die Pflanzen werden 5–7 m hoch und 3 m breit. Sie eignen sich für kleine Gärten. Die rosa Früchte reifen im Herbst. Pflanzen von beiden Sorten erhalten Sie bei: http://www.eggert-baumschulen.de. ‚Apricot Queen' mit dicken orangegelben Beeren wächst als Baum rasch und schlank. Pflanzen erhalten Sie bei: http://www.crown-nursery.co.uk. Die Sorte ‚Coral Pink' mit tiefrosa Beeren reift Ende August/September. Die Bäume wachsen langsam und werden nach 20 Jahren 6 m hoch und 2 m breit. Pflanzen erhalten Sie bei: http://www.praskac.at. ‚Brilliant Yellow' mit großen leuchtend orangegelben Früchten, ‚Coral Beauty' mit korallenroten Früchten und ‚Red Tip' mit weißen Früchten mit roten Punkten erhalten Sie bei: http://www.starkl.at. ‚Red Tip' und ‚Golden Wonder' erhalten Sie auch bei: http://wildobstschnecke.de. ‚Schouten' mit orangegelben Früchten, ‚Pink Veil' mit rosa Früchten, ‚Salmon Queen' mit lachsrosa Früchten und ‚White Swan' mit weißen Früchten erhalten Sie bei: http://www.esveld.nl. ‚Chamois Pearl', ‚Copper Glow', ‚Red Copper Glow' und ‚Vermiljon' erhalten Sie bei: http://www.drzewa.com.pl. Für ‚Chamois Glow' und ‚Pink Queen' suche ich noch Bezugsquellen.

Sorbocotoneaster pozdnjakovii (*Sorbus aucuparia x Cotoneaster laxiflorus*)

Die natürlich vorkommende Kreuzung von Schwarzfrüchtiger Zwergmispel (*Cotoneaster laxiflorus*) und der Gemeinen Eberesche bringt Sträucher mit eiförmigen Blättern und rosa Beerenfrüchten hervor. Nach dieser Rarität habe ich lange gesucht und sie schließlich in einer polnischen Baumschule gefunden. Pflanzen erhalten Sie bei: http://www.drzewa.com.pl.

Mehlbeere (*Sorbus aria*)

Die Fruchtqualität kann bei den Wildformen stark variieren. Verkosten Sie Wildfrüchte in der freien Natur. Wenn Sie einen Baum mit guten Früchten finden, können Sie ihn leicht durch Veredelung vermehren. Mehlbeeren kommen von Spanien bis Italien und im Norden Europas vor.

Frosthärte: Zone 5; frosthart bis -28,8 °C

Wuchsform, Standort und Pflege: Die 12 m hoch und 8 m breit wachsenden Bäume sind robust. Sie gedeihen sowohl im Halbschatten als auch in voller Sonne. Feuchte Böden werden

Die Blüten der Mehlbeere bieten vielen Insekten Nahrung.

Die Österreichische Mehlbeere trägt saftige, schmackhafte Früchte.

bevorzugt. Auslichtungsschnitte führen Sie im Frühjahr vor dem Blattaustrieb durch. Die Blüten erscheinen von Mai bis Juni, die Früchte von September bis Oktober.

Verwendung:

- Frucht: Die Früchte eignen sich gut als Mus oder Marmelade. Sie können sie auch für Kuchenbeläge, in Muffins oder zur Obstweinproduktion verwenden. Ich mische sie gerne mit saftigen Beeren von anderen Ebereschenvarianten.

Sorten und Bezugsquellen: Die großfrüchtige Sorte ‚Majestica' erhalten Sie bei: http://lve-baumschule.de und http://www.vdberk.nl.

Tipp/Besonderheiten: Mehlbeeren benötigen einen Fremdbefruchter. Sie können auf einem Baum einen Ast mit anderer Herkunft dazuveredeln und sparen so Platz.

Rundblättrige Mehlbeere (*Sorbus x latifolia*)

Die Kreuzung von Mehlbeere (*Sorbus aria*) und Elsbeere (*Sorbus torminalis*) geschieht spontan in der Natur. Die Bäume werden bis 10 m hoch. Die Früchte sind qualitativ besser als die der Eltern und werden zu Mus, Marmeladen und Wein verarbeitet. Pflanzen erhalten Sie bei: http://www.vdberk.nl und http://www.drzewa.com.pl. Die großfrüchtige Sorte ‚Atrovirens' erhalten Sie bei: http://www.barcham.co.uk. In Italien gibt es die großfrüchtige Sorte ‚Baccarella' zur Obstweinherstellung, von der ich leider noch keine Bezugsquelle finden konnte.

Thüringische Mehlbeere (*Sorbus x thuringiaca*)

Die Kreuzung von Mehlbeere (*Sorbus aria*) und Gemeiner Eberesche (*Sorbus aucuparia*) kommt in Thüringen, Hessen und Franken vor. Die ertragreiche Sorte ‚Fastigiata' mit dunkelroten Beeren reift im August/September. Die langsam und säulenförmig wachsenden Bäume werden 7–8 m hoch und 2,5 m breit. Pflanzen erhalten Sie bei: http://www.praskac.at, http://lve-baumschule.de und http://www.barcham.co.uk. Die Sorte ‚Decurrens' erhalten Sie bei: http://www.drzewa.com.pl.

Österreichische Mehlbeere (*Sorbus austriaca*)

Vermutlich handelt es sich um eine Kreuzung von Gemeiner Eberesche (*Sorbus aucuparia*) und Griechischer Mehlbeere (*Sorbus graeca*). Die Bäume werden 6–8 m hoch und 3 m breit. Die Früchte sind saftig und schmackhaft und eignen sich gut zur Verarbeitung zu Marmeladen und Fruchtmus. Bei mir gedeihen die Bäume problemlos. Die österreichische Mehlbeere erhalten Sie bei: http://www.praskac.at.

Donau-Mehlbeere

Eine reife Fruchtdolde im Herbst (Foto: www.elsbeerreich.at)

Zwerg-Mehlbeere/Donau-Mehlbeere (*Sorbus chamaemespilus*)

Die Zwerg-Mehlbeere stammt aus den Gebirgen Mitteleuropas. Die Sträucher wachsen 1–2 m hoch und bis 2 m breit. Warme, sonnige Standorte werden bevorzugt. Die selbstfruchtbare Donau-Mehlbeere kommt in Bayern, Niederösterreich und Rumänien vor. Pflanzen erhalten Sie bei: http://www.praskac.at. Eine Zwerg-Mehlbeere, die auf die Gemeine Eberesche (*Sorbus aucuparia*) veredelt ist, erhalten Sie bei: http://www.eggert-baumschulen.de. Die Sorte ‚Magland Flaine' erhalten Sie bei: http://www.drzewa.com.pl.

Elsbeere/Adlitzbeere (*Sorbus torminalis*)

Elsbeeren kommen in Nordwestafrika, Kleinasien, der Krim, Nordiran, dem Kaukasus, Süd- und Zentraleuropa vor. Ich habe aus den vollreifen weichen Früchten nach dem ersten Frost Mus mit einem Mandelaroma gemacht, das mir sehr geschmeckt hat. Die Bäume sind in Österreich und Deutschland sehr selten geworden. Mittlerweile feiern sie ihr Comeback. In Niederösterreich wurde die Elsbeere zum Leitbild einer ganzen Region (http://www.elsbeerreich.at). Das harte und schön gemaserte Holz der Elsbeeren ist für Tischlerarbeiten begehrt.

Frosthärte: Zone 6; frosthart bis -23,3 °C

Wuchsform, Standort und Pflege: Die Bäume werden bis 20 m hoch mit einer ausladenden Krone. Sie gedeihen im Halbschatten und in voller Sonne. Veronika und Norbert Mayer, die sich mit dem Verein ElsbeerReich für den Erhalt der landschaftsprägenden großen Bäume in Niederösterreich engagieren, schrieben mir über ihre Erfahrungen: „Unsere großen, alten Elsbeeren stehen oft auf sehr kargem, trockenem Boden und bringen trotzdem hervorragende Früchte hervor. Nur zu Beginn beim Einpflanzen ist es sehr wichtig, dass sie sehr viel gegossen werden, um das erste Jahr zu überstehen. Danach sind sie sehr genügsam und überstehen auch gut längere Trockenperioden – also ein Baum der Zukunft."

Verwendung:

- Frucht: Die Früchte werden zu Mus, Marmeladen und Süßigkeiten verarbeitet. Cremehonig kann mit getrockneten und zerkleinerten Früchten zu Elsbeerhonig verarbeitet werden. Die getrockneten Früchte können Sie als Trockenobst naschen oder für Früchtetee verwenden. Sehr delikat ist der Elsbeerbrand.

In der Gruppe geht das Abrebeln schneller voran (Foto: Wolf-Peter Polzin).

In Frankreich wird Elsbeere zusammen mit Mehlbeere zu einem Destillat verarbeitet. Viele weitere Anregungen finden Sie auf der Website der österreichischen „Elsbeerregion".

Sorten: Spezielle Fruchtsorten sind mir derzeit keine bekannt. Bei den Fruchtgrößen gibt es allerdings große Unterschiede. Bäume mit großen Früchten können Sie gut auf Sämlinge veredeln.

Bezugsquellen: Veredelte Pflanzen von Bäumen mit großen schmackhaften Früchten erhalten Sie bei: http://www.elsbeere.at. Sämlingspflanzen erhalten Sie bei: http://www.forstkultur.at/Baeume-Straeucher.380.0.html, http://www.artner.biobaumschule.at, http://www.pflanzmich.de und http://www.praskac.at.

Tipp/Besonderheiten: Elsbeeren benötigen einen Fremdbefruchter. Sie können auf einem Baum einen Ast mit anderer Herkunft dazuveredeln und sparen so Platz. Bei einer Veredelung auf Quitte bleiben die Bäume klein und gehen rasch in den Ertrag. So können Sie Elsbeeren auch in kleineren Gärten pflanzen. Diese Bäume werden allerdings nur bis zu 30 Jahre alt und müssen, wenn sie größer sind, auch mit einem Pflock gestützt werden, da die Elsbeere ein kräftigeres Wachstum als die Quitte hat.

Elsbeere Blütenpracht im Frühling (Foto: www.elsbeerreich.at)

Speierling (*Sorbus domestica*)

Der Speierling kommt ursprünglich von Algerien über Nordwestspanien, von Südeuropa über die Krim bis Nordanatolien vor. Im deutschsprachigen Raum wurden die Bäume früher vielfach genutzt. Speierlinge haben das härteste Holz aller einheimischen Bäume. Es ist schön gemasert und für Tischlerarbeiten sehr begehrt. Nachdem die Bäume in der Landschaft fast verschwunden waren, gibt es seit Jahren Bemühungen den Speierlinganbau zu fördern. In südlichen Ländern scheint der Speierling ein fixer Bestandteil im Obstrepertoire zu sein. Zumindest finde ich in vielen Baumschulen Speierlinge für die Fruchtproduktion. Heuer habe ich aus Kroatien zwei schöne Bäumchen mitgenommen. Vor vielen Jahren habe ich zufällig in einer großen Parkanlage in Wien Speierlingfrüchte gefunden. Ich war von der Fruchtfarbe, dem Rot-Gelb-Grün, sehr angetan. Und – die vollreifen Früchte schmeckten ausgezeichnet. Seither war ich auf der Suche nach einem eigenen Baum. Meinen ersten selbst gepflanzten schönen Speierling hat die Wühlmaus vernichtet. In der Literatur

reten und Sammlungen noch unerkannt vor sich hin wartet, um entdeckt zu werden! Mein Plan wäre es, möglichst viele dieser alten Bäume in den diversen botanischen Gärten und Sammlungen ausfindig zu machen, zu vermehren und zu vergleichen. Eventuell gibt es an die 10 verschiedene, sehr nah verwandte Klone, alle von der ursprünglichen aus Frankreich abstammend." Sollten Sie entsprechende Bäume kennen, so nehmen Sie doch bitte mit mir Kontakt auf, um diese Sammlung zu unterstützen.

Wuchsform, Standort und Bezugsquellen: Die Großsträucher bzw. 5–10 m hohen und 3–5 m breiten Bäume sind bis -28,8 °C (Zone 5) frosthart. Sie mögen einen sonnigen Standort und durchlässige, trocken frische Gartenböden. Die weißen Blüten erscheinen im Mai, die Früchte reifen im August. Die Sorten ‚Baciu II' mit 4–6 cm großen kugelförmigen Früchten, ‚Shipova' mit 4–6 cm großen kugelförmigen Früchten und ‚Smokvarka' mit 3 cm großen, birnenförmigen Früchten erhalten Sie bei: http://www.praskac.at. Diese Sorten und ‚Warschau' erhalten Sie bei: http://www.baumschule-hubmann.at. ‚Shipova' erhalten Sie auch bei: http://www.agroforestry.co.uk. Pflanzen der „Hagebuttenbirne" erhalten Sie bei: http://www.garden-shopping.de. Die ‚Tatarova Hruska' erhalten Sie bei http://www.artner.biobaumschule.at unter dem Namen Tatarenbirne. Auf Quitte veredelte Pflanzen, die dadurch schneller in den Ertrag gehen und kleiner bleiben, erhalten Sie bei: http://kornelkirsche.eu

Verwendung:

- Frucht: Die Früchte können Sie frisch essen oder zu Kompott verarbeiten.

Vermehrung: Die Veredelung auf Birnensämlinge bringt große Pflanzen. Falls Sie wurzelechte Pflanzen haben, ist auch die Vermehrung über Wurzelbrut von Interesse.

Devon Sorb Apple (Sorbus devoniensis vermutlich Sorbus aria x Sorbus torminalis)

Diese Obstrarität stammt aus Devon und Cornwall im Südwesten Großbritanniens und kommt auch in Irland vor. Sie entstand erst nach der letzten Eiszeit und ist vermutlich eine Hybride aus der Elsbeere und der Mehlbeere. Die Bäume werden bis 13 m hoch und sind bis -23,3 °C (Zone 6) frosthart. Sie gedeihen sowohl im Halbschatten als auch in voller Sonne. Sie wachsen auf verschiedenen gut durchlässigen, feuchten Böden. Die weiße Blüte erscheint im Mai/Juni, die Früchte reifen im September/Oktober. Sie sind etwa 15 mm groß und hängen in Trauben am Baum. Nach dem Pflücken lassen Sie sie an einem trockenen Platz nachreifen, bis sie ganz weich sind, oder ernten sie nach dem ersten Frost. Dann entfalten sie ihr Aromaspektrum. Die Bäume gedeihen bei mir problemlos und ich erhoffe eine erste Ernte in den nächsten Jahren. Der Devon Sorb Apple ist selbstfruchtbar. Eine sortenechte Vermehrung machen Sie durch Veredelung auf Elsbeere (*Sorbus torminalis*), Mehlbeere (*Sorbus aria*) oder Eingriffeligen Weißdorn (*Crataegus monogyna*), die Vermehrung aus Samen gleich nach der Ernte benötigt Stratifizierung. Pflanzen erhalten Sie bei http://www.mountpleasantfarmandforestry.co.uk. Die Sorte ‚Devon Beauty' erhalten Sie bei: http://www.agroforestry.co.uk.

Blüte der Eberesche ‚Grananatnaja'

Eberesche ‚Titan'

Eberesche ‚Bursinka'

‚Titan' und ‚Grananatnaja' (*Sorbus aucuparia x Crataegus sanguinea*)

Beide Sorten hat Iwan Mitschurin durch Kreuzung der Gemeinen Eberesche (*Sorbus aucuparia*) mit dem Rotdorn (*Crataegus sanguinea*) geschaffen. Die anspruchslosen Pflanzen wachsen strauchförmig und gedeihen auf durchlässigen Gartenböden. Sie wachsen sowohl im Halbschatten als auch in voller Sonne. Bei mir gedeihen sie problemlos und fruchten gut.

‚Titan' wächst bis 4 m hoch und 2 m breit und trägt reichlich blaurote Früchte, die Mitte August reifen. Pflanzen erhalten Sie bei: http://www.praskac.at und http://www.garden-shopping.de.

‚Grananatnaja', manchmal auch als ‚Granatnaja' im Verzeichnis aufgeführt, wird bis 3 m hoch und 2 m breit und trägt granatrote Früchte. Pflanzen erhalten Sie bei: http://www.garden-shopping.de, http://www.esveld.nl, http://www.praskac.at und http://www.artner.biobaumschule.at.

‚Bursinka' (*x Sorbaronia fallax*)

‚Bursinka' ist eine Kreuzung von Gemeiner Eberesche (*Sorbus aucuparia*) und Schwarzer Apfelbeere (*Aronia melanocarpa*). Sie wächst strauchförmig bis 3 m hoch und 2 m breit. Bei meinen Recherchen bin ich auf Bilder mit unterschiedlichen Fruchtfarben gestoßen. ‚Bursinka' mit violetten Früchten, die im September reifen, und Pflanzen mit roten Früchten. Diese erhalten Sie bei: http://www.ahornblatt-garten.de, http://www.praskac.at und http://www.esveld.nl.

‚Likornaja'/‚Ivan's Beauty' (*x Sorbaronia fallax*)

Diese Kreuzungen von Gemeiner Eberesche (*Sorbus aucuparia*) und der Schwarzen Apfelbeere (*Aronia melanocarpa*) erfolgten durch Iwan Mitschurin. Die Sträucher werden 3–4 m hoch und 1,5 bis 2 m breit. Sie haben hohe Frosthärte. Sie fruchten reichlich. Die schwarz-roten, großen, saf-

Eberesche ‚Likornaja'

tigen Beeren reifen in Dolden ab Ende August. Pflanzen erhalten Sie unter dem Namen Schwarze Hundsbeere bei: http://www.praskac.at. Ähnlich oder sogar die gleiche Pflanze ist die Mitschurin Apfelbeere (*Aronia mitschurinii*, eigentlich *x Sorbaronia mitschurinii*). Leider konnte ich noch keinen Fruchtvergleich machen. Pflanzen erhalten Sie bei: http://www.garden-shopping.de.

‚Burka' (*Sorbus aucuparia x [Sorbus aria x Aronia arbutifolia]*)

‚Burka' ist eine komplexe Kreuzung aus Apfelbeere (*Aronia arbutifolia*), Mehlbeere (*Sorbus aria*) und der Gemeinen Eberesche (*Sorbus aucuparia*). Die Sträucher wachsen bis 4 m hoch und 2 m breit. Sie tragen bläulich-dunkelrote bis 2 cm große Früchte, die ab Ende August reifen. Pflanzen erhalten Sie bei: http://www.garden-shopping.de und http://www.praskac.at.

Eberesche ‚Burka'

‚Dessertnaja'/Ebereschenmispel (*Sorbus spec. x Mespilus germanica*)

‚Dessertnaja', eine Kreuzung aus ‚Likornaja' und der Mispel, wurde von Iwan Mitschurin in Russland gezüchtet. Die Früchte wachsen in großen Beerendolden. Sie schmecken süß mit bitterer Note. Die strauchartigen Kleinbäume werden bis 3 m groß. Pflanzen erhalten Sie bei: https://wildobstschnecke.de und http://www.baumschule-friedersdorf.de.

‚Alaja Krupnaja' (*Sorbus spec.*)

Diese Ebereschenkreuzung wurde vermutlich auch von Mitschurin gezüchtet. Die roten 12–15 mm großen Früchte hängen in Dolden an den 10–15 m hohen Bäumen. Sie tragen reichlich. Pflanzen erhalten Sie bei: http://www.drzewa.com.pl und https://www.zahradnictvi-spomysl.cz/

‚Jackii' (*Sorbus americana x Aronia prunifolia*)

Die Sträucher werden 3–4 m hoch und 1,5–2 m breit. Die Pflanzen sind anspruchslos und tragen schwarz-rote Beeren. Pflanzen erhalten Sie bei: http://www.praskac.at.

‚Dippel' (*Aronia melanocarpa x Sorbus aria*)

‚Dippel' ist die Kreuzung der Schwarzen Apfelbeere (*Aronia melanocarpa*) mit der Mehlbeere (*Sorbus aria*). Die Blätter der Sträucher ähneln der Mehlbeere. Pflanzen erhalten Sie bei: http://www.drzewa.com.pl.

‚Krassavitsa/Krasavica' (*Sorbus aucuparia x Pyrus spec.*)

‚Krassavitsa/Krasavica' ist die Kreuzung der Gemeinen Eberesche (*Sorbus aucuparia*) mit einer Birnenart (*Pyrus spec.*). Die 1,5 cm großen, orangefarbenen Früchte hängen in Dolden an den 3–5 m hohen Sträuchern oder Bäumen. Pflanzen erhalten Sie bei: http://www.drzewa.com.pl.

‚Rubinovaja'/Schwarze Hundsbeere (*Sorbus aucuparia x Pyrus spec.*)

‚Rubinovaja' ist die Kreuzung der Gemeinen Eberesche (*Sorbus aucuparia*) mit einer Birnenart (*Pyrus spec.*). Die Sträucher werden 3–4 m hoch und 1,5 bis 2 m breit. Die schwarz-roten Beeren reifen in Dolden ab Ende August. Pflanzen erhalten Sie bei: http://www.praskac.at und http://www.ahornblatt-garten.de.

‚Zoltaja' (*Sorbus aucuparia x Pyrus spec.*)

‚Zoltaja' ist die Kreuzung der Gemeinen Eberesche (*Sorbus aucuparia*) mit einer Birnenart (*Pyrus spec.*). Die großen roten Früchte hängen in Dolden an den Sträuchern oder Bäumen. Pflanzen erhalten Sie bei: http://www.drzewa.com.pl.

Nordische Mehlbeere/Oxelbirne/Schwedische Mehlbeere (*Sorbus x intermedia*)

Die Oxelbirne ist eine Hybride zwischen Elsbeere (*Sorbus torminalis*), Mehlbeere (*Sorbus aria*) und Gemeiner Eberesche (*Sorbus aucuparia*). Sie ist rund um die Baltische See beheimatet und wird gerne als Windschutz verwendet. Dazu kann sie auch in Heckenform geschnitten werden. Die bis 12 m hohen und bis 12 m breiten Bäume sind bis -28,8 °C (Zone 5) frosthart. Die robusten Pflanzen gedeihen sowohl im Halbschatten als auch in voller Sonne. Aus den roten Früchten, die im September/Oktober reifen, wird Marmelade, Gelee oder Saft gemacht. Oft werden sie mit anderen Früchten gemischt. Gut geeignet dafür sind süße Birnen. Oxelbirnen sind selbstfruchtbar. Pflanzen erhalten Sie bei: http://www.praskac.at, http://www.eggert-baumschulen.de und http://www.baumschule-horstmann.de.

Tibetische Mehlbeere (*Sorbus thibetica* ‚John Mitchell')

Tibetische Mehlbeeren werden bis 20 m hoch und bis 15 m breit. Sie sind bis -23,3 °C (Zone 6) frosthart. Für die gute Fruchtentwicklung benötigen sie einen sonnigen Standort. Feuchte Böden werden bevorzugt. Die Blüten erscheinen im Mai, die roten Früchte im Oktober. Sie werden vor allem nach dem ersten Frost frisch verzehrt oder zu Marmeladen oder Mus verarbeitet. Pflanzen erhalten Sie bei http://www.crown-nursery.co.uk, http://www.mountpleasantfarmandforestry.co.uk und http://www.agroforestry.co.uk.

Die Früchte des Zürgelbaums haben eine dünne, süße Fruchtfleischschicht (Foto: Johannes Hloch).

Europäischer/Südlicher Zürgelbaum und Nordamerikanischer Zürgelbaum (*Celtis australis* und *Celtis occidentalis*)

Zürgelbäume finden Sie oft in Parks und als Straßenbaum in Städten. Die kugelförmigen, 8 mm großen Früchte, können Sie essen. Sie enthalten einen großen runden Kern, um den sich süßes Fruchtfleisch befindet. Die Früchte lassen sich gut trocknen. Ich nasche sie gerne zwischendurch. Heuer haben wir in Kirchberg am Wagram im Schulhof einen Zürgelbaum als Alternative zu Zuckerl/Bonbons gepflanzt. Die Bäume wachsen problemlos.

Herkunft: Familie der Ulmengewächse (*Ulmaceae*); der Südliche Zürgelbaum wächst vom westlichen Nordafrika, Südeuropa von Spanien über die Südschweiz, dem Balkan, Kleinasien, dem Kaukasus bis Nordindien.

Wuchsform und Standort: Der Südliche Zürgelbaum wächst 20 m hoch und 10 m breit und ist bis -23,3 °C (Zone 6) frosthart. Er gedeiht auch auf nährstoffarmen, feuchten oder trockenen Böden. Er toleriert Trockenheit. Die Pflanzen benötigen einen sonnigen Standort und wachsen nicht im Schatten. Der Nordamerikanische Zürgelbaum wird 20 m hoch und 20 m breit. Er ist bis -45,5 °C (Zone 2) frosthart. Er gedeiht auch auf nährstoffarmen, feuchten oder trockenen Böden. Er toleriert Trockenheit.

Pflege: Zürgelbäume sind pflegeleichte Pflanzen. Rückschnitte vertragen sie gut.

Verwendung:

- Frucht: Die Früchte können Sie frisch oder getrocknet essen.
- Samen: Die harten Samen sind reich an Proteinen und Fetten. Sie können fein gemahlen gegessen oder ähnlich wie Hickorymilch zubereitet werden (→ S. 322).

Vermehrung: Die Vermehrung aus Samen erfordert Stratifizierung und ist unkompliziert. Ansonsten vermehren Sie über Stecklinge.

Sorten und Bezugsquellen: Pflanzen des Südlichen Zürgelbaums erhalten Sie bei: http://www.praskac.at und http://www.eggert-baumschulen.de. Beide Arten erhalten Sie bei: http://www.esveld.nl, https://www.pflanzmich.de und https://www.vdberk.de.

Tipp/Besonderheiten: Zürgelbäume sind selbstfruchtbar. Für den Fruchtertrag benötigen Sie nur einen Baum.

Feuerdorn ,Soleil d'Or' mit gelben Früchten

Wegen der Blütenpracht und den Früchten ist der Feuerdorn eine beliebte Zierpflanze.

Feuerdorn (*Pyracantha coccinea*)

Als wir nach dem Hauskauf unseren Terrassengarten umzugestalten begannen, war eine der ersten Pflanzen, die ich entfernte, der Feuerdorn. Die stacheligen Zweige mitten im Garten waren mir unangenehm und ich hatte auch Sorgen um die Kinder. Und für mich ganz wichtig: Feuerdorn ist nicht essbar, sondern giftig. Vermutlich hat man Ihnen das auch erzählt. Der Feuerdorn enthält Glykoside, die, so formulieren manche Quellen, nur bei Genuss großer Mengen Durchfall oder Erbrechen hervorrufen können.

Erst vor zwei Jahren stieß ich dann auf Berichte über Feuerdorngelee, das nach Apfel schmecken sollte. Und genau so ist es. In einem Park in Wien erntete ich von einem Strauch mit gelben Früchten. Roh schmeckten sie trocken und fade. Erst durch das Einkochen kam das fruchtige Geheimnis zum Vorschein. Das Gelee ist rosafarben, hat ein Apfelaroma und schmeckt mir. Im Vorjahr hat der Feuerdorn eine neue Chance in meinem Obstgarten erhalten und wächst jetzt in der Hecke. Im Oktober leuchtet die Fülle der gelben, orangen oder roten Beeren.

Herkunft: Familie der Rosengewächse (*Rosaceae*); Südeuropa

Höhe und Platzbedarf: 4 m hoch, 4 m breit

Frosthärte: Zone 6; frosthart bis -23,3 °C

Wuchsform und Standort: Die sparrig wachsenden Sträucher wachsen langsam und sind immergrün. Nur in sehr harten Wintern werden die Blätter braun und später abgeworfen. Die Pflanzen gedeihen auf verschiedenen Bodentypen und mögen gut durchlässige feuchte Böden. Feuerdorn wächst im Halbschatten oder in voller Sonne. Im Juni erscheinen die weißen Doldenblüten. Die roten, orangen oder gelben Beerenfrüchte reifen im Oktober und bleiben im Winter lange am Strauch haften. Der Feuerdorn kann auch gut an Wandspalieren hochgezogen werden.

Pflege: Der Feuerdorn ist eine problemlose Pflanze. Rückschnitte verträgt er gut.

Verwendung:

- Frucht: Die Früchte werden am besten gekocht und durch ein Sieb gestrichen, um die kleinen Samen zu entfernen. Die Fruchtmasse können Sie anschließend zu Gelee oder Saucen verarbeiten. Sie können die Fruchtmasse mit Zitronensaft verfeinern. Aus den Früchten können Sie auch Obstwein bereiten. In einem Rezept aus Nordamerika werden den Feuerdornbeeren Rosinen zugesetzt, um genügend Zucker für die Gärung zu haben.

Vermehrung: Säen Sie die frischen Samen aus und stratifizieren Sie sie. Stecklinge vom fast reifen Holz schneiden Sie Mitte August.

Sorten und Bezugsquellen: Spezielle Fruchtsorten sind mir derzeit keine bekannt. Die verfügbaren Sorten wurden als Zierformen gezüchtet. ‚Soleil d'Or' hat gelbe Früchte. ‚Orange Glow', ‚Teton' (resistent gegen Feuerbrand) und ‚Saphir Orange' haben orange Früchte. ‚Koralle' und ‚Saphir Rouge' (resistent gegen Feuerbrand) haben rote Früchte. Pflanzen erhalten Sie bei: http://www.praskac.at, http://www.baumschule-horstmann.de und http://www.eggert-baumschulen.de.

Tipp/Besonderheiten: Feuerdorn ist selbstfruchtbar.

Pyracomeles vilmorinii (*Pyracantha coccinea x Osteomeles subrotunda*)

Die Kreuzung aus Feuerdorn (*Pyracantha coccinea*) und Steinapfel (*Osteomeles subrotunda*) ist dornenlos und wird 1,2 m hoch. Die Pflanze ist vollkommen winterhart und selbstfruchtbar. Die weißen Blüten erscheinen im Mai/Juni, die roten Beerenfrüchte reifen im September. Erfahrungen mit den Früchten habe ich noch keine gemacht. Sollten Sie Erfahrungen mit dem Anbau haben, lassen Sie mich bitte Ihre Erfahrungen wissen. Pflanzen erhalten Sie bei: http://www.esveld.nl.

Mispel (*Mespilus germanica*)

Herkunft: Familie der Rosengewächse (*Rosaceae*); von der Nordtürkei bis zum Kaukasus, dem Transkaukasus und bis Nordostpersien

Höhe und Platzbedarf: Die Wildform wird 6 m hoch und 6 m breit. Kulturformen wachsen kleiner.

Mispeln reifen nach dem ersten Frost am Baum.

Frosthärte: Zone 6; frosthart bis -23,3 °C

Wuchsform und Standort: Die Mispel wächst baumartig als mehrstämmiger Strauch. Die großen weißen Blüten erscheinen spät im Mai nach den Spätfrösten. Deshalb ist bei der Mispel mit einem regelmäßigen Ertrag zu rechnen. An den Boden stellt sie keine besonderen Ansprüche. Bevorzugt werden lockere, warme und eher trockene Böden sowie leicht feuchte Böden.

Pflege: Mispeln gedeihen unproblematisch. Auslichtungsschnitte und Rückschnitte werden in der Winterruhe durchgeführt.

Verwendung:

- Frucht: Verwendet werden die weichen Früchte, nachdem die ersten Fröste sie gleichzeitig reifen ließen. Für die Vermarktung werden die noch harten Früchte Ende Oktober, jedenfalls vor dem ersten Frost, geerntet. Nach mehrwöchiger Lagerung in einem kühlen Raum wird das Fruchtfleisch weich und entwickelt seinen aromatischen Geschmack. Wichtig ist dabei die Luftfeuchtigkeit. Bei zu trockener Luft schrumpeln die Früchte.

Mispelmus zubereiten

Die reifen Früchte werden an der Stängelseite geöffnet. Durch diese Öffnung wird das Mus mit den Kernen ausgedrückt. Diese Masse wird mit ein wenig Wasser verdünnt, bis sie cremig ist. Danach wird sie durch ein Sieb gestrichen. Das Mus wird erhitzt und drei Minuten lang geköchelt. Anschließend heiß in Gläser füllen und zum Abkühlen umdrehen. Das Mus ist ohne Zuckerzusatz gut haltbar, jedoch nach dem Öffnen des Glases binnen einiger Tage zu verbrauchen. Ich verwende bei Mispeln grundsätzlich keinen Zucker. Bei Zuckerzusatz verändert sich die Konsistenz des Muses. Dies mindert für mich die Qualität.

Mispeln für den Früchtetee

An den Kernen ist noch reichlich Mus verblieben. Dieses wird kerndick auf ein Backpapier gestrichen und im Backrohr bei kleinster Hitze und offener Tür vorgetrocknet. Die Endtrocknung kann gut über Heizkörpern oder auf dem Kachelofen erfolgen. Diese Trockenmasse wird dann in kleine Stücke zerbrochen und für Früchtetee verwendet.

Vermehrung: Mispeln werden am besten sortenecht durch Veredelung auf Weißdorn vermehrt. Auch die Samenvermehrung nach Stratifizierung ist möglich. Diese liefert teilweise bedornte Pflanzen. Die Stecklingsvermehrung durch Steckhölzer vom reifen Holz im November ist nur

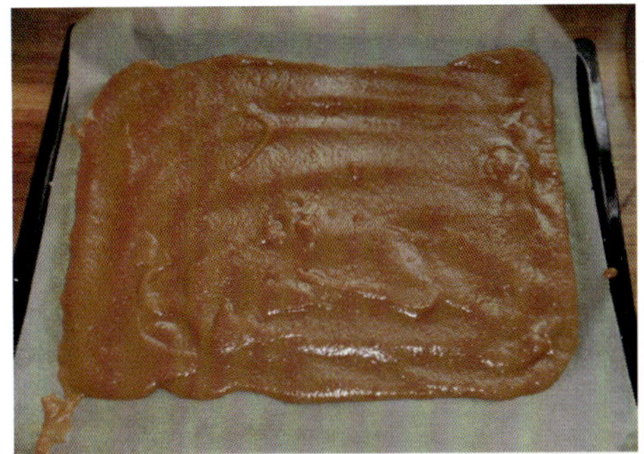

Mispelmus dünn aufgestrichen vor dem Trocknen zu Fruchtleder

bedingt erfolgreich. Absenker werden im Frühjahr gemacht. Diese werden erst nach 1,5 Jahren abgetrennt.

Sorten und Bezugsquellen: ‚Nottingham' ist eine starkwüchsige, ertragreiche Sorte. Die ‚Mispel von Metz' bringt mittelgroße Früchte. Eine ‚Kernlose' Sorte erhalten Sie bei: http://kornelkirsche.eu. Die polnische Baumschule führt auch eine Sorte, welche bis zu 7 cm große Früchte hervorbringt ‚Evreinoff's Monströse'. Die ‚Schönbrunner Riesenmispel' und die großfrüchtige ‚Macrocarpa' erhalten Sie bei: http://www.praskac.at. Weitere Sorten wie die feuerbrandresistente ‚Tüzelhalás álló' finden Sie bei: http://dmkert.hu.

Tipp/Besonderheiten: Mispeln sind selbstfruchtbar.

Stern's Mispel (*Mespilus canescens*)

Stern's Mispel wurde vor nicht langer Zeit in Prairie County in Arkansas/USA entdeckt. Nach Genanalysen handelt es sich um eine Zufallskreuzung von Mispel und einer Weißdornart. In freier Natur gibt es nur 25 Pflanzen. Im Aussehen ähneln die Früchte der Mispel. Pflanzen erhalten Sie bei: http://www.drzewa.com.pl.

Foto: Johannes Hloch

Pawpaws haben eine intensive Herbstfärbung.

ling erscheinen große, glockenförmige purpurrote Blüten. Da nur wenige Sorten selbstfruchtbar sind, braucht es für den Fruchtertrag einen zweiten Baum. Eine Besonderheit der Pawpaw ist, dass die weiblichen und die männlichen Geschlechtsorgane zeitversetzt reifen. Von früh reifenden Sorten bzw. an idealen Standorten kann die Frucht ab Mitte September geerntet werden, ansonsten ist der Reifezeitpunkt je nach Sorte bis Ende Oktober. Entscheidend ist ein Standort, der ein Maximum an Sonne garantiert, da ansonsten auch in Weinbaugegenden die Früchte vor dem Frost noch hart geerntet werden müssen. Sie reifen dann nach, entfalten aber nicht die cremige Konsistenz, die beim Ausreifen an der Pflanze entsteht. In kühleren Lagen empfiehlt sich die Pflanzung vor einer Hauswand. Pawpaws benötigen einen sonnigen Standort und einen humosen, gut durchlässigen Boden. Bei zu starker Sonneneinstrahlung bekommen die Blätter und Früchte Sonnenbrand. Bei schweren Böden kümmern die Pflanzen.

Pflege: Das Gras auf der Baumscheibe soll kurz gehalten werden, da die Pawpaws anfangs nicht konkurrenzstark sind. Mulchen und eine Düngung mit reifem Kompost sowie ausreichende Wasserversorgung sind vorteilhaft. Gegenüber Krankheiten und Schädlingen weisen Pawpaws eine hohe Resistenz auf und benötigen wenig Pflege.

Verwendung:

- Frucht: Im Reifestadium nimmt die grüne, glatte Schale der Früchte einen leicht gelblichen Farbton an und die Früchte werden weich. Je nach Sorte sind die Früchte walzenförmig oder mangoförmig. Sie werden je nach Sorte bis zu 10 cm lang und zwischen 50 und 500 Gramm schwer. Bei manchen Früchten entwickeln sich braune oder schwarze Flecken. Dieser Nachteil für die Attraktivität der Frucht hat allerdings keinen Einfluss auf die Obstqualität. Die reifen Früchte duften und können frisch gegessen werden. Man schält sie und schneidet sie in Scheiben oder halbiert die ungeschälten Früchte, entfernt die wenigen bohnenförmigen Samen und löffelt das gelbliche oder gelborange, cremig schmelzende Fruchtfleisch aus. Es ist süß und hat ein eigenes Aroma, das an Mango oder Vanille erinnert. Bei Vollreife entwickelt sich ein Kaffeearoma. Die Früchte sind nahrhaft und reich an Vitamin A und C. Pawpaws eignen sich gut für die Herstellung von Fruchteis, Sorbets,

Shakes oder Marmeladen, als Kuchenbelag oder für die Produktion alkoholischer Getränke.

- Rinde: Der Bast wird für die Herstellung von Seilen verwendet.

Vermehrung: Die Pawpaw ist stratifiziert (Frosteinwirkung auf die Samen) leicht über Samenaussaat zu vermehren. Die sortenechte Vermehrung auf 2- bis 3-jährige Sämlinge gelingt durch Chipveredelung im Frühjahr Anfang Mai mit im Winter geschnittenen Reisern oder durch Absenker.

Sorten und Bezugsquellen: Pflanzen erhalten Sie mittlerweile in vielen Baumschulen. In den letzten Jahren wurde eine Vielzahl von Sorten ausgelesen oder gezüchtet: ‚Mango', ‚Mary Foos Jones', ‚Prolific', ‚Rebeccas Gold', ‚Wilson', ‚Overleese' und ‚NC1' benötigen einen Fremdbefruchter. ‚Sunflower' ist nur bedingt selbstfruchtbar. 'PA-Golden 1` und ‚Prima 1216' sind zuverlässig selbstfruchtbar. ‚Taytoo' und ‚Taylor' gehören zu den früher reifenden Sorten, sie können bei idealen Bedingungen im September geerntet werden. Die Früchte der verschiedenen Sorten variieren in Größe und Form, weniger im Geschmack. England's Orchard and Nursery bietet ‚Kentucky Champion ™' als früheste reifende Sorte an unter: http://www.nuttrees.net/. Sorten mit orangefarbenem Fruchtfleisch wie ‚Susquehanna', ‚Shenandoa' und ‚Rappahannock' sowie andere Sorten erhalten Sie bei: http://www.pepinieredubosc.fr. Ein großes Angebot führen: http://www.shop.zahradnictvolimbach.sk, http://www.praskac.at und http://pflanzenspezl.de. Bei http://www.suedflora.de finden Sie die Sorte ‚Belle' und die beiden selbstfruchtbaren Sorten ‚Balda' und ‚Gorini'.

Weitere Infos: Detaillierte Informationen erhalten Sie auf der Homepage von Liselotte und Helmut Hromadnik unter: http://tillandsia.at/asimina.htm.

Che Frucht (Foto: Abdurrahman Kuyucu)

Che Blüte (Foto: Abdurrahman Kuyucu)

Che/Seidenraupenbaum (*Cudrania tricuspidata Syn. Maclura tricuspidata*)

Auf die Che Frucht bin ich zufällig beim Studium eines Pflanzenkatalogs gekommen. Bei der näheren Beschäftigung mit dieser Rarität erfuhr ich, dass es neben den bedornten zweihäusigen Pflanzen auch eine selbstfruchtbare und dornenlose Sorte gibt: ‚Seedless Che'. Die erste Pflanze, die ich im Alchemistenpark setzte, ist bedornt und bei strengen Frösten zurückgefroren. Sie ist allerdings seither kräftig gewachsen. Früchte hat sie jedoch noch keine angesetzt. Möglicherweise ist sie ein Männchen. Über meinen Pflanzenfreund Wolf Stockinger bekam ich eine ‚Seedless' aus Ungarn.

Das kleine Pflänzchen habe ich den ersten Winter im kühlen Keller überwintert und heuer an der südseitigen Hausmauer ausgepflanzt. Für den kommenden Winter werde ich sie gut einpacken und hoffen, dass sie überlebt. Bei meinen Recherchen bin ich auf zwei Baumschulen gestoßen, die viel Erfahrung mit Che-Anbau haben und auch Pflanzen verschicken. Dithmar Guillaume von der Baumschule De Moerbeiboom aus Belgien erzählte mir, dass Ches einen langen, warmen Sommer brauchen, damit die Früchte ausreifen. Abdurrahman Kuyucu von der Baumschule Tropicmeyveci in der Türkei sagte mir, dass bei den zweihäusigen Pflanzen, die er vertreibt, die weiblichen Pflanzen, wenn sie nicht befruchtet werden, samenlose Früchte ansetzen, was ja sehr praktisch ist. Ches sind definitiv eine Frucht, die es zu entdecken gilt. Teilen Sie mir doch bitte Ihre Erfahrungen mit und erkunden wir so gemeinsam, wo und wie weit Chefrucht-Anbau in Mitteleuropa möglich ist.

Herkunft: Familie der Maulbeergewächse (*Moraceae*); Zentralchina, Korea

Höhe und Platzbedarf: 6 m hoch, 6 m breit; falls die Pflanze nicht auf Osagedorn (*Maclura pomifera*) veredelt ist, treibt sie Ausläufer

Frosthärte: Zone 7; frosthart bis -17,7 °C

Wuchsform und Standort: Die dornenbesetzten Sträucher wachsen langsam. In kühleren Regionen ist es wohl sinnvoll, sie als kleine Büsche zu ziehen, um sie im Winter einpacken und vor den stärkeren Frösten schützen zu können. Die Pflanzen benötigen einen sonnigen Standort und gedeihen auf gut durchlässigen feuchten Böden.

Pflege: Ches sind pflegeleichte Pflanzen. Vor dem Blattaustrieb im Frühjahr entfernen Sie abgefrorene Zweige. Rückschnitte zu diesem Zeitpunkt werden gut vertragen. Für den Winterschutz verwende ich Drainagevlies aus dem Baumarkt. Ich binde die Pflanzen möglichst eng zusammen, umwickle sie mit dem Drainagevlies und schnüre es fest. Oben gebe ich ein „Käppchen" aus dem Vlies drauf.

Verwendung:

- Frucht: Die 2,5 cm großen, orangefarbenen Früchte ähneln den Maulbeeren. Ihr Geschmack wird mit dem von Melonen verglichen. Die Früchte werden frisch gegessen oder zu Marmeladen oder Säften verarbeitet.

Vermehrung: Die Samen sollen gleich nach der Fruchtreife ausgesät werden. Die ideale Vermehrung ist die Veredelung auf Osagedorn (*Maclura pomifera*). Dadurch vermeiden Sie das Austreiben von Ausläufern. Stecklinge vom halbreifen Holz schneiden Sie im Juli/August, vom reifen Holz im November.

Sorten und Bezugsquellen: Die attraktivste Fruchtsorte ist ‚Seedless'. Diese Sorte ist kernlos und selbstfruchtbar. Zudem treibt sie nur an den jungen Zweigen leichte Dornen aus. Alle anderen Sorten sind zweihäusig. Sie benötigen eine männliche Pflanze auf mehrere weibliche. Pflanzen erhalten Sie bei: http://www.tropikmeyveci.com und http://demoerbeiboom.be/. ‚Seedless' erhalten Sie auch bei: http://www.hortensis.de. Eine selbstfruchtbare Fruchtsorte erhalten Sie auch bei: http://www.les-botaniques-du-valdouve.com, http://www.pepinieredugourmand.fr und http://dmkert.hu.

Kiwi Sorte ‚Hayward' (Foto: Johannes Hloch)

Macqui (*Aristotelia chilensis*) und Co.

Die Macqui habe ich erst vor kurzem bei einer französischen Baumschule entdeckt. Im botanischen Garten in Paris steht ein großes Exemplar dieser immergrünen Pflanze. Das Potenzial der Macqui und ihrer Verwandten für den Anbau in Mitteleuropa gilt es erst zu entdecken. Falls Sie Erfahrungen damit haben, nehmen Sie bitte Kontakt mit mir auf.

Macqui stammt aus Chile und Argentinien. Die mehrstämmigen Sträucher wachsen 3 m hoch und 5 m breit. Im Mai erscheinen die weißen Blüten und später im Jahr die etwa 6 mm großen schwarzen Beerenfrüchte. Sie benötigen eine weibliche und männliche Pflanze für den Fruchtertrag. Ein Fruchtbild finden Sie unter http://www.biologie.uni-ulm.desystax/dendrologie/Aristotchifr.htm. Die Pflanzen gedeihen auf verschiedenen Bodentypen, bevorzugen feuchte Böden und benötigen einen sonnigen Standort. Da sie nur bis -12 °C frosthart sind, benötigen sie einen geschützten Standort. Der Anbau ist nur in warmen Regionen möglich. Pflanzen erhalten Sie bei: http://www.pflanzenraritaeten.com, http://www.edulis.co.uk und http://bulk-boskoop.nl. Dort und bei http://www.leaderplant.com erhalten Sie die Sorte ‚Variegata' mit panaschierten Blättern.

Eine Verwandte der Macqui ist *Aristotelia fruticosa*. Sie stammt aus Neuseeland und ist bis -12 °C frosthart. Für den Fruchtertrag benötigen Sie eine männliche und eine weibliche Pflanze. Sorten mit schwarzen bzw. weißen Beeren erhalten Sie bei: http://www.countyparknursery.co.uk.

Aristotelia serrata stammt aus Neuseeland und ist zwischen -5 °C und -12 °C frosthart. In kälteren Regionen wirft sie im Winter einen Teil der Blätter ab. Die Beeren sind zwischen 6 und 9 mm groß. Sie benötigen eine weibliche und männliche Pflanze für den Fruchtertrag. Pflanzen erhalten sie bei: https://flora-toskana.com, http://bulk-boskoop.nl und http://www.countyparknursery.co.uk.

Macquistrauch in Paris

Kiwi (*Actinidia deliciosa*)

Immer wieder erlebe ich erstaunte Kommentare, wenn ich meine Kiwis der Sorte ‚Hayward' zum Verkosten gebe: „Kiwis wachsen bei uns? Die sind ja wie im Supermarkt." Mein „Supermarkt" ist ein Wandspalier im Innenhof, an dem sich das Kiwipärchen rankt. Im Vorjahr war ich etwas nachlässig mit dem Frühjahrsschnitt und siehe da: Die beste Ernte, die ich je hatte, 37 kg bester Kiwifrüchte. Das ist auch das Geheimnis der Kiwis, sie wollen möglichst ungestört und wildrankend wachsen, dafür beschenken sie uns reichlich. Für Sie als Gärtnerin oder Gärtner ist das auch sehr praktisch und arbeitssparend. Nur einen Fehler können Sie machen: Kiwis so wie Weinreben auf zwei Augen einzukürzen. Sie erhalten dann viel junges Holz, aber leider wenige oder keine Früchte. Kiwis sind zweihäusig, Sie benötigen für den Fruchtertrag eine männliche und eine weibliche Pflanze. Eine männliche Pflanze reicht für 6 weibliche Pflanzen. Im Handel gibt es selbstfruchtbare Sorten.

Kiwiblüte weiblich

Kiwiblüte männlich

Kiwiernte im Herbst

Diese fruchten allerdings nicht zuverlässig. Sollten Sie ‚Jenny' pflanzen wollen, dann betrachten Sie sie besser als Zierpflanze. Die kleinen, behaarten Früchte haben kaum Fruchtfleisch. Mit ‚Solo' gibt es sehr unterschiedliche Erfahrungen, manche Gärtnerinnen und Gärtner haben einen reichen Fruchtertrag. Pflanzen Sie also wenn möglich ein Pärchen.

Früher wurden Kiwis aus Gewebekulturen vermehrt. Die Pflanzen brauchten bis zu zehn Jahre, ehe sie die ersten Blüten und Früchte trugen, und bescherten vielen Gärtnerinnen und Gärtnern Frust beim Kiwianbau. Mittlerweile gibt es Pflanzen aus Stecklingsvermehrung. Diese fruchten meist schon ab dem zweiten oder dritten Standjahr.

Herkunft: Familie der Strahlengriffelgewächse (*Actinidiaceae*); Ostchina

Frosthärte: Laut Literatur Zone 7; frosthart bis -17,7 °C. Ältere Pflanzen überstehen an geschützten Orten durchaus auch tiefere Temperaturen. In Niederösterreich kenne ich seit vielen Jahren erfolgreichen Kiwianbau auf 660 m Höhe.

Wuchsform, Platzbedarf und Standort: Als Schlingpflanze benötigt die Kiwi Rankmöglichkeiten. Sie können sie an Seilen, die an Mauern befestigt sind, als Spalier ziehen oder auch einen Baum, den Sie immer wieder zurückschneiden, als Rankgerüst verwenden. Für den Erwerbsanbau werden Drähte über 2 m hohe T-Träger gespannt, über denen die Kiwi ein Blätterdach entfalten kann. Kiwis wollen einen eher feuchten und nicht zu kalkhaltigen Boden und einen geschützten Standort. Sie wachsen sowohl im Halbschatten als auch in voller Sonne.

Foto: Johannes Hloch

Verwendung:

- Frucht: Viele Sorten enthalten unreif Tannine, die adstringierend, zusammenziehend, wirken und ein pelziges Gefühl im Mund hinterlassen. Entscheidend für den Genuss ist, dass die Früchte völlig weich sind und bei Sorten wie der ‚Steiermark Kaki' direkt durchscheinend wirken. Sorten wie ‚Sharon' sind nicht adstringierend und werden mit festem Fruchtfleisch gegessen. Die reifen Früchte können als Marmelade eingekocht, als Kuchenbelag oder für Süßspeisen verwendet werden. Manche Sorten werden bevorzugt in Scheiben geschnitten oder im Ganzen, an einer Schnur aufgefädelt, getrocknet. Die Fruchtschale wird getrocknet und gemahlen und als Süßungsmittel genützt.
- Samen: Die Samen werden geröstet als Kaffeeersatz verwendet.

Vermehrung: Die sortenechte Vermehrung erfolgt über Chipveredelung oder auch andere Propftechniken auf Unterlagen von *Diospyros virginiana* (führt zu kleineren Bäumen für schwere Böden; der Ertrag setzt früher ein und die Früchte sind größer) oder *Diospyros lotus* (führt zu stärkerem Wuchs und ist für leichte Böden geeignet; der Ertrag wird gesteigert), durch halbreife Steckhölzer im Juli/August oder durch Absenker im Frühling. Jungpflanzen sollen die ersten Jahre einen Winterschutz erhalten.

Sorten: Beim Einkauf ist der wesentliche Unterschied die Frosthärte. Großfrüchtige Sorten, die häufig im Mittelmeerraum angepflanzt werden, wie ‚Tipo', ‚Vaniglia' oder ‚Rojo Brillante', sind bis etwa -18 °C frosthart, ‚Hana Fuyu' bis -16 °C und sind damit nur in geschützten Bereichen im Freiland zum Auspflanzen geeignet. Manche Baumschulen preisen sie allerdings als frosthart an. Sie können gut als Kübelpflanzen gehalten werden, da sie nach dem Blattfall kühl und auch dunkel überwintert werden können.

Für unser Klima frostharte Sorten kommen aus klimatisch ähnlichen Regionen in China oder Korea bzw. Bulgarien und anderen asiatischen Regionen. ‚Kostata' wird als frosthart bis -25 °C beschrieben, die ‚Steiermark Kaki' stammt von einem Mutterbaum, der bereits seit etwa 70 Jahren auf 400 m Seehöhe wächst und reichlich fruchtet. Sorten wie ‚Budapest', ‚Neustadt Weinstraße' oder ‚Korea' sind nach dem Fundort oder Herkunftsland benannt worden und variieren in Form und Größe. Eine großfrüchtige Sorte mit etwa 8 cm großen, flachen Früchten, deren Mutterbaum in der Slowakei steht, ist ‚Dunaj'. ‚Hiro-tanenashi' ist eine in Japan häufig angebaute Sorte und mit -20 °C beschrieben.

Interessante Sorten sind auch die Gattungshybriden zwischen der Asiatischen Kaki und der Amerikanischen Kaki. Eine öfter erhältliche Sorte, die von Ivan Mitschurin gezüchtet wurde, ist ‚Rosseyanka' oder ‚Russian Beauty'. Der Baum ist kräftig wachsend und hat 3–4 cm große, flache Früchte, die meist samenlos sind. Eine der für mich köstlichsten Sorten ist ‚Nikitas Gift'. Hier wurde ‚Rosseyanka' noch einmal mit der Asiatischen Kaki gekreuzt. Die Früchte werden etwa 6 cm groß, sind samenlos und bei Vollreife cremig und sehr süß. ‚Nikshoo' und ‚Russian Red' sind ebenfalls frostharte Hybridpflanzen.

Alle diese Sorten gedeihen seit Jahren in der Nähe von Wien.

Bezugsquellen: In verschiedenen Baumschulen erhalten Sie die großfrüchtigen, aber frostempfindlicheren Sorten. Sorten von Mutterpflanzen aus der Nähe von Wien wie ‚Steiermark Kaki', ‚Korea', ‚Nikitas Gift' oder ‚Budapest' erhalten Sie bei: http://www.praskac.at. Die unterschiedlichen Hybriden finden Sie bei: http://www.agroforestry.co.uk. Eine gute Auswahl hat auch: http://www.proeftuin.eu. Große Pflanzen der asiatischen Kaki

'Steiermark Kaki' im Abendlicht

erhalten Sie bei: http://www.eggert-baumschulen.de. ‚Dar Soviefky', eine früh reifende ukrainische Hybridsorte, erhalten Sie bei: https://www.shop.zahradnictvolimbach.sk. Eine Rarität ist die Hängekaki. Ob sie frostfest ist, konnte ich nicht herausfinden. Erhältlich ist sie bei: http://www.pro-eftuin.eu/. ‚Nishijo', eine Rarität mit dattelförmigen Früchten, ‚Kuro Gaki', eine Sorte mit blauer Haut, sowie eine Reihe anderer Sorten finden Sie bei: http://demoerbeiboom.be. Ein großes Angebot hat: http://www.pepinieredubosc.fr.

Tipp/Besonderheiten: Die Früchte fallen nicht von selbst ab und lassen sich auch nicht gut von Hand pflücken, ohne Zweige abzubrechen. Die Ernte geschieht am besten mit einer Gartenschere. Vorsicht ist bei der Pflanzung im öffentlichen Raum, beim Baumklettern oder der Verwendung von Leitern geboten, da das Astholz brüchig ist.

Weitere Infos: Auf der Homepage von Liselotte und Helmut Hromadnik bekommen Sie einen Eindruck von der Sortenvielfalt: http://tillandsia.at/kaki.htm.

Amerikanische Kaki/ Amerikanische Persimone (*Diospyros virginiana*)

Herkunft: Familie der Ebenholzgewächse (*Ebenaceae*); östliches Nordamerika

Höhe und Platzbedarf: 20 m hoch

Frosthärte: Zone 4; frosthart bis -34,4 °C

Wuchsform und Standort: Persimonen sind zweihäusig, das heißt es gibt männliche und weibliche Pflanzen. Für einen Fruchtertrag benötigt es deshalb zwei Pflanzen mit unterschiedlichem Geschlecht. Die unten angeführten Fruchtsorten sind allerdings einhäusig und selbstfruchtbar. Sie wachsen zu großen Bäumen mit runder Krone heran. Die Nordamerikanischen Kakis gedeihen auf unterschiedlichen Bodentypen und bevorzugen feuchte Böden. Staunässe soll gemieden werden. Sie haben eine Pfahlwurzel und sind deshalb schwer zu verpflanzen. Die Bäume gedeihen sowohl im Halbschatten als auch in voller Sonne. Für eine gute Fruchtentwicklung ist ein geschütz-

Die Sorte ‚Ruby' färbt sich bei Vollreife blau.

Amerikanische Kaki Sorte ‚SAA Pieper'

ter, sonniger Platz von Vorteil. Die gelben Blüten erscheinen im Juni.

Pflege: Die Bäume sind pflegeleicht. Auslichtungs- oder Rückschnitte sollen im zeitigen Frühjahr in der Winterruhe durchgeführt werden.

Verwendung:

- Frucht: Unreif enthalten die Früchte Tannin, einen Stoff, der adstringierend, zusammenziehend, wirkt und ein pelziges Gefühl im Mund hinterlässt. Entscheidend für den Genuss ist, dass die Früchte völlig weich und damit ausgereift sind. Die Außenhaut kann durchaus bei manchen Sorten bräunlich verfärbt sein. Die Früchte werden frisch gegessen, als Kuchenbelag verwendet oder zu Marmelade verarbeitet. Fermentiert wird aus ihnen Wein oder Essig hergestellt. Kleinfrüchtige Sorten werden auch getrocknet.
- Blätter: Die Blätter werden für Tee verwendet.
- Samen: Die Samen werden als Kaffeeersatz geröstet.

Vermehrung: Die sortenechte Vermehrung erfolgt über Chipveredelung oder auch andere Propftechniken auf Unterlagen von *Diospyros virginiana* oder *Diospyros lotus*, durch halbreife Steckhölzer im Juli/August oder durch Absenker im Frühling. Jungpflanzen sollen die ersten Jahre einen Winterschutz erhalten.

Sorten und Bezugsquellen: Es gibt eine Fülle von Sorten, die teilweise einzelne Samen haben oder samenlos sind. ‚Wendy' hat 2 cm große flache Früchte, die bei Vollreife dunkelbraun sind und köstlich süß schmecken. ‚Prok' hat etwa 4 cm große süße und sehr aromatische Früchte. ‚SAA Pieper' hat etwa 2,5 cm große kugelige Früchte. ‚Meader' hat etwa 3 cm große abgeflachte, schmackhafte Früchte und ist selbstfruchtbar. Sorten von Mutterpflanzen aus der Nähe von Wien erhalten Sie bei: http://www.praskac.at. Verschiedene Sorten in guter Qualität finden Sie bei: http://www.agroforestry.co.uk und bei: http://www.proeftuin.eu.

Besonderheiten: Die oben angeführten Sorten sind selbstfruchtbar. Manche kleineren Sorten sind von Hand pflückbar, bei den anderen haftet der Stiel fest am Zweig. Die Früchte werden am besten mit der Gartenschere abgeschnitten. Vorsicht ist bei der Pflanzung im öffentlichen Raum, beim Baumklettern oder der Verwendung von Leitern geboten, da das Astholz brüchig ist

Weitere Infos: Auf der Homepage von Liselotte und Helmut Hromadnik bekommen Sie einen Eindruck von der Sortenvielfalt: http://tillandsia.at/virginiana.htm.

Getrocknete Lotusfrüchte aus dem Schwarzmeergebiet

Lotuspflaume/Dattelpflaume (*Diospyros lotus*)

Auf einem Obstmarkt in Istanbul fand ich schwarze, etwa kirschgroße Trockenfrüchte, die köstlich schmeckten. Sie hatten jeweils nur 2–5 kleine Samen. Auf Nachfrage erfuhr ich, dass sie aus der Schwarzmeerregion kommen. Ich vermute, dass dies unterschiedliche Sämlinge sind und dass sie frosthart sind. Möglicherweise wären das passende Pflanzen für unser Klima. In einigen Jahren werde ich mehr wissen, wenn der Nachbau klappt. Im heurigen Herbst habe ich in Wien erstmals Früchte einer samenlosen Fruchtsorte geerntet. Nachdem der männliche Baum gefällt werden musste, haben die beiden Bäume, die bis dahin samenreiche Früchte trugen, samenlose angesetzt. Nach einigen Tagen Nachreifen waren die Früchte ganz weich und der Teller war im Nu von den Kindern leer gegessen. Der große Baum trägt Unmengen an Früchten. Lotusfrüchte, so kann ich seit heuer sagen, sind definitiv eine Bereicherung für unsere Obstgärten.

Herkunft: Familie der Ebenholzgewächse (*Ebenaceae*), vom Himalaya über China bis Japan

Höhe und Platzbedarf: 9 m hoch, 6 m breit

Frosthärte: Zone 5; frosthart bis -28,8 °C

Kernlose Lotusfrüchte in Wien

Wuchsform und Standort: Lotusbäume wachsen zu ornamentalen Bäumen mit einer runden, locker aufgebauten Krone heran. Die großen, länglichen dunkelgrünen und glänzenden Blätter machen einen wichtigen Teil der Attraktivität des Baumes aus. Am besten zeigt diese sich bei einer Einzelstellung. Die Blüten erscheinen im Juni. Die Bäume vertragen Halbschatten oder volle Sonne. Für das Ausreifen der Früchte ist ein vollkommen sonniger Platz wesentlich. Feuchte

Foto: Johannes Hloch

Böden werden bevorzugt, Staunässe soll vermieden werden. Sonst werden an den Boden keine besonderen Ansprüche gestellt.

Pflege: Da Lotuspflaumen eine Pfahlwurzel haben, sind sie schwer umzusetzen. Deshalb ist es wichtig, den endgültigen Standort gut vorauszuplanen. Die Bäume sind robust und pflegeleicht. Fallweise sind Auslichtungsschnitte oder, falls es für die Ernte sinnvoll erscheint, Rückschnitte notwendig.

Verwendung:

- Frucht: Unreif enthalten die Früchte Tannin, einen Stoff, der adstringierend, zusammenziehend, wirkt und ein pelziges Gefühl im Mund hinterlässt. Entscheidend für den Frischgenuss ist, dass die Früchte völlig weich und damit ausgereift sind. Sie lassen sich gut trocknen und ergeben ein wertvolles, süßes Trockenobst.

Vermehrung: Die Vermehrung aus Samen benötigt eine kalte Stratifizierung. Die sortenechte Vermehrung gelingt über Veredelung auf Sämlinge von *Diospyros lotus*, durch halbreife Steckhölzer im Juli/August oder durch Absenker im Frühling. Jungpflanzen sollen die ersten Jahre einen Winterschutz erhalten.

Sorten und Bezugsquellen: Fruchtsorten sind im deutschsprachigen Raum derzeit kaum zu erhalten. Eine selbstfruchtbare Sorte aus Polen und der Ukraine vertreibt die Baumschule Botanik in Weissenburg https://www.botanik-wug.de. Amerikanische Auslesen gibt es bei: http://pflanzen-spezl.de. ‚Albert' ist eine Fruchtsorte, die ‚Browny' als Bestäuber benötigt. Pflanzen erhalten Sie bei: http://www.proeftuin.eu. Die weiblichen Sorten ‚Maalte' und ‚Guillaume' (diese Sorte hat panaschierte, gelb-grün gescheckte Blätter) und eine männliche Befruchtersorte erhalten Sie bei: http://demoerbeiboom.be.

Eine Vielfalt von Samen und Nüssen reift im Herbst (Foto: Johannes Hloch).

Samen und Nüsse

Nüsse-Kochbuch online

Bei meinen Recherchen über Nüsse bin ich auf eine äußerst empfehlenswerte Website gestoßen. Auf dieser finden Sie auch ein Nüsse-Kochbuch mit Rezepten für viele der folgenden Nussraritäten, von Buchenmuffins bis Maronisuppe: http://treenuts.ca.

Ölpresse

Für die Ölgewinnung kann ich Ihnen eine handbetriebene Ölpresse empfehlen. Sie erhalten die Ölpresse bei der holländischen Firma Piteba unter: http://www.piteba.com/.

Aus den Samen der Eselsdistel Onopordum acanthium *lässt sich mit der Ölpresse von Piteba Speiseöl gewinnen.*

Erdnuss (*Arachis hypogaea*)

Auch Sie können Erdnüsse aus eigenem Anbau ernten. Erdnüsse gehören zur Familie der Schmetterlingsblütler (Fabaceae) und stammen ursprünglich aus Südamerika. Als Ursprungsregion wird Südbolivien und Nordwestargentinien angenommen. Wildvorkommen sind keine bekannt. Heute werden sie in vielen (sub)tropischen Ländern angebaut. Die nördlichsten Anbaugebiete sind in Südungarn und Bulgarien. Erdnüsse können Sie roh, gekocht oder geröstet essen. Sie werden gemahlen für Suppen und Saucen oder Süßspeisen verwendet. Wenn Sie die Samen rösten und fein pürieren, erhalten Sie Erdnussbutter. Pflanzen erhalten Sie bei: http://www.sebtan.fr. Die Sorte ‚Jumbo 1' stammt aus Burkina Faso und hat kleine Nüsse mit pinkfarbener Haut. Sie sind sehr aromatisch, mit einem leckeren, süßlich-nussigen Geschmack, wenn man sie ungeröstet verzehrt. In jeder Hülse befinden sich zwei Nüsse. Die Hülsen selbst sind etwa 2 cm lang. Die Sorte reift früh. Samen erhalten Sie bei: http://www.deaflora.de.

Erdnuss ‚Jumbo 1' (Foto: Deaflora)

Eine Latschenkiefer für Kiefernadeln zum Würzen und bei Erkältung (Foto: Johannes Hloch)

Zirbe, Lärche und Co. – Essbare Nadeln und Samen von Nadelbäumen

In meiner Kindheit ist es mir zur Gewohnheit geworden, die Nadeln von Fichten, Tannen oder Kiefern zu kauen. Ich liebe den harzigen, würzigen und erfrischenden Geschmack der Nadeln. Besonders gut schmecken die zarten frischen Nadeln im Frühjahr. Am liebsten habe ich die Lärchennadeln. Sie haben einen zarten Biss und eine feine, herbe Süße. Zu Hause haben wir im Frühling die jungen Fichtenwipfel geerntet und sie in Gläser geschichtet. Zwischen jede Schicht gaben wir Zucker. Die Gläser stellten wir auf das Fensterbrett und in der Sonne schmolz der Zucker. Nach einigen Wochen filterten wir den Saft, der sich im Glas gebildet hatte: eine aromatische Delikatesse, die wir Kinder bei Husten verabreicht bekamen und nur zu gerne verspeisten. Bei einer anziehenden Heiserkeit hole ich mir auch heute noch Nadeln von der Latschenkiefer aus dem Garten, kaue sie und kann so oft die nahende Heiserkeit noch abwenden.

Eine Ausnahme gibt es bei den Nadelbäumen: Bei der Eibe (*Taxus baccata*) sind alle Teile außer dem roten Samenmantel (dieser ist essbar) giftig.

Wuchsform und Standort: Die verschiedenen Nadelbäume wachsen zu großen Bäumen heran. Manche wie die Latschenkiefer (*Pinus mugo*) werden nur 1–3 m hoch und lassen sich auch in kleine Gärten integrieren. Manche der Nadelbäume wie die Araukarie lassen sich nur in warmen Regionen an geschützten Plätzen ziehen, andere hingegen wie die Lärche oder die Zirbe wachsen nur in Berglagen gut.

Verwendung:

- Nadeln: Die frischen Nadeln von Fichten und Lärchen lassen sich im Frühling als Gemüse verwenden. Dazu dünsten Sie die Wipferl in Olivenöl, salzen und würzen sie nach Bedarf

Die Samen der Kiefer haben kleine ölhaltige Samen (Foto: Johannes Hloch).

und servieren sie als Beilage zu Gemüse- oder Fleischgerichten. Sie können die Nadeln auch trocknen, in einer Kaffeemühle pulverisieren und als Gewürz verwenden.

- Zapfen: Die grünen Zapfen können Sie in Alkohol ansetzen und einige Wochen am Fensterbrett in die Sonne stellen. Die Flüssigkeit filtern Sie durch ein feines Tuch, süßen mit Honig nach Geschmack und erhalten so einen Likör. Sie können den Ansatz auch brennen. Besonders bekannt ist der Zirbenbrand. Wenn Sie die Zapfen fein schneiden und für einige Wochen in Essig ansetzen, erhalten Sie einen fein aromatischen Essig zum Verfeinern von Salaten oder auch von Kartoffelpüree.
- Samen: Die Samen der verschiedenen Nadelbäume können Sie sammeln, durch Rebeln von den Flügelblättern befreien und pressen. Sie erhalten wertvolles Speiseöl. Falls nach einem Sturm Bäume umgestürzt sind, können Sie die reifen Zapfen in einen warmen Raum geben. Bei der Trocknung öffnen sich die Zapfen und geben die Samen frei. Besonders große Nüsse hat die Zirbe. Diese können Sie frisch essen, für Backwaren verwenden oder trocknen.

Vermehrung: Geben Sie die frischen Samen in einen großen Blumentopf mit Aussaaterde und stratifizieren Sie diese am besten, indem Sie den Topf im Freien stehen lassen und feucht halten.

Weitere Infos: Strauß, Markus 2010: Köstliches von Waldbäumen. Bestimmen, sammeln und zubereiten, Verlag Hädecke, Weil der Stadt. Die Bücher von Markus Strauß kann ich Ihnen sehr empfehlen. Sie enthalten zahlreiche Praxistipps und Rezepte. Weitere Informationen über, wie er es formuliert, die Integration von Wildpflanzen in die heutige Alltagskultur, finden Sie auf seiner Website: http://www.dr-strauss.net.

Zirbe (*Pinus cembra*)

Die Zirbe kommt in den Alpen in Höhenlagen von 700–2.000 m vor. Sie wächst langsam, bis 25 m hoch und 6 m breit und kann 1.000 Jahre alt werden. Sie ist bis -34,4 °C (Zone 4) frosthart. Sie bevorzugt gut durchlässige feuchte oder trocke-

Zirbenzapfen mit Samen (Foto: Deaflora)

ne Böden und kann im Halbschatten oder in voller Sonne wachsen. Die Pflanzen wachsen auf neutralen oder sauren Böden.

Bezugsquellen: Pflanzen erhalten Sie bei: http://www.artner.biobaumschule.at, http://www.deaflora.de und http://www.praskac.at.

Tipp/Besonderheiten: Zirben sind nicht selbstfruchtbar. Für die Windbestäubung benötigen Sie zwei Pflanzen.

Nusskiefer/Weißkiefer (*Pinus sabiniana*)

Die Nusskiefer stammt aus Kalifornien und wird 25 m hoch. Sie ist bis -12,2 °C (Zone 8) frosthart. Ältere Bäume vertragen aber auch tiefere Temperaturen. In der Steiermark gibt es an geschützten Stellen frei ausgepflanzte Bäume, die Nüsse tragen. Die Bäume benötigen neutrale oder saure, bevorzugt trockene oder feuchte Böden und einen sonnigen Standort. Die Zapfen werden 17–25 cm lang und enthalten 1,5–2 cm große flache Samen. Pflanzen erhalten Sie bei: http://www.boehlje.de, http://www.drzewa.com.pl und http://dmkert.hu.

Chilgoza Pinie (*Pinus gerardiana*)

Pinus gerardiana wächst in Afghanistan und im Nordwesthimalaya. Die Bäume werden bis 25 m hoch und sind bis -17,7 °C (Zone 7) frosthart. Ältere Bäume vertragen aber auch tiefere Temperaturen. In der Steiermark gibt es an geschützten Stellen frei ausgepflanzte Bäume, die Nüsse tragen. Die Bäume benötigen neutrale oder saure, bevorzugt trockene oder feuchte Böden und einen sonnigen Standort. Die großen Zapfen werden 10–16 cm lang und enthalten 1–2,5 cm große flache Samen. Der Anbau der Bäume in wärmeren Regionen scheint viel versprechend. Pflanzen erhalten Sie bei: http://dmkert.hu.

Haselnüsse (*Corylus spec.*)

Haselnüsse kommen in Europa, Asien und Nordamerika in verschiedenen Arten vor.

Herkunft: Familie der Haselgewächse (*Corylaceae*)

Verwendung:

- Nuss: Neben dem Rohverzehr dienen die Nüsse gemahlen als Zutat zu Backwaren, Süßigkeiten und Speiseeis. Sehr geschätzt wird das feine Öl für Salate und auch für Kosmetika.

Vermehrung: Die Vermehrung aus stratifizierten Samen, die gleich nach der Ernte in die Erde gegeben werden, gelingt einfach. Die sortenechte Vermehrung erfolgt über Absenker im Frühling oder Abtrennen von Wurzelausläufern am besten in der Winterruhe. Haselnüsse können Sie gut über Stecklinge vom reifen Holz im Oktober/November vermehren. Die Veredelung ist auf eine Sämlingsunterlage der Baumhasel möglich. Damit verhindern Sie bei der Strauchhaselnuss die Stockbildung. Beim Anbau in Plantagen können die Pflanzen somit gut gepflegt und ausgemäht werden.

Tipp/Besonderheiten: Haselnüsse benötigen für einen guten Ertrag eine pollenspendende zweite Sorte in der Nachbarschaft. Dies kann sowohl eine Edelsorte als auch Wildform sein.

Haselnuss (*Corylus avellana*)

Ein Haselnussstrauch ist ein unerlässlicher Bestandteil eines kindergerechten Spielplatzes oder Gartens. Die Haselruten und Stöcke eigenen sich für viele Spiele, die Sträucher selbst sind eine gute und raschwüchsige Klettermöglichkeit. Die Haselnuss kommt von Europa bis Kleinasien vor.

Höhe und Platzbedarf: 6 m hoch, 4 m breit

Haselnüsse

Frosthärte: Zone 4; frosthart bis -34,4 °C

Wuchsform und Standort: Die Haselsträucher sind Flachwurzler und werden ungeschnitten 5–6 m hoch. Bis auf die Spätfrostgefahr sind Haselnusssträucher in der Regel unempfindlich. Sie bevorzugen tiefgründigen, humusreichen Lehm- bis lehmigen Sandboden. Nicht geeignet sind kalte, schwere und nasse Böden. Die männlichen Blüten erscheinen als lange Kätzchen, die weiblichen Blüten sitzen in Achselknospen. Durch die frühe Blütezeit sind sie wichtige Pollenspender für die Bienen. Mit ersten Ernten ist bei Wildgehölzen nach vier bis fünf Jahren zu rechnen. Edelsorten tragen meist schon im ersten Jahr nach dem Auspflanzen. Die Reifezeit der Nüsse ist je nach Klima zwischen August und September.

Pflege: Die Haselnuss fruchtet am einjährigen Holz. Zurückgeschnitten wird am besten im Frühjahr. Dabei werden die abgetragenen Triebe bodennah entfernt. In der Regel genügt es, den Haselnussstrauch alle zwei bis drei Jahre mit Kompost zu düngen. Er wird im Frühjahr einfach in den Boden eingearbeitet.

Sorten und Bezugsquellen: Es gibt eine Reihe von Sorten, einige davon sind auch rotlaubig. Die Sorten unterscheiden sich durch die Fruchtform und auch die Größe der Nüsse. Verbreitete Sorten sind ‚Wunder von Bollweiler', ‚Webbs Preisnuss', eine Kreuzung der Haselnuss mit der Lambertsnuss, ‚Cosford' und die ‚Hallesche Riesennuss'. Die ‚Rotblättrige Zellernuss' hat einen großen Zierwert, allerdings nur einen geringen Fruchtertrag. Die Sorte ‚Eckige Barcelona' gedeiht nur in wärmeren Regionen und ist erhältlich bei: baumschule-walsetal.de. Verschiedene Sorten finden Sie bei: http://www.fruitandnut.ie, http://www.agroforestry.co.uk und http://www.baumschule-horstmann.de. Die Sorten ‚Gustav's Zellernuss' mit großen langen Nüssen und ‚Rimsky', die nur 2,5 m hoch wächst, erhalten Sie bei: http://www.esveld.nl. Für beengte Verhältnisse, wo auch ein Befruchter fehlt, gibt es eine Zwillingspflanze aus ‚Webbs Preisnuss' und ‚Cosford' bei: http://www.deaconsnurseryfruits.co.uk. Die früh tragende, etwas frostempfindliche Sorte ‚Trapezunt' mit großen Kernen sowie weitere Sorten erhalten Sie bei: http://www.drzewa.com.pl.

Lambertsnuss (Corylus maxima)

Die Lambertsnuss wächst in Südwesteuropa und Westasien und wird wegen ihrer großen Nüsse kultiviert. Wachstum und Standortansprüche sind wie bei der Haselnuss. Die Pflanzen werden 3–4 m hoch und 3–4 m breit und sind bis -28,8 °C (Zone 5) frosthart. Die Sorte ‚Purpurea' hat rotes Laub und kleinere Nüsse als die Stammform. Pflanzen erhalten Sie bei: http://www.eggert-baumschulen.de, http://www.baumschule-horstmann.de und http://www.praskac.at. Die Sorte ‚Rode Lamberts' erhalten Sie bei: http://www.esveld.nl.

Baumhasel-Blüte

Türkische Baumhasel (*Corylus colurna*)

Baumhaseln sind Massenträger. Allerdings unterscheiden sich die Nüsse erheblich. Kleine Nüsse können dünnschalig sein und einen großen Kern enthalten oder dickschalig mit kleinem Kern sein. Wenn Sie gute Früchte wollen, suchen Sie sich am besten einen geeigneten Baum und ziehen Sie sich Ihre eigenen Pflanzen. Dies gelingt problemlos. Wie rasch die Sämlinge in Ertrag gehen, hängt stark von der guten Nährstoff- und Wasserversorgung ab. Versuchen Sie es selbst – es lohnt sich. Die Türkische Baumhasel wächst von Südosteuropa bis Westasien und vom Transkaukasus bis zum Himalaya.

Die Nüsse von ‚Granat' sind leicht zu knacken (Foto: Johannes Hloch).

Höhe und Platzbedarf: 20 m hoch, 6 m breit. Ausladend erzogene Exemplare können auch bis 10 m breit werden.

Frosthärte: Zone 5; frosthart bis -28,8 °C

Wuchsform, Standort und Pflege: Baumhaseln entwickeln sich zu mächtigen Bäumen und entwickeln eine pyramidale Krone. Durch Aufasten kann ein schlanker, gerader Stamm erzogen werden. Die Seitenäste entwickeln sich waagrecht. Bei alten Exemplaren, die durch Rückschnitt im Jugendstadium eingekürzt wurden, können die Seitenäste ein ausladendes Blätterdach tragen. Eine Möglichkeit die Bäume kleiner zu halten ist die Erziehung mit mehreren Stämmen. Dies ergibt später eine gute Klettermöglichkeit. Baumhaseln sind anspruchslose Pflanzen.

Sorten und Bezugsquellen: Spezielle Fruchtsorten sind mir derzeit keine bekannt. ‚Granat', eine Sorte mit rotlaubigem Austrieb, können Sie als Fruchtsorte setzen. ‚Granat' hat dünne Schalen und einen großen Kern und trägt reichlich. Pflanzen erhalten Sie bei: http://www.praskac.at. Baumhaseln erhalten Sie auch bei: http://www.eggert-baumschulen.de und http://www.vdberk.de.

Tipp/Besonderheiten: Baumhaseln benötigen zum guten Ertrag eine pollenspendende zweite Sorte in der Nachbarschaft. Diese kann, um Platz zu sparen, auch auf den Baum aufgepfropft werden.

Trazel (*Corylus x colurnoides*)

Trazel ist die Kreuzung zwischen Haselnuss (*Corylus avellana*) und Baumhasel (*Corylus colurna*). Sie wächst als Baum und fruchtet reichlich. Es gibt sie in den Sorten ‚Chinoka' und ‚Freeoka'. Die Sorten befruchten sich gegenseitig oder werden durch die Strauch- oder die Baumhasel befruchtet. Pflanzen erhalten Sie bei: http://www.agroforestry.co.uk und www.harleynursery.co.uk.

Chinesische Haselnuss (*Corylus chinensis*)

Die Chinesische Haselnuss wächst zu 24 m hohen Bäumen heran. Sie ist bis -23,3 °C (Zone 6) frosthart und selbstfruchtbar. Die Nüsse reifen im September/Oktober. Pflanzen erhalten Sie bei: http://www.esveld.nl, Samen bei: https://sheffields.com.

Mandel (*Amygdalus communis Syn. Prunus dulcis*)

Mandeln werden in Österreich wenig angepflanzt. Ich habe seit vielen Jahren, abgesehen von den wenigen Spätfrostjahren, eine reiche Ernte. Die Bäume gedeihen bei mir problemlos.

Herkunft: Familie der Rosengewächse (*Rosaceae*); Mittelmeergebiete des Libanon, Syrien, Israel und Jordanien

Mandel Blüte

Höhe und Platzbedarf: 6 m hoch, je nach Sorte 4–6 m breit

Frosthärte: Zone 6; frosthart bis -23,3 °C

Wuchsform und Standort: Die Bäume wachsen schlank aufrecht, locker belaubt, bis zu 6 m hoch und benötigen warme Standorte. In Mitteleuropa gedeihen sie in Weinbaugebieten. Die frühe Blüte, die bei manchen Sorten bereits im Februar einsetzt, führt dazu, dass Mandelbäume spätfrostgefährdet sind und damit die Ernte ausfällt. Die attraktiven großen weißen Blüten haben fünf Blütenblätter und ein rosa gefärbtes Zentrum. Die Bäume vertragen auch längere Trockenperioden, werfen dann aber einen Teil des Blattwerks ab, um die Verdunstung zu reduzieren. Die Blätter sind lanzettlich schmal und ähneln den Pfirsichblättern. Auch die längliche Frucht selbst erinnert an Pfirsiche, allerdings ist die pelzige Außenhaut hart

Mandel Frucht

und dünn und der Samenmantel dafür dick und groß. Im Inneren befindet sich der essbare Samen mit einer braunen Haut. Mandeln gedeihen auf unterschiedlichen, gut durchlässigen Bodentypen. Sie vertragen keine Staunässe.

Pflege: Der Pflegeaufwand ist gering. Schnittmaßnahmen sind kaum notwendig, werden allerdings gut vertragen. Meist werden zu dicht stehende oder abgestorbene Äste entfernt.

Verwendung:

- Same: Mandeln reifen von Mitte September bis Mitte Oktober. Die Ernte erfolgt, nachdem die Außenhaut aufspringt, durch Schütteln, Pflücken oder Abschlagen der Früchte mit einer Stange. Abhängig vom Gehalt des Bittermandelöls unterscheidet man zwischen Bitter- und Süßmandeln. Bittermandeln enthalten 3 bis 5% des Blausäureglykosids Amygdalin. Dieses schmeckt bitter und ist giftig. Durch Auslese entstanden die Süßmandeln. Allerdings finden sich auch auf den Süßmandelbäumen manchmal einzelne Bittermandeln. Werden Mandelbäume aus Samen gezogen, so steigt meist die Anzahl von Bittermandeln im Ertrag. Mandeln und das darin enthaltene Öl (bis zu 50%) werden äußerst vielfältig verwendet. Das Mandelöl wird sowohl in der Küche (Beträufeln von Fischgerichten, als Salatöl oder für Süßspeisen ohne Erhitzen) als auch in der Kosmetik und für Massageöle oder als Badezusatz verwendet. Bittermandelöl wird zum Aromatisieren von Speisen und Parfümen verwendet. Die Samen selbst werden frisch, geröstet und gesalzen oder in Zucker gebrannt verzehrt. Gemahlen, als Splitter oder als Blättchen geschnitten, werden sie für verschiedenes Backwerk oder fein vermahlen als Mandelmus für Aufstriche verwendet. Ein bekanntes Produkt ist Marzipan. Ein bekannter Mandellikör ist Amaretto.
- Harz: Das bei Stammverletzungen austretende, gummiartige Harz wird gekaut.

Vermehrung: Die sortenechte Vermehrung erfolgt durch Veredelung auf Pfirsich oder Kirschpflaume (*Prunus cerasifera*). Die Veredelung auf Pfirsich beschleunigt die Fruchtproduktion, die Bäume sind allerdings nicht so langlebig.

Sorten und Bezugsquellen: Die ‚Dürkheimer Krachmandel' ist großfrüchtig, weichschalig und geht früh in Ertrag. Die ‚Königsmandel' ist dünnschalig. ‚Robijn' ist eine Kreuzung von Mandel mit Pfirsich, hat rosa Blüten und ist bis -20 °C frosthart. Sie ist selbstfruchtbar. Die französischen Sorten wie ‚Ferragnes' (späte Blüte, resistent gegen Monilia, großfrüchtig) und ‚Ferraduel' (gute Frosthärte, resistent gegen Monilia) wachsen steil aufrecht. Ein großes Sortiment finden Sie bei: http://

Mandelernte im Alchemistenpark

shop.baumschuleritthaler.de. Die dünnschalige ‚Davidsmandel', die rot blühende ‚Perle der Weinstraße' und die dunkelrosa blühende ‚Mandelkönigin' aus der Pfalz, die auch für weniger gute Lagen geeignet ist, sowie ‚Palatina' mit großen Früchten und weicher Schale finden Sie bei: http://www.kiefer-obstwelt.de. Sehr gute Erfahrungen habe ich mit der ‚Dürkheimer Krachmandel', erhältlich bei: http://www.pflanzenhof-online.de gemacht. Dort erhalten Sie auch die ‚Säulenmandel'. Sie blüht rosa und trägt schmackhafte Früchte. Sie ist auch für die Kübelkultur geeignet. Die ‚Zartschalige Krachmandel' und die reich tragende, nur 1,5 m hoch werdende ‚Tesarova' erhalten Sie bei: http://www.praskac.at.

Tipp/Besonderheiten: Für die Befruchtung benötigt es entweder eine zweite Mandelsorte oder einen Pfirsichbaum.

Marzipan selbst gemacht

Zutaten: 200 g Mandeln, 100 g oder 3 Esslöffel Honig, Rosenwasser oder Bittermandelöl

Die Mandeln werden fein vermahlen. Falls Sie die Mandeln blanchieren möchten übergießen Sie diese vor dem Reiben mit kochendem Wasser und lassen Sie sie 5 Minuten quellen. Danach können Sie die braune Haut abziehen. Die Mandeln anschließend trocken tupfen.
Die fein gemahlenen Mandeln kommen zusammen mit dem Honig in eine Schüssel und werden gut zusammengeknetet. Mit etwas Bittermandelöl oder Rosenwasser kann das Aroma noch verfeinert werden. Dieses wird beim Kneten tropfenweise dazugegeben.
Statt dem Bittermandelöl können auch einige Bittermandeln mitgerieben werden. Das Rezept können Sie statt mit Mandeln auch mit anderen Nüssen versuchen.

Pfirschmandel (*Prunus x amygdalopersica*)

Pfirsichmandeln sind eine Kreuzung von *Amygdalus dulcis* mit *Persica vulgaris*. Neben Fruchtsorten, die wegen der Mandeln angepflanzt werden, gibt es Sorten wie ‚Spring Glow', die wegen der attraktiven rosa Blüte gepflanzt werden. Die Sorte ‚Robijn' ähnelt im Wuchs eher dem Pfirsich. Auch die Schale der Mandeln sieht wie ein Pfirsichkern aus und ist schwerer zu öffnen. Bei mir ist die Sorte kurzlebiger als reine Mandelbäume. Wertvolle Sorten: ‚Perle der Weinstraße', ‚Mandelkönigin' und ‚GF677'.

Mandelmilch/Nussmilch

Nehmen Sie 250 g geschälte Mandeln und vermischen Sie sie mit 200 g Puderzucker. Mahlen Sie sie so fein wie möglich, bis eine glatte Paste entsteht. Verrühren Sie die Paste mit 1 l Milch. Nehmen Sie 2 l Milch und verrühren 150 g Puderzucker darin. Geben Sie Orangenblütenwasser oder Rosenblütenwasser dazu. Seihen Sie die Mandelmilchmischung durch ein feines Sieb und fügen Sie beide Flüssigkeiten zusammen. Servieren Sie die Mandelmilch am besten kalt. Den abgeseihten Rückstand können Sie mit Haferflocken oder anderen Flocken zu einem Müsli mischen.
Sie können das Rezept natürlich auch mit anderen Nüssen ausprobieren.

Die weiß-gelben Blüten des Gelbhornstrauchs sind eine Zierde im Garten.

In den Nüssen befinden sich die essbaren Samen.

Gelbhornstrauch (*Xanthoceras sorbifolium*)

Die gefiederten Blätter und die attraktiven kelchförmigen, weißen Blüten mit grüngelbem und rotem Grund machen den Gelbhornstrauch zu einem gerne verwendeten Zierstrauch. Dass er essbare Nüsse und Gemüse liefert, ist dagegen bei uns wenig bekannt. Bei mir ist er bisher sowohl auf trockenen als auch sonnigen Plätzen problemlos angewachsen. Die Nüsse und die Blätter haben mich durch ihren Geschmack überzeugt und finden bei mir in der Küche Verwendung.

Die niederösterreichische Baumschule Praskac hat eine rein gelb blühende Varietät mit bis zu einem Meter langen Blütenrispen ausgelesen.

Herkunft: Familie der Seifenbaumgewächse (*Sapindaceae*); Nord- und Nordostchina

Höhe und Platzbedarf: 2–5 m hoch, 2,5 m breit

Frosthärte: Zone 6; frosthart bis -23,3 °C

Wuchsform und Standort: Die sommergrünen Büsche oder Kleinbäume wachsen sowohl auf feuchten als auch auf trockenen sowie sandigen oder lehmigen Böden. Die leicht gezähnten und unpaarig gefiederten Blätter werden bis zu 30 cm lang. Von Mai bis Juni erscheinen die attraktiven,

kelchförmigen, weißen Blüten mit grüngelbem und rotem Grund. Sie sind traubenförmig auf bis zu 25 cm langen aufrechten Zweigen angeordnet. Gelbhornsträucher benötigen sonnige Standorte und vertragen keine ausgedehnte Beschattung.
Pflege: Gelbhornsträucher sind anspruchslose Pflanzen und benötigen keine besondere Pflege. Je nach vorhandenem Platz können sie durch Schnittmaßnahmen in Form gebracht werden.

Verwendung:

- Nüsse: Die kugelförmige oder birnenförmige Frucht ähnelt stachellosen Kastanienfrüchten und hat bis zu 6 cm Durchmesser. Sie hat eine braune Schale. Bei Vollreife (September bis Oktober) platzt sie auf und in drei Kammern kommen kleine, kugelförmige Nüsse in einer hellbraunen Schale zum Vorschein. Sie ist ähnlich wie bei Edelkastanien und leicht aufzubrechen oder aufzuschneiden. Die darin enthaltenen erbsengroßen, süß schmeckenden Kerne können Sie frisch essen oder trocknen und weiterverarbeiten. Getrocknet können sie in Nussmischungen verwendet werden oder gemahlen für Gebäck. Eine andere Zubereitungsart ist, die Nüsse leicht anzufeuchten, zu salzen und schonend zu rösten. In Korea wird aus den Nüssen ein Speiseöl gepresst.
- Blüten und Blätter: Im Frühjahr werden die Blüten gedünstet als Gemüse gegessen. Die Blätter können das ganze Jahr über gegessen werden. Hierzu ziehe ich die Seitenblätter von der Mittelachse ab und brate sie kurz in Olivenöl an, bis sie knackig sind. Dann salze ich sie und serviere sie zu Getreidegerichten.

Vermehrung: Die Samen keimen nach Stratifizierung (Frosteinwirkung löst die Keimbereitschaft aus; Samen in einen großen Blumentopf geben, ins Freie stellen und den Winter über feucht halten) problemlos im Frühjahr. Die kleinen Pflanzen werden pikiert und vereinzelt in Töpfen gezogen, bis sie ausgepflanzt werden.

Bezugsquellen: Pflanzen erhalten Sie bei: http://www.praskac.at, http://www.artner.biobaumschule.at, http://www.pflanzenraritaeten.com/ und http://www.deaflora.de.

Tipp: Der Gelbhornstrauch ist selbstfruchtbar. Bei zwei Pflanzen ist der Fruchtertrag bedeutend höher und vor allem die Frucht doppelt so groß.

Pimpernuss (*Staphylea pinnata*)

Vor Jahren habe ich von einem Wildstandort Samen der Pimpernuss genommen. Sie keimten problemlos und die Pflanzen, die ich in eine Hecke gesetzt habe, entwickelten sich auch auf sandigen, trockenen Böden sehr gut, da sie ein dichtes Wur-

Die Pimpernuss trägt im Frühling lange, attraktive Blütendolden.

Pimpernuss-Früchte und -Nüsse

zelwerk ausbilden. Die kleinen Nüsschen, die sich in einer Blase bilden, esse ich teilweise in milchreifem Zustand als kleinen Snack im Frühsommer. Unsere Vorfahren sammelten die reifen Nüsse, knackten sie und aßen die Kerne. Zugegeben, die Nüsse sind klein und das macht viel Arbeit. Umso erfreuter war ich, als ich las, dass die attraktiven, leicht duftenden Blütentrauben und die Blütenknospen in Ostgeorgien und Nordarmenien geerntet und als Pickles eingelegt werden. Das werde ich kommendes Frühjahr auch versuchen.

Herkunft: Familie der Pimpernussgewächse (*Staphyleaceae*); Zentraleuropa, Alpenraum, Südeuropa, Kaukasus, Karpaten bis Nordsyrien

Höhe und Platzbedarf: 4,5 m hoch, 4,5 m breit

Frosthärte: Zone 6; frosthart bis -23,3 °C

Wuchsform und Standort: Die wärmeliebenden Pflanzen wachsen als Sträucher, selten als Kleinbäume. Die Blüten erscheinen von Mai bis Juni, die Samen reifen von September bis Oktober. Die Pflanzen bevorzugen feuchte Böden. Sie wachsen sowohl im Halbschatten als auch in voller Sonne.

Pflege: Pimpernüsse sind robuste und unkomplizierte Pflanzen. Auslichtungsschnitte oder Rückschnitte vertragen sie gut.

Verwendung:

- Blüte: Die Blütenknospen und die Blütenstände werden als Pickles eingelegt oder kandiert.
- Frucht: Die milchreifen Samen können, ehe die Schale aushärtet, frisch gegessen werden. Die Nüsse können frisch gegessen oder geröstet auch zu Mehl vermahlen werden. Sie lassen sich auch für Süßspeisen wie Schokolade verwenden. Aus den gerösteten Pimpernüssen wird ein Likör hergestellt. Für 1 l Schnaps werden 100–150 Nüsse gebraucht. Einen solchen erhalten Sie bei: http://www.waldmanufakturen.de.

Vermehrung: Die Vermehrung aus Samen nach Stratifizierung gelingt problemlos. Stecklinge vom halbreifen Holz werden im Juli/August gemacht. In dieser Zeit können Sie auch Absenker machen, die Sie nach 1,5 Jahren abtrennen. Ausläufer können in der Winterruhe abgetrennt werden.

Sorten und Bezugsquellen: Spezielle Fruchtsorten sind mir derzeit keine bekannt. Pflanzen erhalten Sie bei: http://www.eggert-baumschulen.de, http://www.baumschule-horstmann.de, http://www.praskac.at, http://www.artner.biobaumschule.at und http://www.online-pflanzenversand.de.

Tipp/Besonderheiten: Für den Fruchtertrag müssen Sie zwei Pflanzen setzen. Pimpernüsse eignen sich wegen der Blüte, der Rindenstruktur und den Früchten gut als Einzelstellung für ornamentale Gestaltungen.

Walnuss und Co. (*Juglans spec.*)

Walnüsse sind beliebte Hausbäume, allerdings für kleine Gärten nicht wirklich geeignet. Bei meinen Recherchen bin ich auf klein bleibende Walnussbäume gestoßen und habe auch noch einige Verwandte der Walnuss gefunden, die in unseren Gärten einen Platz verdienen.

Herkunft: Familie der Walnussgewächse (*Juglandaceae*)

Wuchsform, Standort und Pflege: Die Bäume wachsen auf verschiedenen Bodentypen und bevorzugen gut durchlässige feuchte Böden. Sie benötigen einen sonnigen Standort und können nicht im Schatten gedeihen. Die Blüten erscheinen im Juni, die Nüsse reifen ab September. Walnüsse und ihre Verwandten sind wegen des frühen Blattaustriebs spätfrostgefährdet. Achten Sie daher bei der Auswahl der Sorte darauf, wann der Nussbaum austreibt, und vermeiden Sie bei der Standortwahl in kühleren Regionen Talsenken, wo sich Kaltluftseen bilden können. Walnussbäume bauen im Allgemeinen selbst eine Krone auf. Rückschnitte oder Auslichtungsschnitte machen Sie am besten im Sommer. Im Frühling würde der Baum stark bluten. Roman Petzina von der österreichischen Walnussbaumschule Haas hat mir für das Entfernen dicker Äste einen wichtigen Praxistipp gegeben. Er lässt einen 30 cm langen Stumpf stehen und schneidet diesen erst nach 3 Monaten weg. In der Zwischenzeit konnte sich im Stumpf mehr Kallus bilden. Aus seiner Erfahrung wachsen die Schnittwunden dadurch rascher und besser zu.

Verwendung:

- Nuss: Die unreifen grünen Nüsse werden als Pickles in Essig eingelegt. Sie werden auch in Spirituosen eingelegt, um Schwarze Nüsse oder Nusslikör zu bereiten. Die reifen Nüsse werden frisch gegessen oder gemahlen für Eis, Süßspeisen oder Gebäck verwendet. Das Walnussöl ist nach dem Pressen nur kurze Zeit haltbar. Es wird bald ranzig.

Walnuss ‚Rosette' (Foto: Lubera)

Vermehrung: Geben Sie die frischen Samen in ein Freilandbeet oder in einen Blumentopf mit Erde. Lassen Sie diesen im Winter im Freien stehen und achten Sie darauf, dass die Erde feucht bleibt. Mit Glück haben Sie dann einen Baum mit leicht zu knackenden großen Nüssen. Die sortenechte Veredelung von Walnüssen ist etwas herausfordernd. Hans-Sepp Walker hat eine einfachere Form gefunden, die Sie zu Hause im Jänner/Februar im warmen Innenraum durchführen können. Er nennt dies: „Stubenveredelung nach WalWal". Einen kurzen Film dazu finden Sie unter: http://gartenfernsehen.de/filme/walnussbaum-selber-veredeln. Ich habe das Verfahren im letzten Winter ausprobiert. Es klappt gut. Die veredelte Sorte ‚Weinsberg 2' trug im Jahr darauf sogar schon eine erste Nuss.

Tipp/Besonderheiten: Alle unten angeführten Walnussgewächse sind selbstfruchtbar und werden vom Wind bestäubt. Der Ertrag ist bei Kreuzbefruchtung höher.

Weitere Infos: Auf der Website von Hans-Sepp Walker finden Sie ausführliche und praktische Informationen zum Walnussanbau, zur Pflege und Vermehrung: http://walwal.ch.

Echte Walnuss (*Juglans regia subsp. regia*)

Die echte Walnuss wächst ursprünglich in der Osttürkei, Georgien, Armenien, Aserbaidschan, vom Iran bis Turkmenistan, in Afghanistan und Pakistan, in Bergregionen in Nepal und Tibet und in Restvorkommen in Südosteuropa.

Höhe und Platzbedarf: bis 20 m hoch, bis 20 m breit; Größenunterschiede sind sortenbedingt

Frosthärte: Zone 5; frosthart bis -28,8 °C

Verwendung:

- Baumsaft: Den Baumsaft können Sie im Frühling zapfen. Sie können ihn frisch trinken oder ihn langsam köchelnd zu Sirup oder Zucker eindicken.

Sorten und Bezugsquellen: ‚Westhof's Dwarf' ist selbstfruchtbar und setzt gut Früchte an. Diese Sorte wird in zehn Jahren nur 2,5 m hoch. Pflanzen erhalten Sie bei: http://www.esveld.nl. Die ‚Rote Donaunuss' hat eine rote Kernhaut und eignet sich gut zum Dekorieren von Torten und Konfekt. Sie ist spätfrostgefährdet und benötigt ca. 70 m² Standortraum. Walnussbäume mit kleineren Kronen und gutem Ertrag bringt ‚Weinsberg 1'. ‚Weinsberg 1' blüht mittelfrüh und benötigt 50–70 m² Standortraum, so viel wie ein Apfelhalbstamm. ‚Geisenheim Nr. 26' treibt spät aus und ist daher die bestgeeignete Nusssorte für Spätfrostlagen. Die Sorte ‚Seifersdorfer Runde' eignet sich auch für Höhenlagen. Pflanzen dieser und anderer Sorten erhalten Sie bei: http://www.baumschule-horstmann.de, http://www.bs13.baumschule-walsetal.de, http://dmkert.hu und http://shop.baumschule-ritthaler.de. Verschiedene amerikanische, französische oder holländische Sorten erhalten Sie bei: http://www.fruitandnut.ie und http://www.agroforestry.co.uk. Eine Rarität ist ‚Purpurea'. Die Bäume wachsen langsam und haben purpurrote Blätter und Nussschalen. Eine sehr große Sortenauswahl, unter anderem verschiedene rotfrüchtige Sorten sowie ‚Dwarf Karlik 3', die nur 2,3 m, und ‚Dwarf Karlik 5', die nur 1,8 m hoch wachsen, finden Sie bei: http://www.desmallekamp.nl. Gute Informationen zu verschiedenen Sorten sowie Vertriebsfirmen finden Sie auf der Website des einzigen Produzenten veredelter Nüsse in Österreich Haas&Haas: http://www.walnussbaum.at.

Felsen-Walnuss ‚Dolly'
(Foto: Baumschule DeSmallekamp)

Traubenwalnuss (*Juglans regia var. fertilis*)

Die Traubenwalnuss ist eine Strauchform der Walnuss mit doldenartigen Fruchtständen. An diesen hängen 9 bis 24 Nüsse traubenartig zusammen. Die Sträucher werden 4–5 m hoch und 3–4 m breit. Die Sträucher benötigen einen sonnigen Platz und vertragen keine rauen Lagen. Die Nüsse haben einen Durchmesser von 2–2,5 cm und einen feinen Nussgeschmack. Sie lassen sich leicht öffnen. Pflanzen erhalten Sie bei: http://www.ahornblatt-garten.de und http://www.walnussbaum.at.

Schwarznuss

Schwarznuss (*Juglans nigra*)

Schwarznüsse kenne ich aus Parkanlagen in Städten und aus den Donauauen. Die Bäume stammen ursprünglich aus dem östlichen Nordamerika. Die Nüsse der Bäume, die ich fand, sind allerdings schwer zu knacken und der Kern ist schwer aus dem gefurchten Kerngehäuse zu lösen. Fruchtsorten wurden auf leicht zu erntende und schmackhafte Kerne ausgelesen. Schwarznüsse vertragen größere Kälte als Walnüsse, benötigen zum Ausreifen aber heiße Sommer. In Amerika gibt es eine Reihe von Fruchtsorten. Erstmals sind manche davon bei der polnischen Baumschule Carya erhältlich.

Höhe und Platzbedarf: 30 m hoch, 20 m breit

Frosthärte: Zone 4; frosthart bis -34,4 °C

Verwendung:

- Baumsaft: Den Baumsaft können Sie im Frühling zapfen. Sie können ihn frisch trinken oder ihn langsam köchelnd zu Sirup oder Zucker eindicken.

Sorten und Bezugsquellen: Die Fruchtsorten ‚Sauber1', ‚Elmer Myers' und ‚Thomas Myers' erhalten Sie bei: http://kornelkirsche.eu. Die Sorten ‚Thomas', ‚Emma Kay' und ‚Bicentennial' erhalten Sie bei: www.desmallekamp.nl. Sämlinge, deren Elternbäume bekannte Fruchtsorten sind, erhalten Sie bei: http://www.agroforestry.co.uk. Die Sämlinge weisen viele der Eigenschaften der Eltern auf.

Japanische Walnuss (*Juglans ailantifolia*)

Die Japanische Walnuss stammt aus China und Japan. Sie wächst 20 m hoch und 15 m breit und ist bis -34,4 °C (Zone 4) frosthart. Die Pflanzen gedeihen auf verschiedenen Bodentypen und wachsen auf gut durchlässigen, bevorzugt feuchten Böden. Sie brauchen einen sonnigen Standort. Es werden zwei Varietäten unterschieden: *Juglans ailantifolia* var. *ailantifolia* und *Juglans ailantifolia* var. *cordiformis*, die herzförmige Nüsse ausbildet. Die Japanische Walnuss ist selbstfruchtbar.

Sämlingspflanzen von *Juglans ailantifolia* var. *ailantifolia* erhalten Sie bei: http://www.esveld.nl. Samen erhalten Sie bei: https://sheffields.com.

Nüsse von Sämlingspflanzen von *Juglans ailantifolia* var. *cordiformis* lassen sich oft schwer öffnen. Anders ist dies bei Edelsorten. Veredelte Pflanzen der Sorten ‚Campbell CW 1 und CW 3', ‚Grimo Manchurian', ‚Imshu', ‚Kalmar', ‚Schubert', ‚Simcoe' und ‚Stealth' erhalten Sie bei: http://www.fruitandnut.ie. Fruchtsorten erhalten Sie auch bei: http://www.desmallekamp.nl und http://dmkert.hu.

‚Notha' (*Juglans x notha*)

Die Kreuzung von Japanischer Walnuss (*Juglans ailantifolia*) und Echter Walnuss (*Juglans regia subsp. regia*) ist bis -28,8 °C (Zone 5) frosthart. ‚Notha' ist selbstfruchtbar. Pflanzen erhalten Sie bei: http://www.desmallekamp.nl.

Chinesische Walnuss (*Juglans cathayensis*)

Die Chinesische Walnuss stammt aus Zentral- und Ostchina. Die Bäume werden 20 m hoch und 20 m breit und sind bis -28,8 °C (Zone 5) frosthart. Die Pflanzen gedeihen auf verschiedenen Bodentypen und wachsen auf gut durchlässigen, bevorzugt feuchten Böden. Sie brauchen einen sonnigen Standort. Die Chinesische Walnuss ist selbstfruchtbar. Pflanzen erhalten Sie bei: http://www.desmallekamp.nl und http://www.baumschule-hartwich.de.

Butternuss (*Juglans cinerea*)

Die Butternuss stammt aus dem östlichen Nordamerika und wächst zu 15–20 m hohen und bis 20 m breiten Bäumen heran. Sie sind bis -34,4 °C (Zone 4) frosthart. Die Pflanzen gedeihen auf verschiedenen Bodentypen und wachsen auf gut durchlässigen, bevorzugt feuchten Böden. Sie brauchen einen sonnigen Standort. Die Sorten ‚Beckwith', ‚Kenworthy' und ‚Chamberlin' erhalten Sie bei: http://www.desmallekamp.nl. Sämlingspflanzen von Mutterbäumen der Sorten ‚Bear Creek', ‚Booth' und ‚Beckwith' erhalten Sie bei: http://www.agroforestry.co.uk. Sämlingspflanzen erhalten Sie bei: http://www.eggert-baumschulen.de. Butternüsse sind selbstfruchtbar. Samen erhalten Sie bei: https://sheffields.com.

Verwendung:

- Baumsaft: Der süße Baumsaft wird im Frühling gezapft. Er kann frisch getrunken oder zu Sirup eingedickt werden.

Butterherznuss (Foto: Johannes Rabensteiner)

Buartnut/Butterherznuss (*Juglans x bixbyi Syn. Juglans cinerea x ailantifolia* var. *cordiformis*)

Butterherznüsse sind Hybriden zwischen der herzförmigen Japanischen Walnuss (*Juglans ailantifolia* var. *cordiformis*) und der amerikanischen Butternuss (*Juglans cinerea*). Sie verbinden das Aroma der Butternuss mit der Robustheit der Japanischen Walnuss. Die Pflanzen wachsen 20 m hoch und 15 m breit. Sie sind bis -34,4 °C (Zone 4) frosthart und damit die frosthärtesten Vertreter der Walnussfamilie. Sie vertragen kühleres und feuchteres Klima besser als die Walnüsse und haben damit ein großes Potential in nördlicheren Regionen. Die Pflanzen gedeihen auf verschiedenen Bodentypen und wachsen auf gut durchlässigen, bevorzugt feuchten Böden. Sie brauchen einen sonnigen Standort. Die bedingt selbstfruchtbare Sorte ‚Mitchell' erhalten Sie bei: http://www.fruitandnut.ie. Als Befruchter eignen sich Herznüsse, besonders die Sorten ‚Campbell CW1' und ‚Imshu'.

Hindsnuss (*Juglans hindsii*)

Die Hindsnuss ist eine seltene, winterharte Walnussverwandte aus Nordamerika (Kalifornien und Oregon). Die Bäume werden bis 12 m hoch. Sie gedeihen auf verschiedenen Bodentypen und wachsen auf gut durchlässigen, bevorzugt feuchten Böden. Die Pflanzen tolerieren Trockenheit. Sie

Maronibaum mit unreifer Frucht

ner bleiben. Ein Grund für das Einkreuzen anderer Kastanienarten ist das Auftreten von Pilzkrankheiten, um eine Resistenz gegen diese zu erreichen. Der Kastanienrindenkrebs ist eine Krankheit, die ursprünglich aus Asien stammt und sich seit 1948 von Italien aus verbreitet. Mittlerweile gibt es biologische Bekämpfungsmöglichkeiten. Informationen darüber finden Sie unter: http://www.waldwissen.net/waldwirtschaft/schaden/pilze_nematoden/wsl_kastanienrindenkrebs_kontrollierbar/index_DE.

Höhe und Platzbedarf: Sämlingspflanzen werden bis 30 m hoch und bis 15 m breit. Veredelte Bäume werden teilweise nur 8 m hoch.

Frosthärte: PFAF gibt eine Frosthärte bis -28,8 °C (Zone 5) an. Hier dürfte es große Unterschiede bei einzelnen Herkünften geben. Der alte Kastanienbaum, bei dem ich aufwuchs, hat die kalten Winter des vorigen Jahrhunderts überlebt. Helmut Ecker von der Kastanienbaumschule Ecker aus der Steiermark schätzt die Frosthärte der Sorten ‚Ecker' und anderer bei ihm angebauter Sorten bei etwa -20 °C ein. Im Winter 1984/85 gab es bei -23°C massive Frostschäden. Es lohnt sicher Pflanzen aus Höhenlagen, die vielleicht kleinere Früchte tragen, aber frosthärter sind, zu vergleichen, zu vermehren und in den Vertrieb zu bringen.

Wuchsform und Standort: Die Edelkastanie bevorzugt saure Böden. Kalkhaltige Böden sind zu meiden, da die Bäume Chlorose entwickeln oder schwach wachsen. Die Maroni wächst am besten auf tiefgründigen, humusreichen und gut durchlüfteten Böden. Staunässe ist zu vermeiden, da ansonsten die Wurzeln faulen. Die Bäume sind wärmeliebend und sollen in nördlichen Gegenden nur an Südhängen gepflanzt werden. Für eine gute Blütenentwicklung benötigen sie viel Licht. Maronen gedeihen nicht im Schatten. Die Blüten erscheinen im Juli. Die Früchte reifen in warmen Sommern ab Ende August, sonst von September bis Oktober.

Pflege: Schnittmaßnahmen sollen in der kalten Jahreszeit bei Temperaturen unter 4 °C durchgeführt werden, um das Übertragen des Kastanienrindenkrebses zu verhindern. In Gegenden mit Rindenkrebsrisiko sollen die Schnittstellen mit Baumwachs verstrichen werden. Wenn der Ertrag eines Baumes wegen mangelndem Holzzuwachs stark nachlässt, hat sich ein radikaler Rückschnitt bewährt. Der Baum baut in kurzer Zeit eine neue Krone auf.

Sorten und Bezugsquellen: ‚Dorée de Lyon' und ‚Ecker' (Ein Zufallssämling aus Grambach bei

Maroni frisch geerntet

Graz) sowie weitere Sorten erhalten Sie bei: http://shop.baumschuleritthaler.de. ‚Bouche de Bétizac' wird nur 8 m hoch und fruchtet schon im zweiten Standjahr. Auch ‚Brunella' wird nur 8 m hoch. ‚Marsol', eine Kreuzung zwischen der Japanischen Edelkastanie (*Castanea crenata*) und der Maroni, ist nur, wenn sie wurzelecht vermehrt wurde, resistent gegen Kastanienkrebs und Tintenkrankheit. ‚Marigoule' hat große Früchte. ‚Marlene' ist selbstfruchtbar. Pflanzen der meisten genannten Sorten erhalten Sie bei: http://www.artner.bio-baumschule.at. ‚Marlhac', eine französische Sorte, und ‚Asplenifolia', die mit ihren schmalen, zierlichen Blättern beeindruckt, erhalten Sie bei: http://www.baumschule-horstmann.de. Eine Zwergform mit kleineren Blättern und Kastanien, die nur 3,5–4 m hoch wächst, ist ‚Vincent van Gogh'. Pflanzen erhalten Sie bei: http://www.desmallekamp.nl. Die gut schälbare ‚Ecker 2' sowie andere Sorten erhalten Sie bei der Edelkastanien-Baumschule Ecker: http://www.kastanienbaumschule.at.

Tipp/Besonderheiten: Die Edelkastanie wird hauptsächlich vom Wind bestäubt. Der Pollen fliegt nicht sehr weit. Pflanzen Sie daher die Bäume in unmittelbarer Nähe zueinander.

Weitere Infos: Wertvolle Informationen über den Maronenanbau und die Veredelung finden Sie auf der Website der Südtiroler Kastanienbaumschule Laimer: http://www.koesti.it/. Eine informative Website über den Aufbau einer Edelkastanienplantage in der Schweiz mit Berichten und kurzen Videos über Kastanienanbau in Österreich, im Piemont und Frankreich finden Sie auf: http://www.gauchs.ch.

Eintropfsuppe mit Maronimehl (Esskastanien)

Das Grundrezept stammt von meiner Großmutter und war eine der Lieblingssuppen meiner Kindheit. Meinen Kindern serviere ich die hier vorgestellte Variation mit Maronimehl und sie essen sie gerne. Für die Suppeneinlage schlagen Sie zwei Eier in ein Gefäß. Geben Sie 2 Esslöffel Maronimehl und 2 Esslöffel Dinkel- oder Weizenmehl dazu. Würzen Sie mit Pfeffer, Szechuanpfeffer oder Muskatnuss und salzen Sie je nach Geschmack. Schlagen Sie die Masse mit einem Schneebesen, sodass ein zähflüssiger Teig entsteht. Falls der Teig zu flüssig ist, geben Sie entsprechend Maronimehl und Dinkelmehl dazu. Bringen Sie in einem Suppentopf 2 Liter Suppenbrühe zum Kochen. Lassen Sie die Teigmasse langsam hineintropfen und 5 Minuten leicht köcheln. Fertig ist die Suppe.
Alternativ können Sie Eichelmehl im Verhältnis 50:50 mit Dinkel- oder Weizenmehl mischen, oder Haselnussmehl, Walnussmehl oder Mandelmehl im Verhältnis 2 Teile Dinkel- oder Weizenmehl und 1 Teil Nussmehl.

Amerikanische Edelkastanie

Amerikanische Edelkastanie (*Castanea dentata*)

Die Amerikanische Edelkastanie stammt aus dem östlichen Nordamerika und Kanada. Sie machte einst einen großen Teil des Waldbestandes aus. Die Früchte sind von bester Qualität und das Holz ist vielseitig nutzbar. Durch einen aus Asien eingeschleppten Pilz ist die Amerikanische Edelkastanie beinahe ausgestorben. Derzeit wird versucht resistente Bäume zu finden und diese weiter zu vermehren.

Die Bäume werden 30 m hoch und 15 m breit. Sie sind bis -34,4 °C (Zone 4) frosthart. Sie gedeihen auf gut durchlässigen auch nährstoffarmen Böden. Die Pflanzen wachsen auf neutralen, sauren oder sehr sauren Böden. Sie bevorzugen feuchte Böden, tolerieren aber auch Trockenheit. Die Pflanzen gedeihen im Halbschatten und in voller Sonne.

Pflanzen erhalten Sie bei: http://kornelkirsche.eu. Samen erhalten Sie bei: https://sheffields.com.

Chinesische Edelkastanie (*Castanea mollissima*)

Die Chinesische Edelkastanie stammt aus China und Korea. Die Bäume, selten Sträucher, werden bis 12 m hoch, am Naturstandort bis zu 20 m. Sie sind bis -34,4 °C (Zone 4) frosthart. Sie gedeihen auf gut durchlässigen auch nährstoffarmen Böden. Die Pflanzen wachsen auf neutralen oder sauren Böden. Sie bevorzugen feuchte Böden, tolerieren aber auch Trockenheit. Die Pflanzen gedeihen im Halbschatten und in voller Sonne. Die Früchte sind ähnlich groß wie bei der Europäischen Edelkastanie. Ziehen Sie die Pflanzen aus Samen, können die Pflanzen nach fünf bis sieben Jahren erstmals fruchten. Pflanzen erhalten Sie bei: http://www.hortensis.de, http://www.desmallekamp.nl, http://www.deaflora.de und http://www.shop.zahradnictvolimbach.sk. Eine Hybridsorte finden Sie bei: http://kornelkirsche.eu. Samen erhalten Sie bei: https://sheffields.com.

Tipp/Besonderheiten: Die Chinesische Edelkastanie ist einigermaßen selbstfruchtbar. Zwei Pflanzen erhöhen allerdings den Ertrag.

Chinquapins wachsen auf Sträuchern.

Japanische Edelkastanie

Chinquapin/Zwergedelkastanie (*Castanea pumila*)

Chinquapins stammen aus Nord- und Zentralamerika. Heuer habe ich mir Samen von Sheffield's schicken lassen. Die Früchte sind maximal haselnussgroß oder kleiner. Das Aroma ist allerdings sehr gut. Die Früchte öffnen Sie, indem Sie sie zwischen zwei Küchenbrettern quetschen. Sie können sie frisch oder geröstet essen.

Die Sträucher wachsen langsam und werden 4 m hoch. Sie sind bis -28,8 °C (Zone 5) frosthart. Sie gedeihen auf gut durchlässigen auch nährstoffarmen Böden. Die Pflanzen wachsen auf neutralen, sauren oder sehr sauren Böden. Sie bevorzugen feuchte Böden, tolerieren aber auch Trockenheit. Die Pflanzen benötigen einen sonnigen Standort und können nicht im Schatten wachsen. Pflanzen erhalten Sie bei: http://www.hortensis.de und http://www.deaflora.de. Samen erhalten Sie bei: https://sheffields.com.

Chinquapin-Hybriden sind Sämlinge von Kreuzungen zwischen Chinquapins (*Castanea pumila*) und anderen Edelkastanienarten. Die Bäume oder Sträucher werden bis 4 m hoch. Sie tragen meist mittelgroße Früchte. Pflanzen erhalten Sie bei: http://www.hortensis.de.

Japanische Edelkastanie (*Castanea crenata*)

Die Japanische Edelkastanie stammt aus Japan und Ostchina. Die Bäume werden 9 m hoch und sind laut PFAF bis -34,4 °C (Zone 4) frosthart. Helmut Ecker schätzt sie auf die gleiche Frosthärte wie *Castanea sativa*, etwa -20 °C. Die Japanische Edelkastanie gedeiht auf gut durchlässigen auch nährstoffarmen Böden. Die Pflanzen wachsen auf neutralen, sauren oder sehr sauren Böden. Sie bevorzugen feuchte Böden, tolerieren aber auch Trockenheit. Die Pflanzen gedeihen im Halbschatten und in voller Sonne. Pflanzen erhalten Sie bei: http://www.deaflora.de.

Eicheln waren über Jahrtausende ein wertvolles Nahrungsmittel (Foto: Johannes Hloch).

Eichen (*Quercus spec.*)

Im Zusammenhang mit Eicheln möchte ich Sie auf eine Geschichte aufmerksam machen, die mich persönlich sehr berührt hat. Es ist tatsächlich „nur" ein Geschichte, aber sie ist in viele Sprachen übersetzt und von Werner Kubny verfilmt worden. Ein Schafhirte, Elzéard Bouffier, begrünt über viele Jahre hinweg einen verkarsteten Landstrich in Frankreich, indem er tausende Eicheln sät und pflanzt, wo vorher nur Trockenheit herrscht. Am Ende der Geschichte ziehen wieder junge Menschen in die einst verlassene Gegend, das Wasser rauscht und der Wind streicht durch die Eichenwälder. Jean Giono hat mit dieser kurzen Erzählung eine Vision beschrieben, für deren Realisierung es immer mehr Bedarf gibt. Und es gibt immer mehr Menschen, die ihre Vision von Baumpflanzungen umsetzen. Die One Billion Tree Campaign der Vereinten Nationen: http://www.plant-for-the-planet.org und die newTree Initiative http://newtree.org sind Beispiele dafür. Pflanzen Sie mit!

Weitere Infos: Giono, Jean (1996), Der Mann, der Bäume pflanzte. Carl Hanser Verlag, München. Den Film „Der Mann mit den Bäumen" erhalten Sie bei: http://www.wernerkubny.de.

Haben Sie schon einmal Eichelkekse verkostet? Vermutlich nicht, denn Eicheln sehen wir nicht mehr als menschliche Nahrungsquelle an. Dabei waren sie bis ins 18. Jahrhundert eine wichtige Ernährungsgrundlage für viele Menschen in Europa und Nordamerika. Wenn Sie die bitteren Gerbstoffe aus den Eicheln entfernen, können Sie die Früchte zu Mehl verarbeiten. Dieses enthält viel Stärke, etwas Eiweiß und Fett und schmeckt nussig. Vor Jahren habe ich über die Entbitterung von Eicheln gelesen. Ich habe die frischen Eicheln geschält, die Früchte dann geviertelt und getrocknet. In der Kaffeemühle habe ich sie zu feinem Mehl gemahlen. Zur Entbitterung habe ich das Mehl in einen Stoffsack gegeben und in einen Bach gehängt, so wie ich es gelesen hatte. Beim zweiten Versuch gab ich den Sack über Nacht in eine Schüssel Wasser. Das genügte zur Entbitterung. Das Mehl habe ich dann getrocknet und zum Kochen verwendet. Für die Eichelkekse habe ich Dinkelmehl und Eichelmehl im Verhältnis 50:50 gemischt. Sie schmeckten mir sehr gut.

Eichelmehl selbst gemacht

Sammeln Sie im Herbst frische Eicheln. Der erste Arbeitsschritt ist das Schälen der Früchte. Hierzu gibt es zwei Methoden: Sie können die Früchte mit einem scharfen Messer vierteln und auslösen. Alternativ können Sie die Eicheln ins Backrohr geben und bei großer Hitze (200 °C) etwa 10 Minuten lang rösten. Dann platzt die Schale auf, da sich das Wasser ausdehnt. Entfernen Sie die Schale gründlich und halbieren Sie die Früchte anschließend. Geben Sie die geviertelten oder halben Eicheln in einen Topf und bedecken Sie sie mit frischem Wasser. Lassen Sie die Früchte 24 Stunden lang stehen, gießen Sie das Wasser ab und wiederholen Sie den Vorgang. Falls die Eicheln nach dem zweiten Wechseln noch zu bitter schmecken, wiederholen Sie den Vorgang ein drittes Mal. Das Entbittern können Sie unterstützen, indem Sie Speisenatron zusetzen – je Liter Wasser eine kräftige 3-Finger-Prise. Mahlen Sie anschließend die abgetropften Eicheln in einer Küchenmaschine oder mit einem Fleischwolf möglichst fein. Den so gewonnenen Brei können Sie frisch verwenden oder trocknen und einlagern. Die getrocknete Masse lässt sich in einer Kaffeemühle auch noch feiner mahlen. Für Kekse oder Brot mischen Sie Dinkel- und Eichelmehl im Verhältnis 50:50.

Herkunft: Familie der Buchengewächse (*Fagaceae*); Nordamerika, Mexiko, Karibische Inseln, Zentralamerika, Kolumbien, Eurasien, Nordafrika Insgesamt gibt es 400 Arten. Alle tragen essbare Früchte.

Verwendung:

- Samen: Die Eicheln reifen im September/Oktober. Sie werden geröstet zu Eichelkaffee verarbeitet. Das entbitterte Mehl quillt nicht und bindet nicht. Für Kuchen, Kekse oder Brot mischen Sie es am besten mit der gleichen Menge Getreidemehl.

Vermehrung: Die Samen verlieren rasch an Keimungsfähigkeit und sollten daher frisch in ein Freilandbeet oder in einen Aussaattopf gesteckt werden. Lassen Sie diesen im Winter im Freien stehen und sorgen Sie dafür, dass die Erde feucht bleibt.

Tipp/Besonderheiten: Eichen werden vom Wind bestäubt. Sie sind manchmal selbstfruchtbar. Der Ertrag ist bei Kreuzbestäubung aber höher.

Steineiche (*Quercus petraea*)

Steineichen wachsen in Europa von Spanien bis Norwegen und von Griechenland bis Südwestrussland. Die Bäume werden bis 40 m hoch und 25 m breit. Sie sind bis -34,4 °C (Zone 4) frosthart. Sie wachsen auf verschiedenen Bodentypen und können auf sehr sauren Böden gedeihen. Die Steineichen bevorzugen feuchte oder nasse Böden. Sie gedeihen sowohl im Halbschatten als auch in voller Sonne. Pflanzen erhalten Sie bei: http://www.esveld.nl und http://www.eggert-baumschulen.de.

Stieleiche (*Quercus robur*)

Stieleichen wachsen in Europa von Spanien bis Skandinavien und bis zum Ural und der Krim. Die Bäume werden bis 30 m hoch und 30 m breit. Sie sind bis -34,4 °C (Zone 4) frosthart. Sie wachsen auf verschiedenen Bodentypen und können auf schweren Lehmböden gedeihen. Die Stieleichen bevorzugen feuchte oder nasse Böden. Sie gedeihen sowohl im Halbschatten als auch in voller Sonne und vertragen Trockenheit. Pflanzen erhalten Sie bei: http://www.esveld.nl, http://www.praskac.at, http://www.eggert-baumschulen.de.

Zerreiche (*Quercus cerris*)

Zerreichen wachsen in Europa von Spanien bis Skandinavien und bis zum Ural und der Krim. Die Bäume werden bis 35 m hoch und 25 m breit. Sie sind bis -23,3 °C (Zone 6) frosthart. Sie wachsen auf verschiedenen Bodentypen und können auf schweren Lehmböden sowie auf sehr sauren Böden gedeihen. Die Zerreichen bevorzugen feuchte Böden. Sie gedeihen sowohl im Halbschatten als auch in voller Sonne. Pflanzen erhalten Sie bei: http://www.esveld.nl, http://www.praskac.at, http://www.eggert-baumschulen.de.

Verwendung:

- Rindensaft: Aus der durch Insektenfraß verletzten Rinde am Stamm tritt ein süßer Saft aus. Dieser kann getrocknet und gegessen werden. Im Iran wird er als Manna auf dem Markt verkauft. Er kann auch geköchelt und zu Sirup eingedickt und als Süßstoff verwendet werden.

Kletteneiche/Großfrüchtige Eiche/Bur-Eiche (*Quercus macrocarpa*)

Die Großfrüchtige Eiche stammt aus dem östlichen Nordamerika. Die Bäume werden bis 15 m hoch und 8 m breit. Sie sind bis -40,0 °C (Zone 3) frosthart. Sie wachsen auf verschiedenen Bodentypen und können auch auf schweren Lehmböden gedeihen. Die Bur-Eichen bevorzugen feuchte, tolerieren aber auch trockene Böden. Die Pflanzen tolerieren Trockenheit. Sie gedeihen sowohl im Halbschatten als auch in voller Sonne. Die süßen, eirunden Eicheln sind 3–5 cm dick und haben nur einen geringen Gerbstoffgehalt. Pflanzen erhalten Sie bei: http://www.esveld.nl, http://www.praskac.at, http://www.eggert-baumschulen.de und http://www.deaflora.de.

Zweifärbige Eiche (*Quercus bicolor*)

Die Zweifärbige Eiche stammt aus dem östlichen Nordamerika. Die Bäume werden bis 20 m hoch und 10 m breit. Sie sind bis -34,4 °C (Zone 4) frosthart. Sie wachsen auf verschiedenen Bodentypen und bevorzugen feuchte oder nasse Böden. Sie gedeihen sowohl im Halbschatten als auch in voller Sonne. Die süßlich schmeckenden Eicheln werden 2–3 cm lang und 1,5–2 cm dick. Pflanzen erhalten Sie bei: http://www.esveld.nl, http://www.deaflora.de und http://www.eggert-baumschulen.de.

Rotbuche (*Fagus sylvatica*)

Im September suchten wir immer die Bucheckern, die sich unter den großen Rotbuchenbäumen fanden. Das Aufknacken mit den Fingernägeln war mühsam und bald schmerzhaft. Aber der Einsatz lohnte sich. Frische Bucheckern schmecken einfach gut nussig. Aus den Bucheckern wurde früher ein Speiseöl gepresst. Mittlerweile ist es als seltene Spezialität wieder erhältlich.

Besonders schön sind Blutbuchen. Sie sind eine Variante der Rotbuche mit dunkelpurpurroten Blättern.

Herkunft: Familie der Buchengewächse (*Fagaceae*); Europa, Westrussland und Krim

Frosthärte: Zone 5; frosthart bis -28,8 °C

Höhe, Platzbedarf, Wuchsform und Standort: 30 m hoch, 15 m breit

Die Bäume gedeihen auf verschiedenen Bodentypen, bevorzugt auf gut durchlässigen Böden. Sie wachsen sowohl im Schatten, im Halbschatten als auch in voller Sonne. Die Pflanzen wachsen auf feuchten und trockenen Böden.

Bucheckern

Pflege: Rotbuchen sind pflegeleichte Bäume. Sie vertragen Rückschnitte gut.

Verwendung:

- Blatt: Die frischen, zarten Blätter können Sie im Frühling für Salate verwenden.
- Samen: Die Bucheckern werden geknackt und die dreieckigen, etwa 1 cm großen Nüsschen frisch gegessen oder geröstet. Die gerösteten Nüsschen können Sie zu Mehl vermahlen und zum Backen oder für Suppen verwenden. Durch Pressen gewinnen Sie ein feines und länger haltbares Speiseöl.

Vermehrung: Die Samen sollen möglichst frisch ausgesät werden. Im Frühling können Sie keimende Pflänzchen unter den Mutterbäumen ausgraben und topfen.

Bezugsquellen: Pflanzen erhalten Sie bei: http://www.artner.biobaumschule.at und http://www.eggert-baumschulen.de.

Tipp/Besonderheiten: Bucheckernöl erhalten Sie bei: http://www.oelmuehle-solling.de und http://www.hartls-oele.at.

Ginkgo (*Ginkgo biloba*)

Vor vielen Jahren hat mir ein Sozialarbeiterkollege aus Augsburg erzählt, dass er mit seiner japanischen Frau im Herbst nach Wien fährt, um Ginkgonüsse zu ernten. So bin ich auf den Ginkgo gekommen. Ich habe dann von den Wiener Samen aus dem Rathauspark oder dem Stadtpark Pflänzchen gezogen und sie damals noch als Einziger über den Arche Noah Katalog verkauft. Mittlerweile ist der Ginkgo zu einem Modebaum geworden. Wenn ich aber über die Verwendung der Nüsse erzähle, sind viele Menschen überrascht. Die kugeligen reifen Früchte der weiblichen Bäume schauen wie gelbe Mirabellen aus. Allerdings stinken sie bestialisch, da der fleischige Samenmantel Buttersäure enthält. Für die Ernte nehme ich Plastiktüten als Handschuhe und gebe die Früchte in eine luftdicht verschließbare Dose. Ansonsten wäre die U-Bahn-Fahrt ein Risiko. Zu Hause ziehe ich Gummihandschuhe an und schwemme das Fruchtfleisch unter dem fließenden Wasser ab. Anschließend lasse ich die Samen zwei bis drei Wochen im Heizraum oder an einem luftigen und mäusesicheren Ort im Freien trocknen. Der „Duft" hat sich dann verflüchtigt. Die Nüsse ähneln jetzt Pistazien. Ich röste

Die reifen Ginkgo-Früchte läuten den Herbst ein.

Herbststimmung im Park von Schloss Grafenegg in Niederösterreich.

sie in der Schale und knacke sie dann auf. Oder: Ich knacke die Schalen und verarbeite die Nüsse dann weiter.

Herkunft: Familie der Ginkgogewächse (*Ginkgoaceae*); China

Höhe und Platzbedarf: 30 m hoch, 9 m breit; es gibt mittlerweile sehr viele verschiedene Formen mit unterschiedlichen Wuchseigenschaften. In Wien im Rathauspark, wo ich immer ernten gehe, wächst das Weibchen schlank pyramidal etwa 12 m hoch. Das Männchen dagegen ist ein Riese, der seine Äste weit ausbreitet.

Frosthärte: Zone 4; frosthart bis -34,4 °C

Wuchsform und Standort: Die Bäume sind sehr robust. Sie gedeihen auf unterschiedlichen Bodentypen und wachsen auf gut durchlässigen feuchten oder trockenen Böden. Die Pflanzen tolerieren Trockenheit und vertragen auch Umweltbelastungen gut. Sie sind daher ideale Stadtbäume.

Pflege: Ginkgos sind pflegeleichte Bäume.

Verwendung:

- Blätter: Aus den Blättern können Sie Tee machen.
- Samen: Die reifen Samen werden meist gekocht oder geröstet gegessen. Sie können für Suppen verwendet werden. Durch das Pressen der Samen gewinnen Sie ein Speiseöl.

Vermehrung: Bei mir keimen die frischen Samen ohne Stratifizierung recht problemlos. Ansonsten geben Sie die Samen in einen Topf mit Erde und stellen ihn den Winter über ins Freie. Halten Sie die Erde feucht. Stecklinge vom weichen Holz schneiden Sie im Frühling, vom halbreifen Holz im Juli/August, vom reifen Holz im November/Dezember.

Ginkgo-Früchte, Samen mit und ohne Schale

Sorten und Bezugsquellen: ‚Eastern Star' und ‚Long March' tragen reichlich große Früchte. ‚Ohasuki' wird bis 30 m hoch und trägt haselnussgroße Früchte. Als männlicher Befruchter eignet sich ‚Saratoga', ein schlank aufrecht wachsender Baum. Pflanzen dieser Sorten erhalten Sie bei Martin Crawford: http://www.agroforestry.co.uk. Er bietet auch den langsam wachsenden ‚King of Dongting' als männliche Befruchtersorte an. Alle anderen Baumschulen vertreiben ‚King of Dongting' als reich fruchtende weibliche Sorte. Sie wächst langsam und eignet sich daher auch für kleinere Gärten. Sie kann über Jahre auch gut im Kübel gehalten werden. Pflanzen erhalten Sie bei: http://www.esveld.nl, und http://www.praskac.at. Bei diesen Baumschulen erhalten Sie auch ‚Saratoga' als Befruchter.

Tipp/Besonderheiten: Der Ginkgo ist zweihäusig. Sie benötigen männliche und weibliche Pflanzen für den Fruchtertrag. Um Platz zu sparen, können Sie die männliche Pflanze auf einen Ast der weiblichen Pflanze als Befruchter aufedeln.

Knollen-Platterbse (*Lathyrus tuberosus*)

Die Knollen-Platterbse wurde früher in den Niederlanden und im Rheintal als Nahrungsmittel angebaut. Verwendet wurden die daumennagelgroßen Knollen, die gekocht wie Edelkastanien schmecken. Vielfach wird die Knollen-Platterbse wegen der attraktiven duftenden Blüten gepflanzt.

Herkunft: Familie der Schmetterlingsblütler (*Leguminosae*); Europa bis Westsibirien, Naher und Mittlerer Osten

Frosthärte: Zone 6; frosthart bis -23,3 °C

Höhe, Wuchsform, Standort und Pflege: Die mehrjährigen Kletterpflanzen ranken sich an einer Rankhilfe bis zu 3 m hoch. Sie gedeihen auf verschiedenen Bodentypen und bevorzugen feuchte Böden. Sie wachsen im Halbschatten und in voller Sonne und lieben warme Standorte. Die duftenden rosa Blüten erscheinen im Juni/Juli. Die Samen reifen im August. Nach etwa 2–3 Jahren Kulturdauer können Sie erstmals die Knollen, die an den Wurzeln sitzen, ernten. Sie können die Pflanze durch Rankhilfen unterstützen oder sie an anderen Pflanzen oder an Zäunen ranken lassen. Im Spätherbst, nach dem Absterben des Blattwerks, können Sie die Pflanzen bodennah abschneiden.

Verwendung:

- Blüte: Im 16. Jahrhundert wurde aus den Blüten durch Wasserdampfdestillation ein „Rosenwasser" gewonnen.
- Knolle: Die Knollen ernten Sie am Ende der Vegetationsperiode im Herbst. Sie können sie

frisch essen, dünsten oder rösten. Geröstet und fein gemahlen ergeben sie ein feines Mus.

Vermehrung: Die Samen säen Sie im Frühling aus. Entweder ziehen Sie die Pflanzen im Topf vor oder säen sie in ein fein vorbereitetes Beet im Frühjahr. Die Teilung der Knollen können Sie im Spätherbst oder im Frühjahr vor dem Austrieb vornehmen.

Sorten und Bezugsquellen: Spezielle Sorten sind mir derzeit keine bekannt. Unter dem Namen Erdnuss Platterbse erhalten Sie Pflanzen bei: http://www.deaflora.de und http://www.hortensis.de. Samen erhalten Sie bei: http://www.saatgut-vielfalt.de, http://www.magicgardenseeds.de und http://www.wildblumensaatgut.at.

Tipp/Besonderheiten: Die Pflanzen sind wegen der Vergesellschaftung mit Knöllchenbakterien Stickstoffbinder.

Wassernuss (*Trapa natans*)

Mit dem Anbau dieser faszinierenden Pflanze können Sie einen Beitrag zum Naturschutz leisten und gleichzeitig manchmal eine leckere Nuss genießen. Die Wassernuss befindet sich auf der Roten Liste der vom Aussterben bedrohten Pflanzen. Für unsere Vorfahren war sie ein wichtiges Nahrungsmittel.

Herkunft: Familie der Blutweiderichgewächse (*Lythraceae*); gemäßigte und warme Gegenden Eurasiens

Platzbedarf: Die schwimmenden grünen Pflanzenteile haben einen Durchmesser von 8–10 cm. Die Wassernuss kann gut in einem kleinen Becken, einer alten Badewanne oder einem Trog gehalten werden. Wichtig ist es, kalkarmes Wasser, z.B. Regenwasser zu verwenden.

Kaufen Sie nur Pflanzen, die am Grund festgewachsen sind.

Frosthärte: Zone 5; frosthart bis -28,8 °C

Wuchsform und Standort: Die Wassernuss ist einjährig und gedeiht auf sommerwarmen, flachen, bis zu 60 cm tiefen Gewässern mit nährstoffreicher Erde. Sie wurzelt am Grund und bildet, verbunden über einen langen Spross mit fiederartigen Wurzeln, eine auf dem Wasser schwimmende luftgefüllte Rosette aus. Die unscheinbaren Blüten erscheinen von Juni bis Juli. Die 2–4 cm großen Früchte befinden sich in einer harten schwarzen Schale, die lange, gebogene Dornen aufweist, mit denen sie sich am Seegrund verankern kann. Die Früchte werden unter Wasser gebildet und fallen im Herbst ab. Was-

Die Nüsse reifen im Herbst und liegen auf dem Wassergrund.

sernüsse benötigen einen sonnigen Standort. In einem Schwimmteich mit nährstoffarmem Wasser können Wassernüsse nicht gedeihen.

Pflege: Die Pflanzen sind pflegeleicht. Sollten sie sich nicht gut entwickeln, helfen Sie mit kräftigen Düngergaben nach.

Verwendung:

- Frucht: Die etwa 1,5 cm großen Nüsse schmecken süß und erinnern vom Geschmack her an Maroni. Rohe Nüsse sollen nicht verzehrt werden. Sie können Parasiten aus dem Wasser enthalten. Die Nüsse können geröstet oder gekocht werden. Getrocknet und gemahlen werden sie zum Backen und für Suppen verwendet.

Vermehrung: Die Vermehrung erfolgt einfach aus Samen. Diese werden im Herbst in das mit Wasser gefüllte Pflanzgefäß gelegt und keimen im Frühjahr. Sie können auch an einem kühlen Platz in einer Schale mit Wasser den Winter über aufbewahrt werden. Der Samen verliert rasch die Keimfähigkeit, wenn er austrocknet.

Sorten: Bei PFAF findet sich der Hinweis auf eine chinesische Sorte mit roten Früchten ‚Su Zhou'.

Bezugsquellen: Eine Bezugsquelle für Samen finden Sie unter http://sortenhandbuch.arche-noah.at.

Tipp/Besonderheiten: In verschiedenen Gartencentern werden Wassernüsse angeboten. Vielfach sind dies allerdings nur die abgetrennten grünen Pflanzenteile. Diese Pflanzenteile sterben nach einer Saison ab und tragen auch keine Früchte. Für einen Fruchtertrag benötigen Sie ganze Pflanzen oder am besten Samen. Wassernüsse sind nicht selbstfruchtbar, Sie benötigen zumindest zwei Pflanzen für den Fruchtertrag.

Weitere Infos: Auf der Website von Liselotte und Helmut Hromadnik finden Sie gute Informationen: http://tillandsia.at/natans.html.

Erdmandel/Chufa-Nüsschen (*Cyperus esculentus*)

Erdmandeln haben nichts mit Mandeln zu tun, auch nicht mit Nüssen. Sie sind die Knollen einer Sauergrasart, die, wenn man sie isst, von der Konsistenz her an eine Kokosnuss erinnert. Der Anbau im Gartenbeet gelingt leicht. Sie werden in den Tropen, Subtropen oder in anderen warmen Regionen wie zum Beispiel Spanien angebaut. In Südtirol wurden Erdmandeln früher als Unterpflanzung in Weingärten angebaut. Erdmandeln haben in diesen Regionen eine große Schattenseite, sie sind ein massiv invasives Unkraut. In den Niederlanden wurden im landwirtschaftlichen Bereich eigene Bekämpfungsmaßnahmen entwickelt, um den großen Vorkommen auf den Feldern beizukommen. So gesehen scheint der Anbau von Erdmandeln nur im überschaubaren Gartenbereich ratsam.

Herkunft: Familie der Sauergrasgewächse (*Cyperaceae*); vermutlich Ägypten oder der Nahe Osten

Die Gräser wachsen in dichten Büschen.

Höhe und Platzbedarf: 60 cm Höhe

Frosthärte: Zone 8; frosthart bis -12,2 °C. Die Frosthärte ist nur bedingt relevant, da in der Erde verbleibende Knollen gut überdauern können, was auch zu den Verunkrautungen in Feldern führt.

Wuchsform und Standort: Das Gras wird bis zu 60 cm hoch. An den Boden werden keine besonderen Ansprüche gestellt, allerdings werden feuchte Böden bevorzugt. Wichtig ist ein sonniger Platz, Schatten wird nicht vertragen.

Pflege: Nach dem Auspflanzen versorge ich die Anbaufläche mit Mulchmaterial, das ich den Sommer über ergänze. Unerwünschte Beikräuter reiße ich aus und verwende sie als Mulchmaterial. Im Oktober werden die Pflanzen mit ihren Knollenbündeln ausgegraben. Die Knollen werden in Handarbeit abgepflückt und anschließend in Kübeln mit Wasser gereinigt. Das Wasser soll mehrmals gewechselt werden, bis es klar ist. Um die Reinigung zu erleichtern, ist der Anbau in sandigen, lockeren Böden von Vorteil.

Verwendung:

- Knollen: Die Knollen können frisch oder auch getrocknet gegessen werden. Im frischen Zustand können sie zu Erdmandelmus püriert werden. Aus den getrockneten Nüssen wird Speiseöl gepresst: http://www.hartls-oele.at. Die getrockneten Nüsse werden auch zu Flocken oder Pulver verarbeitet und können in Backwaren oder anderen Speisen verwendet werden. Für die Lagerung ist die schonende Trocknung nach der Ernte wichtig. Für den Frischverzehr können die getrockneten Mandeln die Nacht über in Wasser eingeweicht werden, sie schmecken dann wieder knackig frisch. In Spanien ist die Bereitung der

Erdmandel ‚Big Round' (Foto: Deaflora)

Erdmandel ‚Black Tigers' (Foto: Deaflora)

gemahlenen Mandeln zu Horchata de Chufa, einem gewürzten Mandelmilchgetränk, sehr beliebt.

Vermehrung: Die Vermehrung gelingt einfach über die Knollen. Die getrockneten Knollen behalten einige Jahre ihre Keimungsfähigkeit. Ich suche die schönsten, größten Knollen aus und lasse sie die Nacht über in Wasser quellen. Dann pflanze ich sie 3–4 cm tief in die Erde. Für die Pflanzengesundheit kann man die Knollen auch in erkaltetem Schachtelhalmtee quellen lassen.

Sorten und Bezugsquellen: Saatgut oder auch Pflanzen erhalten Sie bei http://www.templiner-kraeutergarten.de und bei: http://www.arche-noah.at. Die Fruchtsorten ‚Big Round' mit bis zu 2,5 cm großen kugelförmigen Knollen, ‚Black Tigers', eine afrikanische Sorte mit schwarzen Knollen, ‚Prolific', eine reichtragende Sorte, sowie andere interessante Sorten erhalten Sie bei: http://www.deaflora.de.

Horchata de Chufa – Mandelmilch aus Erdmandeln/Chufa-Nüsschen

250 Gramm getrocknete Chufa-Nüsschen werden 12 bis 24 Stunden in Wasser quellen gelassen (Verhältnis Knollen:Wasser ist 1:4). Sollte das Wasser trübe sein, werden die Knollen noch einmal gut in frischem Wasser geschwemmt, um allfällige Erdreste zu entfernen.

Die Knollen werden jetzt zusammen mit ¼ Liter eiskaltem Wasser mit einem Mixstab fein püriert. Fügen Sie je nach Geschmack Zimt, Vanille oder Zitronensaft hinzu und vermischen Sie das Ganze.

Seihen Sie jetzt die Masse durch ein feines Sieb oder ein Küchenleinen und pressen Sie möglichst viel Flüssigkeit heraus.

Der Rückstand kann getrocknet und geröstet zu Backwerk verwendet oder in Gemüsegerichten mitgedünstet werden.

Die erhaltene Mandelmilch wird jetzt mit ¾ Liter eiskaltem Wasser aufgegossen und mit Zucker oder im warmen Wasser gelöstem Honig gesüßt und gut umgerührt. Sie kann anschließend noch im Gefrierfach weiter gekühlt werden. Das durch die Kühlung entstandene Eis wird vor dem Servieren noch untergemixt.

Die Horchata de Chufa wird kalt serviert.

Lakritze düngt den Boden mit Stickstoff.

Lakritze bildet lange Wurzeln aus.

Gewürze

Lakritze/Süßholz (*Glycyrrhiza glabra Syn. Glycyrrhiza echinata*)

Sind Sie eine Liebhaberin oder ein Liebhaber von Lakritze? Und haben Sie schon daran gedacht, selbst Lakritze herzustellen? Dies geht mit etwas Arbeitsaufwand ganz einfach. Ich habe vor Jahren einige Pflanzen aus Samen gezogen und im Gartenbeet ausgepflanzt. Seither wandern sie in den Beeten herum und darüber hinaus. Über lange Wurzelausläufer entstehen immer wieder neue Pflanzen. Manche davon ernte ich, andere wieder verwende ich als Mulchmaterial. Die Lakritze ist ein fleißiger Helfer im Garten, da sie Stickstoff bindet und die Beete damit düngt. Mit ihren zarten Blättern und den leicht lila Blüten sieht sie zudem sehr apart aus. Seit ich die Lakritze als Heilpflanze entdeckt habe, nehme ich beim leichtesten Halskratzen die Nacht über reine Lakritze in den Mund. Sie lindert oder stillt den Hustenreiz und meist kann ich so die Krankheit bereits im Frühstadium abfangen. Im Übermaß genossen verursacht Lakritze Bluthochdruck.

Herkunft: Familie der Schmetterlingsblütler (*Leguminosae*); Mittelmeerländer, Südosteuropa bis Westsibirien, Naher Osten und Mittelasien

Höhe und Platzbedarf: 1,5 m hoch, 1 m breit; ausläufertreibend

Frosthärte: Zone 6; frosthart bis -23,3 °C

Wuchsform, Standort und Pflege: Lakritze ist sehr anspruchslos und wächst auch auf mageren Böden. Sie liebt sonnige Lagen. Für den Anbau empfehle ich einen lockeren und tiefgründigen Boden zu wählen, um die Ernte zu erleichtern.

Verwendung:

- Wurzel: Die bleistiftdicke, süß-herb schmeckende Wurzel wird im Herbst oder auch im Frühjahr ausgegraben, gewaschen und getrocknet. Ich verwende sie als Gewürzpulver und mahle sie dazu in einer Kaffeemühle. Das Mahlgut siebe ich und verwende nur das Pulver zum Würzen. Die groben Fasern verwende ich in Kräuter- oder Früchtetees. Die getrockneten süßen Wurzeln können Sie auch kauen. Falls Sie Bier selbst brauen, könnten Sie auch zerkleinerte frische oder getrocknete Süßholzwurzel als Zusatz versuchen. Lakritze stellen Sie folgendermaßen her: Die frische Süßholzwurzel wird zerquetscht und mit dem Saft aufgekocht. Anschließend wird sie mehrmals gefiltert. Der Saft wird dann eingedampft. Die so gewonnene reine schwarze Lakritzemasse wird dünn aufgestrichen und getrocknet. Anschließend wird die Platte in Stücke geschnitten oder gebrochen. Die frische Lakritzemasse wird zu Likör und verschiedenen Süßigkeiten verarbeitet.

Vermehrung: Die Vermehrung aus Samen gelingt einfach. Wurzelausläufer können Sie im Frühling oder Herbst abtrennen. Sie müssen zumindest einen Pflanzenaustrieb haben.

Bezugsquellen: Samen erhalten Sie im Fachhandel und über das Sortenhandbuch der Arche Noah: https://www.arche-noah.at. Pflanzen erhalten Sie bei: http://www.pepinieredubosc.fr, http://www.vivaigabbianelli.it und http://www.sebtan.fr.

Tipp/Besonderheiten: Lakritzeanbau hat in Bamberg in Bayern eine jahrhundertelange Tradition. Mehr dazu finden Sie unter: http://www.bamberger-suessholz.de. Das volle Produktspektrum finden Sie bei: http://www.amarelli.it.

Blaue Schwertlilie (*Iris germanica*)

Die blaue Schwertlilie kommt ursprünglich im Mittelmeerraum und Zentraleuropa vor. Sie gehört zur Familie der Schwertliliengewächse (Iridacea) und ist bis -28,8 °C frosthart. Sie wächst bevorzugt in voller Sonne, aber auch im Halbschatten auf gut durchlässigen Böden mit einem Lehmanteil. Die Pflanzen sind robust und kommen gut mit Trockenheit zurecht. Sie vermehren sich durch Rhizome und sind problemlos über Stockteilung zu vermehren. Wegen der attraktiven blauen Blüten sind sie beliebe Gartenpflanzen. Das Rhizom wird in der Parfümerie, für Cremen und Zahnpasta und als Gewürz unter dem Namen Veilchenwurzel verwendet. Die Blaue Schwertlilie ist auch Bestandteil der marokkanischen Gewürzmischung Ras El Hanout. Sie dürfen nur getrocknete Rhizomstücke verwenden. Frische Rhizomstücke enthalten Irisin, einen Stoff der Gastritis hervorrufen kann. Mahlen Sie die getrockneten Rhizomstücke zu feinem Gewürzpulver. Es eignet sich für verschiedene Gemüse- oder Fleischgerichte. Pflanzen erhalten Sie bei: http://www.gaissmayer.de.und http://sortenhandbuch.arche-noah.at.

Die „Veilchenwurzel" – ein Rhizom der Blauen Schwertlilie – entfaltet den Duft erst nach 2–3 Jahren Lagerung.

*Die Blüte zieht viele Insekten, hier eine Blaue Holzbiene (*Xylocopa violacea*), an.*

Mönchspfeffer/ Keuschlammstrauch (*Vitex agnus-castus*)

Mönchspfeffer blüht wunderschön und trägt pfefferkorngroße Früchte. Die sind Bestandteil der bekannten marokkanischen Gewürzmischung Ras el Hanout. Wegen der leichten Hormonwirkung aßen früher die Mönche die Samen, um die frauenlose Welt leichter zu ertragen.

Herkunft: Familie der Eisenkrautgewächse (*Verbenaceae*); Mittelmeerraum, Balkan, Kleinasien, Iran, Kaukasus bis Mittelasien

Höhe und Platzbedarf: Am Naturstandort bis 3 m hoch, bei unseren Klimaverhältnissen meist 1,5 m hoch und 1,5 m breit

Mönchspfeffer mit reifen Früchten

Frosthärte: Zone 7; frosthart bis -17,7 °C; wenn die Pflanze zurückfriert, treibt sie aus dem Wurzelstock neu aus.

Wuchsform, Standort und Pflege: Die Sträucher benötigen volle Sonne und gedeihen auf verschiedenen Bodenarten. Sie wachsen sowohl auf trockenen als auch auf feuchten Böden. Die weißen oder lila Blüten erscheinen von August bis September. Die Früchte reifen im September/Oktober. Schneiden Sie im Frühjahr die vertrockneten Triebe weg. Der Mönchspfeffer ist pflegeleicht.

Verwendung:

- Zweige: Die biegsamen Zweige werden zum Korbflechten verwendet.
- Blatt: Mit den frischen Blättern können Sie Speisen würzen.
- Samen: Die gemahlenen Samen werden als Gewürz verwendet. Auch das gepresste Öl der Samen findet Verwendung.

Vermehrung: Die Vermehrung aus Samen gelingt problemlos. Stecklinge vom halbreifen Holz schneiden Sie im Juli/August, vom reifen Holz Ende Oktober.

Bezugsquellen: Pflanzen erhalten Sie bei: https://www.arche-noah.at, http://www.thefruitnursery.co.uk, http://www.pflanzenversand-gaissmayer.de und http://www.flora-toskana.de.

Tipp/Besonderheiten: Mönchspfeffer ist selbstfruchtbar.

Ras El Hanout – eine Gewürzmischung aus Marokko

Je nach Herstellung finden sich in dieser Gewürzmischung bis zu 25 verschiedene Gewürze mit süßen, scharfen und bitteren Aromen. Häufige Zutaten sind: Muskatnüsse, getrocknete Rosenknospen, für süße Geschmackstöne Zimt, Gewürznelke und Kardamom, für scharfe Geschmackstöne Weissen oder Schwarzen Pfeffer (Piper nigrum), für bittere Geschmackstöne Kubebenpfeffer (Piper cubeba) sowie Anis, Gelbwurzel (Kurkuma), Veilchenwurzel (Blaue Schwertlilie *Iris germanica*) und Mönchspfeffer. Für Ihre persönliche Mischung können Sie noch getrocknete Myrtenblätter, Szechuanpfeffer oder Fenchel dazugeben oder überhaupt Ihre eigene Mischung kreieren. Lieben Sie es scharf, können Sie getrocknete Chilischoten dazugeben. Sie sind ja die „Chefin des Ladens". Das ist in etwa die wörtliche Übersetzung von Ras El Hanout. Mahlen Sie die gut trockenen Gewürze in einer Kaffeemühle oder stampfen Sie die Gewürzmischung im Mörser. Ras El Hanout eignet sich für Couscous, Eintöpfe und verschiedene Gemüse- oder Fleischgerichte.

Die zarten Blätter des Szechuanpfeffers werden fein geschnitten zum Würzen verwendet.

Szechuanpfeffer (*Zanthoxylum simulans*)

Der Szechuanpfeffer ist zu einem Fixbestandteil in meiner Küche geworden. Ich mag es auch, die getrockneten Fruchthüllen, die ich in einer Dose im Auto habe, im Mund gleichsam zergehen zu lassen. Zudem ist er eine sehr attraktive Pflanze.

Herkunft: Familie der Rautengewächse (*Rutaceae*); China, Japan und Himalayaregion

Höhe und Platzbedarf: 4 m hoch, 6 m breit

Frosthärte: Zone 6; frosthart bis -23,3 °C

Wuchsform und Standort: Er wächst als Strauch oder Baum und besitzt breite, kurze Stacheln. Die unpaarig gefiederten Blätter ähneln denen der Esche. Sie duften aromatisch. Ältere Blätter entwickeln an den Blatträndern leichte Stacheln. Im

Szechuanpfeffer Frucht

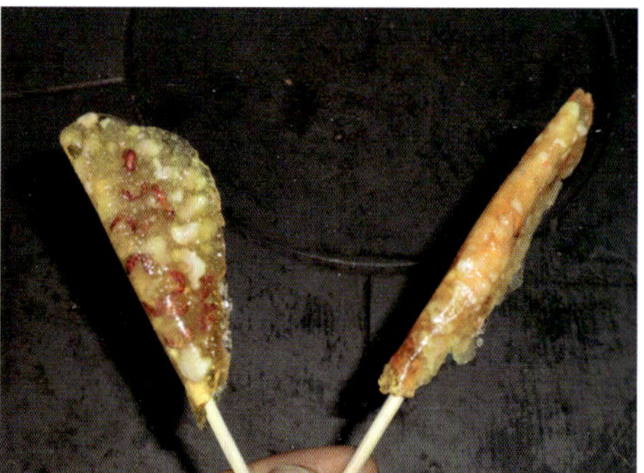

Ein süßer Schlecker mit Szechuanpfeffer

Mai erscheinen die gelben Blüten, aus denen sich Dolden von roten, pfeffergroßen Früchten bilden. In einem Gartenbeet lässt sich der Szechuanpfeffer gut als 1,5 m hoher Busch halten. Die frischen Blätter können dann leicht geerntet werden. Rückschnitte während des Sommers fördern den Neuaustrieb. Diese Erziehungsform ist auf die Blattnutzung ausgelegt und ergibt weniger Fruchtertrag.

Pflege: Die Pflanze ist pflegeleicht. Rückschnitte und Auslichtungsschnitte werden vor dem Blattaustrieb durchgeführt.

Verwendung:

- Frucht: Die Schale der Früchte enthält ein aromatisches Öl, das einen leichten Geschmack nach Zitronen hat. Im Mund ruft es ein Prickeln, ähnlich einer Brause, hervor und wirkt kühlend. Die Fruchthüllen enthalten einen glänzenden schwarzen Samen. Zur Vollreife im Oktober öffnet sich die Fruchthülle und die Samen fallen aus. Die Pflanze ist frosthart und unproblematisch im Anbau. Die Früchte werden Anfang Oktober geerntet. Nach der Trocknung werden die Samen entfernt und die Fruchthülle wird mitgekocht oder fein vermahlen und als Gewürz zu verschiedenen Speisen gegeben. Zusammen mit Salz geröstet und gemahlen, ergibt Szechuanpfeffer ein feines Kräutersalz. Szechuanpfeffer ergänzt auch gut die Schärfe von Chilis (scharfem Paprika). In der chinesischen Küche gibt es eine häufig verwendete Gewürzmischung, das Fünf Gewürze Pulver: Szechuanpfeffer, Sternanis, Zimtrinde oder Cassiazimt, Nelken und Fenchelsamen. Alle Zutaten außer dem Zimt werden in einer Pfanne bei mittlerer Hitze geröstet, dann wird Zimt zugegeben und alles zusammen fein gemahlen, durchgesiebt und in einem dunklen Glas dicht verschlossen. Sowohl Fleisch- als auch Gemüsegerichte können damit gewürzt werden.
- Blatt: Die jungen Blätter können mitgekocht oder fein geschnitten als Gewürz verwendet werden. In Öl gedünstet geben sie ihr feines Aroma an die Speisen ab.

Vermehrung: Szechuanpfeffer kann leicht durch Aussaat vermehrt werden. Stecklinge vom halbreifen Holz werden im Juli/August genommen. Auch die Vermehrung über Wurzelschnittlinge gelingt gut. Wurzelschösslinge werden im Spätwinter abgetrennt und verpflanzt.

Sorten und weitere Arten: Spezielle Fruchtsorten sind mir derzeit keine bekannt.

Es gibt noch weitere Arten der Gattung *Zanthoxylum*, die als Gewürze, ähnlich wie der hier beschriebene Szechuanpfeffer, verwendet werden. *Zanthoxylum armatum* (Syn. *Zanthoxylum alatum*) kommt in China, Nepal, Bhutan, Korea, Japan, den Philippinen und Indien vor. Die Pflanzen sind bis -23,3 °C frosthart und wachsen bis 4 m hoch. Sie sind nicht selbstfruchtbar. *Zanthoxylum piperitum* stammt aus Nordchina, Korea und Japan. Die Pflanzen werden 2 m hoch und 2 m breit. Hier werden auch die Blüten und die unreifen Früchte als Pickles eingemacht oder in Sojasauce eingelegt. *Zanthoxylum americanum* stammt aus dem östlichen Nordamerika und ist bis -40,0 °C (Zone 3) frosthart. Die Sträucher oder Kleinbäume werden bis 4 m hoch und sind nicht selbstfruchtbar.

Bezugsquellen: *Zanthoxylum simulans* erhalten Sie bei: http://www.eggert-baumschulen.de und http://www.praskac.at. *Zanthoxylum alatum* erhalten Sie bei: http://www.agroforestry.co.uk. *Zanthoxylum piperitum* erhalten Sie bei: http://www.eggert-baumschulen.de. Bei http://www.sebtan.fr/ erhalten Sie *Zanthoxylum alatum* und *Zanthoxylum americanum*. Weitere Arten des Szechuanpfeffers finden Sie bei: http://bulk-boskoop.nl.

Tipp/Besonderheiten: Die bei mir bisher gezogenen Pflanzen von *Zanthoxylum simulans* sind selbstfruchtbar. Sollten Sie einen Baum haben, der nach 3–4 Jahren noch keine Früchte trägt, dann benötigt er eine zweite Pflanze zur Fremdbefruchtung. Bei den anderen Arten sollten Sie sicherheitshalber zwei Pflanzen setzen oder auf Selbstfruchtbarkeit testen.

Wacholder/Heidewacholder (*Juniperus communis*)

Als Kind habe ich oft einen alten, verkrüppelt wachsenden Wacholderstrauch besucht, der am Stacheldrahtzaun auf der Weide wuchs. Weit und breit sah ich keinen anderen und ich suchte vergeblich nach Früchten. Jahre später fand ich einen anderen weit entfernt im Wald, auch so einen einsamen. Ich habe mir dann in meine erste Hecke im elterlichen Garten eine Pflanze gesetzt, die reichlich Früchte trägt. Der Wind hat ganze Stämme weggerissen, ich musste sie schon oft kräftig zurückschneiden, aber sie nimmt es nicht übel. Wacholderbäume sind wahre Überlebenskünstler. Mittlerweile habe ich eine kleine Sammlung von Jungpflanzen. Bei meinen Wanderungen in Oberösterreich und in Tirol nahm ich Samen von Wildpflanzen ab und steckte sie in Blumentöpfe, die das ganze Jahr im Freien stehen. Dort keimten sie verlässlich.

Herkunft: Familie der Zypressengewächse (*Cupressaceae*); Nordamerika, Südgrönland, Nordafrika, Europa, Vorderasien, Nordasien und Zentralasien bis nach Ostasien

Höhe und Platzbedarf: 5–9 m hoch, 1,5–4 m breit, die Wildformen zeigen unterschiedliche Eigenschaften; ich halte meinen Wacholderbaum seit vielen Jahren durch Rückschnitte problemlos auf einer Höhe von 4 m und einer Breite von 1,5 m

Frosthärte: Zone 2; frosthart bis -45,5 °C

Wuchsform, Standort und Pflege: Die immergrünen Pflanzen wachsen säulen- oder kegelförmig aufrecht. Sie können mehrere Stämme entwickeln. Die Nadeln stechen, tragen Sie bei Schnittmaßnahmen am besten Handschuhe. Der Heidewacholder blüht im Mai/Juni. Die Früchte reifen im Oktober. Da die Früchte lange am Strauch haften, können Sie fast das ganze Jahr über blaue Bee-

Reife blaue Beeren und unreife grüne sind häufig das ganze Jahr über am Strauch.

ren ernten. Die Pflanzen gedeihen auf verschiedenen Böden, auch nährstoffarmen. Sie wachsen auf feuchten und trockenen Böden und tolerieren Phasen von Trockenheit. Rückschnitte werden problemlos vertragen. Der Wacholder ist eine pflegeleichte Pflanze.

Verwendung:

- Nadeln und Zweige: Aus den frischen Nadeln und Zweigen können Sie einen Tee brühen.
- Frucht: Die Beerenfrüchte werden klassisch mit Sauerkraut mitgekocht. Sie können die Beeren frisch verwenden oder trocknen und bei verschiedenen Gemüsegerichten mitkochen. Ich mache Wacholderpesto. Dieses eignet sich gut für Suppen. Sie können damit auch Fleisch vor dem Anbraten einreiben. Die Beeren bilden auch die Grundlage für Spirituosen wie Gin.

Vermehrung: Am besten säen Sie frische Samen. Diese keimen gut mit Stratifizierung. Stecklinge vom reifen Holz schneiden Sie im September/Oktober, Absenker machen Sie zur gleichen Zeit. Diese können Sie nach einem Jahr abtrennen.

Besonderheiten, Sorten und Bezugsquellen: Wacholder ist zweihäusig. Sie benötigen männliche und weibliche Pflanzen für den Fruchtertrag. Es gibt allerdings in Baumschulen selbstfruchtbare Sorten. Weibliche Pflanzen der Sorte ‚Meyer' und des Schwedischen Wacholders (*Juniperus communis suecica*) erhalten Sie bei: http://www.eggert-baumschulen.de. Als männliche Sorte vertreibt Eggert *Juniperus communis hibernica.* ‚Fruchtwunder' und ‚Heidegeist' aus Deutschland sowie ‚Silva Nortica', eine Auslese der Baumschule Artner, die alle selbstfruchtbar sind, erhalten Sie unter: http://www.artner.biobaumschule.at.

Tipp: Verwandte des Wacholders, der Sadebaum (*Juniperus sabina*) oder der Chinesische Wacholder (*Juniperus chinensis*), sind Überträger des Birnengitterrostes, einer Pilzerkrankung. Den Heidewacholder können Sie bedenkenlos pflanzen.

Wacholderpesto

Ich nehme eine Handvoll Wacholderbeeren, zwei Hände voll Mandeln, einen Teelöffel Salz und 2 Esslöffel Mandelöl oder Olivenöl. Die Zutaten gebe ich zusammen in die Küchenmaschine und püriere sie ganz fein. Danach fülle ich die Masse in Gläser. Das Pesto hält sich im Kühlschrank problemlos ein Jahr lang. Es eignet sich gut zum Aromatisieren von Suppen.

Safran (*Crocus sativus*)

Das teuerste Gewürz der Welt lässt sich auch in Ihrem Garten anpflanzen. Für 1 Gramm Safran benötigen Sie 120–130 Blüten. Zum Glück braucht es nur wenige Blütennarben, um einem Kuchen oder Palatschinken ein feines Aroma und eine Gelbfärbung zu geben. Ich habe auf einer ehemaligen Weinterrasse ein Stück der Wiese kurz gemäht und gelockert. Dort wächst mein Safranvorrat.

Safranblüten aus dem Waldviertel (Foto: www.safran.horstinghurst.at)

Herkunft: Familie der Schwertliliengewächse (*Iridaceae*); Mutante des *Crocus cartwrightianus*, der auf Kreta und den Ägäischen Inseln wächst

Höhe und Platzbedarf: 10 cm hoch, 10 cm breit

Frosthärte: Zone 6; frosthart bis -23,3 °C

Wuchsform und Standort: Die Knollen werden 10–12 cm tief gepflanzt. Die Blätter zeigen sich von Oktober bis Mai. Ab Ende September zeigt er die ersten violetten Blüten. Ungefähr eineinhalb Monate lang dauert die Blütezeit. Sie endet jedenfalls mit dem ersten Frost. Safran wächst im Halbschatten wie auch in voller Sonne. Er wächst auf verschiedenen Bodentypen, nur Staunässe verträgt er nicht.

Pflege: Der Safran ist unkompliziert im Anbau. Er braucht auch in trockenen Jahren keine Bewässerung. Eine Düngung ist nicht notwendig, ja sogar kontraproduktiv. Beim feldmäßigen Anbau kann im Herbst nach der Safranernte Winterroggen gesät werden. Er lockert den Boden und ermöglicht eine zusätzliche Nutzung der Fläche. Alle 10 bis 15 Jahre werden die Knollen ausgegraben und an anderer Stelle neu gepflanzt.

Verwendung:

- Blütennarbe: Die Blüte wird am Stängel gepackt und abgebrochen. Nur die drei rubinroten Narben, die Teile des Griffels sind, werden als leicht herbes aromatisches Gewürz verwendet. Sie werden noch am gleichen Tag von Hand aus den Blüten gezupft und im Schatten während etwa sechs bis sieben Tagen getrocknet. Safran soll nicht dem Licht ausgesetzt sein. Füllen Sie die Blütennarben daher in ein dunkles Glas. Die Blüten selbst können Sie zum Färben von Wolle oder Ähnlichem nutzen.

Vermehrung: Die Vermehrung geschieht ausschließlich durch Knollenteilung.

Bezugsquellen: Pflanzen erhalten Sie bei: http://www.gaissmayer.de und http://www.suedflora.de. Knollen aus dem Anbau im Waldviertel in Niederösterreich erhalten Sie bei: http://www.safran.horstinghurst.at.

Gagelstrauch (*Myrica gale*)

Die Blätter und Zweige des Gagelstrauchs wurden seit langem in Nordeuropa zum Bierbrauen verwendet, ehe der Hopfen Hauptzutat wurde. Die Grutbiere erleben derzeit allerdings eine Renaissance. Zudem wird das aromatische Öl für die Herstellung von Likören oder Schnäpsen verwendet. Die Blätter und Früchte sind von einer feinen Wachsschicht überzogen. Aus dieser können Sie Duftkerzen gewinnen. Dafür benötigen Sie allerdings eine größere Menge Blätter und Früchte. Diese übergießen Sie mit heißem Wasser und lassen sie einige Minuten ziehen. Das Wachs setzt sich an der Wasseroberfläche ab. Sie können es nach dem Abkühlen abschöpfen. Kochen Sie die Früchte und Blätter im verbliebenen Wasser noch einmal auf und wiederholen Sie den Vorgang. Erwärmen Sie das Wachs und filtern Sie es durch ein feines Tuch.

Der Gagelstrauch ist in der freien Natur durch das Trockenlegen der Moore sehr selten geworden. Er steht auf der Roten Liste der gefährdeten Arten. Beziehen Sie deshalb Ihre Pflanzen nur aus Baumschulen.

Blütenknospen an den weiblichen Pflanzen (Foto: Baumschule Eggert)

Herkunft: Familie der Gagelstrauchgewächse (*Myricaceae*); Nordeuropa, Sibirien, Kanada, Nord-USA

Frosthärte: Zone 1; frosthart bis unter -45,5 °C

Höhe, Wuchsform und Standort: Der Gagelstrauch wird nur etwa 1–1,5 m hoch und 1 m breit. Er wächst in freier Natur nur in moorigen, feuchten Gebieten. Die Pflanzen gedeihen auf sauren, sehr sauren, neutralen und basischen Böden. Sie benötigen feuchte oder nasse Böden und können im Halbschatten oder in voller Sonne wachsen. Die Wurzeln des Gagelstrauchs sind mit einem Strahlenpilz vergesellschaftet, der den Luftstickstoff im Boden bindet. Die Bestäubung erfolgt durch den Wind. Die roten Blüten erscheinen im März/April, die Früchte reifen im August/September.

Pflege: Die Pflanzen sind pflegeleicht.

Verwendung:

- Blatt: Die Blätter können Sie zum Würzen von Speisen verwenden. Sie können die Blätter mitkochen oder getrocknet fein pulverisiert verwenden.
- Frucht: Die getrockneten Früchte können Sie zum Würzen von Suppen oder Eintöpfen mitkochen.
- Wachs: Aus dem Wachs der Blätter und Früchte können Sie Duftkerzen herstellen.

Vermehrung: Die Samen müssen Sie stratifizieren. Stecklinge vom halbreifen Holz schneiden Sie im Juli/August, vom reifen Holz im November/Dezember. Absenker können Sie im Frühling machen. Wurzelausläufer trennen Sie in der Ruhezeit ab.

Bezugsquellen: Pflanzen erhalten Sie bei: http://www.poyntzfieldherbs.co.uk, http://www.baumschule-hartwich.de, http://www.eggert-baum-

Blütenknospen an den männlichen Pflanzen (Foto: Baumschule Eggert)

Früchte auf den weiblichen Pflanzen des Nördlichen Gagelstrauchs (Foto: Baumschule Eggert)

schulen.de, http://www.esveld.nl und http://www.baumschulgarten-enneking.de.

Tipp/Besonderheiten: Der Gagelstrauch ist zweihäusig. Falls Sie Früchte und Samen möchten, müssen Sie beide Geschlechter setzen. Eine Bezugsquelle, die getrenntgeschlechtliche Pflanzen verkauft, kenne ich noch nicht, gibt es aber möglicherweise in Nordeuropa. Falls Sie fündig werden, nehmen Sie doch bitte Kontakt mit mir auf.

Nördlicher Gagelstrauch (*Myrica pensylvanica*)

Der Nördliche Gagelstrauch stammt aus Nordamerika und wächst als sommergrüner Strauch oder Baum bis 8 m hoch. Er ist bis -45,5 °C (Zone 2) frosthart. Die Pflanzen gedeihen auf sauren, sehr sauren, neutralen und basischen Böden. Sie benötigen feuchte oder nasse Böden und können im Halbschatten oder in voller Sonne wachsen. Die Wurzeln des Gagelstrauchs sind mit einem Strahlenpilz vergesellschaftet, der den Luftstickstoff im Boden bindet. Die Bestäubung erfolgt durch den Wind. Die roten Blüten erscheinen im April/Mai, die Früchte reifen im Oktober. Pflege der Pflanzen und Verwendung sind ähnlich wie beim Gagelstrauch (*Myrica gale*). Der Nördliche Gagelstrauch ist nicht selbstfruchtbar. Pflanzen erhalten Sie bei: http://wildobstschnecke.de und http://www.eggert-baumschulen.de.

Foto: Johannes Hloch

Gemüse

In diesem Kapitel habe ich Gemüsearten aufgenommen, die mehrjährig sind und vorwiegend als Bäume und Sträucher wachsen. Der Vorteil dabei ist, dass Sie sich das jährliche Anpflanzen ersparen und bei manchen Pflanzen auch eine Mehrfachnutzung möglich ist.

Hopfen (*Humulus lupulus*)

Die frischen Hopfensprossen im Frühling haben es mir angetan. Ich freue mich jedes Jahr auf die knackigen Triebe, die ich in einer Länge von 20 cm pflücke, fein schneide, mit Kürbiskernöl und etwas Apfelessig anmache und mit Salz und Pfeffer würze. Um nicht in den Auwald gehen zu müssen, habe ich zu einem alten Pfeifenstrauch (*Philadelphus coronarius*) Hopfen dazugepflanzt. Der schlingt sich hoch und einmal im Jahr kürze ich die Triebe ein, damit der Pfeifenstrauch nicht ganz überwachsen wird. Im Herbst ernte ich noch die reifen Blütenstände. Die habe ich in Duftpölster gefüllt und in Wein angesetzt. Bei dieser Arbeit duftet es im ganzen Haus und der Schlaf kommt besonders leicht.

Herkunft: Familie der Hanfgewächse (*Cannabaceae*); Europa, West- und Zentralasien

Höhe und Platzbedarf: 6 m hoch rankend; wurzelausläufertreibend

Frosthärte: Zone 5; frosthart bis -28,8 °C

Wuchsform, Standort und Pflege: Die ausdauernden Pflanzen schlingen sich an Zäunen und Sträuchern hoch. Die Blüten erscheinen im Juli/August, die Fruchtstände reifen im September/Oktober. Die Pflanzen sind anspruchslos und gedeihen auf verschiedenen Bodentypen, auf feuchten und auch auf trockenen Böden. Sie tolerieren Trockenheit und wachsen im Halbschatten und auch in voller Sonne. Im Spätherbst oder im zeitigen Frühjahr können Sie die alten Triebe entfernen. Die Pflanze treibt frisch aus dem Wurzelstock aus.

Hopfenzapfen

Verwendung:

- Sprossen: Die Sprossen können Sie im Frühling frisch oder gedünstet als Gemüse verwenden. Nach der ersten Ernte können Sie den Nachtrieb nach einigen Wochen noch einmal beernten.
- Fruchtstand: Die Hopfenzapfen der weiblichen Pflanzen werden zum Bierbrauen, für schlaffördernde Tees oder zur Füllung von Duftpölstern verwendet.

Vermehrung: Die Samen keimen leicht. Hopfen sät sich im Garten selbst aus und kann auch lästig werden. Stockteilungen machen Sie vor dem Austrieb. Junge, 20 cm lange Sprossen trennen Sie mit einem Teil des Wurzelstocks ab und pflanzen

Hopfensprossen

sie in Töpfe im Halbschatten, bis sie kräftig genug zur Auspflanzung später im Jahr sind.

Sorten und Bezugsquellen: Für das Bierbrauen werden die Dolden der weiblichen Pflanzen verwendet. ‚Gimmli' ist langsamer und kompakter wachsend als die Wildform und eignet sich für Tröge oder die Kübelkultur. ‚Perle' hat hohe Bitterstoffgehalte und ‚Hallertauer' ist eine alte bayrische Sorte mit exzellentem Aroma. Pflanzen erhalten Sie bei: http://www.eickelmann.de.

Tipp/Besonderheiten: Hopfen ist zweihäusig. Wenn Sie Saatgut ernten wollen, benötigen Sie weibliche und männliche Pflanzen.

Linde (*Tilia spec.*)

Eine meiner frühen Erinnerungen ist das Pflücken der Lindenblüten. Meine Großmutter und ich stiegen auf die Leiter und pflückten inmitten der summenden Bienen die süß duftenden Lindenblüten. Im Winter bereiteten wir aromatischen Tee daraus. Erst viel später habe ich erfahren, dass auch die frischen, zarten Blätter das ganze Jahr über essbar sind. Am besten schmecken sie frisch auf einem Butterbrot oder fein geschnitten in Salaten oder einfach als Snack während der Gartenarbeit zwischendurch. Einmal dünstete ich die Blätter und verwendete sie als Strudelfülle im Blätterteig. Das war gewöhnungsbedürftig, da durch das Dünsten bittere Stoffe frei wurden. Heuer habe ich gelesen, dass sich aus den Früchten der Linde ein gutes Speiseöl pressen lässt. Ich freue mich schon auf die kommende Ernte im September, um das auszuprobieren.

Die frischen, zarten Blätter schmecken nussig.

Es gibt eine Reihe von Lindenarten in den gemäßigten und subtropischen Zonen. Alle sind essbar.

Herkunft: Familie der Lindengewächse (*Tiliaceae*); in Mitteleuropa sind die Winterlinde (*Tilia cordata*), die Sommerlinde (*Tilia platiphyllos*) und am südöstlichen Rand die Silberlinde (*Tilia tomentosa*) heimisch

Höhe, Platzbedarf, Wuchsform und Standort: Linden werden bis 30 m hohe und 20 m breite Bäume und benötigen daher viel Platz. Für die Verwendung als Gemüsebaum halten Sie die Lin-

Die Lindennüsschen enthalten wertvolles Speiseöl (Foto: Johannes Hloch).

de als Busch. Sie können die Linde von klein auf mehrstämmig buschig erziehen. Die Äste müssen Sie jährlich kräftig einkürzen. Durch den Rückschnitt im Sommer regen Sie frischen Blattaustrieb an. Einen Teil dieser Blätter können Sie als Gemüse verwenden. In dieser Buschform lässt sich die Linde auch in eine Hecke integrieren. Wenn Sie die Blüten ernten wollen, müssen Sie auf die Blatternte im Frühjahr verzichten. Falls Sie genug Platz haben, pflanzen Sie am besten zwei Büsche, einen für die Blüten und einen für die Blatternte im Frühling.

Frosthärte: Die Winterlinde ist bis -40,0 °C (Zone 3) frosthart. Die Sommerlinde ist bis -28,8 °C (Zone 5) frosthart. Die Silberlinde ist bis -23,3 °C (Zone 6) frosthart.

Pflege: Linden sind robuste, pflegeleichte Bäume, die Rückschnitte gut vertragen.

Verwendung:

- Blüte: Die Blüten ergeben einen guten Frühstückstee.
- Blatt: Die Blätter können Sie das ganze Jahr über am besten frisch verwenden.
- Samen: Ernten Sie im September/Oktober die Samen und pressen Sie diese in einer Ölmühle. Für 1 l Speiseöl benötigen Sie 4 kg Samen.

Vermehrung: Verwenden Sie frische Samen und stratifizieren Sie diese. Sie können die Samen auch direkt in ein vorbereitetes Gartenbeet säen. Absenker machen Sie im Frühling vor dem Blattaustrieb. Nach ein bis drei Jahren können Sie die Jungpflanze abtrennen. Falls Ausläufer gebildet werden, trennen Sie diese im Spätherbst oder im Frühjahr vor dem Blattaustrieb mit möglichst vielen Wurzelteilen ab.

Bezugsquellen: Pflanzen erhalten Sie bei: http://www.eggert-baumschulen.de und http://www.artner.biobaumschule.at.

Palmlilie/Yucca (*Yucca filamentosa*)

Die Yucca wird bei uns wegen der großen weißen, glockenförmigen Blüten angepflanzt. Falls Sie mehrere Pflanzen im Garten haben, gönnen Sie sich doch einmal auch den Gemüsegenuss. In meinem Garten habe ich eine Yucca vorgefunden, die die Vorbesitzer gepflanzt haben. Sie treibt munter jährlich zahlreiche Ausläufer und vermehrt sich so von selbst. Und sollte ich einmal ein Seil benötigen, brauche ich nur die Blätter weich klopfen, die Fasern herauslösen und drehen sowie zu einem Zopf flechten. Meinen Kindern hat das jedenfalls Spaß gemacht. Im Erwerbsanbau werden die Fasern, nachdem die fleischige Substanz zerquetscht wurde, zwei Stunden in einer Lauge gekocht und anschließend vier Stunden in einer Kugelmühle bearbeitet.

Herkunft: Familie der Agavengewächse (*Agavaceae*); Südosten der USA, Carolina, Mississippi, Florida

Die Blüten der Yucca verströmen einen intensiven zitronigen Duft.

Höhe und Platzbedarf: 1,2 m hoch, 0,6 m breit

Frosthärte: Zone 4; frosthart bis -34,4 °C

Wuchsform, Standort und Pflege: Palmlilien sind anspruchslose Gewächse und gedeihen auf verschiedenen Bodentypen und auch nährstoffarmen Böden. Sie vertragen feuchte und trockene Böden und tolerieren Trockenheit gut. Die immergrünen Pflanzen treiben einen aufrechten bis zu 1,2 m hohen Blütenschaft und blühen im Juli/August.

Verwendung:

- Blatt: Die Fasern der Blätter werden für Seile und grobe Stoffe verwendet.
- Blütenschaft: Schneiden Sie den Blütenaustrieb an der Basis ab, bevor sich die Blüten zu entfalten beginnen. Die Triebe können Sie wie Spargel zubereiten. Ich dünste sie einige Minuten in Salzwasser und beträufle sie vor dem Servieren mit Kräuteröl.
- Blüte: Blüten können Sie frisch zu Salaten geben, kandieren oder getrocknet und gemahlen zum Aromatisieren verwenden.
- Frucht: Die fleischigen Früchte werden frisch oder getrocknet gegessen. Früchte bilden sich in Europa äußerst selten von selbst. Versuchen Sie es durch Handbestäubung mit einem Pinsel.

Vermehrung: Die Vermehrung durch Samen erfolgt in einem warmen Raum. Wurzelschnittlinge machen Sie im März, Wurzelausläufer trennen Sie im späten Frühjahr ab.

Bezugsquellen: Pflanzen erhalten Sie bei: http://www.pflanzmich.de und http://shop.sarastro-stauden.com.

Schlaffe Palmlilie/Yucca (*Yucca flaccida*)

Yucca flaccida wird in gleicher Weise wie *Yucca filamentosa* verwendet. Sie wächst 1 m hoch und hat weiße Blüten. Pflanzen erhalten Sie bei: http://shop.sarastro-stauden.com und http://www.praskac.at.

Kerzen-Palmlilie/Yucca (*Yucca gloriosa*)

Yucca gloriosa wird in gleicher Weise wie *Yucca filamentosa* verwendet. Sie hat rosa Blüten. Die fleischige Wurzel ist nur erhitzt genießbar. Sie wird gekocht oder getrocknet, gemahlen und gebacken. Pflanzen erhalten Sie bei: http://www.praskac.at.

Chinesischer Gemüsebaum, Chinesischer Surenbaum (*Toona sinensis Syn. Cedrela sinensis*)

Die Verkostung des Chinesischen Gemüsebaums ist ein Fixpunkt bei meinen Führungen im Alchemistenpark. Der Geschmack ist aromatisch und intensiv und lässt sich schwer beschreiben. Er ähnelt dem „Maggikraut"/Liebstöckl (*Levisticum officinale*) und die meisten denken beim Kosten an chinesisches Essen.

Herkunft: Familie der Zederachgewächse (*Meliaceae*); China, Japan, Korea, Sumatra

Frosthärte: Laut Literatur Zone 5; frosthart bis -28,8 °C. Dies trifft meiner Erfahrung nach für den Wurzelstock zu. Das junge Stammholz friert bei -18--20 °C zurück. Die rosablättrige Sorte ‚Flamingo' ist bei uns abgefroren. Sie ist frostempfindlicher als die grünblättrigen Pflanzen.

Höhe, Platzbedarf, Wuchsform, Standort und Pflege: Surenbäume ähneln vom Blatt her und im Wuchs den einheimischen Eschen. Sie werden 20 m hoch und 8 m breit und benötigen sonnige und geschützte Standorte. Gut durchlässige feuchte Böden werden bevorzugt. Ansonsten gedeihen sie auf verschiedenen Bodentypen und wachsen sehr rasch. Jungpflanzen, bzw. Jungtriebe bei der Erziehung als Busch, sollten Sie im Winter am besten mit einem Vlies schützen.

Verwendung:

- Blatt und Triebe: Für die Verwendung als Gemüsebaum schneiden wir die Pflanzen immer wieder zurück, damit sie einen niedrigen Busch mit vielen Jungtrieben bilden. Die frischen Triebe und die Blätter enthalten 6% Proteine und viel Vitamin A. Ich verwende sie als Frischgemüse und brate sie in Olivenöl knusprig. Sonst dünste ich sie 4 Minuten, salze und pfeffere sie und esse sie als Gemüsebeilage.

Durch mehrmaligen Rückschnitt im Sommer erhalten Sie laufend frische knackige Blätter.

Vermehrung: Die Vermehrung aus Samen erfordert Stratifizierung. 4–5 cm lange Wurzelschnittlinge werden im November/Dezember geschnitten und waagrecht in das Substrat gelegt. Ausläufer können Sie im November/Dezember abtrennen.

Bezugsquellen: Pflanzen erhalten Sie bei: http://www.praskac.at und http://www.eggert-baumschulen.de.

Schneeglöckchenbaum und Berg-Schneeglöckchenbaum (*Halesia carolina* und *Halesia monticola*)

Nach der wunderschönen weißen Blüte im Mai hängen die grünen, länglichen, bauchigen Früchte in Büscheln am Baum. Das sieht sehr nett aus. Das Gute daran: Die unreifen zarten Früchte dünste ich in Olivenöl an und brate sie für 4 Minuten. Anschließend gebe ich Salz und etwas Pfeffer dazu und fertig ist eine knackige Gemüsebeilage.

Herkunft: Familie der Storaxbaumgewächse (*Styracaceae*); südöstliches Nordamerika

Höhe und Platzbedarf: *Carolina* wächst 8 m hoch und 10 m breit, *Monticola* wird 12 m hoch.

Frosthärte: Zone 5; frosthart bis -28,8 °C

Wuchsform, Standort und Pflege: Die Sträucher entwickeln sich zu Bäumen. Für die Ernte der Früchte halten Sie die Pflanzen durch einen Rückschnitt in der Winterruhe in Buschform. Beide Arten bevorzugen feuchte Böden. Kalkhaltige Bodentypen werden nicht vertragen, die Pflanzen wachsen gut auf sauren oder neutralen Bodentypen. *Monticola* ist meiner Erfahrung nach weniger anspruchsvoll und gedeiht bei uns gut. Wir haben den Boden vor dem Pflanzen mit saurem Substrat verbessert. Die Pflanzen sind sonst anspruchslos in der Pflege. Die Pflanzen brauchen einen sonnigen, geschützten Standort.

Die glöckchenförmigen Blüten waren namensgebend.

Frisch geerntete Früchte

Verwendung:

- Früchte: Die unreifen, säuerlichen Früchte sind etwa 4 cm lang. Sie werden Ende Juni geerntet und als Gemüse verarbeitet oder als Pickles eingelegt.

Vermehrung: Die Vermehrung aus Samen braucht Stratifizierung. Die Keimung dauert bis zu 18 Monate. Absenker machen Sie im Frühling beim Austreiben der Knospen. Nach einem Jahr können Sie sie abtrennen. Stecklinge vom grünen Holz schneiden Sie im Mai/Juni.

Bezugsquellen: Pflanzen erhalten Sie bei: http://www.baumschule-hartwich.de und http://www.artner.biobaumschule.at.

Foto: Johannes Hloch

keinen besonderen Duft. Ein wichtiges Kriterium für die Pflanzenauswahl ist der Blühzeitraum. Sie können zwischen einmal und zweimal blühenden Rosen wählen.

Frosthärte, Wuchsform und Standort: Bei den Wildrosen gibt es sehr frostharte Arten wie die *Rosa pendulina*. Alle unter den Sorten genannten Arten wachsen bei mir problemlos. Die meisten Wildrosen sind lichtbedürftig und brauchen einen offenen Standort. Sie lassen sich auch gut in Hecken integrieren. Für die Blütengewinnung der Duftrosen ist eine sonnige Einzelstellung der Pflanze am besten. Der Platzbedarf ist abhängig von der Rosenart. Sie können zwischen bodendeckenden niedrigen Rosenarten, 1 oder 2 m hohen Büschen und Kletterrosen, die bis 4 m lange Triebe machen, wählen. Für Kletterrosen benötigen Sie eine Rankmöglichkeit. Dies kann eine andere Heckenpflanze sein oder ein Spalier an einer Hausmauer. Sowohl sehr trockene als auch sehr feuchte oder nasse Böden werden gemieden. Ansonsten gedeihen Rosen auf unterschiedlichen Bodentypen.

Pflege: Rosen sind von verschiedenen Viruserkrankungen und Blatt- oder Blütenpilzen gefährdet. Die Standortwahl ist wohl der wichtigste Faktor zur Vorbeugung von Krankheiten. Wählen Sie einen sonnigen, gut belüfteten Platz für Ihre Rose. Die wichtigste Pflegemaßnahme ist der Schnitt. Schneiden Sie erst nach den letzten Frösten. Sie können alle abgefrorenen Triebe entfernen und die Pflanze entsprechend einkürzen. Schneiden Sie auf eine nach außen weisende Knospe zurück. Diese macht den stärksten Austrieb. Ein zweiter kräftiger Trieb entwickelt sich aus der folgenden Knospe. Sofern Sie keine Früchte ernten wollen, schneiden Sie nach der Blüte die verblühten Rosen weg und kürzen den Stiel bis zum ersten fünfblättrigen Blatt ein. Zweimal blühende Rosen entwickeln im Spätsommer eine zweite Blüte. Wenn Sie die Fruchtentwicklung unterbinden, investiert die Pflanze ihre ganze Kraft in die Holzproduktion.

Die gefrorenen Früchte der Hundsrose enthalten süßes Fruchtmark.

Verwendung:

- Blätter und Triebe: In Java werden die frischen Blätter und Triebe als Gemüse gedünstet.
- Blüte: Die Blüten ernten Sie nach dem Aufblühen am Morgen. Sie können daraus Sirup herstellen, Mus oder Gelee, oder die Blüten kandieren. Aus den getrockneten Blüten können Sie Rosenblütensalz herstellen oder sie fein gemahlen zum Aromatisieren verwenden. Die getrockneten Blüten können Sie auch für Kräuterteemischungen verwenden. Das Rosenblütenöl können Sie durch Wasserdampfdestillation gewinnen. Das dabei destillierte Rosenwasser füllen Sie in sterile Flaschen. Es eignet sich gut zum Aromatisieren von Fruchtjoghurts und Obstsalaten. Rosenöl wird auch durch Mazeration gewonnen. Dabei werden die Blüten auf ölgetränkte Tücher gelegt, um das Öl auszuziehen. Danach werden die Tücher ausgepresst.

Taglilien/Zitronentaglilie (*Hemerocallis spec.* und *Hemerocallis citrina*)

Schöne, üppig blühende Pflanzen mit großen Blütenkelchen, die man auch essen kann – die Taglilien ermöglichen genau das. Ich esse sie gerne frisch, denn sie haben einen knackigen Biss und ein angenehmes Aroma. Gefüllt mit einem Kräutertopfenaufstrich ziehen sie bei jedem Buffet die Blicke auf sich. Na ja, nicht nur die Blicke ... Die Zitronentaglilie, finde ich, ist eine ganz Feine. Vom Wuchs her und vom Blütenaroma. Aber vergleichen Sie doch selbst.

Herkunft: Familie der Tagliliengewächse (*Hemerocallidaceae*); Transkaukasus, Himalaya, Iran, China, Korea, Japan

Höhe, Platzbedarf und Frosthärte: Die Zitronentaglilie wird 80 cm hoch und 80 cm breit. Die Bahnwärter-Taglilie wird 1,2 m hoch und treibt viele Ausläufer. Es gibt eine Fülle von Arten und Sorten mit unterschiedlicher Wuchshöhe und Blütenfarben; Zone 4; frosthart bis -34,4 °C

Wuchsform, Standort und Pflege: Taglilien sind problemlose Pflanzen. Sie wachsen im Halbschatten oder in voller Sonne und auf verschiedenen Bodentypen. Sie gedeihen auf trockenen oder feuchten Böden. Die Blüten erscheinen von Juni bis Juli. Schneiden Sie im Frühjahr die vertrockneten Blütenstiele und Blätter bodennah weg. Falls Sie das schon früher tun wollen, nimmt die Taglilie es Ihnen nicht übel.

Verwendung:

- Blatt und Wurzelknollen: Nur ganz junge, zarte Blätter sind als Gemüse gedünstet verwendbar. Die Wurzelknollen werden als Gemüse gekocht zubereitet.
- Blüte: Die Blüten werden frisch gegessen, gedünstet, getrocknet oder mit verschiedenen Zutaten wie Frischkäse gefüllt. Die noch geschlossenen aber auch die gefüllten Blüten können in Essigmarinade eingelegt werden. Die getrockneten Blüten werden vor der Verwendung eingeweicht und gerne zum Eindicken von Suppen verwendet.

Die Blüten schauen schön aus und schmecken gut (Foto: Julia Drexler).

Vermehrung: Die Pflanzen sind nicht selbstfruchtbar. Pflanzen Sie mindestens zwei Exemplare, wenn Sie Samen erhalten wollen. Die Samen keimen rasch. Stockteilungen machen Sie im Frühjahr oder im Sommer nach der Blüte.

Sorten und Bezugsquellen: Die robusteste und wuchsfreudigste Art ist die Bahnwärter-Taglilie/Braunrote Taglilie (*Hemerocallis fulva*) mit orangefarbenen Blüten. Sie eignet sich zur Flächenbegrünung und zur Hangbefestigung. Spezielle Sorten bekommen Sie bei: http://www.pflanzenversand-gaissmayer.de und https://www.arche-noah.at.

Judasbaum (*Cercis siliquastrum*)

Der Judasbaum beeindruckt mich durch seine Blütenpracht im Frühjahr. Eine Handvoll frischer Blüten über ein Gemüsegericht oder in eine Schüssel Salat gestreut, schaut gut aus und schmeckt auch gut. Bei mir wachsen die Pflanzen strauchförmig in eine Hecke integriert. Von meinem Istanbulaufenthalt nahm ich Samen mit, die problemlos keimten.

Diese rosa Blütenpracht können Sie Salaten beigeben.

Herkunft: Familie der Schmetterlingsgewächse (*Leguminosae*); Mittelmeerraum, Südeuropa bis Iran, Nordafrika

Höhe und Platzbedarf: Am Naturstandort 12 m hoch, 10 m breit; langsam wachsend; bei uns 3–6 m hoch werdend

Frosthärte: Zone 6; frosthart bis -23,3 °C

Wuchsform, Standort und Pflege: Die Bäume wachsen anfangs strauchförmig. Sie gedeihen auf unterschiedlichen Bodentypen, auf feuchten und trockenen Böden und tolerieren Trockenphasen. Sie entwickeln sich sowohl im Halbschatten als auch in voller Sonne gut. Die Blüten erscheinen im Mai/Juni. Der Judasbaum ist eine pflegeleichte Pflanze.

Verwendung:

- Blatt: Die zarten Blätter werden als Gemüse gedünstet.
- Blüte: Die Blüten werden frisch für Salate oder zum Dekorieren von Speisen verwendet. Die Knospen werden ähnlich wie Kapern in eine Marinade eingelegt.
- Schoten: Die zarten Samenschoten können Sie frisch essen oder kurz in Öl anbraten.

Vermehrung: Ich konnte nicht herausfinden, ob der Judasbaum selbstfruchtbar ist. Falls Ihr Baum keine Samen produziert und Sie welche benötigen, müssen Sie einen zweiten Baum pflanzen. Die Samen benötigen Stratifizierung und keimen problemlos. Stecklinge vom halbreifen Holz schneiden Sie im Juli/August.

Bezugsquellen: Pflanzen erhalten Sie bei: http://www.praskac.at und http://www.baumschule-horstmann.de, Samen finden Sie im: http://sortenhandbuch.arche-noah.at.

Besonderheit/Tipp: Die Pflanzen binden durch die Vergesellschaftung mit Knöllchenbakterien über ihre Wurzeln Stickstoff und düngen damit den Boden. Die Pflanzen eignen sich damit zur pflanzlichen Stickstoffversorgung für Permakulturbetriebe im Waldgarten-Anbau.

Kanadischer Judasbaum (*Cercis canadensis*)

Der Kanadische Judasbaum ist ähnlich wie der Eurasische Judasbaum in der Pflege und Nutzung. Er ist bis -34,4 °C (Zone 4) frosthart. Geben Sie jungen Pflanzen einen Winterschutz, falls Sie in einer kühleren Gegend leben. Die Sorte ‚Lavender Twist®' mit hängenden Zweigen erhalten Sie bei http://www.eggert-baumschulen.de und http://www.baldur-garten.de. Rosa blühende Sämlingspflanzen, ‚Lavender Twist' und die weiß blühenden Sorten ‚Alba' und ‚Texas White' sowie die Hängeform ‚Cascading Hearts' erhalten Sie bei: http://www.burncoose.co.uk.

Magnolien (*Magnolia spec.*)

Magnolien mit ihren großen Blüten in verschiedenen Farben und Formen finden sich in vielen Gärten und Parks. Die Blüten werden gegessen und die Blätter als Gewürz oder für Tees verwendet. Gelesen habe ich davon schon öfter, nur verkostet habe ich sie noch nie. Diese Chance eröffnet mir der kommende Frühling.

Verwendet werden unterschiedliche Arten wie die strauchförmig 3–5 m hoch wachsende, gut frostharte Zylinder-Magnolie (*Magnolia cylindrica*), die baumartig 6 bis 10 m hoch wachsende Japanische Sommermagnolie (*Magnolia hypoleuca*), die bis -23,3 °C (Zone 6) frosthart ist, und die Virginische Magnolie (*Magnolia virginiana*), die mehrstämmig 3–4 m hoch wächst und cremeweiße duftende Blüten hat. Sie ist bis -28,8 °C (Zone 5) frosthart. Herrliche grünlich-gelbe Blüten hat die Gurken-Magnolie (*Magnolia acuminata*). Sie bildet große Bäume von 6 bis 10 m Höhe und ist bis -34,4 °C (Zone 4) frosthart. Verkosten Sie doch selbst, welche Magnolie sagt Ihnen am besten zu?

Magnolienblüte der Sumpfmagnolie (Foto: Baumschule Praskac)

Herkunft: Familie der Magnoliengewächse (*Magnoliaceae*); Ostasien, Amerika

Wuchsform, Standort und Pflege: Magnolien gibt es von kleinwüchsigeren Sträuchern bis zu großen Bäumen. Sie blühen von April bis Juni, wobei die ersten Blüten vor den Blättern erscheinen. Sie gedeihen auf verschiedenen Bodentypen und bevorzugen nährstoffreiche, feuchte Böden. Sie sind pflegeleichte Pflanzen. Fragen Sie am besten in der Baumschule, was Ihre gewünschte Sorte genau benötigt.

Verwendung:

- Blatt: Die Blätter werden frisch oder getrocknet für Tee verwendet oder getrocknet und gemahlen als Gewürz.
- Blüte: Die Blüten werden kandiert für Süßspeisen oder kross gebraten verwendet.

Vermehrung: Die Samen werden frisch ausgesät. Sie benötigen auf jeden Fall eine gewisse Kältezeit, in der sie feucht gehalten werden, ehe sie keimen. Die Keimung kann sich über ein Jahr hinziehen. Am besten stratifizieren Sie die Samen. Absenker machen Sie im Frühjahr.

Bezugsquellen: Eine große Auswahl an Sorten finden Sie bei: http://www.praskac.at, http://www.baumschule-newgarden.de und http://www.eisenhut.ch.

Pilze

Mir geht es hier nicht darum, über die Kultivierung von Speisepilzen zu schreiben. Diesbezüglich finden Sie eine gute Darstellung im Großen Biogarten-Buch von Andrea Heistinger und Arche Noah und im Buch von Magdalena und Herbert Wurth, „Pilze selbst anbauen. Das Praxisbuch für Biogarten, Balkon, Küche, Keller". Ich möchte Ihnen meine Erfahrungen mit „wilden" Speisepilzen im Permakulturgarten näherbringen, die gleichsam von selbst auftauchen. Was Sie dazu tun können, ist möglichst geeignete Bedingungen dafür zu schaffen und auf das passende Wetter zu warten.

Pilze bilden mit Sträuchern und Bäumen Lebensgemeinschaften (*Mykorrhiza*), die über die Wurzeln und das Pilzmyzel im Boden verbunden sind. Pilze verwerten Laub- und Holzreste, die den Boden bedecken. Damit haben Sie auch den Schlüssel, wie Sie Pilze im Garten fördern können: Mit einer dicken Mulchschicht aus Strauchhäcksel unter Sträuchern oder Hecken führen Sie die entsprechenden Nährstoffe zu. Myzel, das bereits im Boden ist kann dadurch zum Wachstum angeregt werden und die Fruchtkörper, die gewünschten Pilze, entwickeln. Gleichzeitig können Sie mit dem Strauchhäcksel auch Pilzsporen in den Garten bringen. Auf diese Weise erhalte ich in manchen Jahren überraschend Pilzernten. Am verlässlichsten sind die Wiesenchampignons (*Agaricus campestris*). Sie gedeihen auf der Wiese, wo sie den Rasenschnitt verwerten, und auf den gemulchten Wegen zwischen den Kastenbeeten. In sehr feuchten Sommern taucht auch der Riesenbovist (*Calvatia gigantea*) auf. Morcheln (*Morchella elata*) wuchsen mehrmals in feuchten Frühjahren nach der Neupflanzung der Hecke. Unter den Pawpaws tauchte im Spätsommer/Herbst der Hahnenkamm (*Clavulina cinerea*) auf, den ich sonst nur in Nadelwäldern kenne. Und unter der kurz geschnittenen Eichenhecke, die ich zur Hangstabilisierung gepflanzt habe, gedeihen Rotfußröhrlinge (*Xerocomus chrysenteron*). Recht häufig stellt sich im Garten auch das auf absterbenden Strünken von Schwarzem Holler (*Sambucus nigra*) wachsende Judasohr (*Auricularia auricula-judae*) ein. Diesen schwarzen Pilz werden Sie aus dem Chinarestaurant kennen. Er ist ein schmackhafter und beliebter Speisepilz. Sie können ihn frisch in Suppen oder Gemüseeintöpfen mitkochen oder auch trocknen. Um die Ansiedlung des Pilzes zu för-

Rotfußröhrling

Austernpilze

Stockschwamm

Riesenbovist

Champignons auf der eigenen Wiese

dern, können Sie auch Stämme des Hollers ringeln, das heißt die Rinde rund um den Stamm in einer Breite von einigen Zentimetern entfernen, damit dieser Stamm abstirbt.

Mit etwas Glück können Sie Austernpilze (*Pleurotus ostreatus*) erhalten. Es ist so wie eine Lotterie, der Einsatz hält sich allerdings in Grenzen und einen Gewinn haben Sie in jedem Fall. Um Heimat für unterschiedliche Insektenarten zu schaffen, hole ich mir manchmal Holzstämme in den Garten, die dort über die Jahre verrotten und sich langsam zu Humus verwandeln. Das ist der sichere kleine Gewinn, wenn Sie Totholz im Garten haben. Zu meiner Freude trieben aus den Pappelstämmen nach den ersten Frösten im Herbst herrliche Austernpilze aus. Nach zwei Jahren war der Stamm zersetzt. Seitdem hoffe ich auf einen weiteren Haupttreffer. Wenn Sie die Möglichkeit haben, Pappelstämme aus einem Au- oder Flussgebiet zu erhalten, ist die Chance, dass dieser Stamm von Austernpilzmyzel besiedelt ist, größer.

Trüffel (Tuber spec.) – Trüffelanbau im eigenen Garten

Eine andere Möglichkeit, Pilze in den Garten zu bringen, besteht in der Anpflanzung von Bäumen oder Sträuchern, die mit Pilzmyzel beimpft sind. Ich habe vor einigen Jahren Baumhaseln gepflanzt, die mit Trüffeln beimpft sind. Nach sechs bis acht Jahren sollte mit etwas Glück eine erste Ernte möglich sein. Ich brauche dann nur noch jemanden, der mit dem Trüffelschwein oder dem Trüffelhund vorbeikommt und mir bei der Suche hilft.

Alexander Urban, Tony Pla und Titoune, ein bretonischer Vorsteherhund, sind ein kongeniales Team und haben jahrelange Praxis in der Anlage von Trüffelplantagen. Sie haben in Österreich die Firma Trüffelgarten gegründet und mit Partnern in mehreren europäischen Ländern das Knowhow auch zum professionellen Trüffelanbau weiterentwickelt. Sie bieten Beratung, Planungshilfe und die nötigen Pflanzen für den Trüf-

Titoune ist fündig geworden. Die Suche beginnt (Foto: Trüffelgarten Urban & Pla).

Erfolgreiche Trüffelernte ist Teamarbeit (Foto: Trüffelgarten Urban & Pla).

Der Fund wird inspiziert (Foto: Trüffelgarten Urban & Pla).

felanbau an. Entscheidend für den erfolgreichen Anbau ist der passende Standort und, wie Alexander Urban und Tony Pla schreiben, auch eine Portion Glück. Die Bodenuntersuchung und die Standortanalyse können Sie von der Firma Trüffelgarten durchführen lassen. Weitere Informationen dazu finden Sie unter: http://www.trueffelgarten.at, www.trueffelgarten.ch und www.trueffelgarten-deutschland.de.

Alexander Urban und Tony Pla schreiben, dass in Österreich bisher 13 verschiedene Trüffelarten und -varietäten, manche erstmals von ihnen selbst, nachgewiesen wurden. Eine davon, die Burgundertrüffel (*Tuber aestivum* var. *uncinatum*) eignet sich besonders gut für den Anbau in Österreich, Deutschland und der Schweiz. Sie ist eine spätreifende Varietät der Sommertrüffel (*Tuber aestivum*) und wächst in Symbiose mit Schwarzföhren (*Pinus nigra* ssp. *austriaca*), verschiedenen Eichenarten (*Quercus* spp.), Hasel (*Corylus avellana*), Linden (*Tilia* spp.) und anderen Baumarten. Die Burgundertrüffel zeichnet sich durch eine dunkle, warzige Rinde (Peridie) und eine weißdunkelbraun marmorierte Schnittfläche (Gleba) aus. Sie bevorzugt sandig-lehmige bis steinige, kalkreiche, nicht zu trockene, aber gut wasserzügige Böden. Die Burgundertrüffel kommt in der Ebene und im Hügelland bis zu 550 m Seehöhe vor. Diese Trüffel hat ihre Hauptreifezeit im Herbst, bis zum Einsetzen des Hochwinters. Sie hat ein feines Aroma und wird in Frankreich als „Truffe de Bourgogne" sehr geschätzt. In Italien bezeichnet man die Burgundertrüffel als „Tartufo Nero di Fragno". Das Verbreitungsgebiet der Burgundertrüffel erstreckt sich über den Großteil Europas, die nördliche Verbreitungsgrenze der Burgundertrüffel liegt in Südschweden. Der Anbau der Schwarzen Trüffel oder Périgordtrüffel (*Tuber melanosporum*), die vor allem in Südwesteuropa, Frankreich, Spanien und Italien vorkommt, wird wegen ihres sehr intensiven, betörenden Dufts von Feinschmeckern sehr geschätzt. In besonders wärmebegünstigten, wintermilden Lagen, meinen Alexander Urban und Tony Pla, sei der Anbau der Schwarzen Trüffel einen Versuch wert.

Brennholz aus dem Permakulturgarten

Wirtschaftspflanzen

Der Permakulturgarten liefert nicht nur Obst und Nüsse, sondern auch andere praktische Hilfsmittel. Mit den Jahren gibt es Holzstämme und Äste, die beim Baumschnitt oder beim Auslichten der Hecken anfallen und Brennholz zumindest für ein Lagerfeuer oder den offenen Kamin liefern. Mit dieser Tradition bin ich aufgewachsen und freue mich jedes Mal, wenn ich meinem Sohn beim Holzspalten zusehe. Es ist uns ein entspannender Genuss, im Winter an der Feuerstelle beim offenen Kamin im Wohnzimmer zu sitzen, in dem das selbst gewonnene Feuerholz knistert und wärmt.

Daneben liefern einige Pflanzen aus unserem Garten, wie die Yucca (*Yucca filomentosa*) und die Waldrebe (*Clematis vitalba*) Seile zum Aufbinden von Pflanzen an Stöcken oder fürs Schnurspringen. Dafür müssen die Pflanzenteile geklopft werden, damit sie geschmeidig werden und sich flechten lassen. Und wenn ich nach getaner Arbeit meine Hände reinigen will, liefert eine Handvoll Blätter des Pfeifenstrauchs, in Wasser getaucht, eine milde Waschlotion.

Vor Jahren erzählte mir meine Mutter, dass sie früher den Bast der Waldreben zum Scheuern von Geschirr und Töpfen verwendeten. Ich habe das versucht und kann es Ihnen nur empfehlen. Nehmen Sie den Bast von dicken Lianen der Waldrebe, weichen Sie ihn kurz in Wasser ein und knoten Sie die Baststücke so oft wie möglich zusammen. Dadurch erhalten Sie ein festes Knäuel. Über einige Wochen gibt dieses Knäuel gröbere Bastteile ab und wird immer feiner. Diese praktische und CO_2-neutrale Küchenhilfe hält viele Wochen lang.

Pfeifenstrauch/Falscher Jasmin (*Philadelphus coronarius*)

Der Pfeifenstrauch ist ein einheimischer Wildstrauch aus der Familie der Hortensiengewächse (*Hydrangeaceae*), der von den Südostalpen über Italien bis Rumänien vorkommt. Er ist wegen der im Juni erscheinenden, cremeweißen, vor allem am Abend intensiv duftenden Blüten eine beliebte

Die Blüten des Pfeifenstrauchs duften abends besonders intensiv (Foto: Baumschule Praskac).

Garten- und Heckenpflanze. Er wächst 4 m hoch und 4 m breit und ist bis -28,8 °C (Zone 5) frosthart. Die Pflanzen gedeihen auf verschiedenen Bodentypen und bevorzugen feuchte Böden, kommen aber auch gut mit Trockenheit zurecht. Sie wachsen in voller Sonne und auch im Halbschatten. Die Blätter enthalten viele Saponine. Diese Pflanzeninhaltsstoffe haben die Fähigkeit, in Verbindung mit Wasser wie Seife zu schäumen. Wenn Sie die Blätter quetschen und mit Wasser mischen, erhalten Sie eine milde und effektive Waschlösung, die für die Körperreinigung und für Wäsche geeignet ist. Diese milde Seifenlösung ist hautschonend, da sie nicht entfettend wirkt.

Die selbstfruchtbaren Pflanzen lassen sich leicht über Samen, die stratifiziert werden, vermehren. Absenker können Sie im Sommer machen, Stecklinge vom halbreifen Holz schneiden Sie im Juli/August. Pflanzen erhalten Sie bei: http://www.praskac.at/, http://www.baumschule-horstmann.de und http://www.baumschule-newgarden.de.

Die Ranken der Waldrebe sind vielseitig verwendbar (Foto: Eggert Baumschulen).

Gewöhnliche Waldrebe (*Clematis vitalba*)

Die gewöhnliche Waldrebe ist eine einheimische-Wildpflanze aus der Familie der Hahnenfußgewächse (*Ranunculaceae*), die bis -34,4 °C (Zone 4) frosthart ist. Sie rankt bis 15 m hoch und weit. Von Juli bis September erscheinen die zahlreichen weißen Blüten. Die robuste Pflanze gedeiht auf verschiedenen Bodentypen, bevorzugt feuchte Böden, kommt aber auch gut mit Trockenheit zurecht. Sie ist leicht über Samen, die stratifiziert werden, zu vermehren. Absenker von alten Pflanzenteilen machen Sie im Winter oder zeitigen Frühjahr, von jungen Reben im Frühsommer. Stecklinge vom halbreifen Holz schneiden Sie im Juli/August. Pflanzen erhalten Sie bei: http://www.eggert-baumschulen.de, http://www.pflanzmich.de und im Spezialbetrieb für Clematisarten: http://www.clematis-westphal.de.

Baumchili (Capsicum pubescens) *(Foto: Johannes Hloch)*

Das Edelreis der Kirschpflaume wurde mit einem Veredelungsband fixiert.

Das Edelreis der Kirsche ist gut angewachsen.

Apfelbaumveredelung nach 2 Jahren

Rezepte

Früchtetee aus ganzen Früchten

Ein Früchtetee, der ganz ohne künstliches Aroma auskommt und hervorragend schmeckt, ist leicht selbst zuzubereiten. Die folgenden Früchte lassen sich teilweise auf Spaziergängen sammeln und sonst gut in einer Hecke anbauen:
Mispel, Apfelschalen und Apfelspalten, Birnenschalen, Kornelkirsche (Dirndlstrauch), Weißdorn, Berberitze, Mahonie, Quitte, Maulbeere, Japanische Quitte, Schlehe, Hagebutte.

Die Früchte werden getrocknet und zur Teezubereitung einige Stunden im Wasser quellen gelassen. Dann wird das Ganze aufgekocht, noch weitere 5 Minuten köcheln gelassen und dann abgeseiht.
Je nach Mischung kann man mehr Säure erreichen oder bestimmte Aromen hervorheben. Eine Handvoll Trockenfrüchte reicht für eine Kanne Tee.
Für die Süße des Früchtetees sorgen die Mispeln (Asperl). Diese werden, sobald sie weich und damit vollreif sind, flachgequetscht und über einer Wärmequelle getrocknet. Für die Säure eignen sich gut die Japanischen Quitten (*Chaenomeles*) oder Zierquitten. Sowohl die Japanischen Quitten als auch die echten Quitten müssen zum Trocknen fein zerschnitten werden. Dadurch erreicht man auch eine reichere Ausbeute an Aromastoffen.
Die Farbe des Tees ist gelb bis golden. Sollte eine rote Farbe gewünscht sein, eignen sich dafür Hibiskusblüten aus der Apotheke. Hagebutten selbst ergeben im Tee keine rote Farbe.

Mispelkerne mit Fruchtfleisch geben dem Früchtetee die Süße.

Blütensirup/Holunderblütensirup/ Rosenblütensirup

Das Grundrezept für Blütensirup geht folgendermaßen: Nehmen Sie 2 l Wasser, fügen Sie 2 kg Zucker hinzu und kochen Sie die Mischung kurz auf. Fügen Sie 50 g Zitronensäure dazu. Geben Sie 20 Blütendolden vom Holunder oder 2 Hände voll Zitronenmelisse, Akazienblüten oder Rosenblüten in ein großes Glas. Wichtig ist, dass Sie zuvor die dicken Stängelteile beim Holunder weggeschnitten oder die Rosenblütenblätter abgezupft haben. Die Stängelteile oder das Zentrum der Rosenblüte kann bitter schmecken. Schneiden Sie zwei Zitronen klein und geben Sie sie dazu. Gießen Sie jetzt die Flüssigkeit über die Blüten und decken Sie das Glas mit einem Tuch ab. Seihen Sie die Flüssigkeit nach zwei Tagen ab, erhitzen Sie sie und füllen Sie sie in sterile Flaschen. Fertig ist Ihr Sirup. Er hält sich bis zu einem Jahr. Nach dem Öffnen müssen Sie die Flaschen kühl stellen und bald aufbrauchen.

Blütenfruchtaufstrich

Nehmen Sie die Blütenmasse nach dem Abseihen des Sirups und pürieren Sie sie mit dem Mixstab. Köcheln Sie sie für zwei Minuten und füllen Sie den Fruchtaufstrich in sterile Gläser.

Süße, Säure und Blütenaromen ergeben einen leckeren Fruchtaufstrich ohne zusätzliche Zuckerzugabe. Sehr empfehlenswert.

Pürierte Marillen/Aprikosen für Fruchtleder

Fruchtleder selbst gemacht

Eine gute Art Früchte haltbar zu machen hat mein Freund Ernst in Afghanistan kennengelernt, wo frische Früchte zu Mus verarbeitet, dünn auf eine Unterlage gestrichen und luftgetrocknet werden. Die mitteleuropäische Variante davon sieht so aus: Die vollreifen, frischen Früchte werden mit dem Mixstab, einer Küchenmaschine oder mit dem Mörser püriert und etwa einen halben cm dick auf Pergamentpapier oder Silikonbackfolie aufgestrichen, dann auf einen Rost gelegt und bei niedriger Temperatur (45 °–50 °C) im Backofen (oder einem eigenen Dörrapparat) getrocknet. Am besten geht dies mit Heißluft. Wichtig ist die Türe dabei einen Spalt offen zu lassen, damit die Feuchtigkeit entweichen kann. Dies dauert 2–3 Stunden. Wenn das Mus so weit getrocknet ist, dass man es angreifen kann, ohne dass es an den Fingern kleben bleibt, kann man es von der Unterlage lösen und auf einen Rost oder ein Geflecht geben, das man dann auf die warmen Heizkörper stellt. Dort wird es fertig getrocknet, bis es lederhart geworden ist und sich stapeln lässt. Früchte, die sich roh nicht leicht pürieren lassen, müssen gekocht und anschließend püriert werden.

Fruchtleder aus Marille/Aprikose

Die Zugabe von Zitronensaft stabilisiert bei Früchten wie Äpfel die Farbe und gibt noch eine besondere Geschmacksnote. Ansonsten können je nach Geschmacksvorliebe unterschiedliche Gewürze wie Nelken, Zimt, Piment, Kardamom dazugegeben werden. Wer eine leichte fruchtige Schärfe liebt, kann Szechuanpfeffer entweder fein gemahlen oder als Fruchtstückchen in das Fruchtmus tun. Wer es süßer liebt, kann Honig oder ein anderes Süßungsmittel dazugeben.

Sehr schön sieht es aus, wenn das trockene Mus, ehe es zu hart wird, eingerollt wird. Diese Fruchtmusrolle wird dann wie oben beschrieben fertig getrocknet, bis sie lederhart ist.

Fruchtleder ist luftdicht verschlossen ein Jahr lang haltbar und ein leckerer Snack für zwischendurch, bei Wanderungen oder für die Schuljause.
Unterschiedlichste Früchte können so verarbeitet werden; Kirschen, Pflaumen, Zwetschken, Erdbeeren, Bananen etc. Weniger geeignet sind allerdings Früchte wie zum Beispiel Ribisel, die sehr saftig sind. Sehr gute Erfahrungen habe ich mit Mispeln/Asperl gemacht. Diese haben einen hohen Zuckergehalt und benötigen keine weiteren Zutaten. Ansonsten ist es sinnvoll, selbst zu experimentieren und herauszufinden, welche Zubereitungen einem schmecken.

Chutneys selbst gemacht

Das folgende Grundrezept ist für 1 kg Gemüse oder Früchte gedacht.

Nehmen Sie 500 g Marillen/Aprikosen oder Nanking Kirschen oder sonstiges Obst, 250 g Zwiebel oder Meerrettich/Kren, 250 g Rhabarber oder Essbare Ölweiden oder sonstiges Obst der Saison. Zerkleinern Sie die größeren Früchte und schneiden Sie die Zwiebeln oder den Rhabarber oder reißen (hobeln) Sie den Meerrettich/Kren und geben Sie sie in einen Kochtopf. Geben Sie 50 g geriebenen frischen Ingwer, eine Handvoll Rosinen, 200 g Honig, eine fein geschnittene Zitrone und 300 ml Essig (5%) dazu. Mit einem Teelöffel Gewürze wie Chili, Szechuanpfeffer, Safran oder Süßholzpulver können Sie dem Chutney eine spezielle Geschmacksnote oder Schärfe geben. Köcheln Sie die Masse eine Stunde lang bei schwacher Hitze zu Mus. Je nach Vorliebe können Sie zum Schluss eine Handvoll fein gehackter Nüsse unterrühren. Füllen Sie die heiße Masse in sterile Gläser und verschließen Sie diese. Das Chutney hält bis zu einem Jahr lang.

Mixed Pickles selbst gemacht

Das folgende Grundrezept ist für 1 kg Gemüse oder Früchte gedacht.

Nehmen Sie 1 kg verschiedener Früchte oder Gemüse, putzen Sie diese und zerkleinern Sie sie mundgerecht. Blanchieren Sie die Früchte oder das Gemüse kurz in Salzwasser. Danach schrecken Sie es mit kaltem Wasser ab und lassen es in einem Sieb abtropfen. Anschließend schichten Sie die Früchte oder das Gemüse in sterile Gläser. Machen Sie einen Sud aus 500 ml Essig (5%) und 250 ml Wasser. Geben Sie eine Prise Salz und Gewürze nach Wahl dazu (Pfefferkörner, Szechuanpfeffer, Zitronenverbene, Rosmarin, Zitrusblätter, Myrtenblätter, Lorbeerblätter, Anis oder Fenchel ...). Je nach Geschmacksvorliebe können Sie auch etwas Honig dazugeben. Kochen Sie den Sud kurz auf und gießen Sie ihn in die Gläser, bis die Früchte oder das Gemüse gut bedeckt sind. Verschließen Sie die Gläser und bewahren Sie sie kühl und lichtgeschützt auf.
Die Mixed Pickles sind einige Monate haltbar. Falls Sie Pilze einlegen wollen, so kochen Sie die Pilze im Sud mit und füllen sie anschließend in Gläser. Geben Sie einen Esslöffel Sonnenblumenöl darüber, um eine luftdichte Schicht über dem Sud zu haben. Die Pilze halten problemlos ein Jahr lang.

Foto: Johannes Hloch

Invasive Pflanzen

Bei Vorträgen oder Führungen werde ich mittlerweile immer wieder darauf angesprochen, ob das Auspflanzen neuer Obst- und Nussarten mit Risiken verbunden sei und ob oder wie ich diese abklären würde. Über die Jahre ist mir die Verantwortung, die mit dem Sammeln von Obstpflanzen verbunden ist, immer deutlicher bewusst geworden und ich habe gemerkt, wie stark diese Problematik mein unmittelbares Lebensumfeld bereits beeinträchtigt. Dass diese Problematik gar nicht so leicht zu bemerken ist, liegt an der langsamen, aber stetigen Ausbreitung dieser Pflanzen, die wir allmählich als dazugehörig zu unserem Lebensumfeld wahrnehmen.

In den Baumschulen finden sich teilweise Obstarten, die nach naturschutzkundlicher Bewertung als invasive Arten eingestuft sind. Auch in Obstfachbüchern fehlen meiner Erfahrung nach entsprechende Hinweise. Invasive Arten haben sich zu einem enormen globalen Problem entwickelt, verursachen große wirtschaftliche Schäden und führen zum Verlust oft seltener Arten oder zur Zerstörung ganzer Lebensgemeinschaften.

In meinem Umfeld bin ich mit folgenden Pflanzen konfrontiert: Götterbaum (*Ailanthus altissima*), Kanadische Goldrute (*Solidago canadensis*), Gojibeere/Bocksdorn (*Lycium barbarum*) und Robinie/Akazie (*Robinia pseudoacacia*).

Beim Anlegen der Schaugartenanlage Alchemistenpark, einer Sammlung möglichst vieler bei uns möglichen Obst- und Nussarten, pflanzten wir unter anderem: Späte Traubenkirsche (*Prunus serotina*) wegen der Beeren und Kanadischen Holunder (*Sambucus canadensis*), die Sorten ‚Johns' und ‚York', wegen ihrer großen Blüten für Süßspeisen. Meine beginnende Auseinandersetzung mit dem Thema führte mich zu Listen invasiver Arten, auf denen ich diese beiden Pflanzen fand, die wir daraufhin entfernten. Bei meinen aktuellen Recherchen stieß ich auf weitere Obstarten, die ich bisher auch ausgepflanzt habe und die Bestandteil dieses Buches sein sollten. Jetzt erscheinen sie nicht mehr im Beschreibungsteil vorne, sondern auf der *grauen* bzw. *schwarzen Liste*, die das Bundesamt für Naturschutz in Deutschland führt. Ausführliche Informationen finden Sie in der Studie des Bundesamtes für Naturschutz von Stefan Nehring, Ingo Kowarik, Wolfgang Rabitsch und Franz Essl (Hrsg.): Naturschutzfachliche Invasivitätsbewertungen für in Deutschland wild lebende gebietsfremde Gefäßpflanzen: http://www.bfn.defileadmin/MDB/documents/service/skript352.pdf.

Was Sie tun können

Tragen Sie bitte dazu bei, die Ausbreitung zu verhindern, indem Sie die Pflanze nicht kaufen oder indem Sie Ihre Baumschule auf die Problematik aufmerksam machen.

Invasive Fruchtpflanzen

Akebie (*Akebia quinata*)

Die Akebie gehört so wie der Blauschotenstrauch zu den Fingerfruchtgewächsen. Ich habe sie viele Jahre angebaut und hoffte auf Früchte. Bei mir haben sie sich nicht eingestellt, allerdings bei einigen Kollegen. Seit meiner Recherche kann ich es

Akebie (Foto: Thomas Uibel)

vorausschauend nicht verantworten, die Akebia weiter anzubauen. In Großbritannien ist die Akebie mittlerweile invasiv.

Karamellbeere/Leycesterie (*Leycesteria formosa*)

Karamellbeeren sind noch eine echte Rarität. Die Fotos zeigen eine hübsch blühende Pflanze. Im Vorjahr bekam ich meine ersten Pflänzchen der Karamellbeere. Ich habe sie im Topf im kühlen Keller überwintert und heuer ausgepflanzt. Sie entwickelten sich auch an trockenen Pflanzstellen recht gut. Auf die Früchte, die sich in den nächsten Jahren bilden sollten, war ich bereits neugierig. Bei der genaueren Recherche fand ich heraus, dass die Karamellbeere in Australien und Neuseeland eine invasive Pflanze ist. In Belgien und Großbritannien zeigen sich erste Probleme, da die Samen durch Vögel und auch durch Fließwasser vertragen werden. So wird es nichts mit meiner Ernte und ich werde die Pflanzen kompostieren.

Ausführliche Informationen finden Sie unter der Homepage des Bundesamtes für Naturschutz: http://www.neobiota.de sowie unter: http://www.bmu.defileadmin/bmu-import/files/pdfs/allgemein/application/pdf/invasive_arten_empfehlung.pdf.

Bocksdorn/Teufelszwirn/Gojibeere (*Lycium barbarum* und *Lycium chinense*)

Die Gojibeere hat wegen ihrer Beeren in den letzten Jahren einen wahren Siegeszug durch die Gärten angetreten. In der freien Landschaft bildet sie vor allem in trockenen Regionen auf Lehm-, Löss- oder Steinböden dichte Bestände. In Hohlwegen und auf Trockenrasen breitet sie sich besonders gerne aus und richtet große Schäden an. Bei häufiger Mahd wird die Ausbreitung durch Wurzelausläufer gefördert. Meinem Grundstück nähert sich über den trockengelegten Wassergraben unaufhaltsam ein dichter Bestand. Die Zurückdrängung

Die Leycesterie wird wegen der schönen Blüten angepflanzt.

Die Gojibeere wurde ursprünglich zur Hangbefestigung gepflanzt.

Gojibeeren machen dichte Bestände.

ist aufwendig und schwierig. Sie können einzelne Bestände nur ausgraben. Als Solitärpflanze ist die Gojibeere eine Zierde. Ich wünsche sie mir allerdings nicht in den wertvollen alten Terrassenanlagen in der Wachau im Donautal. Ein Ausbringen in die freie Landschaft ist unbedingt zu vermeiden.

Herkunft: Familie der Nachtschattengewächse (*Solanaceae*); Zentralchina

Wuchsform und Verwendung: Die Gojibeere wächst als niedriger Strauch. Sie ist pflegeleicht und auch als Kübelpflanze einfach zu halten. Rückschnitte werden gut vertragen. Die roten Früchte werden getrocknet und gegessen oder im Reis mitgekocht. Frisch schmecken sie süß mit bitterem Nachgeschmack. Die Beeren können zu Marmelade oder Sirup verarbeitet werden. Im Handel ist mittlerweile eine Reihe von Fruchtsorten erhältlich.

Die Mahonie blüht wunderschön und wird gerne als Zierpflanze angebaut.

Schmalblättrige Ölweide (*Elaeagnus angustifolia*)

Die Schmalblättrige Ölweide stammt ursprünglich aus Sibirien, Zentralasien, dem Kaukasus, Westasien, China, der Mongolei und dem indischen Subkontinent. Sie ist als potentiell invasiv eingestuft. Sie verdrängt auf Salzrasen im Burgenland und in warmen Klimazonen wie Steppengebieten in Ungarn andere Arten. Zu ihrem Erfolg trägt bei, dass sie Stickstoff binden kann und bedornt ist. Die Entfernung ist schwierig. Auf starke Rückschnitte reagiert sie mit Stockausschlägen. Die Beeren sind essbar.

Späte Traubenkirsche (*Prunus serotina*)

Die Späte Traubenkirsche stammt aus Amerika und wächst als Strauch oder als Baum bis zu 20 m hoch. Sie wird als Zierbaum wegen der attraktiven Blüte und mittlerweile auch als Obstgehölz wegen der Beerenfrüchte angebaut. Sie wurde auch zur Stabilisierung von Dünen oder Sandböden gepflanzt und ist mittlerweile ein Bestandteil der einheimischen Flora.

Von der Mahonie gibt es Fruchtauslesen – leider ist sie invasiv.

Mahonie (*Mahonia aquifolium*)

Die Mahonie ist eine Verwandte der Berberitze und wird schon lange als Zierstrauch angepflanzt. Die immergrünen bis 2 m hohen Sträucher verbreiten sich über Wurzelausschläge und durch die Samen, die von den Vögeln verbreitet werden. Sie kommen gut mit Trockenheit, Feuchtigkeit und Beschattung zurecht. Der Klimawandel fördert möglicherweise die aktuell zunehmende Ausbreitung in der freien Natur. Die blauen Beeren können zu Gelee oder Sirup verarbeitet werden. Es gibt auch einige Fruchtauslesen und Züchtungen mit höherem Ertrag und verbesserter Fruchtqualität. Die Zurückdrängung ist am besten durch Ausziehen oder Ausgraben möglich, allerdings ist sie aufwendig.

Kirschlorbeer

Kartoffelrose (*Rosa rugosa*)

Die wunderschön blühende Kartoffelrose ist ein 1–2 m hoch wachsender Strauch. Sie liefert gute Früchte. Vielfach wurde sie als Erosionsschutz gepflanzt. Dort wo sie verwildert, verdrängt sie die Artenvielfalt.

Kirschlorbeer (*Prunus laurocerasus*)

Der Kirschlorbeer stammt aus Kleinasien. Das Fruchtfleisch der großen schwarzen Kirschen schmeckt süß und leicht herb. Es lässt sich zu Trockenfrüchten oder Marmelade verarbeiten. In der Türkei und vermutlich auch in anderen Ländern gibt es Auslesen mit süßem Fruchtfleisch. Fruchtsorten aus der Türkei erhalten Sie bei: http://www.tropikmeyveci.com.

Die Verbreitung in die freie Natur erfolgt durch die Vögel. Dort siedelt sich der Kirschlorbeer im Unterwuchs von Wäldern und an Waldrändern

Der Essigbaum verbreitet sich über Wurzelschösslinge.

an. Möglicherweise wird die Ausbreitung der Wärme liebenden Art durch den Klimawandel begünstigt. Im Bodenseeraum besiedelt der Kirschlorbeer – begünstigt durch die milden Winter – inzwischen viele Wälder. Lokal ist er bereits der häufigste Strauch im Unterwuchs. Die Zurückdrängung ist schwierig. Sie können die Pflanzen ausgraben. Ist dies nicht möglich, ist Ringeln idealer als radikale Rückschnitte, da der Kirschlorbeer Stockausschläge und große Wurzelstöcke bildet.

Essigbaum (*Rhus typhina*)

Der Essigbaum bildet durch Wurzelschösslinge dichte Bestände. Die Verbreitung durch Samen ist derzeit im mitteleuropäischen Raum noch kein Problem, da sie meist nicht ausreifen. Aus den Blüten- und Fruchtständen kann man säuerliche aromatische Limonaden herstellen.

Armenische Brombeere (*Rubus armeniacus Syn. Rubus procerus*)

Die Armenische Brombeere *Rubus armeniacus Syn. Rubus procerus* fruchtet reich. Sie ist bereits vielerorts verwildert und bildet Dickichte. Dadurch reduziert sie die Artenvielfalt. Die Zurückdrängung ist durch wiederholtes Mähen im Juni und Juli möglich. Dadurch wird die Pflanze geschwächt. Achten Sie auf eine endgültige Entsorgung der Pflanzenteile. Einzelne Triebe können sich solange sie nicht vollständig vertrocknet sind bei Kontakt mit Erde wieder bewurzeln.

Weitere invasive Pflanzen

Zackenschötchen (*Bunias orientalis*)

Das Zackenschötchen wächst als mehrjährige Staude und kann bis 10 Jahre alt werden. Die Blätter des Zackenschötchens schmecken gut und werden daher als Gemüse oder Salat verwendet. Auf offenen Böden, an Flussufern oder mittlerweile auch in Weinbergen kann die Pflanze dichte Bestände bilden. Die Ausbreitung können Sie nur verhindern, indem Sie die Samenbildung unterbinden. Eine Möglichkeit ist das gezielte Entfernen der Blütenstände oder mindestens mehrmalige Mahd im Jahr.

Götterbaum auf der Insel Cres in Kroatien – die einzigartige Pflanzenvielfalt wird überwuchert.

Götterbaum (*Ailanthus altissima*)

Der Götterbaum wächst rasch zu 30 m hohen, stattlichen Bäumen heran. Jeder radikale Rückschnitt führt zu intensiver Ausbildung von Wurzelschösslingen. Die Wurzelschösslinge in meinem Garten kommen jedes Jahr wieder. So entstehen dichte Bestände. Diese gefährden wertvolle Trockenrasen und, wie ich es in Korsika und auf der Insel Cres in Kroatien gesehen habe, ehemalige Olivenhaine oder Flächen mit seltenen Pflanzen. Die Zurückdrängung des Götterbaums ist schwierig. Sie können einzelne Wurzelausläufer komplett ausgraben. Bäume müssen Sie ringeln, um das Wachstum zu bremsen und den Wurzelausschlag möglichst zu verhindern. Erst nach dem Absterben des Baumes können Sie ihn im Folgejahr oder den Folgejahren entfernen.

Robinie/Akazie (*Robinia pseudoacacia*)

Die Robinie wächst als bis 38 m hoher, kurzlebiger Baum mit bedornten Trieben. Die weißen Traubenblüten sind eine wertvolle Bienenweide und können in Palatschinkenteig gebacken gegessen werden. Auch der Akazienblütensirup sowie ein Fruchtaufstrich aus den Blüten, die nach dem Abseihen des Sirups übrigbleiben, schmecken sehr gut. Auf Rückschnitte reagiert die Robinie mit zahlreichen Wurzelausschlägen. Entlang Bahntrassen, in Hohlwegen und auf Magerrasen bildet sie dichte Bestände und verdrängt die Pflanzenvielfalt. Die Bekämpfung ist aufwendig und gelingt hauptsächlich durch Ringeln der Bäume über mehrere Jahre. Das wertvolle harte Holz ist fäulnisbeständig und liefert ideale Pflöcke für den Garten und Latten für Spaliere. Die Robinie ist mittlerweile ein fixer Bestandteil unserer Flora.

Die wunderschöne Kanadische Goldrute bildet schwer zu entfernende Horste (Foto: Johannes Hloch).

Kanadische Goldrute (*Solidago canadensis*)

Die Kanadische Goldrute kenne ich aus dem Garten meiner Kindheit. Eine wunderschöne Pflanze. Mittlerweile breitet sie sich auf meinem Grundstück höchst erfolgreich aus. Sie siedelt vor allem in warmen, trockenen Regionen auf offenen Böden, Wiesen, Brachen oder auf wertvollen Magerrasen. Die Goldrute wird Teil unserer Kulturlandschaft bleiben. Sie verursacht viel Arbeit. Als einzig sinnvolle Maßnahme habe ich begonnen die Pflanzen auszuziehen, wenn sie kurz vor der Blüte stehen, um das Rhizom möglichst zu entfernen oder zu schwächen. Die Blüten selbst sind im Spätsommer eine gute Bienenweide.

Glossar

Einhäusig/zweihäusig

Bei einhäusigen Pflanzen befinden sich die weiblichen und die männlichen Organe auf einer Pflanze. Bei zweihäusigen Pflanzen sind sie getrennt jeweils auf rein männlichen oder rein weiblichen Pflanzen. Für den Fruchtertrag benötigen Sie dann ein Pärchen.

Fremdbefruchter

Bei Fremdbefruchtern ist eine andere Sorte derselben Obstart zur Befruchtung notwendig, weil der Pollen auf der Narbe derselben Sorte nicht keimen kann. Sie müssen also mindestens zwei Bäume unterschiedlicher Sorten oder Sämlingspflanzen in der Nähe haben. Zu berücksichtigen ist dabei, dass der Abstand nicht zu groß ist. Bei Bäumen, die durch den Wind bestäubt werden, müssen Sie auch die Windrichtung beachten oder dafür sorgen, dass nicht andere große Bäume oder Hecken dazwischen stehen.

Hybride

In der Biologie ist eine Hybride ein Individuum, das aus einer Kreuzung zwischen verschiedenen Gattungen, Arten, Unterarten, Rassen oder Zuchtlinien entstanden ist. Werden die Samen der Hybriden weitervermehrt, entstehen üblicherweise Pflanzen mit Eigenschaften der Elternteile. Es gibt einige Ausnahmen, die als Hybridform sämlingsvermehrbar sind.

Klon

Bei der ungeschlechtlichen/vegetativen Vermehrung von Kulturpflanzen sollen die Eigenschaften der Mutterpflanze festgehalten werden. Ein Klon ist damit ein identisches Abbild der Mutterpflanze. Dies erreicht man durch Stecklingsvermehrung, Aufpfropfen auf eine Unterlage, Wurzelteilung oder andere Verfahren.

Rhizom

Das Rhizom wird auch Wurzelstock oder Erdspross genannt. Es wächst ausdauernd und meist unterirdisch, mit verdickten Teilen zwischen den Sprossachsen. Von den Sprossachsen aus können sich neue Austriebe bilden. Rhizome dienen der Speicherung von Nährstoffen und der ungeschlechtlichen Vermehrung. Beispiele dafür sind in diesem Buch Bambus und Achira.

Selbstfruchtbar

Bei Obstbäumen, die selbstfruchtbar sind, können sich die Blüten innerhalb eines Baumes untereinander befruchten. Für die Fruchtbildung wird kein zweiter Baum benötigt. Bei den meisten Arten sind der Fruchtertrag oder die Fruchtqualität durch Fremdbestäubung erheblich besser.

Stratifizieren

Stratifizieren ist eine Spezialbehandlung von Saatgut, um die Keimung anzuregen. Vor allem viele Baum- und Gehölzsamen benötigen niedrige Temperaturen zum Keimen. So stellt die Pflanze sicher, dass die Samen erst nach dem Winter zur passenden Zeit keimen und nicht bereits nach der Samenreife. Während der Kältephase laufen im Samen vielfältige biochemische Prozesse ab. Dabei werden Substanzen gebildet, welche die Keimung stimulieren. Diese Kälteeinwirkung wird meistens „Stratifizierung" genannt.

Praktisch ist die oben beschriebene Aussaat im Blumentopf oder im Kastenbeet. Eine Alternative dazu ist die Stratifizierung im Kühlschrank. Hierzu packen Sie die Samen in einen Plastikbeutel, der mit etwas feuchtem Sand, Perlite oder Taschentüchern gefüllt ist. Stellen Sie die Saat zuerst etwa 2–4 Wochen an einen etwa 20 °C warmen Ort. Dabei darf das Substrat nicht austrocknen. Anschließend geben Sie den Beutel für 4–6 Wochen in den Kühlschrank. Dieser darf höchstens +4 °C haben. Besser sind Temperaturen darunter. Dafür eignet sich das Tiefkühlfach im Kühlschrank.

Nach dieser Kältephase können Sie die Samen aussäen. Sie dürfen keinesfalls sofort hohe Temperaturen anwenden. Der günstigste Temperaturbereich für die Keimung liegt zwischen +5 und 12 °C.

Torffreie Erde selbst herstellen

Heidelbeeren, Preiselbeeren, Salal und einige andere gute Obstarten benötigen saure Böden. Meist wird für die Pflanzung Torf verwendet. Torf stammt aus dem Abbau von Mooren und zerstört seltene und wichtige Lebensräume. Torf ist daher im Permakulturgarten absolut tabu. Die gute Nachricht: Torffreie Erde können Sie selbst herstellen. Das Verfahren dazu wurde in Frick in der Schweiz vom Forschungsinstitut für biologischen Landbau FiBL entwickelt. Ziel ist es, ein Substrat mit einem ph-Wert 4–5 zu erhalten. Hierzu gehen Sie folgendermaßen vor:

- Graben Sie im Herbst ein Beet 60 cm tief aus.
- Füllen Sie die unteren 50 cm mit Fichtensägespänen, die Sie in einer Tischlerei oder einem Sägewerk erhalten, auf und drücken Sie diese etwas fest.
- Die restlichen 10 cm füllen Sie mit Fichtensägespänen, die Sie mit Elementarschwefel (erhältlich im Fachhandel oder fragen Sie in der Apotheke) abgemischt haben. Je m^2 benötigen Sie 100 g Elementarschwefel.
- Geben Sie oben noch eine 10 cm starke Rindenmulchschicht drauf. Sie hält das Substrat moorig feucht.
- Pflanzen Sie jetzt Ihre Beerensträucher und düngen Sie dreimal jährlich – zu Austrieb, Blühbeginn und Fruchtansatz – mit einem biologischen Flüssigdünger oder, wie Andrea Heistinger empfiehlt, mit einer kalireichen Beinwelljauche. Anleitungen dazu finden Sie in: Andrea Heistinger/Arche Noah: Das große Biogarten-Buch. Löwenzahn Verlag. Details zum biologischen Anbau von Beerenobst finden Sie bei: https://www.fibl.org/fileadmin/documents/shop/1313-strauchbeeren.pdf.

Bezugsquellen für Wildbienen und andere Nützlinge

Die Bedeutung der Wildbienen wird erst in den letzten Jahren durch zahlreiche Untersuchungen deutlich. Die überwiegende Bestäubungsleistung erfolgt durch die verschiedenen Wildbienenarten. Sie sind praktisch die „Schlüsselkräfte" für eine nachhaltige Ernährungssicherheit. Auch dort, wo Honigbienen tätig sind, erhöhen Wildbienen und Schwebfliegen den Fruchtertrag deutlich. Einige davon können Sie in Ihrem Garten ansiedeln: Die Gehörnte Mauerbiene (Osmia cornuta) und die Rote Mauerbiene (Osmia bicornis) sowie Hummeln. Die dazu passenden Nisthilfen und Kokons der Wildbienen sowie komplette Hummelkästen erhalten Sie bei: http://www.bestaeubungsimker.de und http://www.mauerbienen.eu. Nähere Informationen zur Bedeutung der Wildbienen finden Sie auf der Website der https://www.fibl.org/fileadmin/documents/shop/1633-wildbienen.pdf.

Mittlerweile gibt es eine Reihe von Firmen, die Nützlinge zur biologischen Schädlingsbekämpfung züchten. Marienkäfer (Adalia bipunctata), Schlupfwespen (Aphidius Spec.), Florfliegen (Chrysoperla carnea) und viele Andere erhalten Sie bei: http://www.biohelp.at/, http://www.nuetzlinge.de und http://www.biogarten.ch.

Vielfaltslisten für spezielle Bepflanzungen

Bei der großen Vielfalt an Obstsorten oder Pflanzen fällt oft die Auswahl schwer. Manche Baumschulen bieten daher „Pakete" an: Wildobsthecke oder Schmetterlingshecke. Bei den Paketen, die ich Ihnen hier nach verschiedenen Themenschwerpunkten zusammenstelle, habe ich den Fokus auf Raritäten gelegt und bin auch von meinen Erfahrungen ausgegangen.

Kindergarten

- Maibeere (*Lonicera kamtschatica*)
- Felsenbirne (*Amelanchier spec.*); verschiedene Sorten
- Hängemaulbeere (*Morus alba pendula*); nur die mit schwarzen Früchten schmecken süß!
- Kirschpflaume/Türkische Pflaume/Myrobalane (*Prunus cerasifera*)
- Himbeere/Europäische Himbeere (*Rubus idaeus*); rote und weiße; Sommer- und Herbstsorten
- Violette Himbeeren/Clen Coe, Purple Royalty (*Rubus idaeus [x neglectus]*)
- Dorman Red (*Rubus parviflorus x Dorsett*)
- Büffeljohannisbeere (*Ribes odoratum Syn. Ribes aureum Lindl., non Pursh.*); Vierbeere von Lubera
- Nashi/Japanbirne (*Pyrus pyrifolia*)
- Weintrauben (*Vitis spec.*); robuste Tafeltrauben wählen
- Essbare Ölweiden (*Elaeagnus spec.*)
- Minikiwi/Kokuwa (*Actinidia arguta*)
- Mandel (*Amygdalus communis Syn. Prunus dulcis*)
- Haselnuss (*Corylus avellana*); Fruchtsorten wählen
- Pawpaw/Indianerbanane (*Asimina triloba*)
- Mispel (*Mespilus germanica*)

Schulhof

- Maibeere (*Lonicera kamtschatica*)
- Erdbeerwiese (*Fragaria spec.*) ‚Florika®' und Aprikosen-Erdbeere (*Fragaria nilgerrensis*)
- Felsenbirne (*Amelanchier spec.*); verschiedene Sorten
- Nanking Kirsche/Koreakirsche/Filzkirsche (*Prunus tomentosa*)
- Weiße Maulbeere (*Morus alba*); ‚Illinois Everbearing' und ‚Collier' mit schwarzen Früchten, ‚Carman' und ‚Paradise' mit weißen Früchten
- Weichsel (*Cerasus vulgaris Syn. Prunus cerasus*)
- Himbeere/Europäische Himbeere (*Rubus idaeus*); rote und weiße; Sommer- und Herbstsorten
- Szechuanbrombeere (*Rubus setchuenensis*)
- Essbare Ölweiden (*Elaeagnus spec.*)
- Minikiwi/Kokuwa (*Actinidia arguta*)
- Pawpaw/Indianerbanane (*Asimina triloba*)
- Kaki/Asiatische Kaki/Persimmone (*Diospyros kaki*)
- Lotuspflaume/Dattelpflaume (*Diospyros lotus*)

Fünf Kontinente

- Australien: Australische Fingerlimette (*Microcitrus australasica*)
- Afrika: Natalpflaume (*Carissa macrocarpa*)
- Nordamerika: Amerikanischer Angelikabaum/Amerikanische Narde (*Aralia racemosa*)
- Südamerika: Pepino/Birnenmelone/Melonenbirne/Katchuma (*Solanum muricatum*)
- Asien: Chinesische Dattel/Jujube (*Ziziphus jujuba*)
- Europa: Schlehe ‚Wienerwald'/‚Reichtragende aus dem Wienerwald' (*Prunus spinosa*); die ‚Reichtragende aus dem Wienerwald' ist dornenlos

Neue Geschmäcker

- Japanische Weinbeere (*Rubus phoenicolasius*)

- Cherrycot (*Prunus besseyi x Armeniaca vulgaris*); Aprikyra
- Plumcot/Pluot® (*[Armeniaca vulgaris x Prunus salicina] x Prunus spec.*)
- Sommerkiwi/Sibirische Kiwi (*Actinidia kolomikta*)
- Bereiftfrüchtiger Holunder/Blauer Holunder (*Sambucus caerulea*)
- Peach-Plum (*Persica vulgaris x Prunus cerasifera*)
- Apfelhybriden/Zieräpfel/Crabapple (*Malus hybr.*)
- Scharlachdorn (*Crataegus pedicellata Syn. coccinea*)
- Schafbeere/Nannyberry/Sheepberry (*Viburnum lentago*)
- Chinesischer Blumenhartriegel (*Cornus kousa*)
- Gelbhornstrauch (*Xanthoceras sorbifolium*)
- Chinquapin/Zwergedelkastanie (*Castanea pumila*)

Robuste Obstsorten für raues Klima

- Maibeere (*Lonicera kamtschatica*)
- Amelasorbus jackii (*Amelanchier alnifolia x Sorbus stichensis*)
- Kroatzbeere (*Rubus caesius*)
- Allackerbeere (*Rubus arcticus*)
- Moltebeere (*Rubus chamaemorus*)
- Steinbeere (*Rubus saxatilis*)
- Alpenjohannisbeere (*Ribes alpinum*)
- Büffeljohannisbeere (*Ribes odoratum Syn. Ribes aureum Lindl., non Pursh.*); Vierbeere von Lubera
- Hagebutten-Stachelbeere (*Ribes cynosbati*)
- Mandschurische Dornenkirsche (*Prinsepia sinensis*)
- Ziberl/Zibarte (*Prunus domestica subsp .prisca*)
- Apfelbeere (*Aronia spec.*)
- Sanddorn (*Hippophaë rhamnoides*)
- Amerikanischer Schneeball/Highbush Cranberry (*Viburnum trilobum*)
- Minikiwi/Kokuwa (*Actinidia arguta*)
- Ebereschen (*Sorbus spec.*); ‚Titan', ‚Granatnaja', ‚Likornaja'/‚Ivan's Beauty',‚Bursinka', ‚Burka', ‚Dessertnaja'/Ebereschenmispel, ‚Rubinovaja'/Schwarze Hundsbeere

Geschützte Lage/Weinbauklima/Stadtklima

- Schwarze Maulbeere (*Morus nigra*)
- Ichang-Beere (*Rubus ichangensis*)
- Susine/Japanische Pflaume (*Prunus salicina var. Salicina*)
- Feige (*Ficus carica var. domestica*)
- Szechuanbrombeere (*Rubus setchuenensis*)
- Mandel (*Amygdalus communis Syn. Prunus dulcis*)
- Mexikanischer Weißdorn (*Crataegus mexicana Syn. Crataegus pubescens*)
- Rosinenbaum (*Hovenia dulcis*)
- Granatapfel (*Punica granatum*)
- Che/Seidenraupenbaum (*Cudrania tricuspidata Syn. Maclura tricuspidata*)

Große Früchte

- Marille/Aprikose (*Armeniaca vulgaris Syn. Prunus armeniaca*)
- Percoche (*Armeniaca vulgaris x Persica vulgaris*)
- Nashi/Japanbirne (*Pyrus pyrifolia*)
- Apfel (*Malus domestica*) und „Urapfel" (*Malus siversii*)
- Quitte (*Cydonia oblonga*)
- Granatapfel (*Punica granatum*)
- Pawpaw/Indianerbanane (*Asimina triloba*)
- Kiwi (*Actinidia deliciosa*)
- Kaki/Asiatische Kaki/Persimmone (*Diospyros kaki*)

Sieben Gewürze

- Australische Fingerlimette (*Microcitrus australasica*); Frucht trocknen und grob pulverisieren
- Lorbeer (*Laurus nobilis*); Blatt und Blüte
- Myrte (*Myrtus communis*); Blatt, Blüte, Beeren

- Zitronenverbene (*Lippia triphylla*); Blatt
- Lakritze/Süßholz (*Glycyrrhiza glabra Syn. Glycyrrhiza echinata*); Wurzel
- Szechuanpfeffer (*Zanthoxylum simulans*); Blatt und Fruchtschale
- Wacholder/Heidewacholder (*Juniperus communis*); Frucht

Bodendecker

- Erdbeerhimbeere (*Rubus illecebrosus*)
- Chinesische Brombeere (*Rubus tricolor*)
- Goldbeere (*Rubus xanthocarpus*)
- Echte Rebhuhnbeere (*Mitchella repens*)

Moorbeetpflanzen

- Bärentraube (*Arctostaphyllos uva-ursi*)
- Preiselbeere/Kronsbeere (*Vaccinium vitis-ideae* und *Vaccinium vitis-ideae minus*)
- Rosa Heidelbeere (*Vaccinium corymbosum x V. ashei* ‚Delight')
- Krähenbeere (*Empetrum nigrum*)
- Salal/Hohe Rebhuhnbeere/Scheinbeere (*Gaultheria shallon*)
- Gagelstrauch (*Myrica gale*)

Große Bäume

- Elsbeere/Adlitzbeere (*Sorbus torminalis*)
- ‚Alaja Krupnaja' (*Sorbus spec.*)
- Tibetische Mehlbeere (*Sorbus thibetica* ‚John Mitchell')
- Europäischer/Südlicher Zürgelbaum und Nordamerikanischer Zürgelbaum (*Celtis australis* und *Celtis orientalis*)
- Nordamerikanische Kaki/Amerikanische Persimone (*Diospyros virginiana*)
- Türkische Baumhasel (*Corylus colurna*)
- Echte Walnuss (*Juglans regia subsp. regia*)
- Schwarznuss (*Juglans nigra*)
- Butternuss (*Juglans cinerea*)
- Königsnuss (*Carya laciniosa*)
- Edelkastanie/Maroni (*Castanea sativa*)
- Ginkgo (*Ginkgo biloba*)

Winterhärtezonen in Europa

Zoneneinteilung für Europa nach Heinze, W., Schreiber, D.: „Eine neue Kartierung der Winterhärtezonen für Gehölze in Mitteleuropa", in: Mitteilungen der Deutschen Dendrologischen Gesellschaft 75, 1984

Zone	untere Grenze	obere Grenze
1	---	unter -45,5
2	-45,5	-40,1
3	-40,0	-34,5
4	-34,4	-28,9
5	-28,8	-23,4
6	-23,3	-17,8
7	-17,7	-12,3
8	-12,2	-6,7
9	-6,6	-1,2
10	-1,1	+4,4
11	über +4,4	---

Angaben in Grad Celsius

Einteilung in Halbzonen (für den in Mitteleuropa relevanten Temperaturbereich) nach Heinze, W., Schreiber, D.: „Eine neue Kartierung der Winterhärtezonen für Gehölze in Mitteleuropa", in: Mitteilungen der Deutschen Dendrologischen Gesellschaft 75, 1984

Zone	untere Grenze	obere Grenze
5b	-26,0	-23,4
6a	-23,3	-20,6
6b	-20,5	-17,8
7a	-17,7	-15,0
7b	-14,9	-12,3
8a	-12,2	-9,5
8b	-9,4	-6,7

Angaben in Grad Celsius

Bezugsquellen für Pflanzen

Ahornblatt GmbH, (Verschiedene alte und seltene Obstsorten, einheimische Gehölze und Rosen), Untere Zahlbacher Straße 1a, 55131 Mainz-Zahlbach, Deutschland, Telefon: 0049 (0) 6131/723 54, http://www.ahornblatt-garten.de

Arche Noah, Obere Straße 40, A-3553 Schiltern, Telefon: 0043 (0) 2734/8626, http://www.arche-noah.at

Artländer Pflanzenhof, Inh. Frank Müller, (Spezialversand für Wildfrucht- und Obstgehölze), Im Zwischenmersch/Baumschulenweg, 49610 Quakenbrück, Deutschland, Telefon: 0049 (0) 54 31 - 24 58, http://www.pflanzenhof-online.de/index.php

Baumschule Bojkovice, Radim Pešek, (Raritätensortiment mit Gesprenkeltem Weißdorn (*Crataegus punctata*) ‚Aurea' und Pojarkove Weißdorn (*Crataegus pojarkovae*), Süßen Ebereschen du Sanddornsorten), Prodejna - Nádražní 340, 687 71 Bojkovice, Tschechien, Geschäft: Telefon: 0042 (0) 776 406 772, http://www.stareodrudy.org/

Baumschule Familie Pasini, (ein faszinierendes Sortiment an seltenen Beeren- und Obstsorten), Via Mantova 210, 25018 Montichiari, Italien, Telefon: +39 3334685203, https://www.venditapiccolifrutti.it

Baumschule Neckertal, Stefan Suter, (Raritätensortiment, zahlreiche Sorten für Höhenlagen, Maulbeeren, für Sortenliste anfragen), Blattenhalden 696, 9115 Dicken, Telefon 0041 (0) 71/377 12 62, Schweiz, https://www.baumschule-neckertal.ch

Baumschule Palm Center, Kiril Donov, (Mediterrane Pflanzen, frostharte Granatapfelsorten und Olivensorten, Sortiment von Chinesischen Datteln (*Ziziphus jujuba*), Wollmispel ‚Coppertone' eine Kreuzung von Eriobotrya deflexa und http://palmi.bg/de/product/751/japanische-wei-dolde.html *Rhaphiolepis indica*, Assenovgrad Straße, 4000 Plovdiv, Bulgarien: Telefon: 00 35 (0) 988/832 8680, https://palmi.bg

Baumschule Schafnase, Mara Müller und Dr. Michael Suanjak, (großes Streuobstsortiment, Sortiment an Nashi (*Pyrus pyrifolia*), Sorten für Höhenlagen), Eisenberg 19, 3544 Idolsberg, Österreich, Telefon: 0043 (0) 650/982 24 04, 0043 (0) 2731/77043, http://biobaumschule.schafnase.at
Baumschule Vitaflor, (Fruchtsorten der Zitronenquitte (*Chaenomeles spec.*) ‚Rasa', ‚Darius' etc.), Pramonės g. 6, 66183 Druskininkai, Litauen, Telefon: 00 370 (0) 699/86311, https://vitaflora.lt

Botanik in Weißenburg, Gerd Meyer, (umfassende Maulbeersammlung, Spezialist für Obstsorten und Bäume im öffentlichen Grün, breites Sortiment seltener Obstsorten), Lehenwiesenweg 44, 91781 Weißenburg, Deutschland, Telefon: 00 49 (0) 9141/9011 822, https://www.botanik-wug.de

Baumschule Walsetal, Ulrike Läsker-Bauer, (Biobetrieb, seltene Nuss- und Fruchtgehölze), Kreisstraße 13, 37318 Dietzenrode, Deutschland, Telefon: 00 49 (0) 36087/90060, www.baumschule-walsetal.de

Bioland Baumschule Frank Wetzel, (große Auswahl an Apfel-, Birnen, Zwetschken- und Pfirsichraritäten), Fennenbergerhöfe 3/1, 69121 Heidelberg, Deutschland, Telefon: 00 49 (0) 6221/411762, www.biolandbaumschule.de

Carya, Sven Maksymiuk, (verschiedene Hickorynussarten, Obstraritäten wie russische Schneeballsorten (*Viburnum opulus*) und Early Shu, eine großfruchtige Birne aus China, die eine Kreuzung aus Ussuribirne (*Pyrus ussurien-*

Huang, Hongwen (2016): Kiwi Fruit: The Genus ACTINIDIA, Academic Press, elsevier.com. Tolle Bilder, Landkarten und übersichtlich gestaltete Beschreibungen eröffnen den Blick in die Vielfalt der Kiwi-Familie.

Heistinger, Andrea; Arche Noah; Pro Specie Rara (Hrsg.) (2008): Handbuch Samengärtnerei. Sorten erhalten, Vielfalt vermehren, Gemüse genießen, Löwenzahn Verlag, Innsbruck. Das Standardwerk zum Thema Saatgutvermehrung.

Hiener, Ralf; Schnelle, Olaf; Freidank, Anne (2008): Wildkräuter. Essbare Landschaften. Natur & Küche, Verlag Hädecke, Weil der Stadt

Juniper, Barrie, E. und Mabberley, David, J. (2022): Die Geschichte des Apfels: Von der Wildfrucht zum Kulturgut, Haupt Verlag, Bern

Kleinz, Norbert (2016): Ur-Obst: Wurzelecht und pflegeleicht, 200 Sorten, Stocker Verlag, Graz

Klock, Peter (2012): Veredeln. Obstgehölze und Zierpflanzen, BLV Verlagsgesellschaft, München

Lieberei, Reinhard; Reissdorff, Christoph; begründet von Franke, Wolfgang (2007): Nutzpflanzenkunde, Thieme Verlag, Stuttgart. In der Neuauflage dieses umfassenden Werks über Nutzpflanzen, findet man viele Fotos und Grafiken – ein Buch für SpezialistInnen und LiebhaberInnen.

Mayer, Elisabeth und Diewald, Michael (2012): Die besten Wildfruchtrezepte. Süß & pikant, Leopold Stocker Verlag, Graz. Ein sehr empfehlenswertes, attraktiv gestaltetes Buch, das Praxis und Theorie ideal verbindet.

Meyer-Rebentisch Karen (2013), Das ist Urban Gardening! Die neuen Stadtgärtner und ihre kreativen Projekte. BLV Verlag, München. Sehr ansprechend gemachtes Buch mit Reportagen und Interviews aus verschiedenen Projekten. Geschichtliche Bezüge runden das Thema gut ab. Für mich eines der besten Bücher zum Thema.

Meyer-Renschhausen, Elisabeth; Müller, Renate; Becker, Petra (Hrsg.) (2002): Die Gärten der Frauen. Zur sozialen Bedeutung von Kleinstlandwirtschaft in Stadt und Land weltweit, Verlag Centaurus, Herbolzheim

Phillips, Roger und Rix, Martyn (1994): Gemüse in Garten und Natur. Mit über 650 Gemüsearten, Droemersche Verlagsanstalt, München

Phillips, Roger und Rix, Martyn (1993): Vegetables (The Pan Garden Plants Series). Over 650 Vegetables, MacMillian, London

Pirc Helmut, (2009), Wildobst und seltene Obstarten im Hausgarten. Verlag Stocker, Graz. Das beste Buch zum Thema, mit viel Information und praktischen Verarbeitungsanleitungen.

Pirc, Helmut (2015): Enzyklopädie Wildobst- und seltene Obstarten. Verlag Stocker, Graz

Pirc, Helmut und Adele (2021): Besondere Obstarten: Anbau und Rezepte von Indianerbanane, Jujube, Apfelbeere & Co., Stocker Verlag, Graz. DAS Kochbuch für Liebhaberinnen und Liebhaber seltener Obstsorten.

Rasper, Martin (2012), Vom Gärtnern in der Stadt: Die neue Landlust zwischen Beton und Asphalt, oekom Verlag, München. „Die" Anstiftung zum Gärtnern in der Stadt gelingt durch eine Mischung aus Reportagen von verschiedenen Projekten, Praxistipps, Adressen, Hintergrundinfos und einer humorvollen Sprache. Gärtnern ist eine höchst politische Angelegenheit – nachvollziehbar, wenn Sie dieses Buch lesen.

Reich, Lee (2004): Uncommon Fruits for Every Garden, Timber Press, Portland, Cambridge. Enthält ausführliche Beschreibungen von seltenen Obstpflanzen wie Nanking Kirsche, Shipova, Che u.a.

Spornberger, Andreas (2014): Der professionelle Obstbaumschnitt. Inkl. Vermehrung & Veredelung, Verlag Stocker, Graz. Mit zahlreichen Vorher-Nachher-Fotos weist dieses Praxisbuch Profis, aber auch Hobby-Gärtnern den Weg zum richtigen Obstbaumschnitt und dem damit verbundenen guten Ertrag.

Strauß, Markus (2010): Köstliches von Waldbäumen. Bestimmen, sammeln und zubereiten, Verlag Hädecke, Weil der Stadt

Toensmeier, Eric (2007): Perennial Vegetables. From Artichoke to „Zuiki" Taro. A Gardener's Guide to Over 100 Delicious, Easy-to-Grow Edibles, Chelsea Green Publishing Company, Vermont

Wilson Edward O. (2002), Die Zukunft des Lebens. Siedler Verlag, Berlin. Leicht lesbar und „mitreißend" schreibt hier einer der bedeutendsten Wissenschaftler unserer Zeit über die Vielfalt der Arten, den Verlust vieler sowie über Auswege aus diesem Dilemma. Ein Schlüsselwerk, das ich Ihnen nur empfehlen kann!

Witt, Reinhard (1994): Wildpflanzen für jeden Garten. 1000 heimische Blumen, Stauden und Sträucher, BLV Verlagsgesellschaft, München. Das Standardwerk zum Thema ist attraktiv aufbereitet und bietet gute Anleitungen zur Weitervermehrung.

Woltron, Ute (2013): Warum schmecken Maulbeeren am besten nackt? Selbstgemachte Köstlichkeiten aus Natur & Garten, Verlag Brandstätter, Wien Köstliche Rezepte humorvoll aufbereitet

Zeitlhöfler, Andreas (2008): Wildobst für den Hausgarten, Österreichischer Agrarverlag, Wien

Permakultur-Adressen

Auf den folgenden Websites finden Sie ausführliche Informationen zur praktischen Umsetzung von Permakultur und zu regionalen Initiativen. Dies ist nur ein kleiner Auszug aus den vielen Initiativen, die es im deutschsprachigen Raum und global gibt. Viele Initiativen wurden von engagierten Personen gegründet.

Der **Verein für Permakultur in Deutschland** wurde 1984 gegründet. http://permakultur-institut.de/

Der **Verein Permakultur Schweiz** betreibt die folgende Website: http://www.permakultur.ch/.

Permakultur Austria ist der erste Permakulturverein in Österreich. http://www.permakultur.net/

Auf der Website von **Christian Mösenbichler** finden Sie laufend aktuelle Informationen zu relevanten Themen wie Ernährung, Energiefragen, Landwirtschaft und Entwicklungen in der Permakultur. http://www.permaculture.at

John Kitsteiner ist es ein Anliegen, Permakultur außerhalb der tropischen Regionen umsetzbar zu machen. Seine Website bietet umfassende relevante Informationen und wird laufend aktualisiert. http://tcpermaculture.com/site/

Perma-Norikum (Bernhard Gruber) widmet sich der Förderung der Permakultur im regionalen Bereich. www.perma-norikum.net

PIA – Permakultur im Alpenraum ist in der Steiermark angesiedelt. www.permakultur-akademie.com

Über die **Holzersche Permakultur** können Sie sich auf folgenden Seiten informieren: http://www.seppholzer.at und www.krameterhof.at.

Websites

Eine äußerst empfehlenswerte Website, die qualitativ gute Raritätenbaumschulen und -gärtnereien in verschiedenen europäischen Ländern und in den USA aufführt: http://www.fruitiers-rares.info von Herbert Pröhl.

Für die Suche nach Pflanzen aus den zahlreichen Baumschulen in Großbritannien kann ich den *Plantfinder* auf der Website der Royal Horticultural Society sehr empfehlen: www.rhs.org.uk.

Liselotte und Helmut Hromadnik, URL: http://www.tillandsia.at/obst.html. *Die* Spezialisten für den Anbau von Kaki (Diospyros spec.) und Pawpaw (Asimina triloba) im deutschsprachigen Raum präsentieren ihre Erfahrungen anhand kurzer Texte und vieler Fotos.

http://www.gartenvideo.com/. Hier finden Sie informative Kurzvideos zu verschiedenen Obstsorten, aber auch anderen Pflanzen sowie zu Pflegemaßnahmen.

Gernot Katzer, URL: http://gernot-katzers-spice-pages.com/germ/index.html. Die beste Website zu Gewürzen mit wichtigen Querverweisen, Verwendungsangaben und Quellenangaben, die eine weiterführende Beschäftigung mit dem Thema ermöglicht.

http://www.obstgarten.biz. Diese offene Obstsortendatenbank ist als Plattform für Informationen zu allen in Mitteleuropa gedeihenden Obstarten gedacht.

Plants for a Future (PFAF), URL: http://www.pfaf.org/index.php. Die umfangreichste englischsprachige Website zu essbaren Pflanzen weltweit.

The Fruit Blog. Auf dieser Website finden Sie viele Einträge zu Obstraritäten. http://thefruitblog.blogspot.co.at

Wildobstschnecke. Dieses Unternehmen aus dem Erzgebirge hat sehr informative Videos seiner polnischen Partnerbaumschule mit Anleitungen für den Kiwianbau und Weinanbau auf seine Website gestellt. http://wildobstschnecke.deinfo/Videos-fuer-Pflanzenkultivierung.html

Dave Wilson, URL: http://www.davewilson.com/home-gardens. Eine Traditionsbaumschule aus Kalifornien, die viele englischsprachige Informationen zu Obstanbau als Filme und als Texte auf ihrer Website hat.

Zeitlhöfler Andreas, URL: http://www.zeitlhoefler.degarteninfos/index.html. In seiner ausgezeichneten Diplomarbeit untersucht Zeitlhöfler die Verwendung verschiedenster Wildobstformen und -sorten für den menschlichen Verzehr und die landwirtschaftliche oder gartenbauliche Nutzung. Eine ausführliche Quellenangabe ermöglicht weiterführende Recherchen: http://www.kuegler-textoris.deWildobst_Diplomarbeit_Zeitlhoefler_2002.pdf.

http://www.fruitiers.net. Die französischsprachige Website bietet weiterführende Informationen zu den unterschiedlichsten Obstarten.

Dr. Markus Strauß bietet als Wildpflanzenexperte für alle, die sich für dieses Thema interessieren, zahlreiche Informationen. Sein Anliegen ist die Integration von Wildpflanzen in die Alltagskultur. Äußerst lesenswerte Praxisbücher, Rezepte und den Zertifikatslehrgang „Fachberater/in für Selbstversorgung mit essbaren Wildpflanzen" finden Sie auf seiner Website: http://www.dr-strauss.net.

Alphabetisches Rezeptregister

Alphabetisches Stichwortregister

Pflanzenverzeichnis – botanischer Name

hier geht's weiter →